Metallurgische Reise

durch

einen Theil von Baiern

und

durch die süddeutschen Provinzen

Oesterreichs.

Von

Dr. C. J. B. Karsten,

Königl. Preuß. Geh. Ober-Bergrathe,
Ritter des eisernen Kreutzes, und verschiedener gelehrter Gesellschaften Mitgliede.

Mit einer Kupfertafel.

Halle,
im Verlage der Curtschen Buchhandlung.
1821.

Die enge Verbindung, welche durch die riesenhafte Soolenleitung von Berchtesgaden nach Reichenhall, Traunstein und Rosenheim, zwischen den Baierschen Salinen hervorgebracht ist; die Einrichtungen auf diesen Salinen selbst; der eigenthümliche Betrieb der Sinkwerke in den Steinsalzgruben von Süddeutschland; die von der gewöhnlichen Verfahrungsart abweichenden Aufbereitungsarbeiten auf den Gruben im Salzburgischen; der wichtige Bleibergbau zu Bleiberg, mit seinen vollkommenen Aufbereitungs- und Hüttenarbeiten; der Betrieb des alten und berühmten Quecksilberbergwerks zu Idria; besonders aber der Zustand des Eisenhüttengewerbes und die Eigenthümlichkeit desselben in den südlichen Provinzen Deutschlands, erregen im höchsten Grade das Interesse des Metallurgen. Eine nähere Darstellung dieser Gegenstände, so weit sie von einem Reisenden verlangt werden kann, der in vielen Fällen den erhaltenen Angaben, ohne nähere Prüfung, vertrauen muß; ist der Zweck der vorliegenden Schrift. Die Inhaltsanzeige gewährt die erforderliche allgemeine Uebersicht, und bezeichnet zugleich den Weg, der sich auf der Karte verfolgen läßt, indem die Bemerkungen in derselben Folgeordnung niedergeschrieben sind, in welcher sie im Sommer des vorigen Jahres gesammelt wurden.

Dem gerechten Verlangen: mit dem, was über die verhandelten Gegenstände früher geschrieben worden ist, bekannt zu seyn, hoffe ich auch genügt zu haben; indeß wird man die fehlenden Hinweisungen auf Hacquet, Herrmann, Ferber, Klinghammer, Schultes, Sartori u. s. f., und selbst auf Jars, der in metallurgischer Rücksicht besonders genannt zu werden verdient, um so weniger vermissen, als ich nicht die Bemerkungen Anderer, sondern meine eigenen mitzutheilen hatte, welche von denen der früheren Reisenden wesentlich abweichen.

Berlin, im May 1821.

Inhalt.

Kupfertafel.

Fig. 1. a b stellt die Verbindung der hölzernen Röhren bei der Berchtesgadener Soolenleitung, vermittelst der Büchsen vor; a im Längendurchschnitt, b im Queerdurchschnitt.

Fig. 2. zeigt das Verfahren beim Zusammenlegen der Bohlen, aus welchen die Soolen-Reservoire zusammengesetzt sind.

Die Schachtdurchschnitte bedürfen keiner Erläuterung.

München.

Der gute Zustand der Bayerschen Kunststraßen erleichtert dem Reisenden, welcher, von Norden kommend, die Hauptstadt des Königreichs erreichen will, den Weg durch die große Ebene, welche er von der Donau bis München zu überwinden hat. Die Schnelligkeit, mit welcher der Lech und die Iser dahinströmen, um sich mit den Fluthen der stolzen Donau zu mischen, ist zwar ein untrüglicher Beweis von dem nicht unbedeutenden Abfallen des Landes, von München bis zur Donau, welche das Königreich Bayern in seiner größten Tiefe von Morgen gegen Abend, oder von Ulm nach Passau durchschneidet; allein das Ansteigen von Norden nach Süden bleibt auf dieser geneigten Fläche so sanft und so gleichmäßig, daß man glauben möchte, sich in einer völligen Ebene zu befinden. Schon dies Verhalten würde zu dem Schluß berechtigen, daß die große Fläche früher Meeresboden gewesen, wenn die Beschaffenheit des Bodens selbst, nicht jeden Zweifel völlig beseitigte. Die ganze Ebene vom Lech bis zu dem Höhenzuge, welcher die Flußgebiete der Iser und des Inn von einander trennt, besteht aus rothem Sand, oder aus Kalksteingerüllen. Unbezweifelt werden beide aufgeschwemmte Gebirgsarten durch eine scharfe Gränzlinie, deren genauere Richtung von Süden nach Norden noch näher zu bestimmen seyn würde, dergestalt von einander geschieden, daß östlich von dieser Linie kein rother Sand, und westlich kein Kalksteingerülle mehr angetroffen wird.

Wenn man den Kalkboden im Iserthal mit einer Schicht Dammerde von 6 bis 9 Zoll Höhe bedeckt sieht, so ist man im ersten Augenblick geneigt, die Ursache des schlechten Anbaues der Ebene nicht in der natürlichen Beschaffenheit des Bodens, sondern in der vernachlässigten Bearbeitung desselben zu suchen. Erwägt man aber, daß die Dammerde nur das Resultat unendlicher Bemühungen bei der Kultur des Bodens ist, und daß dieser, aus lauter Kalksteingerüllen bestehend, die atmosphärischen Feuchtigkeiten gleich einem Siebe durchläßt; so kann es nicht mehr auffallen, wenn man in dem herrlichen englischen Garten zu München, der jetzt im üppigsten Grün der Bäume und Wiesen prangt, durch ein bescheidenes Denkmal belehrt wird, daß die schönen Anlagen noch vor kurzer Zeit eine Wüste gewesen, die durch des Grafen v. Rumford Bemühungen zu den schönsten Fluren umgeschaffen wurden.

Die blaue Farbe der Iser verräth ihren Ursprung und die Beschaffenheit der Gebirgslagen, welche sie durchschneidet. Auch das Straßenpflaster in München besteht nur aus Geschieben von Kalkstein, welche auf dem sogenannten Bürgersteige, oft mit großer Sorgsamkeit geordnet und der Größe und Farbe nach gesondert, eine Art von Mosaikarbeit darstellen.

Wer München vor zehn Jahren gesehen, dürfte es jetzt kaum wieder erkennen. Geschmackvoll und mit nicht ängstlicher Regelmäßigkeit erheben sich die schönen Vorstädte, besonders die Max-Vorstadt, so wie die Stadt München selbst durch das neue National-Theater auf dem Max-Joseph-Platze, und durch das im Jahr 1809 vollendete neue Münzgebäude eine große Zierde erhalten hat.

Aber diese täglich fortschreitende Erweiterung und Verschönerung der Hauptstadt, sind es nicht, wodurch sich der steigende Flor des Landes und die zunehmende Kraft und Festigkeit der Regierung beurkunden; sie sind nur die Wirkungen und die unmittelbaren Folgen der weisen und energischen Maaßregeln, durch welche sich die Regierung die Anhänglichkeit und die unwandelbare Liebe des Volkes verschafft hat, und durch welche sie, im höchsten Grade Vertrauen erregend, auf den Wohlstand des Landes zurückwirkte. Daher auch die schnellen Fortschritte der Wissenschaften und Künste, daher das Gedeihen von Instituten und Anlagen, welche von deutschem Kunstfleiß und von deutscher Beharrlichkeit zeugen.

Die Vereinigung der Universität zu Landshuth mit der hiesigen Akademie, ist so eben wieder in Anregung gekommen. Beide Institute würden durch die Ausführung dieses Vorschlages gewinnen. Das Feld der naturhistorischen Wissenschaften wird täglich unbegränzter, und in demselben Verhältniß nehmen die Hülfsmittel zu, welche sie erfordern. Die Sternwarte, der neue botanische Garten, das neue chemische Laboratorium, sind unvergleichlich ausgestattet; die naturhistorischen und physikalischen Sammlungen der hiesigen Akademie sind rühmlichst bekannt und vortrefflich geordnet, und die Bibliothek bewährt nicht blos durch die Anzahl der Bände (die schon bis 400,000 angewachsen ist), sondern auch durch den innern Werth derselben, ihren längst bekannten Ruf. Die schönen Sääle des ehemaligen Jesuiter-Kollegii — des jetzigen Gebäudes der Akademie der Wissenschaften und Künste — gewähren kaum mehr den nöthigen Raum für die Sammlungen und für die Bibliothek, weshalb der Wunsch der Akademie, ihr den einen, noch zu andern Zwecken benutzten Flügel jenes Gebäudes ebenfalls einzuräumen, gewiß bald in Erfüllung gehen wird.

Das mineralogische Kabinet theilt mit den übrigen Sammlungen der Akademie den Ruhm der größten Ordnung und der systematischen Uebersichtlichkeit. Ist es gleich nicht durch Prachtstufen und durch Fossilien von besonders seltenem Vorkommen ausgezeichnet, so enthält es doch sehr schöne Suiten von Tyroler und Bayreuther Mineralien. Alle Stufen sind im höchsten Grade rein und sauber gehalten. Bei der Anordnung ist das Wernersche System zum Grunde gelegt. Sehr bemerkenswerth ist die geographische Suiten-Sammlung des Königreichs, an deren Vervollständigung noch immer gearbeitet wird.

Die noch im Bau begriffene, und, wie der Name schon andeutet, zur Aufnahme plastischer Kunstwerke bestimmte Glyptothek, deren Säale durch die Fresco-Mahlereien aus der Meisterhand unsers Cornelius verherrlicht werden, giebt auch dem Mineralogen Gelegenheit, die schönen Salzburger Marmorarten kennen zu lernen, welche zu Säulen, Täfelungen und Verzierungen auf mannigfaltige und geschmackvolle Weise angewendet sind.

Das Reichenbachsche und das Frauenhofersche Institut haben die Aufmerksamkeit von ganz Europa auf sich gezogen. Mit Genehmigung seiner Regierung hat Herr v. Reichenbach, dieser eben so geniale als liebenswürdige Mann, einen Zweig seines Instituts nach Wien verpflanzt. Das dortige polytechnische Institut bewahrt eine Reichenbachsche Theilscheibe, welche bereits mit glücklichem Erfolg zur Anfertigung mathematischer Instrumente für die Catastral-Aufnahme und für den Kaiserlich Oesterreichschen Generalstaab angewendet ist. Das Frauenhofersche Institut kann man nicht verlassen, ohne von Bewunderung über die Genauigkeit und Vollkommenheit der Werkzeuge,*) und über die Eigenthümlichkeit der Verfahrungsweise beim Bearbeiten der Gläser durchdrungen zu seyn. Die jetzt fast in ganz Europa verbreiteten Erzeugnisse des Instituts loben freilich den Meister, aus dessen Händen sie hervorgegangen sind; indeß verdienen die Vorrichtungen, durch welche eine solche Vollkommenheit zu erreichen möglich ward, kein geringeres Lob. Die Vortrefflichkeit des Glases muß auch jeden Nichtkenner in Erstaunen setzen. Herr Professor Frauenhofer war mit neuen und höchst überraschenden Untersuchungen über die Beugung des Lichtes beschäftigt. Die Physiker haben bald neue wichtige Aufschlüsse über diesen dunkeln Gegenstand von ihm zu erwarten.

Das lithographische Institut befindet sich in der alten Münze. Das ganze Königreich wird durch das Steuer-Vermessungs-Bureau nach einem so großen Maaßstabe aufgenommen, daß die sieben Kreise desselben (denn der Rheinkreis hat seine eigene lithographische Anstalt) 19- bis 20,000 Blatt, zu 18 Zoll Höhe und Breite, ausmachen werden. Dies einzige und riesenhafte Unternehmen ist schon so weit gediehen, daß der Iserkreis ganz, und einige andere Kreise theilweise beendigt und zusammen 6000 Blatt fertig sind. Von jedem Landgericht ist wieder eine besondere Uebersichtskarte angefertigt. Der äußerst geringe Preis der Karten er-

*) Von dieser Vollkommenheit kann man sich, um nur ein Beispiel anzuführen, einen Begriff machen, wenn man hört, daß Herr Frauenhofer Schraubenschnitte von 350 Windungen auf einen Zoll anfertigen läßt. Diese Schnitte sind für das unbewaffnete Auge kaum bemerkbar; und höchst feiner Silberdrath, welcher über zwei dergleichen Schrauben gewickelt wird, giebt sich dem Auge als eine ununterbrochene Fläche zu erkennen.

leichtert den Ankauf. *) Bekanntlich ist in Bayern alle Grundfläche in zwölf steuerbare Klassen getheilt, und von 10 zu 10 Jahren eine Revision angeordnet, um zu bestimmen, zu welcher Klasse die Steuer zu erheben sey. Jede Gemeinde und jedes Landgericht erhalten die sie betreffenden Karten, welche bei allen öffentlichen Verhandlungen über das Grundeigenthum Gültigkeit haben, umsonst. Die Steinplatten zu den schon abgedruckten Karten werden in den Kellern und Gewölben der alten Münze aufbewahrt. Diese eigenthümliche Bibliothek ist schon zu 6000 Bänden angewachsen. Einige Steinplatten halten sehr viele Abdrücke aus; von einem, zu Rechnungsformularen bestimmten Stein, wußte man, daß er 318,000 Abdrücke geliefert hatte.

Das topographische Vermessungs-Institut in dem ehemaligen alten Schlosse, ist eine für sich bestehende Anstalt, in welcher die Karten nicht lithographirt, sondern in Kupfer gestochen werden. Es liegt diesen Karten ein um die Hälfte kleinerer Maaßstab zum Grunde, so daß sie den vierten Theil der Arealfläche von den Karten des Grundsteuer-Katasters ausmachen. Die Aufnahmen zu den Karten des topographischen Vermessungs-Instituts wurden früher durch besondere Ingenieure verrichtet; jetzt wendet man indeß die Karten vom Steuer-Vermessungs-Bureau an, und läßt nur die wichtigen militairischen Punkte durch Ingenieure revidiren. Die Karten des topographischen Instituts haben vor denen des Steuer-Vermessungs-Bureaus noch den Vorzug, daß sie die Gebirgzüge vollständig enthalten, welches bei jenen nicht durchgängig der Fall ist.

Dem Techniker müssen die vom Herrn Joseph von Baader zu Nymphenburg angelegten Wasserkünste In-

*) Eine Uebersichtskarte von einem Landgericht kostet 15, und ein Specialblatt 12 Kreutzer, nach dem 24-Gulden-Fuß.

teresse gewähren. Zwei Wassersäulen, von denen die eine vor dem Schlosse, die zweite hinter demselben, im Schloßgarten, das Auge des Zuschauers erfreuen, werden durch Radkünste in die Höhe getrieben. Die erste springt etwa 70 Fuß hoch, in einem einzigen Strahl senkrecht in die Höhe. Sie wird von drei oberschlächtigen Rädern getrieben, von denen jedes vier Kolben in eben so viel metallenen Cylindern in Bewegung setzt. Die zweite erreicht eine senkrechte Höhe von mehr als 100 Fuß, und wird durch zwei mittelschlächtige Räder getrieben, von denen das eine zwölf, das zweite vier Kolben in eben so viel metallenen Cylindern bewegt. Beide Wassersäulen erhalten sich durch die angebrachten Windkessel ununterbrochen fast auf gleicher Höhe. Der liebliche See im Schloßgarten trägt einen einfach konstruirten Schwimmstuhl, nach Herrn J. v. Baader's Erfindung, welcher von der darauf sitzenden Person schnell und leicht mit den Füßen bewegt wird.

In der Porzellan-Manufaktur zu Nymphenburg hat Herr Baron v. Schwerin einige gelungene Versuche anstellen lassen, gegossene eiserne und vorher emaillirte Geschirre, wie Porzellan, zu vergolden und zu verplatinen.

So wie sämmtliche Centralbehörden des Königreichs, so haben auch die General-Verwaltungen der Salinen, Gruben und Hütten, ihren Sitz in München. Die Salinen sind, wie in Oesterreich und Preußen, ein Monopol der Krone. Der Berg- und Hüttenbetrieb hat durch die Abtretung von Salzburg und Tyrol an Oesterreich, sehr an Ausdehnung und Bedeutsamkeit verloren. Es findet übrigens in der Bayerschen Monarchie die deutsche Bergwerksverfassung statt, wonach der gewerkschaftliche Bergbau, in Rücksicht des Haushalts und Betriebes, unter der Aufsicht des Staates steht. Die Bayersche Bergordnung ist für das alte Bayern, und die Bayreuthische für die Fürstenthümer Anspach und Bayreuth gültig. Im Rheinkreise gelten noch die französischen Bergwerksgesetze.

Neuere Versuche, den Kupferbergbau bei Aschaffenburg im Unter-Mainkreise aufzunehmen, haben bis jetzt noch keinen günstigen Erfolg gehabt. Auch die Braunkohlenversuche zu Miesbach und Weilheim im südlichen Theile des Iserkreises, sind bis jetzt noch nicht erfolgreich gewesen, welches wohl der Wohlfeilheit des Holzes in jener Gegend zuzuschreiben ist. Metallischer gewerkschaftlicher Bergbau findet jetzt in Bayern gar nicht statt, und der landesherrliche ist ebenfalls sehr beschränkt. Das landesherrliche Eisenhüttenwesen überwiegt das Privat-Eisenhüttengeschäft. Die Privat-Eisenhütten müssen ebenfalls Abgaben zahlen, die sich aber zum Theil auf alten Verträgen gründen, und mit denen gewöhnlich Ausschließungsrechte für den Verkauf der Hüttenprodukte in einem gewissen Bezirk verbunden sind.

Die Verwaltung der Berg- und Hüttenwerke ist bis jetzt noch von der der Salinen getrennt. *) Beide machen, unter dem Namen der „General-Bergwerks-“ und der „General Salinen-Administration“ einen Theil des Finanz-Ministerii aus. Der General-Bergwerks-Administration ist auch die Porzellan-Manufaktur zu Nymphenburg untergeordnet. Die von den General-Administrationen abhängigen Berg-, Hütten- und Salinen-Aemter in den Provinzen oder Kreisen, erstatten ihre Berichte unmittelbar an die zugehörige General-Administration des Finanz-Ministerii.

Die General-Bergwerks-Administration ist jetzt aus einem Vorstand, einem Direktor und vier Oberst-Bergräthen zusammengesetzt. Von ihr ressortiren die Berg- und Hütten-

*) Seit einigen Monaten sind beide Verwaltungen — den öffentlichen Nachrichten zufolge — vereinigt.

Aemter in den 7 Kreisen der Monarchie; denn im Rheinkreise ist die Bergwerks-Verwaltung mit der Landes-Regierung verbunden, indem ein Mitglied derselben die Berg- und Hüttensachen bearbeitet.

Von der General-Bergwerks-Administration hängen ab:

I. Im Iserkreis 1) das Berg- und Hütten-Amt Bergen, 2) die Porzellan-Manufaktur zu Nymphenburg.

II. Im Unter-Donau-Kreise 3) das Berg- und Hütten-Amt Bodenmais.

III. Im Regenkreise 4) das Bergamt Amberg, 5) das Berg- und Hütten-Amt Bodenwöhr.

IV. Im Ober-Donau-Kreise 6) das Berg- und Hüttenamt Santhofen, 7) das Hüttenamt Schüttendobl.

V. Im Ober-Main-Kreise 8) das Berg-Amt Lichtenberg-Kaulsdorf zu Steben, 9) das Bergamt Wunsiedel, 10) das Berg- und Hüttenamt Fichtelberg, 11) das Eisenhütten-Faktorei-Amt Unterlind, 12) das Berg- und Hüttenamt Königshütte, 13) das Bergamt Kronach, 14) das Berg- und Hüttenamt Stadt Steinach, 15) das Eisenhütten-Faktorei-Amt Weyerhammer.

VI. Im Unter-Mainkreise 16) das Bergamt Kahl.

VII. Im Rezat-Kreise 17) die Berg- und Hüttenprodukten-Niederlage zu Nürnberg.

Im Rheinkreise werden für Königliche Rechnung fünf Steinkohlengruben, nämlich zu St. Jngbert, zu Mittel-Bexbach, zu Odenbach und Roth, zu Reitzengraben bei Ober-Moschel, und zu Seiters bei Ober-Moschel, betrieben.

Von der General-Salinen-Administration, welche jetzt aus einem General-Administrator und acht Salinen-Räthen zusammengesetzt ist, ressortiren, außer den Einleg-(Verkauf-) Aemtern in der Monarchie, die wichtigen Aemter zu Berchtesgaden, Reichenhall, Traunstein und Rosenheim.

Die vier genannten Königlich Bayerschen Salinen bilden eigentlich ein zusammenhängendes Ganzes, und sind durch eine höchst wichtige Soolenleitung enge mit einander verbunden.

Rosenheim.

Südöstlich von München, auf dem Wege nach Rosenheim, steigt die Gegend noch immer unmerklich an, bis man zwischen Peifs und Aibling, aus dem Laufe der Wasser, die nach Osten ihren Abfluß nehmen, gewahr wird, daß man den Höhenzug, welcher das Iser- und das Innthal von einander scheidet, überschritten hat. Durch die Tyroler und Berchtesgadener Gebirge, welche südlich und südöstlich den Horizont begränzen, erhält die Landschaft ein freundlicheres Ansehen. Eine halbe Stunde südöstlich von Aibling durchschneidet man ein Nebenthal des Inn, nämlich das der Mangfall, eines kleinen Flüßchens, welches in der Hauptrichtung von Westen nach Osten fließend, unterhalb Rosenheim in den Inn fällt. Eine starke Stunde lang fährt man am rechten Ufer des Thales der Mangfall fort, begiebt sich dann wieder auf das linke Ufer derselben, und gelangt, nachdem man das linke Ufer der Mangfall eine halbe Stunde lang verfolgt hat, nach dem Städtchen Rosenheim, welches, im Innthal liegend, noch etwa eine Viertelstunde vom Inn entfernt ist.

Die Salinengebäude liegen südlich von der Stadt auf einer kleinen Anhöhe, und bestehen, außer den Wohngebäuden für die Beamten und für einige Arbeiter, aus dem großen Siedehause, aus einem durch hölzerne Brücken mit dem Siedehause zusammenhängenden langen Gebäude, in welchem sich die Reserven befinden, und aus einigen Holz- und Materialien-Schuppen. Ein neues Gebäude, welches die Bestimmung hatte, noch mehrere Reserven aufzunehmen, war eben im Bau begriffen. Die Erbauung der hiesigen Saline ward im Jahr 1811 beendigt, gleichzeitig mit der neuen Soolenleitung von Hammer nach Rosenheim, zu welcher im Jahr 1808 der erste Grund gelegt worden war.

Die von Reichenhall kommende Soole, welche hier versotten wird, enthält 20 Procent Salz. Die zuletzt über die Mangfall, mittelst eines besonderen, von drei Jochen unterstützten Steeges, fortgeführte Soolenleitung, gießt in der Reserve eines Brunnenhauses aus, welches sich auf dem linken Ufer der Mangfall befindet. Aus dieser Reserve wird die Soole durch eine Wasserkunst, welche durch den aus der Mangfall abgeleiteten Mühlbach getrieben wird, 44 Fuß hoch in die Reservoire der Saline gedrückt.

Von diesen Reservoiren befinden sich 6 unmittelbar auf der Sohle des Reserven-Gebäudes, und 2 in der Höhe. Die beiden letztern sind eigentlich nur als Siedekasten zu betrachten, indem sie die Soole aus den untern Reservoiren durch Handpumpen erhalten, und sie dann den Pfannen unmittelbar zuführen. Jedes Reservoir ist im Lichten 43 Fuß lang, 35 Fuß breit, und 9 Fuß tief, so daß sie, bei einem Soolenstande von 8 Fuß, einen Vorrath von 120,000 Kubikfuß Soole enthalten, welcher etwa drei Wochen für die Siedung zureichen soll.

Die Reservoire sind eben so wie diejenigen, in den Reservegebäuden der ganzen Soolenleitung von Berchtesgaden bis Traunstein und Rosenheim, konstruirt. Sie stehen ganz frei über der Erde, ohne daß ein Soolenverlust durch Tröpfelung stattfände. Da das Siedehaus mit dem Reservegebäude in gleichem Niveau aufgeführt ist, so läßt sich aus dem hohen Stande der Siedekasten über den Reservoiren, schon auf die hohe Lage der Pfannen in dem Siedegebäude schließen. Das untere Stockwerk dieses Gebäudes enthält Magazin- und Packräume, so wie die Räume zur Pfannenfeurung, und in dem obern Stockwerk befinden sich die Pfannen und die Trockenanstalten.

Der Siedeproceß wird in den bekannten Claißischen Pfannen verrichtet. Zu jedem Sude gehören nämlich zwei Pfannen, eine Siedepfanne (in Bayern Wärmpfanne) und eine Soggpfanne (dort Sudpfanne). Aus der erstern wird die vorgesottene Soole in die letztere übergeführt, so daß sich der stärkste Pfannenstein in den Vorsiedepfannen absetzt. Die hiesigen Pfannen sind etwa 33 Fuß lang und 30 Fuß breit, oder enthalten eigentlich 1000 Quadratfuß Oberfläche, bei einer Tiefe von 18 Zollen. Sie bestehen aus Schwarzblech, welches kastenförmig gefalzt ist. Die Kasten sind durch Schrauben, und nicht durch Niethen mit einander verbunden, um die schadhaften Bleche leichter auswechseln zu können. Jedes durch diese zusammengestoßenen Kasten gebildete Quadrat ist 15 Zoll lang und breit. Die Schrauben, welche die Kasten mit einander verbinden, sind zwar der Wirkung der Flamme ausgesetzt, allein die Auswechselung eines schadhaft gewordenen Bleches soll doch sehr leicht geschehen können. Obgleich man darauf sieht, daß die Bleche, oder die Kasten, ganz genau von gleicher Größe sind, und daß sie von allen Seiten genau an einander passen, um sie durch die Schrauben so dicht zusammenziehen zu können, daß keine Soole durchsintert; so wendet man doch noch ein besonderes Verdichtungsmittel an, nämlich einen Kitt, welcher aus Hackwerk (gerupftem Hanf), ungelöschtem Kalk und Salzsoole besteht.

In einer Entfernung von 4 Fuß unter dem Kesselboden liegt der Rost. Die Feurungsfläche steigt bis zum hintersten Rande der Pfanne nach und nach dergestalt an, daß die Entfernung derselben vom Pfannenboden, ganz hinten nur 12 Zoll beträgt. Die Pfannen werden unter der Feurungsfläche durch drei Zoll starke gegossene eiserne Tragständer unterstützt, deren Höhe sich nach der Entfernung der Fläche vom Kesselboden richtet. Die Heerde sind folglich Strahlheerde zu nennen, obgleich gar keine bestimmten Abtheilungen für den Flammenzug durch die Tragständer gebildet werden. Die Flamme nimmt zu beiden Seiten der Pfanne ihren Abzug, und wird, nachdem sie zur Erhitzung des Pfannenbodens gedient hat, durch mehrere gemauerte und mit Eisenblech bedeckte Züge hin- und hergeleitet, ehe sie aus der Esse abgeführt wird. Diese Flammenleitungen liegen in den Darr- oder Trockenstuben, die sich auf beiden Seiten der Pfanne befinden. Eine solche Darrvorrichtung in der Trockenstube hat die doppelte Länge einer Pfanne, eine Breite von 6 Fuß, und bildet eine von der hintern, den Pfannenraum begränzenden Scheidewand, nach vorn zu sich schwach neigende Ebene, um das getrocknete Salz bequemer von der Darre wegzunehmen. Die Pfannen sind mit einem hölzernen Brodenfange versehen; und in Rosenheim hatte man, eben so wie in Reichenhall, noch die Einrichtung getroffen, daß man die zur Trockenvorrichtung benutzte Flamme, nicht durch eine besondere Esse (wie in Traunstein), sondern durch die für den Brodenfang bestimmte Abzugsesse abgehen ließ, um dadurch auch einen stärkern Abzug des Brodens durch die größere Verdünnung der Luftschicht über den Pfannen zu bewirken. Daß der beabsichtigte Vortheil wirklich erreicht sey, war aus dem schweren Broden, welcher sich über den Pfannen gelagert hatte, kaum zu bemerken.

Die Vorsiedepfannen stehen durch eine Röhrenleitung mit den Siedekasten in dem Reservengebäude in Verbindung. Die hintere Wand jeder Vorsiedepfanne ist nur durch einen Zwischenraum von 3 Fuß Breite von der hintern Wand der zugehörigen Soggpfanne getrennt, und die letztere liegt nur so viel tiefer als die zugehörige Siedepfanne, daß die vorgesottene Soole aus dieser in jene, durch eine in der Zwischenwand liegende und mit einem Hahn versehene gegossene eiserne Röhre übergeleitet werden kann. Die Soggpfanne ist vorn, wo das niedergeschlagene Salz durch eiserne Krücken ausgezogen wird, mit einer schiefen, etwa 30 Grad gegen die Pfanne geneigten und ebenfalls mit Eisenblech bedeckten Ebene oder Fläche versehen, auf welcher das ausgezogene Salz einige Zeit liegen bleibt, weniger um abzutrocknen, als um die anhängende Soole und Mutterlauge in die Pfanne zurückfließen zu lassen. Von dieser schiefen Ebene kommt es auf die hölzernen Träufelbühnen, auf denen die Mutterlauge (welche durch Rinnen sogleich in die Gaar- und Soggpfanne zurückläuft) völlig abtröpfelt, und nachdem es hier einige Stunden gelegen, wird es zuletzt auf die Darre in der Trockenstube gebracht, woselbst es in der Regel nach sechs Stunden schon den Grad der völligen Trockniß erhalten haben muß, um verpackt werden zu können.

Diesem Siedeverfahren gemäß, ist auch die innere Einrichtung des Siedehauses zweckmäßig getroffen. Es befinden sich darin 8 Pfannen, nämlich vier Vorsiedepfannen und vier Soggpfannen, welche zwar nach der Länge des Gebäudes in einer Reihe hinter einander liegen, aber eine solche Stellung gegen einander erhalten haben, daß immer die hintere Fläche einer Vorsiedepfanne mit der hintern Fläche einer Soggpfanne korrespondirt. Auf beiden Seiten eines solchen Pfannenpaares, also ebenfalls nach der Richtung der Länge des

Gebäudes, liegen die zugehörigen beiden Trockenkammern, welche durch eine Scheidewand von dem Raum, den die Pfannen und der gemeinschaftliche Brodenfang einnehmen, getrennt sind. Zugleich hat man aber auch durch diese Anordnung bewirkt, daß immer zwei und zwei Soggpfannen die vordere oder die Ausziehseite einander zukehren, so daß für zwei Soggpfannen nur ein gemeinschaftlicher Raum für die Träufelbühne nöthig war, weshalb man die Soggpfannen auch weit genug auseinander legte, um die Träufelbühnen zwischen ihnen aufrichten und das Salz von denselben nach den zu jedem Pfannenpaar gehörigen beiden Trockenkammern bringen zu können. Die Räume für die Träufelbühnen gehen durch die ganze Breite des Gebäudes, so daß man durch diese Anordnung in dem 500 Fuß langen und 60 Fuß breiten Gebäude, vier Paar Pfannen mit zweimal vier Trockenkammern, und zwei große 60 Fuß lange und 40 Fuß breite Räume für die Träufelbühnen erhalten hat.

Die Kubicirung der Soole geschieht theils durch die später zu erwähnende Kubicir-Anstalt in dem Brunnenhause, in welchem die Soole aus der Leitung ausgießt, theils durch das wechselseitige Füllen und Aufarbeiten der Reservoirs, deren kubischer Inhalt bekannt ist. Jedes Reservoir ist auch mit einem Soolenmesser versehen, um die Höhe des Soolenstandes dadurch sogleich zu erfahren. Die Siedung wird regelmäßig 14 Tage lang fortgesetzt, und alsdann der Stein ausgehauen. Nach der erhaltenen Angabe soll der Pfannenstein aus den Vorsiedepfannen ganz unhaltig seyn, und blos aus Kalk bestehen, weshalb man ihn wegwirft; der aus den Soggpfannen wird aber zerschlagen und wieder aufgelöset.

Der Soolenverlust durch die Siedung wird hier, wie zu Traunstein und zu Reichenhall, zu 8 Procent angegeben. Die Salzproduktion von Rosenheim beträgt jährlich 180,000 Centn.

Auf den Bayerschen Salinen wird das grobkörnige Salz erst seit der Acquisition der neuen Provinzen am Rhein, welche sich an den Gebrauch des feinkörnigen Salzes nicht gewöhnen wollten, bereitet. Früher ist blos feinkörniges Salz gesotten worden; auch ist die Bereitung des grobkörnigen Salzes nur als eine Ausnahme von der Regel anzusehen. Gewöhnlich wird die Mutterlauge zur Bereitung des grobkörnigen Salzes angewendet, indem sie in hölzerne Krystallisirgefäße geleitet wird, in welchen das Salz sich absetzen muß. Wenn keine Ausscheidung mehr erfolgt, wird die Mutterlauge noch einmal in die Pfanne geleitet, stärker abgedampft, dann wieder in die hölzernen Gefäße gebracht, und dieser Prozeß so oft wiederholt, und so lange fortgesetzt, bis die Mutterlauge schmierig wird und sehr stark gefärbt zu werden anfängt, in welchem Zustande sie dann weggegossen wird. — Nur dann, wenn die Mutterlaugen nicht grobkörniges Salz in zureichender Menge liefern, wird die gaar gesottene Soole aus der Vorsiedepfanne in die hölzernen Krystallisirgefäße geleitet, und dann weiter eben so, wie bei der Mutterlauge erwähnt worden ist, behandelt.

Weil man in der Regel nur feinkörniges Salz anfertigt, so findet in der Behandlung der Vorsiede- und der Soggpfannen kein Unterschied statt, sondern man läßt die Soole in den letztern fast eben so stark als in den erstern aufsieden. Der Holzverbrauch zu 100 Centner Salz aus 20grädiger Soole, ward zu 6 Klaftern (die Klafter zu 126 Kubikfuß gerechnet) angegeben. Dies betrüge auf 100 Berliner Centner 555 rheinl. Kubikfuß. *)

Der

*) Bei diesen und allen folgenden Gewichts- und Raumes-Angaben liegen folgende Verhältnisse zum Grunde:

1 Bayr.

Der jährliche Holzbedarf der Saline Rosenheim beträgt über 12,000 Klaftern, welche aus den waldreichen Gegenden im Innthal und aus dessen oberhalb Rosenheim befindlichen Nebenthälern, besonders aus dem Thal der Mangfall, erfolgen.

Traunstein.

Trüber, aber weniger blau gefärbt als die Iser, erscheint das Wasser des Inn, dessen Thalgrund jedoch nur mit Kalkgeschieben ausgefüllt zu seyn scheint, indem die Grünsteingeschiebe fast als eine Seltenheit zu betrachten sind. Bei Rosenheim ist das linke Ufer des Inn ganz flach, das rechte steigt aber gegen 100 Fuß ziemlich steil in die Höhe, und bildet den sogenannten Schloßberg. Weil das Hauptabfallen der Gegend von Süden nach Norden gerichtet, und die von Reichenhall kommende Soolenleitung, wenigstens von der Reserve bei Hammer an, von Osten nach Westen fortgeführt ist, so scheint es, daß man beim Verfolgen der Soolenleitung immer in einer söhligen Ebene fortgehe. Außer einigen unbedeutenden kleinen Bächen, hat die Soolenleitung nur die Thäler der Prien und der Acha, zweier kleiner Flüsse, die von Süden nach Norden fließend, vom Chiem-See aufgenommen werden, und dann ihre Namen verlieren, so wie die Thäler der weißen und rothen Traun, die sich unterhalb Hammer vereinigen und die Traun bilden, zu überwinden. Die

1 Bayr. Centner = 100 Bayr. Pfunde.
1 " Pfund = 11,682 holl. Aß.
1 Berl. Centner = 110 Berl. Pfunde.
1 " Pfund = 9747 holl. Aß.
100 Berliner Pfunde folglich = 83,44 Bayr. Pfunde.
1 Bayr. Fuß = 129,53 Pariser Linien.
1 Berl. " = 139,13 " "
100 Berliner Kubikfuß folglich = 125 Bayr. Kubikfuß.

Soolenleitung von Hammer nach Rosenheim ist also südlich vom Chiem-See fortgeführt. Bei Hammer, auf dem rechten Ufer der rothen Traun, befindet sich die Haupt-Reserve für die von Reichenhall kommende Soole, und dort ist auch der Theilungspunkt für dieselbe, indem von dort ein Theil der Soole nach Traunstein, und ein zweiter Theil nach Rosenheim abgegeben wird. Die nach Traunstein abgehende Soolenleitung ist im Thale der rothen Traun und in dem der Traun, von Süden nach Norden, und zwar auf dem rechten Ufer des Flusses, fortgeführt, indem der starke natürliche Abfall des Terrains von Hammer nach Traunstein hinlängliches Gefälle für die Soolenleitung darbietet. Die nach Rosenheim abgehende Soole muß aber, ungeachtet Rosenheim etwa 450 Fuß tiefer als Hammer liegen mag, über die Höhenzüge, welche die Thäler der rothen Traun, der weißen Traun, der Acha und der Prien von einander trennen, durch Druckwerke gehoben werden.

Der gewöhnliche Weg, den man von Rosenheim nach Traunstein nimmt, führt um die nördliche Spitze des Chiem-Sees oder des sogenannten Bayerschen Meeres. Dieser schöne See liegt zwar ganz in der Ebene, und hat gegen Norden, Osten und Westen flache Ufer; allein gegen Süden erscheinen die Tyroler Gebirge bei Kuffstein, St. Johann und Lofers im Hintergrunde, und geben ihm einen eigenthümlichen Reiz. Auch tragen die Inseln Herren- und Frauen-Chiem, so wie das klare, meergrüne Wasser des Sees, sehr viel zu seiner Verschönerung bei. Das Wasser, welches der See nicht fassen kann, hat sich auf der nördlichen Spitze desselben durch die Alz, deren schönes klares Wasser sich zwei Meilen unterhalb Traunstein mit der Traun vereinigt, einen Abfluß gebildet, an welchem sich das Dorf Seebrück höchst malerisch fortzieht.

Bemerkenswerth ist die Bedachungsart der Landhäuser, welche schon von Regensburg an, hin und wieder vorkommt, und immer gewöhnlicher wird, je mehr man sich dem Berchtesgadenschen nähert. Die Dächer sind außerordentlich flach, welches bei dem vielen Regen und Schnee in jener Gegend sehr auffallend ist, und mit breiten hölzernen Schindeln bedeckt, die aber nicht durch Nägel, sondern durch untereinanderliegende Reihen von Stangen, oder schmalen Latten, welche mit Steinen beschwert sind, festgehalten werden. Ein solches Dach hat daher eine große Steinmasse zu tragen. Für Siedegebäude, bei denen die eisernen Nägel nicht halten wollen und leicht angefressen werden, mag diese Art der Bedachung nicht ganz unzweckmäßig seyn.

Nicht allein der Klee, sondern auch das Getreide werden im südlichen Bayern, so wie überall in Ober- und Niederösterreich, nicht auf dem Schwaden, sondern auf Kreuzstangen getrocknet. Das Getreide wird nicht in Garben gebunden, sondern in Bündeln von etwa 3 Zoll Durchmesser auf den Kreuzstangen dergestalt aufgespießt, daß die Bündel, längs der ganzen Höhe der Stange, ihre Aehren allen Weltgegenden zukehren. Der oberste Getreidebündel wird dann auf der Spitze der Stange mit dem Stoppelende in die Höhe gekehrt, und bildet ein Dach für alle darunter befindlichen. Auf diese Art trocknet das Getreide schneller ab, welches besonders bei starkem Graswuchs und bei veränderlichem Wetter von großer Wichtigkeit ist. Man achtet des ganzen und glatten Strohes in dieser Gegend nicht viel, weshalb die Dreschmaschinen auch schon allgemeiner zu werden anfangen. Die mehrsten dieser Maschinen bestehen aus einer kreisrunden, um den Mittelpunkt beweglichen Tenne, auf welcher die in der Richtung eines Halbmessers neben einander gestellten Stempel eines Pochwerks niederfallen. Durch die Kreisbewegung der Tenne wird alles darauf befindliche Getreide den Stempeln zugeführt, welche mit schief angesetzten Fußhölzern versehen sind, damit die Zwischenräume zwischen je zwei Stempeln nicht nachtheilig werden.

Die Lage von Traunstein, auf dem linken Ufer der Traun, machte es nothwendig, die bis Traunstein auf dem rechten Ufer des Flusses fortgeführte Soolenleitung, vermittelst eines besondern Steges über die Traun zu leiten, indem sich die Salinengebäude in einem besondern Theile der Stadt selbst, in der sogenannten Au, befinden. Die Traunsteiner Saline ist im Jahr 1618 unter dem Herzog Maximilian, durch den Hofkammerrath Schuß, mit Zuziehung des verdienten Baumeisters Reifenstuhl, welcher schon ein Jahr vorher mit der Führung der Soolenleitung von Reichenhall nach Traunstein den Anfang gemacht hatte, erbaut worden. Ihre jetzige Einrichtung hat sie aber erst vor 30 Jahren erhalten. Das Brunnenhaus, in welchem die von Hammer, oder von Reichenhall kommende Soole aufgenommen wird, liegt hart am linken Traunufer. Die alten Salinengebäude sind theils zu Wohnungen und Magazinen, theils zu Reserven für die Soole benutzt. Der Siedekasten oder das Reservoir, aus welchem die Soole den Vorsiedepfannen zugeführt wird, steht im jetzigen Salinengebäude selbst, und erhält die Soole aus dem Brunnenhause, oder aus den Reservoiren, durch ein Druckwerk, welches von einer durch die klaren Wasser der Traun in Bewegung gesetzten Radkunst betrieben wird, und die Soole bis zu dem obern Rande des Reservoirs in die Höhe drückt.

Die hiesige Saline besteht, wie die Rosenheimer, aus vier Paar Pfannen, nämlich aus 4 Soggpfannen und den zugehörigen Vorsiedepfannen. Die Pfannen sind aber kleiner und haben nur 600 Quadratfuß Oberfläche. Die Konstruktion der Pfannen, die Einrichtung bei der Feurung, und überhaupt der ganze Betrieb, kommen mit der Verfahrungsweise in Rosenheim völlig überein. Die einzige Abweichung *) besteht in der innern Einrichtung des Salinengebäudes und in der davon abhängenden Anordnung, wie die Pfannen gestellt sind. Das Siedehaus ist nämlich ein Kreuzgebäude, und besteht aus vier Flügeln, die sich unter einem rechten Winkel durchschneiden. In dem durch diese Durchkreuzung gebildeten mittleren oder Hauptgebäude, steht das Soolen-Reservoir oder der Siedekasten, und in jedem der vier Flügel befinden sich die zwei zusammengehörigen Pfannen. Die Vorsiedepfannen stehen zunächst am Hauptgebäude, um die Soole aus dem Reservoir sogleich aufnehmen zu können, und hinter jeder Wärmpfanne, also im vordern Theil eines jeden Flügels, die zugehörigen Soggpfannen. Die zu jedem Pfannenpaar gehörigen beiden Trockenkammern liegen auf beiden Seiten der Pfannen in den vier Flügelgebäuden. Durch diese Anordnung hat jede Soggpfanne ihre eigenen Träufelbühnen erhalten müssen, welche sich in dem vordersten Theile eines jeden Flügelgebäudes befinden.

Den erforderlichen Holzbedarf von jährlich 10,000 Klaftern erhält die Saline aus den Waldungen des Traungebiets. Die Flösserei-Vorrichtungen und der Holzrechen, zum Abschlagen des Flußwassers und zum Zusammenbringen des angeflößten Holzes, sind eben so dauerhaft als zweckmäßig ausgeführt.

*) Daß die zur Trockenvorrichtung schon benutzte Flamme durch eine besondere Esse, und nicht, wie zu Rosenheim und Reichenhall, gleichzeitig mit dem Broden aus der Esse über den Brodenfängen abzieht, ist bereits erwähnt.

Bergen.

An der Weißbach, einem kleinen Gebirgswässerchen, welches nach unendlich vielen Krümmungen in die Acha, und mit dieser in den Chiem-See geht, liegt in dem Vorgebirge der Tyroler Alpenkette, welche sich durch Berchtesgaden ins Salzburgische zieht, das Eisenhüttenwerk Bergen, welches die größte und wichtigste Eisenhütte des Königreichs ist.

Das Werk besteht aus einem großen und geräumigen Hüttengebäude, in welchem sich ein hoher Blauofen mit dem Gebläse und den Gießereivorrichtungen, so wie ein Schlackenpochwerk befinden; aus den mit dem Ofengebäude unmittelbar zusammenhängenden großen massiven Kohlenschuppen und einer massiven Erzgrube; aus einem alten hölzernen Frischhüttengebäude mit zwei Feuern und zwei Hämmern, und aus einer Kleinschmiedehütte, worin zwei Wärmfeuer und zwei Hämmer befindlich sind. Der Ofen mit dem Hüttengebäude ist vor 5 Jahren abgebrannt, und ganz neu und zweckmäßig wieder aufgebaut worden. Die Verwaltung des Werkes befindet sich in den Händen eines eben so unterrichteten als thätigen Beamten.

Die Erze, welche hier verschmolzen werden, sind Bohnenerze, welche von sehr neuer Entstehung zu seyn scheinen, indem sie in einer Kalkmasse eingekittet sind, die gänzlich aus Ueberresten von Schaalenthieren besteht. Diese Erze liegen nesterweise in dem Kalkstein, welcher das Vorgebirge der Reichenhaller Alpen ausmacht. Man unterscheidet zwei Sorten, eine lichtere gelbe, und eine dunklere schwarze; erstere soll schwefelkieshaltig, letztere bituminös seyn, weshalb man die Gattirung so einrichtet, daß von den gelben Erzen Ein Theil, und von den schwarzen zwei Theile genommen werden. Aeußerlich sind sie jedoch blos durch ihre Farbe verschieden. Einer Beschickung mit Zuschlägen bedürfen sie nicht, weil sie den Kalk schon bei sich führen, und daher hinreichend leichtflüssig sind. Man bringt sie zu 21 Procent aus. Die Anfuhr zum Werke geschieht nur im Winter, weshalb auch zur Aufbewahrung der für das ganze Jahr erforderlichen Vorräthe, eine große massive Grube vorgerichtet ist, in welche sie bei der Anfuhr hineingestürzt werden.

Die Holzkohlen erhält die Hütte aus den Königlichen Waldungen, welche durch die Salinen-Forst-Administration verwaltet werden, von welcher sie das Holz ankaufen, dann einschlagen, und durch Rutschberge und Flösse mühsam auf den Verkohlungsstätten zusammenbringen lassen muß. Die Kohlen sollen etwa aus $\frac{9}{10}$ weichen und $\frac{1}{10}$ harten bestehen, welche auch sämmtlich im Winter angefahren werden, weshalb man sehr großer Räume bedarf, die nach dem Brande sämmtlich massiv eingerichtet worden sind. Daß das bessere Holz den Salinen verbleibe, und an die Hütte mehrentheils das schlechtere gegeben werde, ist eine sehr natürliche Klage der Hüttenverwaltung.

Die Gestellsteine sind ein kalkiger, sehr glimmeriger Sandstein, der aber im Feuer sehr gut stehen soll. Man wendet hier kupferne Formen und gegossene Düsen an.

Der Ofen ist 30 Fuß hoch *) und ein Blauofen mit Gestell, von einem Hohenofen also dadurch verschieden, daß er keine offene Brust, oder kein Vordergestell hat. Von den gewöhnlichen hohen Blauöfen unterscheidet sich der hiesige Ofen sehr vortheilhaft durch sein hohes Gestell, nämlich durch die Verengung des Schmelzraums, wodurch unbezweifelt eine große Kohlenersparung bewirkt wird. Ueberhaupt sind alle Verhältnisse des Ofens mit einer solchen sachkundigen Ueberlegung gewählt, daß dem Eisenhüttenmann die Besichtigung dieses Werkes große Freude gewähren muß.

*) Die folgenden Angaben sind sämmtlich nach Bayerschem Maaß. 100 Fuß Bayerisch = 92,95 Rheinländisch.

Der 9 Zoll starke Bodenstein (von Sandstein) liegt auf einer eisernen Platte, unter welcher sich ein Tümpel befindet, mit welchem zwei eiserne Röhren zur Ableitung der Feuchtigkeit korrespondiren, die in den beiden Formgewölben ihren Ausgang haben, aber mit Stöpseln verschlossen sind, um nicht zu viel Hitze entweichen zu lassen. Das Gestell ist 7 Fuß hoch, viereckig, oben vier Fuß und unten zwei Fuß im Quadrat. Die Gestellsteine sind zwei Fuß dick, und so stark sind auch die Kernschachtsteine, welche aus demselben Sandstein wie die Gestellsteine bestehen. Zwischen dem Kernschacht und der Rauhmauer sind Oeffnungen gelassen, welche als spiralförmig gewundene Abzüchte in die Höhe geführt, und von Distanz zu Distanz mit horizontalen Abzüchten, welche durch die Rauhmauer gehen, in Verbindung gesetzt sind. Wo jene Abzüchte oben auf der Gicht ausmünden, sind über den Oeffnungen, um das Hineinfallen des Gichtsandes zu verhüten, alte unbrauchbar gewordene Düsen aufgestellt. Die Gichtmauer ist noch einige 20 Fuß über die Gicht in die Höhe geführt, wodurch ein schneller Abzug der Gichtflamme bewirkt wird. Der Durchschnitt des Schachtes und der Rast, von der Gicht bis zum Anfange des Gestellraums, ist kreisförmig. Wo das Gestell sich endigt, schließt sich die Rast unter einem Winkel von 64 Graden und in einer senkrechten Höhe von 4 Fuß dergestalt an, daß die größte Weite des Schachtes im Kohlensack 9 Fuß im Durchmesser beträgt. Die Gicht ist 4 Fuß weit, geht in dieser Weite 5 Fuß tief cylindrisch nieder, und ist mit eisernen Platten belegt. Der Ofen wird mit zwei Formen betrieben, von denen die eine 19, die andere 18 Zoll vom Boden entfernt ist. Beide blasen etwas nach hinten, die eine mehr als die andere. Die eine hat $2\frac{1}{2}$, die andere $2\frac{1}{4}$ Zoll im Durchmesser, und so weit sind auch die zugehörigen Düsen. In der Mitte der Vorwand befindet sich, 12 Zoll vom Boden entfernt, die Oeffnung zum Schlackenstechen. Die Stichöffnung für das Eisen ist auf der einen Seite in der Brustmauer oder Vorwand, in gleicher Höhe mit dem Bodenstein angebracht. Die, etwa in der Formhöhe, in der Vorwand des Ofens befindliche Leuchtöffnung, ist ein Beweis von der Leichtflüssigkeit der Erze und von der Gutartigkeit der Schlacke.

Der Gichtboden steht auf der einen Seite mit den Kohlenschuppen, und auf einer andern Seite, vermittelst eines inklinirten Plans, welcher mit einer eisernen Schienenstraße versehen ist, mit der Erzgrube in Verbindung. Ein vierräderiger Erzwagen, welcher etwa 20 Centner Erz fassen mag, wird durch ein um die Pochradwelle geschlungenes Seil (welches über eine auf dem Gichtboden hängende Rolle oder Scheibe geht, und dann an dem Wagen befestigt ist) auf der Schienenstraße in die Höhe gezogen, auf dem Gichtboden ausgeleert, und dann durch sein eigenes Gewicht auf der geneigten Ebene wieder hinunter gelassen. Damit der Hund zwischen den Straßschienen nicht ausweiche, ist er, statt des Spurnagels, noch mit zwei horizontal liegenden Friktionsscheiben versehen. Das Gebläse besteht aus vier hölzernen Kasten, welche als Doppelbläser eingerichtet sind. Ein 25 Fuß hohes oberschlächtiges Rad setzt alle vier Kasten, von denen sich auf jeder Seite des Rades zwei befinden, in Bewegung. Jeder Kasten ist 4 Fuß lang und breit, und hat eine Hubhöhe von 3 Fuß 6 Zoll, welches, bei dem gewöhnlich stattfindenden fünfmaligen Wechsel des Gebläses, eine Luftmenge von mehr als 2000 Kubikfuß für die Minute geben würde, welcher Windmenge folglich eine Geschwindigkeit (bei den oben angegebenen Düsenöffnungen) von 300 Fuß in der Sekunde, oder einer drückenden Wassersäule von 24 Zoll Höhe, entspräche. Die Luft wird den Einlaßventilen durch hölzerne Lutten von oben zugeführt, um den Hüttenstaub nicht in die Kasten zu bringen. Besser würde man wohl gethan haben, sie aus der kühlen Radstube zu nehmen. Der Wind von allen vier Kasten sammelt sich in einem gemeinschaftlichen Kasten von etwa 60 Kubikfuß Inhalt, aus welchem er beiden Formen durch eiserne Röhren zugeleitet wird.

Die Erzgicht wird gewogen; auch die Kohlengichten werden von Zeit zu Zeit zur Kontrolle abgewogen. Das Aufgeben der Erze geschieht in einem viereckigen Kasten, welcher auf den Arm eines Krahns gestellt wird, der genau die Höhe der Gicht vom Gichtboden hat, so daß der gefüllte Kasten, wenn der Aufgeber den Arm des Krahns mit einiger Heftigkeit gegen die Gicht stößt, von selbst auf die eiserne Platte rutscht, mit welcher die Gicht vorn eingefaßt ist, und dann mit leichter Mühe umgekehrt werden kann. Das Aufgeben der Kohlen geschieht in runden, geflochtenen hölzernen Körben. Zu jeder Kohlengicht werden oben einige Braschenkohlen genommen, um das Durchlaufen der feinen Bohnenerze zu verhüten.

Die Kohlengicht besteht aus 22 Kubikfuß. Größere Gichten sollen, nach Aussage des Herrn Oberbergfaktors Stölzel, nicht gutgethan haben, weil der stärkere Erzsatz das Durchlaufen der kleinen Erze zu sehr befördert haben soll. Auf das angegebene Kohlenquantum werden in der Regel drei Centner 60 Pfund Erz gesetzt. In 12 Stunden gehen 38 bis 40 Gichten. Das wöchentliche Ausbringen des Ofens beträgt im Durchschnitt 450 Centner; er soll aber schon über 600 gegeben haben. Jetzt (im August) war der Ofen 3 Jahre und 7 Monate in ununterbrochenem Betriebe. Bei dem angenommenen Ausbringen der Erze von 21 Procent, erfordern 100 Pfund Roheisen gegen 29 Kubikfuß Kohlen (oder 100 Berliner Pfund Roheisen 19,25 Rheinländische

Kubikfuß Holzkohlen). Eben so werden bei 100 Bayr. Kubikfuß Kohlen 1637 Bayr. Pfund Beschickung (oder bei 100 Rheinl. Kubikfuß Kohlen 2450 Berliner Pfund Beschickung) verschmolzen.

Alle vier Stunden wird Roheisen abgestochen. Nach der Schlacke sticht man gewöhnlich alle zwei Stunden, also zwischen jedem Roheisenabstich Einmal. In dem Arbeitsgewölbe befindet sich links der Raum für das Ansammeln des abgestochenen Roheisens, welches in einen aus Formsand gebildeten Tümpel geleitet wird, und rechts die obere, ebenfalls aus Formsand gebildete Schlackengrube. Unter der letzteren, und schon vor dem Arbeitsgewölbe, liegt eine zweite, ebenfalls aus Sand gebildete Schlackengrube, die etwa 2½ Fuß im Durchmesser haben mag, 2 Fuß tief ist, und sich nach unten spitz verläuft. Die obere Schlackengrube nimmt die Schlacke aus dem Ofen auf; aus dieser wird sie dann in die untere Grube gelassen, in welche Wasser gegossen wird, so daß die Schlacke beim Hineinlaufen in diese Grube sehr stark kocht und aufschäumt, welches man durch wiederholtes Begießen der Schlacke mit Wasser noch zu befördern sucht. Dadurch bildet sie einen großen porösen, bimmsteinartigen Klumpen, welcher ausgebrochen und dann zerschlagen wird, um als Baustein zu dienen. Von diesen Schlackensteinen macht man, wegen ihrer großen Leichtigkeit, in der ganzen Gegend häufig Gebrauch, und wendet sie vorzüglich zu den Scheidewänden im Innern der Gebäude an. Die Klafter wird mit 3 bis 4 Gulden bezahlt; der Ertrag ist ein Accidenz für die Ofenarbeiter.

Beim Abstechen des Eisens wird dieses zuerst in den oben erwähnten, seitwärts vor der Stichöffnung liegenden Tümpel geleitet, aus welchem die gleichzeitig mit auslaufende Schlacke in die erste oder oberste Schlackengrube tritt, sobald der Eisentümpel so weit voll ist, daß die Schlacke herausgedrängt wird. Das Roheisen wird dann aus dem Tümpel entweder in die vor demselben befindlichen Roheisenformen (welche die Gestalt der gewöhnlichen Roheisengänze haben) geleitet; oder, wenn Gußwaaren angefertigt werden sollen, mit Handkellen ausgeschöpft. Die Schlacke aber wird, wie beim Schlackenabstich, aus der obern in die untere Grube gelassen. Diejenige Schlacke, welche in dem obern Schlackensumpf und über dem abgestochenen Eisen im Eisentümpel zurückbleibt, wird unter einem gewöhnlichen Schlackenstampfwerk gepocht, und das erhaltene Wascheisen im Frischfeuer verarbeitet.

Die Stichöffnung wird mit Schlacke verstopft, dann ein Stück Sandstein hineingestoßen und wieder Schlacke vorgebracht, indem die große Leichtflüssigkeit des Eisens diese Behandlung des Stiches gestattet.

Das Gebläse wird ganz regelmäßig alle 14 Tage nachgesehen und in allen Theilen revidirt, welches eine höchst lobenswerthe Einrichtung ist, wodurch der ununterbrochene und ungestörte Fortgang des Betriebes möglich gemacht wird. Die jährliche Produktion des Ofens soll 24,000 Centner Roheisen seyn, worunter sich etwa 5000 Centner Gußwaaren befinden sollen, welche größtentheils in Röhren und Maschinensachen für die Salinen und für die Soolenleitung, ferner in Wasserkasten und Ofenplatten bestehen. Vor dem Brande waren auf dem Werke zwei Oefen im Betriebe; man beabsichtigt auch jetzt, den zweiten Ofen wieder aufzubauen.

Die Gußwaaren, welche das Werk liefert, werden sämmtlich in Sand geformt; nur ausnahmsweise kommen zuweilen einige Lehmformen vor. Die Sandförmerei hat hier einen hohen Grad von Vollkommenheit erlangt, welches der verständigen und thätigen Aufsicht, der großen Fertigkeit und Uebung der Förmer, und der großen Sorgfalt zuzuschreiben ist, welche man auf die Beschaffenheit des Formsandes verwendet, welcher in einer Entfernung von drei Meilen von der Hütte geholt wird. Man sieht hier die schönsten und vollkommensten Getriebräder, auf offnem Heerd ohne alle Lehmkerne, gegossen. Ganz besonders zeichnet sich aber die Gießerei durch die vortrefflichen Röhren aus, welche sie liefert. Diese werden in hölzernen (beim Guß etwas geneigt gestellten) Kasten, durchaus in Sand mit eingelegten Lehmkernen gegossen. Die Formen können 36 Stunden lang stehen, ohne zu sehr einzutrocknen und zum Guß unbrauchbar zu werden. Die Röhren zu den Wasser- und Soolenleitungen erhalten an dem einen Ende einen kleinen Vorsprung vor den Kränzen, und an dem andern Ende einen Falz, in welchem der Vorsprung der vorhergehenden Röhre hineinpaßt. Die Schraubenlöcher in den Kränzen sind mit einer Sorgsamkeit und Genauigkeit angesetzt, welche nichts zu wünschen übrig lassen.

Alle Röhren werden vor der Ablieferung mit der Wasserpresse probirt. Zu dem Ende werden sie unten mit einer messingenen Scheibe hermetisch verspundet, in diesem verspundeten Zustande senkrecht, auf einer festen Unterlage stehend, aufgestellt, mit Wasser angefüllt, und mit einer zweiten Messingscheibe oben eben so verspundet. Diese zweite Messingscheibe ist mit einem kleinen einzölligen Cylinder von 6 Zoll Höhe versehen, der sehr genau und sorgfältig ausgebohrt ist, und in welchem ein ganz genau abgedrehter und polirter eiserner Stiefel oder Kolben paßt, der sich oben in einer Spitze endigt, worauf eine Waagschaale mit einer ausgehöhlten stählernen Kappe gesetzt, und die Schaale dann mit Gewichten belastet wird, nachdem der kleine messingene Cylinder vorher größtentheils mit Wasser angefüllt worden ist. Je nachdem die Röhren einem größern oder geringern Drucke widerstehen sollen, wird die Schaale mehr oder weniger belastet. Die Steigeröhren für die Soole bei der großen Wassersäulenmaschine zu Illsang, sind zum Theil mit einem Druck, welcher einer Wassersäule von 4000 Fuß korrespondirt, probirt worden.

Das große und wohlverdiente Lob, welches dem Betriebe des Hohenofens und der Gießerei gebührt, kann dem hiesigen Frischhüttenbetriebe nicht zu Theil werden. Das gehende Zeug entspricht dem äußern Zustande des Frischhüttengebäudes. Das Gebläse besteht aus Spitzbalgen, und das Hammergerüst aus zwei Schwanzhämmern, welche beide gegossen sind, und von denen der eine, zum Bearbeiten der Deule bestimmte, 7 Centner, und der zweite, welcher zum Abfassen der Kolben und zur Anfertigung des Prügeleisens dient, 4 Centner wiegt. Die Frischhütte liefert nämlich kein fertiges Stabeisen, sondern nur ein Materialeisen, welches im Kleinschmidtfeuer weiter bearbeitet wird.

Das Verfahren, welches man beim Verfrischen des Roheisens anwendet, nähert sich am mehrsten demjenigen, welches der Löschfeuerschmiede zum Grunde liegt, nur daß kein Zusatz von altem geschmiedeten Eisen stattfindet, sondern das Roheisen für sich allein verarbeitet wird. Der Schmelz- und Frischproceß, und der Ausschmiedeproceß, sind gänzlich von einander getrennt; auch wird die Arbeit nicht ununterbrochen fortgesetzt, sondern täglich nur Eine Schicht gemacht, in welcher jedes von den beiden Feuern zweimal ausschmiedet. In dieser Verfahrungsart liegt größtentheils der Grund zu dem ungemein hohen Kohlenverbrauch, welcher hier stattfindet.

Die Feuer sind vom Boden bis zum Wind 7 Zoll tief. Die Form sticht so stark, daß der Wind den waagrecht liegenden Boden in dessen Mitte trifft. Das Feuer ist aus eisernen Platten zusammengesetzt, und auch mit einem gegossenen

Boden versehen; aber dieser ist 6 Zoll hoch mit fein gepochter Frischschlacke bedeckt, welche den eigentlichen Frischboden bildet. Das Roheisen wird in der Gestalt von Gänzen bei der Gicht angesetzt, und es werden zu jedem Deul gegen 3 Centner ganz langsam eingeschmolzen. Gearbeitet wird gar nicht im Heerde, indem der Wind das Eisen selbst gaar machen muß, welches man durch gaarende Zuschläge zu befördern sucht. Nach Verlauf von 4 bis 5 Stunden ist das Einschmelzen beendigt. Man läßt den Wind noch etwas über das eingeschmolzene Eisen fortstreichen, und schreitet dann zum Ausbrechen des Deuls, welcher unter dem schweren Hammer gezängt und in Schirbel gehauen wird. Diese Schirbel kommen nun einzeln ins Feuer, erhalten Schweißhitze, und werden unter dem kleinen Hammer zu Prügeleisen ausgeschmiedet. Zum Ausschmieden werden 3 bis 4 Stunden Zeit erfordert. Weil die Frischfeuer kein fertiges Stabeisen liefern, so können sich beide Feuer des Deul- und Prügeleisen-Hammers gemeinschaftlich bedienen, ohne sich einander beim Ausschmieden sehr zu stören. Die wöchentliche Erzeugung eines Feuers ist nur 25 bis 28 Centner, so daß beide Feuer nur 50 bis 56 Centner Materialeisen liefern. Der Roheisenabgang soll 20 Procent betragen, und der Kohlenaufwand wird zu 62 Kubikfuß für den Centner angegeben. Dies giebt auf 100 Berliner Pfund Stabeisen einen Kohlenaufwand von 40 Rheinl. Kubikfuß, statt daß bei der deutschen Frischmethode, wie sie z. B. in Schlesien angewendet wird, zu 100 Berliner Pfund v e r k a u f b a r e m Stabeisen doch höchstens nur 18 Rheinl. Kubikfuß Kohlen verbraucht werden, wobei jedes Feuer wöchentlich 40 bis 60 Centner fertiges Stabeisen liefert.

Die Kleinschmidtfeuer, welche das Prügeleisen zur weitern Verarbeitung erhalten, sind gewöhnliche Wärmessen. In dem Hüttengebäude befinden sich zwei Schwanzhämmer, welche aber nicht gegossen, sondern geschmiedet sind. Die Kleinschmiede sind verbunden, auf 123 Pfund Prügeleisen 120 Pfund Stabeisen zu liefern. Der Kohlenverbrauch ist ihnen überlassen, indem sie für den Centner abgeliefertes Stabeisen etwas Gewisses an Lohn und Kohlen erhalten.

Das gewöhnliche Stabeisen ward jetzt auf der Hütte mit 11 Gulden, das Band- und Zaineisen mit 13 Gulden (nach dem 24-Gulden-Fuß), für den Centner von 100 Pfund Bayerisch bezahlt.

Reichenhall.

Nicht weit unterhalb Siegsdorf, an der weißen Traun, erfolgt die Vereinigung dieses Flüßchens mit der rothen Traun. Mit Recht haben beide einen gemeinschaftlichen Namen erhalten, weil ihre Quellen aus der Alpe, welche den Sulzberg bildet, gemeinschaftlich entspringen. So sanft der Sulzberg von Norden nach Süden anzusteigen scheint, so jähe ist sein Abfallen nach Osten und Westen. Deshalb steigt das Thal der rothen Traun, in welcher die Soolenleitung fortgeführt ist, noch immer sanft an, obgleich man sich, bald oberhalb Hammer, auf beiden Seiten des Weges mit Einemmale von schroffen Alpen umgeben sieht. Nichts ist überraschender, als so plötzlich und fast ohne allen Uebergang, aus einer dem Anschein nach flachen Gegend, zwischen hohe und steile Alpen versetzt zu werden. Der eigenthümliche erhabene Charakter des Alpengebirges erhöhet den Zauber, der Jeden befällt, welcher zum erstenmal diese Gegenden betritt, und der nur die sanften und gerundeten Formen der Urgebirge und der Gebirge mit regelmäßiger Schichtung kennt.

Die Soolenleitung verfolgt das Traungebiet bis zur Scharnkopfalpe, welche den Wasserscheider zwischen der Traun

und

und der Salach macht. Von schroffen Alpen rings umgeben, und noch höhere Alpenketten vor sich erblickend, begreift man im ersten Augenblick kaum den Abfall der Wasser nach Südost, weil man, aus dem flachen Lande kommend, den Lauf des Wassers nach Norden vermuthet. Die Quellen der Weißbach am südlichen Gehänge des Scharnkopfs gehören aber schon zum Flußgebiet der Salach, die mit raschem Laufe Reichenhall erreicht, um bald nachher die Gränze zwischen Bayern und Oesterreich zu bilden und sich etwa eine Stunde unterhalb Salzburg mit der Salza zu vereinigen.

Vom Scharnkopf bis Wegscheid folgt der Weg nach Reichenhall, und mit ihm die Soolenleitung, dem Laufe der Weißbach von Nordwest nach Südost. Bei Wegscheid eilt die Weißbach mit ganz südlicher Richtung der Salach zu, und hier trennen sich die Wege nach Tyrol und nach Reichenhall, ersterer dem Thale der Weißbach folgend, letzterer in fast entgegengesetzter Richtung in einem anmuthigen Gebirgsthale fortgehend. Das Abfallen des Gebirges vom Scharnkopf bis Reichenhall hat die Erbauung von mehreren Druckwerken nothwendig gemacht, um die Soole, deren Leitung am Thalgehänge fortgeführt ist, nach und nach bis über die Einsattelung des Thales am Fuße des Scharnkopfs zu heben.

So wie man die Wasserscheide am Fuße des Scharnkopfs erreicht hat, senkt man sich in das von der Weißbach gebildete Thal hinab, überall von hohen Kalkmassen umgeben, deren schroffe Abhänge aller Vegetation unzugänglich sind. Nur auf eine kurze Strecke bleibt der Weg in der Thalsohle; schon von der sogenannten Lettenklause an, ist er am linken Thalgehänge, mit vieler Kunst und Mühe, zum Theil durch Felsen gehauen und mit massiven Brustmauern, nach dem Abhange zu, versehen, fortgeführt, so daß man oft schauerlich schöne Abgründe unter sich erblickt, in denen die Weißbach fortrauscht, von fast senkrecht abfallenden Felsenwänden eingeschlossen, und von beiden Thalgehängen neue Zuflüsse erhaltend. *) Die Wassersäulenmaschinen zu Nagling und Weißbach stehen im Weißbachthal, die zu Nösselgraben aber schon in dem Gebirgsthale, welches sich nach Reichenhall fortzieht. Hier ist das Thal breiter und der Abfall des Gebirges weniger stark. Von Nösselgraben bis Reichenhall wird die Sohle noch zweimal, zusammen über 400 Fuß hoch, nämlich zu Seebügel und zu Fager, gehoben. Bei Fager öffnet sich das Thal der Salach, und eine schöne grüne Aue bildet den Vordergrund von Reichenhall, welches, am rechten Ufer der bläulichen, schnell strömenden und wasserreichen Salach liegend, von einem Gebirgskranze eingefaßt zu seyn scheint, der nur nach Nordosten durch das immer breiter werdende Thal der Salach durchbrochen ist. Die Aussicht vom Gradirwerke und vom Brunnenhause zu Reichenhall gehören zu den malerischesten und schönsten, die es geben kann.

Reichenhall ist gewissermaßen der Koncentrationspunkt für alle Salinen; denn nicht allein daß Traunstein und Rosenheim von hier aus mit Soole versorgt werden, und daß Berchtesgaden seinen Ueberfluß hierher absetzt, um in Verbindung mit der hiesigen Quellsoole auf den drei, in den alten Bayerschen Staaten befindlichen Salinen, verarbeitet zu werden, sind zu Reichenhall auch alle die Maschinenwerkstätten vorhanden, welche die sämmtlichen Salinen mit einem großen Theil der erforderlichen Betriebsbedürfnisse versehen. Die Verwaltung der Reichenhaller Saline ist daher eben so ausgedehnt als wichtig, und erfordert einen so kenntnißvollen, um-

*) Diese Straße ist im Jahr 1618 unter dem Kurfürsten Maximilian I. gebauet worden, als durch den Baumeister Reifenstuhl die Soolenleitung von Reichenhall nach Traunstein geführt ward.

fichtigen und thätigen Mann, als sie in der Person des jetzigen Betriebsbeamten zu besitzen das Glück hat.

Das Brunnenhaus mit dem Soolbrunnen, die Koktur und die Magazine befinden sich in der Stadt, das Gradirwerk liegt aber in einer geringen Entfernung von etwa 1500 Schritten, nördlich von der Stadt, in dem Thale, welches sich durch den Durchbruch der Salach gebildet hat. Oestlich von Reichenhall, zwischen einem aus der Salach abgeleiteten Kanal — welcher die Aufschlagwasser für die verschiedenen Maschinenwerkstätten und für die Radkunst hergiebt, durch welche die zu gradirende Soole auf die Gradirfälle gehoben wird — und dem rechten Ufer der Salach, sind die ausgedehnten, kunstreichen, und der Ewigkeit trotzenden Holzflösserei-Vorrichtungen und Holzrechen, auf welchen der Holzbedarf, den die Saline aus dem Flußgebiet der Salach bezieht, zusammengebracht wird. Der jährliche Holzverbrauch wird zu 16,000 Klaftern *) angegeben. Zwischen der Stadt und dem Gradirwerke befinden sich die sämmtlichen Werkstätten, nämlich die Frischhütte zur Anfertigung des Blecheisens, die Blechschmiede, die Pfannenblechfabrik, die Maschinenfabrik mit den zugehörigen Schlosserwerkstätten, Handschmieden und Geräthschmieden, so wie das große Gebäude zur Anfertigung der Salztonnen. Dieses letztere ist einem Unternehmer in Pacht gegeben, und wird nicht für Rechnung des Werkes betrieben. Die Dauben und Boden zu den Fässern werden hier unmittelbar aus den Brettklötzen bereitet, weshalb in dem großen Gebäude Sägemaschinen aller Art, vom Schneiden der rohen Bretter aus den Blöcken an, bis zur völligen Vollendung der Dauben und Boden, aus denen die Salztonnen zusammengesetzt werden, vorhanden sind.

*) Die Klafter zu 126 Kubikfuß nach Bayerschem Maaß, oder zu 100,8 Kubikfuß Rheinländisch.

Das Eisen zu den Salzpfannenblechen, mit denen die sämmtlichen Bayerschen Salinen von hier versehen werden, wird durch einen ganz eigenthümlichen Proceß, den sogenannten Sinterproceß, *) bereitet, indem man nicht allein auf den Bayerschen, sondern auch auf den Oesterreichschen Salinen im Salzburgschen überzeugt ist, durch ein anderes Verfrischungsverfahren kein zu Salzpfannenblechen brauchbares Stabeisen zu erhalten. In der hiesigen Frischhütte befinden sich drei Feuer, welche durch ein aus zwei hölzernen Doppelkasten bestehendes Gebläse mit Wind versorgt werden. Das zu verfrischende Roheisen, welches man von Bergen bezieht, wird fast weißglühend gemacht, und unter einem Schwanzhammer zerpocht, wodurch es zum Theil das Ansehen eines schwarzen Staubes erhält. Zu diesem so gerösteten und gepochten Roheisen nimmt man eben so viel — dem Gewicht nach — an Blechabschnitten und andern Stabeisenabgängen, beschickt 80 Pfund von diesem Gemenge mit eben so viel Sinter oder Hammerschlag (der zum Theil aus den eigenen Werkstätten erfolgt, zum Theil aber von den Hufschmieden angekauft wird), und rennt die ganze Beschickung im Frischheerd ein. Es erfolgt ein Deul von etwa 60 Pfund, der in zwei Kolben zerschroten wird, welche dann in einem besondern Feuer in derselben Hütte zu Blechen ausgeschmiedet werden.

Die fertigen Bleche werden unter einer Schneidemaschine genau nach dem Maaße kalt beschnitten, und die vier Ecken durch dieselbe Maschine gleichzeitig ausgeschnitten, um den Blechen bequem die kastenförmige Gestalt durch das Umbiegen der vier Kanten geben zu können. Die Einschnitte in den Ecken sind $1\frac{1}{2}$ Zoll tief; eben so hoch sind daher auch die Ränder, welche die Bleche nach dem Umbiegen erhalten. Dies

*) Es wird sich weiter unten Gelegenheit finden, diese Verfrischungsmethode näher zu beleuchten.

Umbiegen der nach dem Maaße beschnittenen und ausgeschnittenen Bleche geschieht in einer besondern Hütte, in welcher sich ein Flammenofen mit Holzfeuerung befindet, auf dessen Heerde die Bleche glühend gemacht und dann einzeln auf einen feststehenden Amboß gelegt werden, dessen Bahne genau die Größe der innern Fläche der Blechkasten hat, so daß die durch die Einschnitte in den Ecken gebildeten Lappen oder Ränder, auf allen vier Seiten des Amboßes hervorstehen. Sobald die glühenden Bleche die richtige Lage auf dem Amboß erhalten haben, werden sie auf demselben durch ein von oben niederdrückendes Gewicht — welches durch einen einfachen Mechanismus schnell niedergelassen und wieder gehoben wird — festgehalten, und die hervorstehenden Enden glühend, mit Handhammern, unter einem rechten Winkel, dadurch, daß man sie gegen die vier Seitenflächen des Amboßes treibt, welche mit der Bahn genau einen rechten Winkel machen, umgelegt, um auf solche Art ein kastenförmiges Gefüge zu bilden. Das ganze Verfahren geht sehr schnell von der Hand, indem man nur in den vier Ecken der umgelegten oder gefalzten Flächen mit Handhämmern etwas nachhelfen darf. Die auf solche Art kastenförmig gefalzten Bleche werden nun noch einmal in die vorige Werkstätte, worin sich das Schneidewerk befindet, abgegeben, um unter derselben Maschine durch eine besonders angebrachte Vorrichtung kalt gelocht zu werden. Jedes Loch ist von dem andern gleich weit, nämlich drei Zoll, entfernt, wozu eine Chablone das leichte und schnelle Anhalten giebt.

Die Schraubenschnitte und die zugehörigen Muttern werden in einer eigenen Werkstätte auf die gewöhnliche Weise angefertigt. Die Schrauben sind an dem einen Ende mit einem Kopf, also nur an Einem Ende mit einem Gewinde versehen, so daß die Befestigung einer jeden Schraube durch Eine Mutter bewirkt wird. Die Zusammensetzung der Kasten zu den Pfannen geschieht natürlich auf den Salinen selbst, wo es erforderlich ist. Weil aber alle Kasten ganz genau Eine Größe, alle Löcher eine gleiche Entfernung von einander, und alle Schrauben, Schraubenschnitte und Muttern einerlei Stärke und gleiche Gewinde haben; so ist die Zusammensetzung der Kasten zu ganzen Pfannen eben so leicht und schnell zu bewerkstelligen, als die Auswechselung einzelner Bleche, oder Kasten, welche verbrannt und schadhaft geworden sind.

Die Maschine zum Beschneiden, Ausschneiden und Lochen der Bleche ist eben so einfach als sinnreich vom Herrn von Reichenbach konstruirt, und schon seit dem Jahre 1815 im Gebrauch. Die Schneidescheiben sind von Stahl, und die zu beschneidenden Bleche werden den Scheiben auf einem Schlitten entgegengeführt. Das Ausschneiden der Ecken und das Ausstoßen der Löcher geschieht vermittelst eines sich auf- und nieder bewegenden Hebels. Der eine Arm desselben ist nämlich mit einer rechtwinkelig gebogenen stählernen Schneide, und der zweite Arm mit einem Dorn versehen, welcher den Durchmesser des auszustoßenden Loches hat. Jene Schneide trifft bei ihrer niedergehenden Bewegung auf eine eben so eingerichtete stählerne Unterlage, auf welcher das Blech liegt, dessen Ecken ausgeschnitten oder ausgestanzt werden sollen. Eben so paßt der Dorn an dem andern Hebelarm genau in die Oeffnung einer stählernen Unterlage, auf welcher die zu lochenden Bleche ruhen. Bei gehöriger Kraftanwendung, nämlich bei hinlänglichen Aufschlagewassern, kann die Maschine alle drei Arbeiten, des Beschneihens der Bleche nach dem Maaße, des Ausschneidens der Ecken und des Lochens, gleichzeitig verrichten.

In der Maschinenwerkstätte, welche nicht allein die sämmtlichen geschmiedeten eisernen und die metallenen Arbeiten für das gehende Zeug in Reichenhall liefert, sondern aus welcher auch zum größten Theil die vortrefflichen Wassersäulenmaschinen zu der Soolenleitung von Berchtesgaden nach Rosenheim hervorgegangen sind, befinden sich sauber und genau gearbeitete Bohr- und Drehbänke, Schraubenstöcke, Feilstöcke, Vorrichtungen zu kleinen Metallgüssen und die zugehörigen Geräthschaften, eben so vollständig als in vorzüglicher Güte ausgeführt. Ueberall leuchtet das mechanische Talent des Mannes hervor, der diese Anlagen gründete oder verbesserte; überall aber ist auch der Geist der Ordnung bemerkbar, der dem jetzigen Betriebsbeamten dieses wichtigen Etablissements eigenthümlich ist, und wodurch nur allein die große Vollendung, die man überall an der Maschinerie, über und unter der Erde, mit großer Freude gewahr wird, erhalten werden kann.

Die Reichenhaller Soolbrunnen scheinen sehr früh aufgefunden und benutzt worden zu seyn; die Nachrichten darüber verlieren sich in dunkle Sagen. *) Schon früh und lange vor der Einführung der Gradirwerke, welche hier auch erst sehr spät vorgerichtet worden zu seyn scheinen, suchte man die reichere von der ärmern Soole zu trennen, und die letztere durch Auflösen von Steinsalz, welches aus Berchtesgaden zugeführt ward, siedewürdig zu machen. Aber auch nach der Einführung der Gradirwerke ward das Verfahren, die Soole durch Auflösen von Steinsalz anzureichern, fortgesetzt, und erst seit kurzer Zeit, seitdem nämlich die Soolenleitung von Berchtesgaden nach Reichenhall zu Stande gekommen ist, hat der Zusatz des Berchtesgadener Steinsalzes zu der hiesigen Quellsoole aufgehört. Durch diese Soolenleitung ist nicht allein die bessere und vortheilhaftere Benutzung des Berchtes-

*) Flurl Beschreibung der Bayerschen und Oberpfälzischen Gebirge. S. 167 — 185. — Dessen ältere Geschichte der Saline Reichenhall. München 1809.

gadener Salzbergwerks möglich gemacht, sondern auch die Anreicherung der hiesigen gradirten Soolen bewirkt worden, ohne des kostbaren Steinsalztransports weiter zu bedürfen. Besonders aber hat Berchtesgaden dadurch gewonnen, weil die Anbrüche von reinem Steinsalz mehr geschont, und dagegen die Siedewerke stärker betrieben werden können, welche beim frühern Transport des Steinsalzes in Masse nicht möglich war.

Die Soole, welche Berchtesgaden nach Reichenhall sendet, befindet sich in einem fast völlig gesättigten Zustande; sie enthält nämlich 26,1 Procent Salz, oder feste Bestandtheile. Der Durchschnittsgehalt der reichen Quellen von der hiesigen Quellsoole ist zu 20 Procent anzunehmen, und die armen Quellen werden in der Regel bis zu einem Gehalt von 17 Procent gradirt. Könnte man von Berchtesgaden, ohne neue kostbare Maschinenvorrichtungen, so viele gesättigte Soole nach Reichenhall erhalten, als die Salinen zu Reichenhall, Traunstein und Rosenheim verarbeiten können, so würde man allerdings zur Ersparung des Brennmaterials, und um eine größere Produktion zu bewirken, höchstens nur die reichen Quellen von Reichenhall anwenden, und die armen unbenutzt lassen. Allein theils können die auf der Soolenleitung von Berchtesgaden nach Reichenhall errichteten Maschinen und Röhrenfahrten doch nur eine bestimmte Quantität Soole heben und durchlassen, theils ist auch der Betrieb der Salinen zu Traunstein und Rosenheim nicht auf die Verarbeitung von so reicher Soole eingerichtet. Der Effekt der Trockenanstalten würde nämlich mit der Salzproduktion, durch die Versiedung von ganz gesättigter Soole in den vorhandenen Pfannen, nicht im Verhältniß stehen. Wollte man auch so viel gesättigte Soole weniger versieden, um daraus dasselbe Quantum Salz, wie jetzt aus der 20 Procent haltigen Soole, bei einem geringeren Holzverbrauch, zu erzeugen; so würde der Zweck doch unerreicht bleiben, weil bei der jetzigen Einrichtung der Kothen, die Darr- oder Trockenanstalten von dem Betriebe der Pfannen unmittelbar abhängen. Bei der Erbauung der Salinen zu Traunstein und Rosenheim konnte noch nicht auf die Möglichkeit der Verarbeitung ganz reicher Soolen Rücksicht genommen werden, und deshalb wird auch die Versiedung derselben an den gedachten beiden Orten, selbst wenn der Effekt der Soolenleitung von Berchtesgaden nach Reichenhall es zuließe, nur bei einer angemessenen Einrichtung der Trockenvorrichtungen ausführbar seyn.

Die Reichenhaller Saline befindet sich zwar in demselben Verhältniß, weil die vier Paar Pfannen in dem Maximilian-Siedewerke genau, so wie die Rosenheimer, konstruirt, und mit denselben Trockenvorrichtungen versehen sind; allein es ist seit einiger Zeit eine Pfanne zur Versiedung von unvermischter gesättigter Berchtesgadener Soole mit besondern Trockenvorrichtungen, so wie sie auf den Berchtesgadener und auf den Oesterreichschen Salinen bestehen, welche blos völlig gesättigte Soole aus den Sinkwerken verarbeiten, eingerichtet worden, um sich dadurch, wenigstens theilweise, den Vortheil bei der Versiedung ganz reicher Soole zu verschaffen.

Durch dies, den Umständen angemessene und zum Theil von der Lokalität herbeigeführte Verhältniß, ist zu Reichenhall ein ziemlich verwickeltes Soolenleitungssystem entstanden. Die Salinen zu Traunstein und zu Rosenheim, so wie das Maximilian-Sieden zu Reichenhall, sind auf die Bearbeitung von 20 Procent haltiger Soole berechnet und angelegt. Die Berchtesgadener Leitung liefert die Soole mit einem Gehalt von 26,1 Procent, der als konstant angesehen werden kann. Die Edelquellen aus dem hiesigen Soolbrunnen haben zwar im Durchschnitt einen Gehalt von 20 Procent, indeß kann derselbe doch nicht als feststehend angenommen werden, indem er, nach der Beschaffenheit der Witterung, bald etwas höher, bald etwas niedriger ausfällt. Die ärmeren Quellen werden bis zu einem Gehalt von 17 Procent gradirt, der aber noch viel veränderlicher und von der Beschaffenheit der Jahreszeit und der Witterung abhängig ist. Um daher die Soole immer zu einem ganz gleichen Gehalt von 20 Procent zu erhalten, wird die Vermischung der vorhandenen und ihrem Gehalte nach genau bekannten Soolen von Berchtesgaden, von den Edelquellen und von den gradirten armen Soolen vorgenommen, wobei freilich die Berchtesgadener Soole ein gutes Aushülfsmittel ist, um diesen Gehalt von 20 Procent immer und genau zu erreichen.

Die von Berchtesgaden kommende Soolenleitung gießt in der für sie bestimmten Reserve im Brunnenhause aus, und wird dabei gleichzeitig in derselben Art kubicirt, welche in allen Brunnenhäusern auf der ganzen Soolenleitung bis Rosenheim eingeführt ist. Mehrere große unterirdische Reservoire sind zur Aufbewahrung der vorräthigen Berchtesgadener, der reichen Quellsoolen und der gradirten armen Soolen bestimmt, und andere Reservoire enthalten die aus diesen drei verschiedenen Soolen zusammengesetzte, 20 Procent haltige Soole, welche theils an die Reichenhaller Pfannen, theils an die große Soolenleitung von hier nach Rosenheim und Traunstein abgegeben wird. Alle diese Reservoire befinden sich in ungeheuern und schönen Gewölben aus Kalksteinbreccie, unter dem hiesigen Brunnenhause. Sie sollen zusammen 660,000 Kubikfuß fassen, und stehen, wie alle Reservoire, ganz frei in den für sie bestimmten Räumen.

Die Edelquellen und die armen Soolen werden auf der Sohle des Schachtes, im Brunnenhause besonders gefaßt und gehoben. Die reiche Soole fließt in die zu ihrer Aufnahme bestimmten Reserven unter dem Brunnenhause; und die arme Soole, welche höher gehoben wird, um die erforderliche Druckhöhe für den weitern Abfluß zu erhalten, fällt durch geschlossene Röhren zu der Soolenleitung zurück, durch welche sie zu den Reserven des Gradirwerks geführt wird, um dort auf die Gradirfälle gehoben zu werden. Durch eine andere Soolenleitung wird die gradirte Soole vom Gradirwerk zum Brunnenhause zurückgedrückt, und dann erst in die für sie bestimmten Reserven geleitet.

Aus diesen Reserven für die drei verschiedenen Arten von Soolen, erfolgt die Vermischung und Zusammensetzung der Soolen zu dem bestimmten und feststehenden Gehalt von 20 Procent. Eine besondere Radkunst im Brunnenhause drückt die für Rosenheim und Traunstein bestimmte Soole 44 Fuß hoch, bis zu der ersten auf dieser Soolenleitung befindlichen Reserve nach Fager. Die in dem hiesigen, nicht weit vom Brunnenhause entfernten Maximilian-Siedehause zu verarbeitende Soole wird unmittelbar an die Siedekasten oder Reservoire der Pfannen abgegeben.

Ohne Zweifel entspringen die hiesigen Quellen aus demselben Salzgebirge, welches in Berchtesgaden und Hallein bebauet wird, und sich vielleicht mit einigen Unterbrechungen bis Steyermark fortzieht. Das Liegende aller dieser Salzstöcke oder Salzniederlagen ist der Kalkstein, welcher die Alpenkette bildet. Ein Zusammenhang der hiesigen Soolquellen mit der Berchtesgadener Salzniederlage, läßt sich zwar nicht mit Bestimmtheit nachweisen, weil man die Quellen nur in der Kalksteinbreccie getroffen hat, und weil alle Versuche, sie bis zu ihrem tiefern Ursprunge zu verfolgen, einen nachtheiligen Einfluß auf den Gehalt der Quellen gehabt haben; allein das Verhalten des Gebirges setzt jenen Zusammenhang außer allem Zweifel.

Reichenhall mag etwa 160 Fuß tiefer liegen als Berchtesgaden, und beide Orte sind von Nordwest nach Südost in gerader Linie kaum 2 Meilen von einander entfernt; aber zwischen ihnen liegt eine bedeutende Alpenmasse, das sogenannte Lattengebirge. Südlich schließt sich am Fuße des Lattengebirges die schöne Reiteralpe, und nördlich der kolossale Untersberg an. Die auf diese Weise gebildeten Thäler verhalten sich sehr verschieden. Jenes südliche, zwischen dem Lattengebirge und der Reiteralpe, erhebt sich höher und steiler bis zu dem Höhenpunkte der Wasserscheide für die Salach und für den Achen, an welchem Berchtesgaden liegt; dieses nördliche, zwischen dem Lattengebirge und dem Untersberge, zieht sich sanft in die Höhe, fällt weit weniger steil nach Osten ab, und ist dabei um den dritten Theil kürzer als jenes südliche Thal. Kann man gleich an dem Vorgebirge des Lattengebirges, aus welchem die Soole hervorkommt, kein ganz deutliches Streichen und Fallen der Schichten bemerken; so folgt doch die Kalksteinbreccie ganz deutlich der Richtung des nördlichen Thales von Westen nach Osten, mit mitternächtlichem Fallen. Daraus folgt aber freilich noch nicht, daß sich unter dieser hangenden Breccie nothwendig die Steinsalzniederlage befinden müsse, welche vielleicht weiter gegen Osten aufgesucht werden dürfte.

Der aus Kalksteinbreccie bestehende sogenannte Schloßberg, der unmittelbar bei der Stadt Reichenhall, östlich und nordöstlich von derselben liegt, und welcher sich am Lattengebirge lehnt, enthält die Soolquellen, zu denen man durch den in der Stadt selbst befindlichen Soolbrunnen gelangen kann. Vielleicht hat kein Soolbrunnen in der Welt die Ausdehnung des hiesigen. Der neue, in schöner trockener Quadermaurung stehende, runde, 25 Fuß im Durchmesser weite, und mit bequemen Marmorstufen versehene Fahrschacht, ist

45 Fuß tief bis zur edelsten und reichsten Quelle, in Kalksteinbreccie durchsunken. Diese Quelle liegt nicht weit vom Schacht; dagegen sind andere Quellen in zum Theil sehr bedeutenden Entfernungen von demselben, und in etwas tiefern Sohlen, durch Strecken, die nach allen Weltgegenden abgehen, angefahren worden. Alle Strecken und Weitungen stehen entweder in der natürlichen Breccie, aus welcher alle Quellen hervorkommen, oder in trockener Quadermauerung. Ein System zur Aufsuchung der Quellen ist bei diesem weitläuftigen Bau nicht zum Grunde gelegt, sondern man scheint seit mehreren Jahrhunderten die Richtungen verfolgt, neu gewählt und wieder verworfen zu haben, von denen sich die jedesmaligen Vorsteher des Werkes und die Kunstverständigen einen bessern oder schlechtern Erfolg versprachen. Jetzt sind — wenn das Gedächtniß nicht trügt — 14 Quellen in Benutzung, unter denen sich 5 Edelquellen oder reiche Quellen befinden, von welchen aber nur 4 ununterbrochen Soole liefern, indem die fünfte von Zeit zu Zeit versiegt. Bei jeder Quelle hängt eine Tafel mit der Angabe des Namens derselben, ihres Gehalts und der Quantität Soole, welche sie in 24 Stunden liefert. Jede Quelle ist besonders gefaßt, und wird nur in Vereinigung mit den andern gleichartigen Quellen, dem Sumpfe unter dem Schachte, worauf sich die Soolenhebungsmaschine befindet, zugeführt. Dies war früher nicht der Fall, sondern die reichern und ärmern Quellen wurden gemeinschaftlich ausgefördert, die wilden Wasser aber durch eine besondere Kunst zu Sumpfe gehalten. In wiefern sich die letzteren zur Verunedelung der armen Soolen wirksam zeigten, und ob es möglich sei, durch eine vollkommnere Abfangung derselben, reichere Quellsoole zu erhalten, darüber scheint man seit Jahrhunderten mehrere Untersuchungen angestellt, Versuchbaue getrieben, und den Sitz der wilden Wasser

bald im Streichenden und Liegenden, bald in größerer Teufe gesucht zu haben. Es scheint aber, daß dadurch wenig ausgerichtet worden, und daß man sogar einige Strecken wieder hat verdämmen müssen, weil sich der Soolengehalt verminderte. Offenbar muß die Trennung der sauern und der süßen Wasser sehr unvollkommen gewesen seyn, so lange man beide für sich zu Sumpfe zu halten und durch Wasserkünste zu heben genöthigt war. Auch ist die früher zu Reichenhall versottene Soole gewiß sehr arm gewesen, *) weil es unmöglich war, den Zudrang der wilden Wasser ganz zu verhindern, und weil die reichern und ärmern Quellen gemeinschaftlich gehoben, und ohne Gradirung — welche man damals hier noch nicht kannte — verarbeitet wurden. Erst im Jahr 1522 faßte man den Entschluß, die wilden Wasser durch einen an der Salach anzusetzenden Stollen abzuführen. Der Bau ward im Jahr 1524 begonnen, und 1532 hatte der Stollen erst das Brunnenhaus erreicht. Dieser Stollen, welcher unter dem Namen des Grabenbaches bekannt ist, hat ziemlich die Richtung von Norden nach Süden erhalten, ist folglich ganz im Hangenden getrieben. Als Stollen hat er eine Länge von 7500 Fuß, außerdem aber noch eine Röschenlänge von 5790 Fuß, ist also zusammen 13,290 Fuß lang. Die Stöße stehen in trockener Quadermaurung, die Sohle soll aber nicht gehörig gesichert seyn. Seine Weite beträgt 6 Fuß, seine Höhe im Lichten 8 Fuß. Er hat ein starkes Ansteigen erhalten, soll aber doch gegen 60 Fuß Teufe einbringen. Die Stollenwasser haben einen ziemlich salzigen Geschmack, **)

*) Daher auch wahrscheinlich der Grund des der Reichenhaller Saline in frühern Zeiten gemachten Vorwurfs, daß sie ohne Berchtesgadener Steinsalz, womit die hiesige Soole angereichert ward, nicht bestehen könne.

**) Der Salzgehalt der auf dem Stollen abgehenden süßen Wasser, soll etwa ein halbes Procent betragen.

indeß hält weder der Salzgehalt, noch die niedrige Temperatur des Wassers, die Forellen ab, sich aus der Salach in dem Stollen bis zu den Brunnenstrecken hinauf zu begeben.

Nachdem die Wasserlosung durch den Grabenbach bewirkt worden war, brauchte nur noch die Quellsoole durch Wasserkünste gehoben zu werden. Durch eine gegen Westen getriebene Stollenstrecke hatte man noch einige arme Soolquellen erschroten, welche man aber, wie es scheint, erst später benutzte, und vor der Einführung der Gradirwerke auf dem Stollen mit abgehen ließ. Die Hoffnung, durch den Stollen die sämmtlichen Quellen in gleichem Gehalte zu bekommen, indem man voraussetzte, daß nur der Zudrang der wilden Wasser die Geringhaltigkeit der armen Quellen veranlasse, schlug gänzlich fehl; indeß konnte man nun doch dazu schreiten, die reicheren Quellen und die ärmeren besonders zu fassen, welches in der Mitte des sechszehnten Jahrhunderts geschehen zu seyn scheint, und wodurch man vorzüglich in späterer Zeit, nämlich nach der Einführung der Gradirwerke, große Vortheile erlangte.

Der Durchschnittsgehalt der sämmtlichen Edelquellen, nämlich der Soole aus allen reichen Quellen, kann zu 20 Procent angenommen werden, obgleich die reichste und die Hauptquelle 23 Procent Salz enthält. Der Durchschnittsgehalt von allen armen Quellen, die zur Benutzung kommen und gehoben werden, beträgt in der Regel 3,6 Procent. Wie bereits erwähnt, werden alle reiche Quellen auf Einem Punkte zusammengeleitet und gemeinschaftlich gehoben, welches auch bei den armen Quellen der Fall ist. Es befinden sich zu dem Ende unter dem Kunstschachte zwei Sümpfe, von denen der eine zur Ansammlung für die Edelsoole, der zweite zum Zusammenfluß der armen Soole bestimmt ist. Zum Heben der Soole dient ein einfaches, dem Zwecke vollkommen entsprechendes Paternosterwerk, welches durch ein über Tage hängendes oberschlächtiges Rad in Bewegung gesetzt wird. Die Paternosterketten hängen über einer, im Thurme des Brunnenhauses liegenden, durch das Wasserrad in Bewegung gesetzten Welle, frei bis in die Soolensümpfe auf der Sohle des Schachtes hinab, und machen folglich ihre unterwärts gehende Bewegung in der freien Luft. Die aufsteigende Bewegung erfolgt aber in einer $3\frac{1}{2}$zölligen senkrechten hölzernen Röhrenfahrt, durch welche die Quellsoole bis auf den Thurm des Brunnenhauses — und zwar die arme Soole etwas höher als die reiche — vermittelst der an den Paternosterketten befindlichen Scheiben gehoben wird. Diese Scheiben sind von Metall, und durch eiserne Kettenglieder, von welchen im Mittelpunkte jeder Scheibe eines sogleich mit eingegossen ist, mit einander in Verbindung gesetzt, und auf solche Art die ganze Paternosterkette gebildet. Der Durchmesser der Scheiben ist nur um eine Kleinigkeit geringer, als der Durchmesser der Röhrenfahrt. Die Entfernung einer Scheibe von der andern beträgt 15 Zoll. Weil sie mit einer Geschwindigkeit von wenigstens 3 Fuß in der Sekunde bewegt werden, so lassen sie von der eingeschöpften Soole nichts fallen. Auf jeder Seite des Rades stehen zwei Röhrenfahrten, so daß das Rad vier Paternosterwerke, zwei für die Edelsoole auf der einen, und zwei für die arme Soole auf der anderen Seite, in Bewegung setzt. Gewöhnlich gehen aber nur drei Werke, und das vierte ist abgehängt, weil zum Sümpfen der Edelsoole in der Regel Ein Werk hinreicht. — Weil einige von den armen Quellen tiefer liegen als die Horizontale des Sumpfes unter dem Kunstschacht, so müssen sie durch ein unterirdisches Rad, welches mit den wilden Wassern betrieben wird, die demnächst von dem Rade auf dem Stollen abgehen, um so viel gehoben werden, daß sie dem Sumpfe zufließen können.

Eines

Eines dritten, mit einem vortrefflichen metallenen Druckwerk versehenen, über Tage hängenden Rades, welches die gattirte, für Rosenheim und Traunstein bestimmte Soole bis Fager drückt, ist bereits erwähnt worden.

Die mittlere Temperatur der hiesigen Soolquellen wird zu 8 Grad Reaumur angegeben; sie ist also wahrscheinlich um einige Grade höher als die mittlere Temperatur von Reichenhall, welche höchstens 6 Grad betragen dürfte. Eine chemische Untersuchung der Quellen ist nicht bekannt, indeß scheint die Soole, nach dem Dorn- und Pfannenstein zu urtheilen, ungemein rein zu seyn. Wirklich steht auch das Reichenhaller Salz in dem Rufe vorzüglicher Reinheit.

Zwar bedient man sich auf allen Bayerschen Salinen, so wie auf den Reserven der großen Soolenleitung, einer schon vor uralten Zeiten eingeführten metallenen Spindel, um den Salzgehalt der Soole auszudrücken; allein dieser Gehalt wird in allen Berechnungen und amtlichen Verhandlungen auf den Procentgehalt, nämlich auf den Gehalt an festen Theilen in 100 Theilen Wasser, reducirt. Jene metallene Spindel (Modelhaupt) steht mit dem Procentgehalte der Soole in keinem bestimmten Verhältniß, und dient nur als eine gewöhnliche Soolenwaage für die Arbeiter. Sie hat die Gestalt eines sehr in die Länge gezogenen Kegels, und ist in Grade eingetheilt, welche in sehr unbestimmten Verhältnissen dem Procentgehalte der Soole entsprechen, weshalb man mit der Eintheilung sehr genau bekannt seyn muß, um die verschiedenen Grade Modelhaupt sogleich auf den Procentgehalt der Soole reduciren zu können. Uebrigens ist die Form der Spindel sehr zweckmäßig gewählt, weil sie zum Umkippen gar nicht, auch selbst bei Soolen von großem specifischem Gewicht, geneigt ist, und weil sie deshalb das specifische Gewicht der Flüssigkeit, so weit es bei den Stielwaagen überhaupt möglich ist, mit ziemlicher Genauigkeit angiebt. Eben so zweckmäßig ist es, daß man die zerbrechlichen gläsernen Soolenspindeln ganz verbannt hat, indem diese — besonders wenn sie, wie gewöhnlich, nur mit Einer Kugel versehen sind — sehr selten leidliche Resultate geben können. Für das gewöhnliche Gradirpersonale, und überhaupt für die gemeinen Arbeiter, welche den Gehalt der Soole zu untersuchen und zu kontrolliren beauftragt sind, würde sich daher kaum eine bessere Soolspindel als die hier gebräuchliche, angeben lassen; allein bei schärfern und möglichst genauen Untersuchungen sind die Stielwaagen nicht anwendbar, sondern man wird sich alsdann der Soolenwaage mit Auflagegewichten bedienen müssen. Metallene Kugelspindeln mit zwei Kugeln (einer großen und einer kleinen, welche unten mit der großen verbunden, und mit so viel Schroot angefüllt ist, als die Regulirung des Wasserstandes bei der Anwendung von destillirtem Wasser erfordert) und mit einer an der großen Kugel angebrachten Spitze, zum Tragen der Auflagegewichte, dürfte die zweckmäßigste Konstruktion für eine scharfe und genaue Soolenspindel seyn. Für den Arbeiter sind freilich die Waagen mit Auflagegewichten nicht; allein zu den gewöhnlichen Kontrollen reichen die gut gearbeiteten Bayerschen Spindeln auch vollkommen hin.

Bei der Angabe des Salzgehaltes der Soolen wird auf den verschiedenen Salinen auf sehr verschiedene Weise verfahren. Auf einigen Salinen wird der Salzgehalt nach der Menge von Wassertheilen bestimmt, welche mit einem Theile fester Bestandtheile in der Soole verbunden sind, und hiernach die Grädigkeit der Soole bezeichnet. Je geringer also die Grädigkeit, der Zahl nach, desto reicher die Soole, und umgekehrt. — Auf andern Salinen bezeichnet die Grädigkeit den Gehalt der Soole an festen Bestandtheilen, in einer gewissen fortschreitenden Zunahme der letztern, ohne das Verhältniß der festen Theile zur Flüssigkeit, bei einem bestimmten Gewicht oder Maaß des Flüssigen festzustellen. Auf noch andern Salinen wird der Gehalt der Soole an festen Bestandtheilen, nach dem landesüblichen Gewicht der festen Theile (zuweilen auch wohl des reinen Kochsalzes) in einer bestimmten Quantität der Soole, dem Maaße nach (gewöhnlich in dem landesüblichen Kubikfuß) angegeben, und hiernach die Pfündigkeit (Löthigkeit) der Soole bestimmt. Auf noch andern Salinen endlich drückt man den Gehalt der Soole nach Procenten aus, nämlich nach der Quantität der festen Bestandtheile (oder auch wohl des reinen Kochsalzes) in 100 Gewichtstheilen Soole. Diese letzte Bezeichnungsart ist offenbar wegen ihrer allgemeinen Verständlichkeit, und weil sie sich keines speciellen Maaßes und Gewichtes bedient, die am mehrsten vorzuziehende, weshalb es zu wünschen wäre, daß sie allgemein eingeführt würde. Jede Saline mag die Spindeln, woran die Arbeiter von jeher gewöhnt waren, immerhin behalten, wenn die Einführung besserer und zweckmäßiger konstruirter Soolenspindeln mit zu großen Schwierigkeiten verbunden seyn sollte; allein in den Haushalt-, Betriebs- und Rechnungsdarstellungen sollte immer nur der Procentgehalt der Soole angegeben werden. Allen Normal-Soolenspindeln würde deshalb ebenfalls eine solche Einrichtung mit den Auflagegewichten gegeben werden müssen, daß diese den Gehalt der Soole nach Procenten der festen Theile ausdrücken.

Aber, erinnert man mit Recht, die Salzsoolen sind nicht als Auflösungen von reinem Kochsalz in Wasser zu betrachten, sondern sie enthalten oft sehr verschiedenartige Bestandtheile. Eine Normalspindel, welche — wie es nicht anders seyn kann — den reinen Kochsalzgehalt nach Procenten angiebt, wird auch, wenn sie bei derselben Temperatur, welche bei ihrer Anfertigung zum Grunde lag, in eine Soole gebracht würde, die gar keine fremdartigen Bestandtheile enthielte, den Kochsalzgehalt dieser Soole ganz richtig angeben. Ganz anders wird aber das Verhalten bei den Soolquellen seyn, die nicht blos Kochsalz, sondern auch andere Salze aufgelöset enthalten. So gegründet dieser Einwurf ist, so trifft er doch alle übrigen Bezeichnungsarten des Gehalts der Soolquellen auf gleiche Weise, und kann daher wenigstens der gewünschten Einführung einer allgemeinen Bestimmungsart, durch die Angabe des Procentgehalts der festen Theile der Soole, nicht entgegengestellt werden. Wohl aber wird man sich darüber einigen müssen, ob der Gehalt, welchen die Normalspindel angiebt, Procente von festen Theilen der Soole überhaupt, oder Procente von reinem Kochsalz bezeichnen soll.

In dem Begriff einer allgemein anzuwendenden und den Procentgehalt der Soole bezeichnenden Spindel, liegt es schon, daß die Soolenspindel nur Procente der festen Bestandtheile der Quellen überhaupt angeben kann, und daß diejenige Spindel, welche den Procentgehalt an reinem Kochsalz anzeigen soll, nur für die einzige Saline, für welche sie angefertigt ward, anwendbar seyn kann. Solche Spindeln würden allerdings große Bequemlichkeit gewähren, aber doch von Zeit zu Zeit einer Revision bedürfen, im Fall sich das Verhältniß des Kochsalzes in dem festen Bestandtheile der Soole ändern sollte. Sie würden alsdann ihre Anwendbarkeit gänzlich verlieren, weil sie weder den Gehalt der Soole an Kochsalz, noch an festen Theilen überhaupt anzeigten. Einer solchen Spindel bedarf es aber auch nicht, sondern die Normalspindel wird für alle Fälle zureichend seyn, wenn man sich durch eine chemische Untersuchung der Soole von den Verhältnissen und Quantitäten der dem Kochsalz beigemischten Salze unterrichtet hat. Dies Verhältniß ist zu wenig veränderlich, als daß eine mit Genauigkeit angestellte chemische Analyse nicht für mehrere Jahre zureichen sollte. Bei dem auf solche Weise ausgemittelten Verhältniß der Bestandtheile, wird die Normalwaage den wirklichen Gehalt der Soole an festen Bestandtheilen anzeigen, und durch das aufgefundene Verhältniß der verschiedenartigen Bestandtheile untereinander, wird sich aus jenem durch die Waage angezeigten Gehalte, die Menge des Kochsalzes und der fremden Salze in Procenten bestimmen lassen. Es wird folglich nichts weiter als einer Reductionstabelle des scheinbaren, durch die Waage aufgefundenen Gehalts an festen Theilen, auf den wirklichen, aus den Resultaten der Analyse zu berechnenden Kochsalzgehalt bedürfen, und diese Tabelle wird jeder Saline, nach den Bestandtheilen ihrer Soole, eigenthümlich seyn müssen.

Nach den genauesten Untersuchungen der Chemiker ist der Procentgehalt einer völlig gesättigten reinen Kochsalzauflösung, bei einer mittleren Temperatur von 15 Grad Reaumur, gleich 26,15; bei der Siedhitze aber 26,98. *) Die Normalspindel, welche aus den entwickelten Gründen nur bei Anwendung einer reinen Kochsalzauflösung angefertigt werden kann, würde folglich 26,15 Procent als das Maximum anzu-

*) Von dieser Angabe weichen die Resultate der neuesten Versuche, welche Herr Gay-Lüssac über die Auflöslichkeit des chemisch-reinen Kochsalzes in reinem Wasser angestellt hat, nicht bedeutend ab. Herr Gay-Lüssac fand nämlich, daß 100 Theile Kochsalzauflösung enthalten:

Bei einer Temperatur von		Theile Salz.
13,89 Gr.,	26,367	Theile Salz.
— — 16,9 —	26,406	— —
— — 59,93 —	27,382	— —
— — 109,73 —	28,764	— —

Sehr merkwürdig ist es aber, daß bei einer Temperatur von 0 Gr. die Auflöslichkeit des Kochsalzes etwas größer seyn soll, als bei 13,89 Gr., von welcher Erscheinung die Ursache noch nicht aufgefunden ist.

geben haben, wenn nicht vorauszusetzen wäre, daß mehrere gesättigte Soolen wegen der Beimischung von fremden Salzen, einen höheren Procentgehalt erreichen könnten. Dies würde vorzüglich bei den Mutterlaugen der Fall seyn, welche ebenfalls einer chemischen Untersuchung unterworfen werden müßten, wenn es darauf ankäme, ihren wirklichen reinen Salzgehalt durch die Spindel genau zu erforschen: ein Fall, der so sehr häufig wohl nicht vorkommen dürfte.

Die Gradirgebäude, denen die arme, und im Durchschnitt 3,6 Procenthaltige Soole aus dem Brunnenhause durch eine hölzerne Röhrenfahrt zugeführt wird, stehen in der Hauptrichtung von Südost nach Nordwest. Die richtige Stellung der Gradirhäuser nach den verschiedenen Weltgegenden muß allerdings auf den guten Fortgang des Gradirungsprocesses einen großen Einfluß haben; indeß wird diese Richtung für jede Saline nach der Lokalität und nach den herrschenden Winden bestimmt werden müssen. Für Reichenhall ist die gewählte Stellung die einzig vortheilhafte, weil das Thal, in welchem die Gradirgebäude liegen, von allen Seiten geschlossen und durch hohe Berge eingefaßt ist, und sich nur allein nach nordöstlicher Richtung öffnet. Die Hauptströhmung der Luft erfolgt daher von Nordost nach Südwest, oder umgekehrt, so daß die herrschenden Winde die Gradirwerke auf die vortheilhafteste Weise, nämlich senkrecht auf die langen Seiten, bestreichen können. Bei ganz freistehenden Gradirgebäuden würde die denselben zu gebende Richtung theils nach dem vorherrschenden Windstrohm, theils nach der eigenthümlichen Wirkung der verschiedenen Windströhme auf den Verdunstungsproceß — die sich in allen Gegenden nicht gleich vortheilhaft äußern kann — bestimmt werden müssen. Unter übrigens gleichen Umständen wird man die Richtung von Westen nach Osten wählen, um sich den großen Vortheil der Einwirkung der Mittagssonne zu verschaffen; indeß kann die mehr oder weniger die Verdunstung befördernde Beschaffenheit der verschiedenen Windströhme, welche für jede Gegend aus der Erfahrung aufgefunden werden muß, eine sehr große Verschiedenheit in der für jede Gegend vortheilhaftesten Stellung der Gradirgebäude veranlassen.

Die Sümpfe oder Reservoire für die zu hebende Soole sind fast in der Mitte der Gradirgebäude angebracht. Ein aus der Salach abgeleiteter und mit Marmorquadern ausgesetzter Kanal ist quer durch das Gradirwerk durchgeführt, und betreibt ein mit zwei Krummzapfen versehenes Wasserrad, welches acht Kolben in eben so viel metallenen Cylindern in Bewegung setzt. Von diesen acht Druckwerken sind in der Regel sechs dazu bestimmt, die rohe, oder auch die schon gesalzene Soole auf den Thurm zu heben, von wo aus sie dann auf die verschiedenen Gradirfälle vertheilt werden; zwei haben die Bestimmung, die gradirte Soole ebenfalls auf die höchste Spitze des Thurms zu drücken, und sie von dort, durch den Druck der Soolensäule in den senkrecht niedergehenden Röhren, zu den Reserven in der Stadt, welche sich in dem dortigen Brunnenhause befinden, zurückzuführen. Dieser Anordnung gemäß, sind auch die Reservoire bei der Wasserkunst so disponirt, daß sie die rohe Soole aus dem Brunnenhause, die schon ein- oder mehreremale gefallene Mittelsoole und die gradirte Soole, eine jede für sich besonders aufnehmen.

Die ganze Länge der Gradirgebäude beträgt 2400 Fuß. Diese sind in zwei Gebäuden vertheilt, welche durch eine hölzerne Brücke mit einander verbunden sind. Jedes Gebäude hat eine Länge von 1200 Fuß. Auf mehreren Salinen hat man den unbedachten Gradirwerken den Vorzug gegeben; die hiesigen sind mit einen leichten hölzernen Dache versehen, unter welchem die aus offenen Gerinnen bestehenden Soolenleitungen zur Speisung der Dornwände fortgeführt werden. Das Dach geht indeß nicht völlig bis zum Anfang der Dornlagerung herunter, und dürfte wegen des häufigen, noch spät im Frühjahr, und schon frühe in den Herbsttagen fallenden Schnees, hier wohl auf keine Weise zu entbehren seyn. Die Böschung der Wände ward auf jeden Fuß Höhe zu $\frac{3}{4}$ Zoll, und die Neigung der Dornen in den Wänden zu 2 Zoll auf den Fuß angegeben. Die Höhe der Wände ist nicht gleich. Bei dem einen Gebäude beträgt sie 50 Fuß, und hier ist die obere Dicke der Dornwände 10 Fuß. Bei dem andern Gebäude, welches durch die darin befindliche Wasserkunst und durch die damit in Verbindung stehenden Hebungsvorrichtungen der Soole bis zum Thurm, in zwei Hauptabtheilungen getheilt ist, beträgt die Höhe des einen Falles 30 Fuß, und die des andern Falles 40 Fuß. Bei jenem ist die obere Dicke der Dornwände 12, und bei diesem 11 Fuß. Die Dornen liegen auf allen Fällen sehr dicht, weil die Soole sehr rein ist, und wenig fremdartige Bestandtheile absetzt. Die Soolentröpfelung ist mit einer Geschwindstellung für die Hahnöffnungen, auf die gewöhnliche Weise versehen, und eben so sind auch die gewöhnlichen Vorrichtungen zur Umstellung vorhanden, je nachdem die Sooltropfen auf der nordöstlichen oder südwestlichen Seite der Dornwand hinabfallen sollen. Die Geschwindstellung ist besonders hier von großem Erfolg, weil die Verdunstung bei trockenen und heißen Sommertagen in dem geschlossenen Thale ganz ungemein schnell erfolgt.

Das nachtheilige Repetiren der Soole findet hier nicht statt, sondern die Gradirung ist in drei Fälle getheilt. Die Vertheilung ist jedoch sehr ungleich, welches wohl in der nach und nach entstandenen Vergrößerung der Gradirwerke und in der dadurch veranlaßten Stellung der Gebäude und Reservoire, seinen Grund haben mag. Der erste Fall hat eine Länge von 700 Fuß bei 30 Fuß Dornwandhöhe; der zweite Fall ist 500 Fuß lang und 40 Fuß hoch, und der dritte Fall, zu welchem das eine von den beiden Gebäuden ganz allein bestimmt ist, hat eine Länge von 1200 Fuß bei 50 Fuß Höhe der Dornwände erhalten. Auf dem ersten Falle soll die Soole bis zu 6 Procent, auf dem zweiten bis zu 10, und auf dem dritten bis zu 17 Procent angereichert werden. Bei schlechter Witterung kommen die Soolen indeß nicht so hoch, und müssen dann mit verhältnißmäßig mehr Berchtesgadener- und Edelsoole versetzt werden, um den vorgeschriebenen Gehalt von 20 Procent zur Versiedung zu erhalten.

Von der vom Herrn J. v. Baader in Vorschlag gebrachten sogenannten Tafelgradirung, will man keinen günstigen Erfolg erhalten haben. *) Es sind noch jetzt die zum Versuch angewendeten 800 Tafeln vorhanden, obgleich sie zum Theil schon durch die Länge der Zeit unbrauchbar geworden sind. Sie sind aus genau in einander gefugten Brettern zusammengesetzt, und haben 2½ Zoll hohe Ränder. Jede Tafel ist 18 Fuß lang und 6 Fuß breit; sie stehen vollkommen horizontal in einer Entfernung von 18 Zoll untereinander. Die Nachtheile dieser Gradirung sollen vorzüglich in dem außerordentlich starken Soolenverlust bestehen; auch soll die Verdunstung langsamer als bei der Dornwandgradirung erfolgen, und die Zusammensetzung der Tafeln aus gut gefugten Brettern soll viele Arbeit und Kosten verursachen. Der Soolenstand in jeder Tafel beträgt 2 Zoll; die verdampfte Flüssigkeit wird aus der nächst obern Tafeln durch eine Tröpfelungsvorrichtung ersetzt, so daß nur die oberste Tafelreihe mit Soole gespeißt werden darf. Aber auch dieses, durch die Witterung

*) v. Baader's Vergleichung der Tafelgradirnng mit der Dornwandgradirung zu Reichenhall. In v. Moll's neuen Jahrbüchern I. 321 u. f.

weit mehr als bei der Dornwandgradirung bedingte Stellen der Tröpfelungsvorrichtungen, soll sehr zeitraubend und kostbar seyn und starke Soolenverluste nach sich ziehen. Ueberhaupt hat es bis jetzt noch nicht gelingen wollen, die Dorngradirung durch ein anderes, weniger kostbares und eben so schnell wirkendes Gradirungsverfahren zu ersetzen und entbehrlich machen.

Die hiesige Gradirung ist die gewöhnliche Flächengradirung, indem die Dornwände nur von Einer Seite gespeißt werden. Der erste Fall ist mit doppelten Wänden versehen, indeß findet auch hier nur die Flächengradirung statt. Von der sogenannten kubischen Gradirung verspricht man sich in Reichenhall keinen günstigen Erfolg, weil man dadurch nicht allein einen stärkern Soolenverlust befürchtet, sondern auch keine schnellere Verdunstung erwartet. Ohne Zweifel wird die Vergleichung des Effekts der Flächengradirung mit dem der kubischen Gradirung in den verschiedenen Jahreszeiten und bei verschiedener Witterung sehr verschieden ausfallen. Bei trockenen und warmen Winden sollte man sich von der kubischen Gradirung wohl die vorzügliche Wirkung zu versprechen haben, welche man auf einigen Salinen wirklich erhalten hat; bei feuchten Winden dürfte aber der Flächengradirung leicht der Vorzug vor der kubischen gegeben werden müssen.

Der Soolenverlust bei der Gradirung soll 20 bis 24 Procent betragen.

Die Kubicirung der Soole wird theils durch die gewöhnlichen Kubiciranstalten, wie sie in allen Bayerschen Brunnenhäusern und Reservegebäuden eingeführt sind, theils durch das Füllen und Leeren der Reservoire, von bekanntem Inhalt, verrichtet. Die Kubicirung der gradirten Soole, welche vom Gradirgebäude nach der Stadt zurückgeführt wird, geschieht oben beim Ausgießen auf dem Thurme des Gradirhauses durch den vom Herrn J. v. Baader konstruirten, sehr zweckmäßig eingerichteten Hydrometeograph, welcher aus zwei neben einander stehenden kastenartigen Räumen, jeder von fünf Kubikfuß Inhalt, besteht, die durch Ventile abwechselnd gefüllt und geleert werden. Das Schließen der Ventile wird durch eine Kugel bewirkt, welche durch die, in jenen beiden Räumen über der Soole befindlichen, mit dem Soolenstande auf- und niedergehenden Schwimmkolben in Bewegung gesetzt wird, und sich von dem einen Raume zum andern von selbst fortrollt, je nachdem der eine oder der andere Kolben die aufsteigende Bewegung macht. Ein Uhrwerk zählt die Menge der Füllungen und Leerungen der beiden Räume. Die Kontrolle geschieht im Brunnenhause, theils durch die gewöhnlichen Kubicirvorrichtungen, theils durch die Reservoire.

Die Einrichtung und Größe der im Maximilian-Sieden zu Reichenhall befindlichen vier Paar Pfannen, stimmt genau mit der auf der Saline zu Rosenheim überein. Bei der vorzüglich guten Ausführung des Sandgusses zu Bergen, und bei der hier bestehenden musterhaften Einrichtung beim Zusammensetzen der Pfannen aus einzelnen Kasten, deren Schraubenlöcher so durchaus gleich weit von einander entfernt sind, ist es auffallend, daß man noch keinen Versuch gemacht hat, die Pfannen mit gegossenen eisernen Borden zu versehen. Hier würde diese Einrichtung der Pfannen gewiß vortheilhafter und schneller ausführbar seyn, als auf Salinen, welche bei der Zusammensetzung ihrer Pfannen nicht mit der großen Sorgfalt und Genauigkeit, als es hier der Fall ist, verfahren.

In welchem Verhältniß die Rostflächen zu den Bodenflächen der Pfannen, und die Rostflächen zu den Ableitungsflächen für die Flamme stehen müssen, um die vortheilhafteste

Wirkung des Brennmaterials zu erhalten: das richtet sich freilich nach der Beschaffenheit des Feurungsmaterials; indeß sind diese Verhältnisse doch bei einem und demselben Brennmaterial noch lange nicht gehörig ins Licht gestellt. Eben so wenig haben vergleichende Versuche über die Cirkulir- und Strahlenfeurung bis jetzt ein entscheidendes Resultat gegeben; noch weniger ist die Frage: welches die zweckmäßigste Größe der Pfannen sei, genügend beantwortet; ja sogar sind die Salinisten nicht mit einander darüber einig, ob es vortheilhaft sei, den Siedeproceß zu theilen und das Sieden bis zur völligen Gaare der Soole, von dem Soggen zu trennen, oder ob die Vereinigung beider Processe größern Vortheil gewähre; sie sind nicht darüber einig, ob das Nachschlagen der Soole, sei es durch einen beständigen, nach Umständen zu verstärkenden und zu schwächenden Strahl, oder durch ein successives Nachfüllen, für vortheilhaft oder für nachtheilig erachtet werden müsse. Die Siedehüttenkunde liegt also noch sehr im Dunkeln, und hat sich bis jetzt wenig gründlicher Aufschlüsse zu erfreuen gehabt. Die Schwierigkeit, die dazu abzweckenden Versuche ohne die Einwirkung einer Menge von zufälligen Nebenumständen anzustellen, und die Hindernisse, welche sehr oft, z. B. bei den Versuchen über die zweckmäßigste Größe der Pfannen, durch die einmal gegebene Größe der Gebäude, im Wege stehen, und welche sich durch die Kostbarkeit solcher Versuche noch vermehren: diese Schwierigkeiten sind freilich um so weniger zu verkennen, als selbst der Behauptung nicht widersprochen werden kann, daß die verschiedenartige Beschaffenheit und der Gehalt der verschiedenen Soolen, auf der einen Saline eine Methode vortheilhaft, vielleicht nothwendig erscheinen läßt, welche auf der andern einen offenbaren Nachtheil hervorbringen würde. Aber auch alle diese Schwierigkeiten zugegeben, läßt es sich auf keine

Weise läugnen, daß noch überaus wenig geschehen ist, den Siedeproceß über die gewöhnliche Empirie zu erheben, und die Einrichtungen, welche man auf den verschiedenen Salinen antrifft, aus genügenden und überzeugenden Gründen, als die vortheilhaftesten für die bestehenden Verhältnisse anzuerkennen.

Die hölzernen Brodenfänge über den Pfannen, welche auf ihrer untern, der Pfanne zugekehrten Fläche, die ganze Länge und Breite der Pfanne erhalten haben, und sich in der Gestalt eines schiefen Trichters in dem Essengewölbe in die Höhe ziehen, scheinen um so bessere Dienste zu thun, als die zusammengehörigen zwei Pfannen, durch die auf beiden Seiten befindlichen Wände, welche die Räume für die Trockenkammer abscheiden, in einem langen, fast von allen Seiten geschlossenen Raume liegen, wodurch der Abzug der Dämpfe aus der Esse, in welcher sich die Brodenfänge der zwei zu einander gehörigen Pfannen vereinigen, sehr befördert werden muß. Alle Mittel, die den schnelleren Abzug des Brodens oder der Wasserdämpfe befördern, müssen auch die Verdampfung beschleunigen helfen, theils weil der Druck auf der Oberfläche der zu verdampfenden Soole vermindert, theils weil die mit Dämpfen erfüllte feuchte Luftschicht schneller entfernt wird. Am schnellsten würde die Verdampfung also in einem luftleeren Raume, bei einer solchen Vorrichtung geschehen, durch welche die entstehenden Dämpfe schnell zu Wasser verdichtet werden könnten.

Hierauf gegründet, sind vor kurzer Zeit auf der Saline zu Reichenhall einige Versuche nach der Angabe des Herrn v. Reichenbach angestellt worden. Die zu versiedende Soole ward in eine Pfanne gebracht, welche mit einem aus Holz zusammengefügten Deckel verschlossen war. In dem Deckel befand sich zur Ableitung der Dämpfe eine Röhre, deren Querschnitt einen Quadratfuß Flächenraum erhalten hatte. Diese Röhre mündete in einem sehr niedrigen geschlossenen Raume, über welchem die Gaar- oder Soggpfanne gestellt war. Weil die in der Vorsiedepfanne gaar gesottene Soole aus dieser in die Soggpfanne (auf die gewöhnliche Weise, vermittelst einer kurzen, mit einem Hahn versehenen Verbindungsröhre, weshalb auch beide Pfannen möglichst nahe an einander liegen) übergelassen ward, so erhielt die Gaarpfanne eine etwas tiefere Lage, als die Vorsiedepfanne. Je größer der Flächenraum der Gaarpfanne im Verhältniß zu dem der Vorsiedepfanne, und je niedriger der Soolenstand in der ersteren seyn kann, desto vollständiger wird der Zweck, die Dämpfe aus der Vorsiedepfanne schnell zu siedend heißem Wasser zu verdichten, und die Soole in der Gaarsiedepfanne dadurch mit zu verdampfen, erreicht. Die aus dem Verdichtungsraume, unter der Gaarpfanne, zuletzt abfließenden Wasser, sollen noch eine Temperatur von 45 Grad Reaumur gehabt haben, ungeachtet die Dämpfe den größten Theil ihrer Hitze schon an der Bodenfläche der Gaarpfanne, durch welche auch vorzüglich die Verdichtung zu Wassertropfen bewirkt wird, abgesetzt hatten. Dies veranlaßte den Herrn v. Reichenbach, die zu versiedende Soole, ehe sie in die Vorsiedepfanne gebracht ward, vermittelst eiserner Röhren durch den Verdichtungsraum unter der Gaarpfanne fortzuführen, und sie so in einer ziemlich erhöheten Temperatur den Vorsiedepfannen zu übergeben. Es sollten also durch diesen Siedeproceß drei Zwecke gleichzeitig erreicht werden, nämlich die Verdampfung der Soole in der Vorsiedepfanne, durch schnellere Verdichtung der Dämpfe, zu beschleunigen; die Hitze, welche durch den Niederschlag der Dämpfe abgesetzt wird, gleich zum Verdampfen der gaar gesottenen Soole in der Gaarpfanne zu benutzen, und die rohe Soole, ehe sie in die Vorsiedepfanne kommt, ebenfalls durch die Hitze der sich verdichtenden Dämpfe zu erwärmen. Der Versuch soll das Resultat gegeben haben, daß die gradirte 17 Procenthaltige Soole mit derselben Quantität Brennmaterial versotten worden sei, mit welcher die gesättigte Soole von 26,1 Procent zum Soggen gebracht wird. Dagegen sollen die Versuche aber auch gezeigt haben, daß die untere Fläche der Gaarpfannenbleche, durch die aus der Vorsiedepfanne sich erhebenden Salzdämpfe ungemein stark angegriffen wird, und daß es daher nothwendig ist, die ganze untere Fläche der Gaarpfanne mit einem Ueberzuge zu versehen, um die Einwirkung der Dämpfe abzuhalten. Eines solchen Ueberzuges bedürfen die Salzpfannen inwendig deshalb nicht, weil sie durch den sogleich sich absetzenden Pfannenstein, vor der Einwirkung der Salze geschützt werden. Außerdem ist es auch nach den gemachten Erfahrungen sehr wahrscheinlich, daß die in der Soole befindlichen Salze das Eisen nicht angreifen, wenn sie sich im tropfbarflüssigen Zustande befinden, daß aber die Einwirkung sehr schnell erfolgt, wenn sie, mit den Wasserdämpfen in Dampfgestalt fortgeführt, mit der Eisenfläche in Berührung kommen. Ein solcher, die Eisenfläche schützender Ueberzug, der aber gleichzeitig ein guter Wärmeleiter seyn muß, weil sonst der Zweck auf andere Weise ganz verfehlt werden würde, ist noch nicht aufgefunden.

Ein zweiter, indeß leichter zu beseitigender Nachtheil bei diesem Siedeproceß, besteht darin, daß sich die Soole in der Vorsiedepfanne durch das zu starke Aufwallen und Aufkochen, nicht hinlänglich reinigt, und daß daher in der Gaarsiedepfanne ein sehr unreines Salz erzeugt wird.

Es ist wohl nicht zu läugnen, daß durch diesen Siedeproceß zu viel geleistet werden soll, und daß ein Zweck nur auf Unkosten des andern vollständig erreicht werden kann.

Um die gaar gesottene Soole in der Soggpfanne zum Sieden zu bringen, müssen die Dämpfe aus den Vorsiedepfannen eine sehr hohe Temperatur haben, welche auch in dem Verdichtungsraum, oder an der Bodenfläche der Soggpfannen, nicht zu sehr abnehmen darf. Damit dies geschehe, ist eine sehr heftige Feurung unter der Vorsiedepfanne und ein starkes Aufwallen der Soole erforderlich. Nächstdem darf auch die Verdichtung der Dämpfe unter der Gaarpfanne nicht zu schnell erfolgen, weil dies nur bei einer niedrigen Temperatur geschehen kann, in welcher die Gaarsoole nicht mehr bis zur Siedhitze würde erhoben werden können. Dadurch wird aber ein Druck der noch nicht verdichteten Dämpfe auf die Oberfläche der Soole in der Vorsiedepfanne, also das Gegentheil von dem bewirkt, was man durch die möglichst schnelle Abführung und Verdichtung der Dämpfe eigentlich beabsichtigt. In jedem Fall werden beide Zwecke immer nur unvollkommen erreicht, und die Vorsiedepfannen müssen durch das erforderliche ungemein heftige Feuer nothwendig stark angegriffen werden.

Bei einigen andern Abdampfungsprocessen, die auch ziemlich im Großen ausgeübt werden, z. B. bei der Anfertigung abgezogener Wässer, beim Branntweinbrennen, beim Einkochen des Steinkohlentheerwassers u. s. w., hat die Erfahrung gelehrt, daß die Verdampfung der Flüssigkeiten in kürzerer Zeit und mit einem geringeren Aufwand von Brennmaterial erfolgt, wenn die zu verdampfende Flüssigkeit in ein verschlossenes und mit einer Kühlvorrichtung verbundenes Gefäß gebracht wird, als wenn man sie in offenen Gefäßen abdampfen läßt. Würde es daher nicht vortheilhafter seyn, den Siedeproceß des Herrn v. Reichenbach auf die Weise zu modificiren, daß man von einer gleichzeitig erfolgenden Versiedung der Gaarsoole ganz absteht, und die Dämpfe aus der

Deckelröhre der Vorsiedepfannen durch gegossene eiserne Röhren in einen großen, mit Soole angefüllten Behälter leitet, in welchen die kalte Soole, dem Bedarf und den Umständen gemäß, ununterbrochen zufließt, und die erwärmte Soole einen steten Abfluß hat? Auf diese Weise würde der Abzug der Dämpfe aus der Siedepfanne durch die eiserne Kühlröhre ungemein schnell erfolgen, und die Hitze, welche die letztere absetzt, würde zur Erwärmung der zu versiedenden Soole benutzt werden. Die Ersparung an Brennmaterial, welche sich bei dem Reichenbachschen Versuche ergeben hat, ist ganz unbezweifelt nur das Resultat der schnelleren Abführung der Dämpfe aus der Vorsiedepfanne; sie wird aber zum Theil durch die nothwendige, ungemein hohe Temperatur unter der Soggpfanne, und durch die deshalb nothwendige heftige Feurung unter der Vorsiedepfanne, wieder aufgehoben, so daß der Vortheil, die Gaarsoole in der Soggpfanne durch die Feurung unter der Vorsiedepfanne gleichzeitig zum Soggen zu bringen, nur scheinbar ist. Bei der hier vorgeschlagenen Abänderung des Processes ist eine wesentliche Ersparung an Brennmaterial zu erwarten, ohne die Siedepfanne durch die heftige Feurung anzugreifen, und ohne das starke und nachtheilige Aufwallen der Soole befürchten zu dürfen.

Von der Unvollkommenheit der Darr- oder Trockenvorrichtungen des Salzes, auf den Darren in den Trockenstuben, ist man in Reichenhall überzeugt, theils weil die Feurung unter den Pfannen fast um eben so viel stärker seyn muß, als wenn man die Darre durch eine besondere Feurung erwärmte; theils weil die Bleche zu schnell und zu stark erhitzt werden, sich zu leicht mit einer Salzkruste überziehen, und dann sehr schlecht wärmen; theils endlich, weil sich die Bleche sehr schnell stark oxydiren, und das Salz zu stark färben. Deshalb werden die Bleche auch sehr bald schadhaft, und erfordern öftere Auswechselungen. Die Trockenkammer, in denen das Salz durch erwärmte Luft getrocknet wird, scheinen den Vorzug vor allen Darr- und Trockenvorrichtungen zu verdienen, besonders weil die unter den Pfannen schon hinlänglich und vollkommen benutzte Feurung noch immer zureicht, die Luftröhren in den Trockenkammern hinreichend zu erwärmen. Freilich setzt diese Vorrichtung geräumige Bodenräume voraus, welche man sich aber in den Siedehäusern leicht verschaffen kann.

Bei der einen Pfanne zu Reichenhall, in welcher blos gesättigte Berchtesgadener Soole mit einem Gehalt von 26 Procent versotten wird, sollen zu 100 Centner Salz nur 4½ Klafter Holz *) verbraucht werden. Dabei ist aber das zum Trocknen des Salzes erforderliche Holz schon mitgerechnet, obgleich für das Salz, welches aus Pfannen erzeugt wird, die ganz gesättigte Soole verarbeiten, besondere und ganz eigenthümliche Trockenvorrichtungen vorhanden sind, so wie man sie auch auf allen Oesterreichischen Salinen, welche die Soole aus den Sinkwerken versieden, eingerichtet findet. Die gesättigte Soole wird bis zum Soggen des Salzes erhitzt, das niedergefallene Salz von Zeit zu Zeit mit hölzernen Krücken nach der Vorderseite der Pfanne (Bärstattseite **) zusammengezogen, und mit hölzernen Schaufeln aus der Pfanne gewonnen, und in hölzernen kegelartigen Formen (Fuderstöcke), ***) welche auf der Bärstätte stehen, ge-

*) Also zu 100 Centner Berliner Gewicht (zu 110 Pfund) 416 Kubikfuß Rheinländisch.

**) Ohne Zweifel von dem alten deutschen Wort: bären (bäaren, d. h. tragen) abgeleitet, indem das Salz auf dieser Seite der Pfanne ausgetragen, und von dort nachher weggetragen wird.

***) D. h. in Futterstöcke, nämlich in hölzerne Futterale.

schüttet. Die Bärstätte ist ein hölzernes Gerüst vor der Vorderseite der Pfanne, und dient dazu, die Arbeiten des Ausziehens des Salzes aus der Pfanne und des Einschüttens desselben in die Fuderstöcke, mit Bequemlichkeit verrichten zu können, und die Fuderstöcke zu tragen. Die Fuderstöcke selbst sind große zuckerhutartige Formen oder abgestumpfte Kegel, welche mit ihrer schmalen Fläche oder mit der abgestumpften Spitze auf der Bärstatt stehen, oben und unten offen, und unten nur mit einem hölzernen Kreuz versehen sind, um die Mutterlauge auströpfeln zu lassen. Sobald der Fuderstock voll Salz geschlagen ist, welches nicht zu fest eingestampft werden darf, wird der gefüllte Fuderstock in einen vor der Bärstätte befindlichen hölzernen Trog (Bärtrog) hinabgesenkt, in welchem er einige Zeit auf seiner schmalen Fläche stehen bleibt, um die Mutterlauge ablaufen zu lassen, welche sich unter dem Bärtroge sammelt. Alsdann wird der Fuderstock umgekehrt, nämlich auf seiner breiten Grundfläche aufgestellt, das hölzerne Futter von dem Salzkegel abgezogen, und dieser Salzkegel, welcher etwa $1\frac{1}{4}$ Centner wiegt, in den Trockenofen (Pfiesel) gebracht, und darin bei Flammenfeuer so stark getrocknet (gepfieselt), daß er klingend hart wird. Die Pfieseln bestehen aus großen backofenartigen Räumen, in denen sich der Heerd befindet, auf welchen die zu pfieselnden Stöcke gestellt werden. Große Oefen sind auf beiden Seiten dieses Heerdes mit einer Feuergasse versehen, in welche das Brennholz gelegt wird; kleinere Oefen haben nur auf Einer Seite des Tragheerdes einen Feurungsraum. Sobald der Heerd mit neben einander stehenden Stöcken angefüllt ist, wird die, zum Ein- und Austragen der Stöcke, mit einer Thüre versehene Vorwand des Ofens geschlossen, das Feuer angemacht, und der ganze Ofen dergestalt geschlossen gehalten, daß die Flamme nur aus den Zugöffnungen des

Ofens einen Ausgang findet. Die erforderliche wenige Luft zum Verbrennen des Holzes wird dem Rost durch eine kleine verschließbare Thüre in der geschlossenen Vorderwand des Ofens zugeführt. Die Abzugöffnungen für die Flamme sind möglichst tief, und nicht in dem Gewölbe des Ofens angebracht, um die Hitze mehr nach unten zu ziehen, weshalb der Heerd, auf welchem die Salzstöcke stehen, auch so hoch ist, daß zwischen der höchsten Spitze der gerade aufstehenden Stöcke und dem Ofengewölbe, kein großer Zwischenraum bleibt. Die gaaren Pfieselstöcke erhalten eine, vom Ruß und Rauch ganz schwarz gefärbte Oberfläche. Ist diese schwarze Kruste zu stark, so wird sie vorher abgekratzt; einige Schwärze achtet man nicht. Die gepfieselten Stöcke kommen nun in die Packstube, wo sie mit eisernen Kratzen zerschlagen, oder eigentlich zerschnitten, und dann zerstoßen und verpackt werden.

Die jährliche Salzproduktion von Reichenhall soll 300,000 Centner betragen. Es findet hier, wie in allen Bayerschen Salzstädten, die Einrichtung statt, daß jeder Einwohner jährlich 12 Pfund Salz umsonst erhält. Die Verkaufspreise des Salzes auf den Salinen sind so regulirt, daß die zunächst an der Gränze befindliche Saline (Berchtesgaden) den niedrigsten Preis hat, welcher sich nach Maaßgabe des Fuhrlohns immer mehr und mehr erhöhet, so daß er am entferntesten von der Saline auch am höchsten ist.

Für die Salinenarbeiter ist in Reichenhall eine Bruderkasse vorhanden, zu welcher jeder einen Kreutzer vom Gulden seines Verdienstes entrichtet, und dafür freie Kur und Kurmittel erhält. Die Pensionen, welche sich auf die Frauen ausdehnen, werden aus der Werkskasse bezahlt. Die Ausgabe dafür soll jährlich gegen 12,000 Gulden betragen. Außerdem erhält jeder Arbeiter jährlich ein gewisses und bestimmtes Quantum an Getreide ($\frac{1}{3}$ in Weitzen und $\frac{2}{3}$ in Roggen) aus dem Magazin, zu einem wohlfeilen Preise; ist aber verbunden, dies Getreide auch dann zu nehmen, wenn er es auf dem Markte wohlfeiler erhalten könnte, welcher Fall indeß höchst selten, oder gar nicht vorkommen soll. Eben so werden auch die Holzschläger für das Werk jedesmal zur Hälfte des bedungenen Schlaglohnes in Getreide bezahlt, welches sie ebenfalls annehmen müssen, und sehr gern übernehmen. Diese Naturalhälfte wird ihnen, bei jedem Gedinge, vorausbezahlt; die Geldhälfte erhalten sie erst nach erfolgter Holzabnahme. Das Magazin kauft das Getreide größtentheils von den Salzhändlern ein, welche Getreide bringen, und dafür Salz nehmen. Der Einkaufspreis für das Getreide ist der jedesmalige Marktpreis, so wie er durch die tägliche Markttaxe festgestellt ist.

Berchtesgaden.

Von Reichenhall führt die gewöhnliche Poststraße nach Berchtesgaden, durch das nördliche Thal, welches durch den Untersberg und durch das Lattengebirge gebildet wird. Den Höhenpunkt dieses Thals, oder die Wasserscheide zwischen dem Gebiet der Salach und des Achen im Berchtesgadener Thal, *) hat man bei dem Paß Hallthurn erreicht. Das Ansteigen und Abfallen dieses Thales sind nicht bedeutend, **)

*) Beide Flüsse werden bekanntlich von der Salza aufgenommen; die Salach etwa eine Stunde unterhalb Salzburg, und der Achen, unter dem Namen der Alm, unmittelbar oberhalb Salzburg. Der hohe Untersberg (seine höchste Spitze soll sich 6000 Fuß über das Meer erheben) mit seinen Vorgebirgen, trennt beide Flußgebiete bei Reichenhall von einander.

**) Die in diesem Thal sich sammelnden Wasser, welche, von

und weil es außerdem die kürzeste Gebirgseinsattelung zwischen Reichenhall und dem etwa 160 Fuß höher liegenden Orte Berchtesgaden bildet; so würde man unfehlbar dieses wasserreiche Thal zur Soolenleitung von Berchtesgaden nach Reichenhall gewählt haben, wenn sich nicht das Oesterreichische Gebiet auf einer kurzen Strecke südlich über den Thalgrund weg erstreckte. Man würde dadurch nicht allein die Leitung wenigstens um den dritten Theil abgekürzt, die Soole weniger hoch über den Höhenpunkt des Thales zu heben, sondern auch außerdem den großen Vortheil gehabt haben, die Aufschlagwasser für die Maschinen mit weit geringern Kosten herbeizuführen, als es jetzt hat geschehen müssen. Das Oesterreichische Territorium durch ein unterirdisches Umbruchsort zu umgehen, und die Soole so weit, als sich das fremde Gebiet erstreckt, unterirdisch fortzuleiren, soll zwar in Erwähnung gekommen, aber wegen der zu großen Kosten der unterirdischen Strecke, nicht ausführbar befunden worden seyn.

Man war daher genöthigt, die Soolenleitung durch das entferntere südliche Thal, welches sich zwischen dem Lattengebirge und der Reiteralpe gebildet hat, fortzuführen. Den ungleich höhern Höhenpunkt dieses Thales bildet die sogenannte Schwarzbachwacht. Der Schwarzbach, zum Gebiet der Salach gehörig, eilt in diesem Thale in einer Richtung von Süden nach Norden der Salach zu, und auf der andern Seite des Höhenpunktes vereinigt sich der Lattenbach mit mehrern, von den südlich liegenden Gletschern herabkommenden Gebirgswässern zu dem sogenannten Ramsauer Wasser, welches nicht weit oberhalb Berchtesgaden noch das Bi-

Hallthurn ab, dem Salachgebiet zugehen, sind unter den Namen der Windbach und der Weißbach bekannt; auf der entgegengesetzten Seite des Höhenpunktes fallen die Bischofswieser Wasser dem Achen oder der Alm zu.

schofswieser Wasser *) und das Wasser des Königssees aufnimmt, durch welche Wasser zusammen die Alm bei Berchtesgaden gebildet wird.

Der großen Soolenleitung von Berchtesgaden nach Reichenhall hat auch die sehr schöne neue Straße durch das südliche Thal des Lattengebirges ihre Entstehung zu verdanken. Sie ist in den Thälern der Salach, der Schwarzbach, des Lattenbachs und des Ramsauer Wassers fortgeführt. Von der Schwarzbachwacht, dem höchsten Punkte dieses Thalgrundes, geht die Soole in der Leitung durch natürliche Gefälle, den Reserven in Reichenhall zu; von Berchtesgaden bis zum Höhenpunkte des durch das Lattengebirge und durch die Reiteralpe gebildeten Thales, muß sie aber zweimal gehoben werden. Obgleich Schwarzbachwacht der höchste Punkt des Thalgrundes selbst ist, so würde doch die große Biegung des von dort nach Berchtesgaden führenden Ramsauer Thales, die Länge der Soolenleitung sehr vermehrt haben, wenn sie dem Thalgrunde hätte folgen sollen. Die Leitung, welche von Reichenhall bis Schwarzbachwacht immer in den Thälern der Salach und der Schwarzbach, längs dem Wege fortgeführt ist, verläßt daher bei Schwarzbachwacht die Straße und den Thalgrund, und folgt mit fast völlig gleich bleibendem Ansteigen — welches nicht stärker ist, als der natürliche Abfluß der Soole in die Reserven bei Schwarzwacht es nothwendig erfordert — dem Gehänge des Lattengebirges bis zu dem sogenannten Söldenköpfel, dem höchsten Punkte, zu welchem sie gehoben wird. Der Söldenköpfel liegt, bei einer Entfernung von 34,274 Fuß, 171 Fuß höher als Schwarzbachwacht, oder als der höchste Punkt des Thales; um so viel

*) Die beiden Hauptthäler, welche das Lattengebirge mit dem Untersberge und der Reiteralpe bildet, vereinigen sich nämlich oberhalb Berchtesgaden.

mußte die Soole also auch höher als der Höhenpunkt des südlichen Lattengebirgsthales gehoben werden, um das erforderliche Gefälle für den natürlichen Abfluß der Soole bis zur Schwarzbachwacht zu erhalten.

Wenn man das rechte Ufer der Salach, in dem schönen Thale von Reichenhall ansteigend, bis Unter-Jettenberg verfolgt hat, gelangt man zu dem Punkte, wo die Schwarzbach aus dem Thale, welches sie zwischen dem Lattengebirge und der Reiteralpe bildete, hervorbricht, um sich mit der Salach zu vereinigen. Nun verläßt der Weg das Salachthal, und folgt dem engen Thale der Schwarzbach. Durch die kühne hölzerne Staufenbrücke, unter welcher der Schwarzbach in einer Tiefe von 120 Fuß fortrauscht, gelangt man vom rechten auf das linke Ufer des Baches. Ein Punkt auf dem rechten Schwarzbachufer, unmittelbar oberhalb der Staufenbrücke, am Gehänge des Lattengebirges, von sorgsamen Händen absichtlich zubereitet, um das Auge des Wanderers durch den schönen Anblick aus dem engen Alpenthal in das Thal der Salach zu erfreuen, ist wegen der Einlagerung eines grauwackenartigen Gesteins in dem Kalksteine des Alpengebirges merkwürdig. Das Gestein hat eine bläulich-graue Farbe, indeß verhindert weniger das senkrecht abfallende Ufer der Schwarzbach, als die geringe Masse des abgesprengten Gebirges, das Lagerungsverhältniß genauer zu untersuchen.

Unmittelbar auf dem Punkte, wo die Staufenbrücke über die Schwarzbach führt, am linken Ufer dieses Baches, liegt die letzte Reserve der von Berchtesgaden kommenden Soolenleitung. Diese Reserve zu Jettenberg hat keinen andern Zweck, als den langen Traktus der Soolenleitung zu unterbrechen, durch die Kubiciranstalt eine Kontrolle für den möglichen Soolenverlust zu bewirken, und einen Soolenvorrath bilden zu helfen, im Fall bei den Maschinen, oder bei der obern Leitung, eine Reparatur die Versendung der Soole auf eine kurze Zeit verhindern sollte. Nur einige hundert Schritte weit hat der Reiteralpe ein Weg abgezwungen werden können, denn bald gelangt man über der Burgbrücke, die sich durch einen massiven und einen hölzernen Brückenpfeiler auszeichnet, wieder auf das rechte Ufer des Schwarzbachs, welches man auch bis zur Schwarzbachwacht nicht wieder verläßt. Von den steilen Wänden des Lattengebirges und von den noch steilern nackten Klippen der Reiteralpe eingeschlossen, erreicht man nach einer kleinen Stunde den Ursprung der Schwarzbach, die aus dem nördlichen Gehänge der Reiteralpe ziemlich stark hervorquillt. Hier hat sich, ehe man den Wasserscheidungspunkt auf der Schwarzbachwacht vollends erreicht, eine ziemlich breite Gebirgsschlucht gebildet, welche, in den einzeln stehenden Hütten, im Winter die Heerden aufnimmt, die im Sommer auf den höhern Alpen von den aromatischen Gebirgskräutern genährt werden.

Auf der Schwarzbachwacht befindet sich die zweite Reserve, welche die Soole vom Söldenköpfel in Empfang nimmt und über Jettenberg weiter sendet. So beschränkt die Aussicht auf diesem Punkte der Thalhöhe auch seyn mag, so groß und ernst ist doch der Charakter der Gegend, indem man sich auf allen Seiten von Alpen umgeben, und den Stolz und die Zierde von Berchtesgaden, den schönen zweiköpfigen Watzmann südöstlich über die Alpen, welche den Mittelgrund bilden, hervorragen sieht.

Der Weg folgt nun dem Thal des Lattenbachs und des Ramsauer Wassers. Dieses Thal hat ein sanfteres Abfallen als das Schwarzbachthal, ist ungleich breiter, weil es sich mit mehrern Querthälern, welche von der südlich liegenden Alpenkette herabkommen, verbindet, und wird durch die üppigste Vegetation der Wiesen und der Ahorn- und Buchenhaine geziert. Die mit Schnee bedeckte Reiteralpe, der Steinberg mit seinen Gletschern, und der Watzmann auf der einen, so wie das bewaldete Lattengebirge auf der andern Seite, geben dem Thal einen großartigen Charakter. Die Kapelle am Kontrawege, vor dem Orte Ramsau, erhöhet die Verdienstlichkeit der Wallfahrer, durch die Beschwerde, welche sie beim Erklimmen derselben zu überwinden haben; dem Reisenden gewährt sie einen freundlichen Blick durch das dunkle Grün, welches das Lattengebirge hier bekleidet. Etwa 2 Stunden von der Schwarzbachwacht, bei Illsang, steht die größte Maschine auf der ganzen Soolenleitung, welche die Soole, von dem Niveau des Ramsauthales bis zu einer seigeren Höhe von 1218 Fuß, auf dem Söldenköpfel zu heben bestimmt ist. Kaum kann man vom Thalgrund aus mit unbewaffnetem Auge das Reservengebäude erblicken, welches die in die Höhe gedrückte Soole in Empfang nimmt, um sie an die Reserve auf der Schwarzbachwacht wieder abzugeben. Das Gebäude, welches die schöne Maschine zu Illsang bewahrt, steht auf einem Punkte, welcher der Größe dieses, mit eben so viel Ueberlegung und Scharfsinn, als mit Eleganz ausgeführten, und vom glücklichsten Erfolge gekrönten Maschinenbaues entspricht. Der Steinberg, der Watzmann und der hohe Göll begränzen das Thal der Ramsau, welches hier breit genug ist, um durch einen freundlichen Vordergrund den Genuß des Anblicks jener Alpenmassen zu erhöhen. Es möchte fast scheinen, als wenn Natur und Kunst hier mit einander gewetteifert hätten, das Größte und Vollendetste hervorzubringen.

Da, wo sich weiter abwärts nach Berchtesgaden zu, im Ramsauer Thale, das Bischofswieser Wasser mit dem Ramsauer Wasser vereinigt, hat die Soolenleitung durch das vom Bischofswieser Wasser gebildete Querthal geführt werden müssen. Dies ist durch eine eiserne 1225 Fuß lange Röhrenfahrt bewerkstelligt, die, über das Wasser selbst, auf einer mit massiven Pfeilern versehenen Brücke fortgeleitet ist. Auf beiden Thalufern, welche hier ziemlich steil sind, liegt sie aber unmittelbar auf dem Boden in einem kastenartigen hölzernen Verschlage, welcher die Röhren oben und auf beiden Seiten bedeckt. Man hat den Punkt so gewählt, daß die Röhrenfahrt am linken Thalgehänge, nämlich auf der Seite, von welcher die Soole von Berchtesgaden hergeführt ist, 5 Fuß höher liegt, als am rechten Thalufer, um durch den Druck dieser 5 Fuß hohen Soolensäule den Widerstand in der Röhrenleitung zu überwinden.

Kaum eine Viertelstunde unter diesem Vereinigungspunkt des Bischofswieser- und des Ramsauer Wassers, erfolgt die Verbindung mit dem von Süden kommenden Königsseer Bach. Das Thal hat hier bei aller Größe eine Lieblichkeit erlangt, welche keiner Schilderung fähig ist. Durch einen Theil der Holzplätze der Saline Frauenweit, erreicht man bald den Ort Berchtesgaden, welcher erst bei der letzten Wendung des Thales dem Auge sichtbar wird.

Wenige Orte dürften dem Bewunderer der schönen Natur so viel Genuß gewähren, als Berchtesgaden; auch fehlt es nicht an Schilderungen dieser herrlichen Gegend, welche mehr oder weniger unfähig sind, auch nur einen Schatten von dem Bilde zu geben, welches sie vor die Augen des Lesers führen sollen.

Die geognostischen Verhältnisse der ganzen Gegend und des überaus lieblichen Königssees, sind durch Herrn v. Buch vollständig und gründlich entwickelt. *) Der Reichthum an Steinsalz, welcher, nach der in der Grube gemachten Erfahrung, in größerer Teufe immer mehr zunimmt, ist sehr wahr-

*) Geognostische Beobachtungen u. s. w. B. 1. S. 211 u. f.

scheinlich durch die Lage des Thales, welches auf allen Seiten von hohen Kalkgebirgen umgeben ist, veranlaßt worden. Das Thal der Alm, welches alles Wasser des Ländchens Berchtesgaden aufnimmt, fällt bis zur Salza stark ab, und es kann kein Zweifel seyn, daß der Durchbruch des Meeres zwischen dem Untersberg und der Gollinger Alpenkette, in dem jetzigen Almthal erfolgte. Dies läßt auf eine große Ausdehnung der Salzniederlage schließen, welche durch den Salzgehalt der Quellwasser im Almthale noch wahrscheinlicher wird. Die Grube, oder der sogenannte Salzberg, liegt im Thale der Alm, unterhalb Berchtesgaden, da, wo sich die Alm einen Durchbruch zwischen dem Untersberge und der Gollinger Alpenkette gebildet hat. Das Vorgebirge des Unterberges auf dem linken Ufer der Alm, die sogenannte Metzenleithe, ist nicht salzführend, sondern nur das Vorgebirge der Gollinger Kette auf dem rechten Almufer, welches um so merkwürdiger ist, als das Almthal hier eine sehr geringe Breite hat. Gewiß ward das Salzgebirge durch mechanische Ursachen, nämlich durch Stöhrungen, die vorzüglich auf das linke Ufer des jetzigen Almthales wirkten, bis zu einer gewissen Teufe weggeführt und fortgeschwemmt. Dies ist um so wahrscheinlicher, als das nördliche Vorgebirge des Lattengebirges, in dem nach Reichenhall führenden Thale zwischen dem Lattengebirge und dem Untersberge, welches mit dem Almthale hier fast einen rechten Winkel macht, ebenfalls Salzgebirge ist, obgleich es in der bisher bekannten Teufe kein Steinsalz führt.

Der Salzberg lehnt sich gegen Osten an dem Kalksta, einem zur Gollinger Alpenkette gehörigen Berge, an. Der Kalksta ist der äußerste Berg gegen Westen in der Gollinger Kette, welche das Almthal bei Berchtesgaden östlich begränzt. Der Kalkstein dieser ganzen Kette kommt mit dem, woraus der Watzmann, der Steinberg, die Reiteralpe, das Lattengebirge, kurz, woraus der ganze große Alpenzug von Tyrol durch Bayern und Salzburg nach Steyermark besteht, vollkommen überein. Das Vorgebirge des Kalksta, nämlich der Salzberg selbst, erreicht eine Höhe von 500 Fuß über der Alm, und verflächt sich von der obersten Spitze bis zum Ufer der Alm unter einen Winkel von einigen 20 Graden. Obgleich man mit den Aufschlüssen in der Grube noch nicht bis zum wahren Liegenden gekommen ist, so ist es doch aus allen Verhältnissen klar, daß der Kalkstein, woraus die großen Alpenmassen bestehen, das Liegende des Salzgebirges bildet. Eben so wenig wie das Liegende, kennt man die streichende Erstreckung des Salzgebirges. Die Vermuthung, daß dasselbe am linken Ufer der Alm, den Verhältnissen des Grundgebirges folgend, bis zur Salza bei Hallein fortgehe, und daß der dortige Salzberg (Dürrenberg) in einem unmittelbaren Zusammenhange mit der Salzniederlage stehe, worauf in dem hiesigen Salzberge gebauet wird, bestätigt sich durch das Verhalten des Vorgebirges, welches, wenn es auch in der obern Teufe nicht überall salzführend ist, doch als zur Formation des Salzgebirges gehörend, erkannt werden muß. Ein ähnlicher, wenn auch nicht ununterbrochener Zusammenhang, wird sich, auf der einen Seite bis Steyermark, und auf der andern bis Tyrol, nachweisen lassen.

Ein deutliches Streichen und Fallen ist, in dem salzführenden Gebirge selbst, nicht zu erkennen, sondern es scheint sich Beides nach dem Verhalten des Grundgebirges zu richten. Der blaugraue Thon, und der weiße oder röthlich gefärbte Gips, sind so charakterisirend für das Salzgebirge, daß man da, wo beide Gebirgsarten zusammen vorkommen, fast mit der Sicherheit auf die Salzführenheit des Gebirges schließen kann. Das Hangende des Salzthons oder des Salzgebirges ist entweder Kalksteinbreccie mit einem thonartigen Bindungsmittel, oder ein dichter, deutlich geschichteter gelblich und graulich-weißer Kalkstein.

In dem salzführenden Gebirge selbst kommen niemals Stücken von Kalkstein vor, sondern es besteht im äußersten Hangenden aus blau-graüem Thon, in welchem Thonkugeln, Gipslagen, und hin und wieder Streifen von Steinsalz, ohne Gesetz und Ordnung durch einander liegen. Das Vorkommen von Steinsalzadern läßt schon auf die zunehmende Edelheit des Gebirges schließen. Das Salzgebirge, worin die Streifen von Steinsalz nur sehr sparsam wechseln, und mit Adern von Gips durchzogen sind, führt den eigenthümlichen Namen Haselgebirge. Wo sich dieses Haselgebirge in dem schon salzreichen Gebirge nesterweise findet, erhält es den Namen des tauben oder des blinden Gebirges, weil es zur Benutzung für unbrauchbar gehalten wird. Je weiter nach dem Liegenden, desto mehr pflegt der Steinsalzgehalt des Thons zuzunehmen, und oft kommt das Steinsalz dann in großen Massen aushaltend und rein vor, ist aber immer wellenförmig gelagert. Diese Salzmassen wechseln mit Nestern von Thon, von Haselgebirge oder blindem Gebirge, und von unreinem, nämlich mit Thon- und Gipsadern durchzogenem Steinsalz, jedoch ohne alle wahrnehmbare Ordnung, und am wenigsten in einer bestimmten Schichtung, oder in einer wiederkehrenden Folgenreihe, so oft und wiederholt ab, daß das Vorkommen von aushaltend reinen Steinsalzmassen, nach der Richtung des Hangenden des Lagers und in den oberen Teufen, eine große Seltenheit ist. Jene unhaltigen und armen Mittel halten oft mehrere Lachter lang aus, und setzen in große Teufe nieder, so daß sie zuweilen in verschiedenen Sohlen mit den Hauptstöllen angefahren werden. Weiter nach dem Liegenden und in größerer Teufe nimmt der Salzgehalt des Gebirges zu, und nach dem bisherigen Verhalten des Gebirges in der Grube, ist man zu der Vermuthung berechtigt, daß man das Steinsalz immer mehr in reinen Massen erhalten wird, je mehr man sich dem Grundgebirge nähert, und je mehr sich der Bau in künftigen Zeiten in die Tiefe erstrecken wird. Im Allgemeinen ist indeß die Salzniederlage in dem hiesigen Salzberge weit reicher und reiner als zu Hallein und im Oesterreichischen Salzkammerguth. Deshalb kann man auf mehreren Punkten in der Grube auch einen Bau auf Steinsalz führen, den man aber absichtlich und mit großem Recht möglichst beschränkt, seitdem die große Soolenleitung von hier nach Reichenhall zu Stande gekommen ist. Früher wurden nach Reichenhall bedeutende Quantitäten reines Steinsalz (jährlich über 80,000 Centner) versendet; jetzt ist die Gewinnung des Steinsalzes blos auf einen unbedeutenden Verkauf und auf die Salzabgabe an die Unterthanen beschränkt, indem zur weitern Verarbeitung auf den Salinen nichts mehr gewonnen wird.

Das eigenthümliche Vorkommen des Steinsalzes im Salzgebirge — denn die auf einzelnen Punkten vorkommenden reinen Steinsalzmassen, worauf ein Bau geführt werden kann, gehören, bis jetzt wenigstens, zu den Ausnahmen — hat auch eine eigenthümliche Gewinnungsart desselben nothwendig gemacht. Um den ganzen Salzgehalt des salzführenden Gebirges zu erhalten, würde es nicht zureichend gewesen seyn, die einzelnen reinen Salzadern mit großem Zeit- und Kostenaufwande zu gewinnen; sondern man hätte nothwendig auch die ganze salzführende Thonmasse zur Gewinnung bringen, und diese in großen Vorrichtungen über Tage auslaugen müssen, weil es unmöglich gewesen seyn würde, die Steinsalztheilchen, durch eine Art von Klaubearbeit, von dem Thon und Gips zu scheiden. Die ungemeine Kostbarkeit eines solchen Bergbaues, selbst wenn man eine Art von Aufdeckerarbeit oder Tagebau hätte wählen können, indem der unterirdische Abbau, wegen der ungeheuren Ausdehnung des Lagers und wegen der schlechten Beschaffenheit des hangenden Gebirges zum Abbau, kaum möglich gewesen seyn würde, — die außerordentlich großen Unkosten, welche die Auslaugevorrichtungen des gewonnenen Gebirges über Tage verursacht haben würden, verbunden mit der Schwierigkeit, hinlängliche Räume für die ausgelaugten Massen zu erhalten: — diese der Gewinnung des Salzes nachtheiligen Verhältnisse, scheinen schon in sehr früher Zeit die Veranlassung gegeben zu haben, das Steinsalz von der unhaltigen Gebirgsart, in der Grube selbst, durch den einfachen Proceß des Auslaugens zu trennen, das Salz als Soole zu gewinnen, und es dann durch den Siedeproceß darzustellen. Daß diese Art der Gewinnung schon uralt seyn müsse, beweiset das sogenannte Heidengebirge, nämlich der ausgelaugte Rückstand des Gebirges, welches auf dem Halleiner Dürrenberge zuweilen mit Strecken angefahren, oder in den entstehenden Grubenweitungen angetroffen wird, und welches uralten Arbeiten seine Entstehung verdankt.

Die alleräItesten Auslaugevorrichtungen scheinen blos darin bestanden zu haben, einen Schacht bis ins Salzgebirge abzuteufen, ihn mit Wasser anzufüllen, und dieses nach einiger Zeit wieder zu heben, nachdem es sich mit Salz gesättigt hatte. Die Unvollkommenheit und der nachtheilige Einfluß dieses Verfahrens auf eine zweckmäßige Benutzung des Salzgebirges, leuchten von selbst ein. Welche Vervollkommnungen die Gewinnung des Salzes in dem Zustande der Soole, oder das sogenannte Aufsieden der Berge, nach und nach bis zur jetzigen Verfahrungsweise erhalten haben mag, darüber scheinen, wegen des hohen Alters des Salzbergbaues, gar keine Nachrichten vorhanden zu seyn. So wie aber überhaupt

haupt beim Bergbau, so ist besonders auch hier die größte Ordnung und Regelmäßigkeit in den zur Gewinnung der Naturerzeugnisse abzweckenden Vorrichtungen, das sicherste Mittel zu einer reinen und vollkommenen Gewinnung. Rühmlichst zeichnet sich der Berchtesgadener Bergbau hierin aus, und verdient als ein Muster für diese eigenthümliche Bergbaumethode aufgestellt zu werden. Dieselbe Ordnung, welche man auf allen Salinen des Königreichs antrifft, findet man auch unter der Erde in der Grube wieder.

Das Salzthongebirge läßt kein Wasser durch, und alle Wasser in der Grube rühren blos von den hangenden Gebirgslagen her, welche, besonders dann, wenn das Hangende aus dem jüngern geschichteten Kalkstein besteht, wasserreich zu seyn pflegen. Die Abführung dieser, aus dem Hangenden kommenden Grubenwasser, erfordert eine große Sorgfalt, damit sie nicht von den obern Strecken oder Stollen abfallen, in die Grube treten, und das Gebirge auf Punkten angreifen, deren Abätzung nachtheilig, oft vielleicht höchst gefährlich werden könnte. Weil man indeß das Wasser zum Auslaugen (Aufsieden) des Gebirges nothwendig bedarf, so werden die, in den hangenden Gebirgsschichten erschrotenen Wasser, sorgfältig in Röhren gefaßt, um sie, nach Umständen, als Speisungswasser in die Grube leiten, oder sie abschlagen und durch Röhren aus dem Stollen abführen zu können. In der Regel reichen diese Grubenwasser (Selbstwasser) zum Betriebe aller Auslaugekammern nicht hin, sondern man ist genöthigt, Tagewasser mit zu Hülfe zu nehmen, welche gewöhnlich durch donnlägige Schächte, die bis zur Sohle des obersten Stollens abgesunken sind, vermittelst einer hölzernen Röhrenfahrt in die Grube geleitet werden. Die zweckmäßige Leitung und Vertheilung der süßen Wasser in der Grube, wodurch man in den Stand gesetzt wird, die jedesmal erforderliche Quantität Wasser nach allen Punkten zu bringen, wo man ihrer bedarf, alle überflüssigen Wasser aber wieder aus der Grube fortzuschaffen, ist einer der wichtigsten Gegenstände des Grubenbetriebes.

So wie das zum Auslaugen bestimmte Speisungswasser durch Röhrenfahrten in der Grube umher geleitet, in besondern Reservoiren immer bis zu einer gewissen Höhe erhalten, und aus diesen Reservoiren den verschiedenen Auslaugekammern zugeführt wird, um durch eine auf diese Weise gleichzeitig stattfindende Kubicirung, die Wassermengen, welche in die Auslaugekammern geleitet werden, bestimmen zu können: eben so wird auch das vergütete, d. h. das gesättigte Wasser, oder die Soole, aus den Auslaugekammern durch Röhren abgeführt, und vermittelst einer Röhrenfahrt aus dem Stollen in die dazu bestimmten Reserven geleitet.

Die Eigenschaften des Salzthongebirges, kein Wasser durchzulassen, und in sehr großen Weitungen, ohne alle Unterstützung durch Zimmerung oder Maurung zu stehen, machen die regelmäßige Anlage und den Betrieb der Auslaugekammern (Sinkwerke in Berchtesgaden, Wehren, oder auch Sulzenstücke im Oesterreichischen) möglich. Es kommt nämlich nur darauf an, sich von allen Seiten geschlossene Räume zu verschaffen, denen der erforderliche Bedarf an süßem Speisungswasser zugeführt, und aus welchen das mit Salz gesättigte Wasser wieder abgezapft werden kann. Diesen Zweck erreicht man in der Hauptsache dadurch, daß man den zur Auslaugung bestimmten Raum mit einer obern und einer untern Strecke in Verbindung setzt, ihm durch die obere Strecke das Speisungswasser zuführt, und die gesättigte Soole durch die untere, mit Lettendämmen gegen das Sinkwerk zu wohl verwahrte Strecke, vermittelst einer, aus dieser

Strecke durch die Lettendämme in das Sinkwerk führende Röhrenleitung, wieder abläßt.

Von großer Wichtigkeit für den Betrieb der Sinkwerke, wodurch man es ziemlich in seiner Gewalt hat, die Ausdehnung und die Gestalt, welche sie erhalten sollen, zu bestimmen, ist die Erfahrung, daß das in den geschlossenen Räumen des Salzgebirges stehende Wasser (in so fern diese Räume ganz mit Wasser angefüllt sind) nur die Firste (den Himmel) angreift, die Stöße oder Seitenwände (Ulmen) aber wenig abäzt, und die Sohle ganz unangegriffen läßt. Daß das Wasser auf die Sohle keine Wirkung äußert, ist leicht dadurch erklärbar, daß sie sehr bald mit dem herabfallenden Thon, dessen Salztheilchen das Wasser aufgenommen hat, verschlämmt wird, wodurch sich eine für das Wasser undurchdringliche Decke bildet. Daß aber auch die Seitenwände in einer völlig mit Wasser angefüllten Kammer nur sehr wenig angegriffen werden, ist eine sehr merkwürdige Erscheinung, deren Grund vielleicht tiefer als in dem Umstande liegen mögte, daß sich auch die Seitenwände mit Thontheilen, die in dem Sinkwerke nicht niederfallen, verschlämmen, und dadurch die Einwirkung des Wassers verhindern.

Soll sich ein Sinkwerk mehr nach der Richtung der Länge und Breite ausdehnen, so muß es, jener Erfahrung zufolge, nicht ganz mit Wasser angefüllt werden, oder das Wasser muß nicht bis an den Himmel reichen. Hat es schon die gehörige Ausdehnung erlangt, so wird nur der Himmel verätzt, welches man dadurch bewirkt, daß der Wasserstand im Sinkwerk immer bis zum Niveau des Himmels erhalten wird. Daß es aber dennoch unmöglich ist, die Erweiterungen des Sinkwerks in den Seitenstößen gänzlich zu verhindern, und daß man überhaupt keine ganz regelmäßige Gestalt der Sinkwerke erzwingen kann, leuchtet leicht ein. Je salzreicher das Gebirge ist, desto stärker wird es auf diesen Punkten angegriffen, so daß man solche Stellen zuweilen, nachdem die Sinkwerke abgelassen sind, durch Lettendämme schützen muß, um keine zu großen Weitungen nach der einen, und ein zu starkes Stehenbleiben der Wände nach den andern Seiten zu veranlassen. Ueberhaupt ist der Thon ein vortreffliches Mittel, wenn es darauf ankommt, sich auf dieser oder jener Stelle vor der zu starken Einwirkung des Wassers zu schützen.

Die Höhe des Wasserstandes im Sinkwerke muß sehr sorgfältig, und oft mehreremale täglich beobachtet werden, um nicht zu viel oder zu wenig Wasser in das Sinkwerk zu leiten (anzukehren). Zu wenig Wasser, welches den Himmel nicht erreicht, ätzt nur die Seitenstöße ab, und erweitert die Sinkwerke zu sehr, welches man nur bei den nicht gehörig ausgeweiteten Sinkwerken absichtlich herbeiführt. Zu viel Wasser (Ueberhimmel) dringt in die Gebirgsschichten der Firste ein, und bewirkt kein vollkommenes Verätzen des Himmels, sondern ein Ablösen und Abweichen der ganzen Firstendecke, die dann auf die Sohle des Sinkwerks fällt (Gefälle macht). Solche Brüche oder Gefälle sind deshalb höchst nachtheilig, weil der Salzgehalt der niedergefallenen Massen verloren geht, indem nach aller Erfahrung auf der Sohle keine Auslaugung mehr stattfindet.

Aus dem angegebenen Verfahren bei der Behandlung der Sinkwerke geht hervor, daß vorzüglich nur die Firste, oder der Himmel angegriffen wird. Ein angekehrtes, d. h. mit Wasser angefülltes Sinkwerk, muß so lange als die Abätzung des Himmels erfolgt, immer neue Wasserzuschüsse, obgleich fast nur tropfenweise, erhalten, damit das Wasser stets im Niveau des Himmels bleibt. Sobald der Sättigungspunkt eingetreten, oder das Wasser hinlänglich vergütet ist, sobald es nämlich einen Salzgehalt von 26,15 Procent erhalten hat, findet keine Abätzung mehr statt: und dies ist der Zeitpunkt, das Ankehren des Sinkwerks (Einlassen des Wassers) ganz einzustellen, und die Soole nach Umständen abzulassen, oder das Sinkwerk ganz, oder theilweise mit Soole gefüllt, zur Reserve stehen zu lassen; denn das völlig vergütete Wasser wirkt nicht mehr auf das Gebirge.

Die nothwendige Folge dieser Behandlung der Sinkwerke ist, daß sie sich besonders stark von der Sohle bis zur Firste erweitern, oder daß sie in die Höhe wandern. Sehr oft angekehrte Sinkwerke reichen daher mit ihrem Himmel bis an die oberen Stollen, obgleich sie ursprünglich in einer tieferen Stollensohle angelegt waren. Weil indeß der Theil des Salzgebirges, welcher aus Thon und Gips besteht, unaufgelöset auf der Sohle des Sinkwerkes zurückbleibt, so erhöhet sich dieselbe zuweilen in eben dem Verhältniß, in welchem der Himmel in die Höhe geht. Dies Verhältniß ist von dem Salzgehalt des Gebirges abhängig. Bei einem sehr geringen Salzgehalt erhöhet sich die Sohle in einem stärkeren Verhältniß, als der Himmel in die Höhe geht, weil nicht allein die vom Himmel, sondern auch die von den Seitenstößen niederfallenden Berge zur Erhöhung der Sohle beitragen, und weil die Berge wohl überhaupt einen größeren als den ursprünglichen Raum im Gebirge einnehmen. Ist das Gebirge dagegen sehr reich, so wird die Sohle des Sinkwerkes weniger erhöhet, und Sohle und Himmel sind nach dem Ablassen weiter von einander entfernt, als beim Ankehren. Bei einem mittleren Salzgehalt bleibt die Entfernung zwischen Sohle und Himmel ziemlich gleich, obgleich beide natürlich mehr in die Höhe gegangen sind, welches zwar nicht bei einem einmaligen, aber doch bei einem oft wiederholten Ankehren bemerkbar wird.

Es muß daher, vor dem neuen Ankehren eines Sinkwerkes, das ursprüngliche Verhältniß der Entfernung der Sohle vom Himmel wieder hergestellt werden. In Berchtesgaden findet die Bestimmung statt, daß die Entfernung der Sohle vom Himmel jederzeit 7 Fuß betragen soll. Nachdem daher die Sohle eines abgelassenen Sinkwerkes gehörig trocken geworden ist, wird der Zustand desselben, besonders die Entfernung der Sohle vom Himmel, genau untersucht und zur Säuberarbeit geschritten. Hat sich das Verhältniß nicht, oder wenig geändert, so wird der Säuberberg blos eingeglichen, d. h. die Sohle geebnet. Wenn sich aber die Sohle dem Himmel zu sehr genähert hat, und wenn wohl gar Gefälle entstanden sind, so müssen die Lettendämme bis zu der Höhe der künftigen Sohle des Sinkwerks weggerissen werden, um den Säuberberg aus dem Sinkwerk fortschaffen zu können. Im entgegengesetzten Falle wird aber die Sohle durch Berge aus anderen Orten der Grube so hoch aufgetragen, daß das Sinkwerk die vorgeschriebene Höhe von 7 Fuß erreicht. *) Eine größere Höhe des Wasserstandes würde zwar dem Verätzen nicht nachtheilig seyn, aber der Druck gegen die Lettendämme würde so stark werden, daß man den Durchbruch eines angekehrten Sinkwerkes befürchten müßte. Sollte aber ein solcher je einmal erfolgen, so würde die Grube der größten Gefahr ausgesetzt seyn, indem manche Sinkwerke eine so ungeheure Ausdehnung haben, daß sie mehrere hunderttausend Kubikfuß Wasser oder Soole enthalten.

In demselben Verhältniß, wie sich Sohle und Himmel in einem Sinkwerk erhöhen, müssen auch die Lettendämme in der Strecke, welche aus dem Stollen zum Ablaßrohr für die Soole führt, in die Höhe genommen werden. Zur größeren

*) Die Säuberberge werden daher selten ausgefördert, sondern gewöhnlich auf besonders für sie bestimmten Plätzen in der Grube (Faßstädte) aufbewahrt.

Sicherung sind immer zwei Lettendämme, einer hinter dem andern, vorhanden. Der hinterste Damm befindet sich unmittelbar da, wo die Strecke mit dem Sinkwerk in Verbindung steht. (Letten- oder Schlammtruhe.) In einer Entfernung von 2 Lachtern von diesem Damm (von dem Ansetzungspunkte der Strecke im Stollen an gerechnet) ist der zweite Lettendamm (Kränzel oder Flugen) aufgeführt. Beide Dämme zusammen werden Wehrdämme genannt. Der zwei Lachter lange Theil der Strecke zwischen beiden Dämmen — Langofen — wird ebenfalls verlettet. *) Der Langofen und die beiden Dämme bilden zusammen das Wehrwerk. — Hat ein Sinkwerk sich schon bedeutend über der ursprünglichen Sohle erhoben, so würde die Säuberung desselben, in dem Fall wenn viele Säuberberge und Gefälle fortzuschaffen wären, das Wegreißen des ganzen Wehrwerks bis zur Sohle der Strecke, durch welche das Sinkwerk mit den Stollen in Verbindung steht, nothwendig machen. Um diese kostbare Arbeit zu ersparen, wird, in einiger Entfernung vor dem vordersten Lettendamm in der Strecke, ein Rolloch oder ein kleiner Schacht (Schüttpütte, Sauberrohr) mit den Lettendämmen gleichzeitig in die Höhe geführt, so daß das Wehrwerk nur bis zu der jedesmaligen Höhe der Sohle des Sinkwerkes weggenommen werden darf, und der Säuberberg durch das Säuberrohr bis auf die Strecke gestürzt werden kann.

Zur Ableitung der Soole aus den Sinkwerken wird in

*) Die Zubereitung des Lettens ist für den Betrieb der Sinkwerke von der größten Wichtigkeit, weil auf die Haltbarkeit der Dämme alles ankommt. Das Verletten ist eine Art von Puddelarbeit, zu welcher der fetteste und reinste Letten ausgesucht, und mehreremale durchgearbeitet (gedroschen) wird. Vorräthe von gutem gedroschenem Letten müssen immer in der Grube vorhanden seyn.

dem Sinkwerke selbst, in einiger Entfernung von dem äußersten Lettendamm, ein kleiner, aus ganzem Schrot *) gezimmerter, etwa 3 Fuß im Lichten weiter Schacht — Absäugkasten, Wehrkasten, Abgangschurf — bis zu einer Entfernung von 6 Zoll vom Himmel, aufgestellt, und oben mit Bohlen bedeckt und verlettet, um das Hineinfallen der vom Himmel niederfallenden Berge beim Abätzen zu verhindern. In diesem Kasten stellt man eine durchlöcherte hölzerne Röhre (Luttenröhre) senkrecht auf, und verbindet sie mit einer horizontal liegenden Röhre (Leitröhre), welche durch das Wehrwerk hindurch geführt ist. Der aus dem vordern Lettendamm in die Strecke hineinragende Theil der Leitröhre ist mit einem Hahn (Wehrschraube) versehen, um die Soole abzapfen und durch die Röhrenfahrt aus dem Stollen leiten zu können. Große Sinkwerke haben zwei, drei, auch mehrere Absäugkasten, welche sämmtlich mit dem vordersten, zunächst am Wehrwerk befindlichen, in Verbindung stehen. So wie der Himmel in die Höhe wandert, wird auch der Absäugkasten mit erhöhet. Die erste Leitröhre bleibt immer liegen; wenn sich aber die Sohle des Sinkwerkes zu sehr erhöhet hat, so wird in größerer Höhe eine neue Leitröhre eingelegt, und beide werden durch eine senkrecht stehende Röhre (Ablaßrohr) mit einander verbunden.

Wie oft ein Sinkwerk angekehrt werden kann, richtet sich theils nach seiner Größe, theils und vorzüglich nach dem Salzgehalt des Gebirges. Die kleineren können mehreremale im Jahr angekehrt und abgelassen werden, während bei den größeren oft ein volles Jahr, auch wohl längere Zeit erfordert wird. In der Regel wird ein Sinkwerk fünf, auch wohl zehn Jahre lang benutzt, ohne es säubern, d. h. die Sohle

*) Die Jöcher und Kappen werden hier Wehrstempel genannt.

erhöhen oder auftragen zu dürfen, indem das Eingleichen der Säuberberge vor dem neuen Ankehren schon zureicht.

Bei einer gehörig geregelten Wasserwirthschaft ist daher der Betrieb der Sinkwerke sehr einfach; er erfordert aber die größte Ordnung und Regelmäßigkeit in der ersten Anlage, damit sich ein Sinkwerk dem andern nicht zu sehr nähere, und beide in Gefahr kommen. Diese Regelmäßigkeit ist auch zum reinen Abbau des Gebirges eine durchaus nothwendige Bedingung, weil man bei einer unregelmäßigen Anlage der Sinkwerke starke Pfeiler stehen zu lassen, gezwungen seyn würde, um Brüche oder Gefälle zu verhüten. Zu einer solchen Regelmäßigkeit beim Bau und Betrieb der Sinkwerke, gelangt man theils durch eine richtige Sohlenabtheilung, theils durch eine zweckmäßige Vertheilung der anzulegenden (auszulegenden) Sinkwerke in einer und derselben Sohle. Die hiesige Grube oder der Salzberg hat drei Sohlen, oder Stollen, welche eben so viele Grundstrecken (Haupt-Gezeugstrecken) oder Sohlenabtheilungen bilden. Das Grubenfeld zwischen zwei Sohlen wird ein Berg genannt. Der tiefste Stollen (Ferdinandsstollen), welcher einige Lachter über dem Almthal angesetzt ist, liegt 12 Lachter seiger tiefer, als der mittlere Stollen (Frauenstollen), und dieser 12 Lachter seiger tiefer als der oberste Stollen (Petersstollen). Diese drei Stollen bilden also die söhlige Abtheilung in der Grube, und man nennt das Feld zwischen dem Ferdinandsstollen und dem Frauenstollen, den Ferdinandsberg; das Feld über dem Frauenstollen, oder zwischen diesem und dem Petersstollen, den Frauenberg; und das Feld über den Petersstollen den Petersberg. Alle drei Stollen sind gewissermaaßen im Hangenden, nämlich am Fuße des Berges, in einer Stunde angesetzt, welche mit dem Hauptstreichen des Grundgebirges ziemlich einen rechten Winkel macht.

Aus einer solchen Hauptsohle, oder aus den verschiedenen Stollensohlen, werden nach beiden Weltgegenden Strecken (Schachttritt oder Schachtricht) ausgefahren, theils um die Beschaffenheit des Gebirges im Streichenden (wenn man es so nennen will) zu untersuchen, theils um durch sie zu den Sinkwerken in oberer Teufe zu gelangen, theils um aus ihnen neue Sinkwerke zu bilden. In so fern der letzte Zweck beim Auffahren der Schachtrichte erreicht werden soll, ist es vorzüglich nöthig, auf die, sowohl in derselben Sohle, als auch auf die in der höhern oder tiefern Sohle schon vorhandenen Sinkwerke Rücksicht zu nehmen, um keinem derselben zu nahe zu kommen. Bei einem noch ganz unverritzten Gebirge würde eine sehr regelmäßige Anlage der Sinkwerke in den verschiedenen Sohlen bewerkstelligt werden können, *) welches freilich in einer sehr alten Grube, in welcher bei der Anlage der ersten Sinkwerke nicht die größte Regelmäßigkeit beobachtet ward, nicht gut möglich ist. Einen ansehnlichen Pfeiler zwischen zwei Sinkwerken in einer und derselben Sohle stehen zu lassen, ist schon deshalb nothwendig, um durch diese Pfeiler demnächst Schachtrichte zu einer zweiten Reihe von Sinkwerken aus dem Stollen auffahren zu können, welche im Streichenden des Gebirges, vom Hauptstollen an gerechnet, hinter der ersten Reihe zu liegen kommen. Die einmal eingerichtete Wasserleitung auf dem Hauptstollen macht es nämlich nothwendig, alle in einer Sohle liegenden Sinkwerke auch von einem Hauptstollen aus anzukehren. Wollte man daher zu ei-

*) Den Grundriß von einer jeden Hauptsohle kann man sich am anschaulichsten in dem Bilde einer, nach einem Stangenmodell gebildeten Kartätschkugelform denken, wobei der Stollen der Haupteinguß, die Schachttritte die zu jeder Kugel führenden Nebeneingässe, und die Sinkwerke die Kugeln seyn würden.

ner zweiten Reihe von Sinkwerken einen zweiten Hauptstollen in gleicher Sohle und in gleicher Stunde mit dem schon vorhandenen treiben, so würde man gleichzeitig auch einen zweiten obern Stollen haben müssen, um durch denselben die Sinkwerke anzukehren; man würde folglich eine ganz neue Wasserwirthschaft vorrichten müssen, welche nicht allein das Auffangen der im Hangenden, durch die neuen Stollen zu erschrotenden Selbstwasser, sondern auch das Hineinführen von Tagewassern durch donnlägige Tageschächte (Tageschürfe) nothwendig machen würde.

Die Sinkwerke werden gewöhnlich in einer Entfernung von 15 Lachtern vom Hauptstollen ausgelegt. Von diesen 15 Lachtern nimmt das Wehrwerk, mit den doppelten Lettendämmen und dem Langofen, etwa 3 Lachter ein, und es bleiben dann 12 Lachter Streckenlänge vom Hauptstollen zum Wehrwerk eines jeden Sinkwerkes.

Bei der Anlage eines neuen Sinkwerkes fährt man mit der Strecke, oder mit dem Schachtricht, in einer Stunde und in gleichbleibender Weite, gewöhnlich so weit auf, daß das Ort 75 Lachter vom Hauptstollen entfernt ist. Von dieser Länge bestimmt man dann 15 Lachter für den Schachtricht und für das Wehrwerk, und 60 Lachter für das neue Sinkwerk. Diese 60 Lachter lange Strecke wird Probierofen genannt, weil man erst durch Proben oder Versuche finden will, ob das vorzurichtende Sinkwerk gut thun werde. Zur vollständigen Vorrichtung desselben werden aus dem Probierofen, aus beiden Seitenstößen der Strecke, Querschläge (Fähler), in gleicher Höhe und Weite des Probierofens, in einer Entfernung von 8 zu 8 Lachtern, ein Lachter tief ins Gebirge getrieben, womit die Vorrichtung beendigt ist.

Um den Probierofen oder das Sinkwerk ankehren zu können, muß von der obern Sohle der Grube, oder von einem obern Stollen, ein Absinken auf die Sohle des Sinkwerkes gemacht werden. Dieses Absinken besteht in einem donnlägigen Schacht (Ankehrschurf), welcher mit dem obern Stollen durch eine Strecke (Schachtricht) in Verbindung steht. Durch eine im Ankehrschurf vorgerichtete Röhrenfahrt wird dann das Ankehren des Sinkwerkes von der obern Sohle bewerkstelligt. Die Richtung der Ankehrschürfe ist von der Lage des Sinkwerkes abhängig, und muß durch Markscheidezüge bestimmt werden. Sehr große Sinkwerke erhalten auch wohl mehrere Ankehrschürfe.

Die donnlägigen Schächte, welche blos zur Verbindung eines Berges mit dem andern, oder einer Söhle mit der andern, dienen, nennt man hier Schurf (im Salzburgschen Rolle), so wie überhaupt jeder donnlägige Schacht Schurf genannt, und nur seine Bestimmung durch einen Beinamen bezeichnet wird.

Auf dem Petersberge, oder über der Sohle des Petersstollens sind jetzt keine Sinkwerke mehr im Betriebe. Von diesem Stollen aus wird die Wasserleitung durch die ganze Grube bewerkstelligt, indem nicht allein die durch einen Tageschurf in die Grube geleiteten Wasser, sondern auch die Selbstwasser, auf einer aus dem Stollen aufgefahrenen stark ansteigenden Strecke gefangen, und einem großen Reservoir zugeführt werden, aus welchem sie, durch eine hölzerne Röhrenfahrt, den einzeln vertheilten Reservoiren auf dem Peters- und Frauenstollen zufließen, oder auf dem Stollen, ebenfalls in Röhren, abgehen. Der Petersstollen hat ein angemessenes Ansteigen erhalten, damit die durch die Röhrenleitung abzuschlagenden Wasser, welche zum Sinkwerksbetriebe nicht gebraucht werden, durch die Röhrenleitung schnell abfließen können. Mit dem Frauensstollen ist der Petersstollen durch den Reichenbachschurf, und der erstere mit dem Ferdinandsstollen durch den Schenkschurf in Verbindung gesetzt. Die vom Petersstollen auf den Frauenstollen abgehenden Wasser sind im Reichenbachschurf in eisernen Röhren gefaßt. Der Ferdinandsstollen bedarf natürlich noch keiner Wasserzuführung, weil unter der Sohle desselben bis jetzt noch nicht gebaut wird. In den einzelnen Reservoiren befinden sich die Kubiciranstalten, zur Bestimmung der Quantitäten Wasser, welche sie aus dem Hauptreservoir erhalten und an die Sinkwerke angegeben.

Eine Wasserlosung findet aus einleuchtenden Gründen nicht statt, indem die aus dem Hangenden kommenden Wasser sorgfältig abgefangen und in Röhren gefaßt sind, das Salzgebirge selbst aber kein Wasser führt, sondern durchaus trocken ist. Keiner von den drei Stollen bedarf daher eines Tragewerks, und man sieht blos auf dem einen Stoße des Oberstollens die Röhrenfahrt liegen, welche die überflüssigen süßen Wasser aus der Grube abführt. Die Röhrenfahrten auf dem Frauen- und Ferdinandsstollen, welche ebenfalls längs dem einen Stoß in jedem Stollen fortgeführt sind, dienen zur Ableitung der Soole aus den Sinkwerken. Diese Soole wird in Reserven über Tage aufgesammelt, und der Maschine an der Pfisterleite, oder, vermittelst einer besondern Röhrenfahrt, der hiesigen Saline (F r a u e n r e i t) zugeführt. Die Pfisterleiter Maschine liegt eine kleine Viertelstunde von der Grube, auf dem linken Ufer der Alm, unmittelbar bei dem Orte Berchtesgaden; sie hebt die Sohle zu einer Höhe von 311 Fuß, und führt sie der Maschine zu Illsang zu.

Alle aus dem Berge kommende Soole wird kubicirt; auch sind mehrere Reservoire vorhanden, welche durch abwechselndes Anfüllen und Ausleeren zur Kontrolle des Soolenempfanges aus den Sinkwerken dienen. Die Kubicirungsvorrichtung bei der Pfisterleiter Maschine macht, wie dies längs der ganzen

Soolenleitung bis Reichenhall u. s. w. der Fall ist, die Kontrolle für die Soolenabgabe.

Die Reserven für die Soole aus dem Frauenberge liegen noch so hoch, daß die Soole von dort der Pfisterleiter Maschine mit Selbstgefälle zugehen kann; die aus dem Ferdinandsstollen kommende Soole muß aber bis zu den obern Reserven der Frauensohle 50 Fuß hoch gehoben werden, welches vermittelst einer durch die Alm betriebenen Wasserkunst geschieht. Die drei Hauptstollen haben eine Höhe von 8 Fuß, und sind auf der Sohle 5 Fuß, in der Firste aber 3 Fuß weit. Jeder Stollen ist mit einer hölzernen Schienenstraße versehen, auf welcher ein zweiräderiger Karren mit einer Gabeldeichsel fortgestoßen wird. Die ganze Förderung durch diese Karren beschränkt sich blos auf die Ausförderung der jetzt sehr geringen Quantitäten Steinsalz und auf die Förderung der nöthigen Berge in die Grube, so wie auf die Einbringung des etwa nöthigen Grubenholzes.

Maurung findet (wenn man die Lettendämme der Wehrwerke nicht so nennen will) in der ganzen Grube nicht statt. Auch einer Zimmerung bedarf das Salzgebirge selbst nicht, weil nicht allein die Strecken und Schächte in diesem Gebirge, sondern auch die Weitungen, worin der Abbau des Steinsalzes geschieht, ohne alle Zimmerung stehen. Die Fahrung von den donnlägigen Schächten geschieht überall durch hölzerne Stiegen. *) Die ganze Zimmerung beschränkt sich blos auf die Auszimmerung des Tageschurfs und der drei Hauptstollen, so weit diese im hangenden Gebirge stehen. Die Thürstöcke in den Stollen haben keine Grundsohlen, sind aber entweder

*) In dem Gesenk, wo Steinsalz gewonnen wird, benutzt man das neben der Stiege angebrachte Geländer zum Hinunterfahren, oder vielmehr Hinunterrutschen auf dem Leder, welches auch ohne besondere Uebung sehr schnell geht.

mit Pfählen verzogen, oder es steht Thürstock an Thürstock. Dies ist besonders bei den oberen Strecken zur Abfangung der Selbstwasser der Fall, wo man den Thürstöcken auch hin und wieder Grundsohlen gegeben hat. Die Kappen sind 3 Fuß lang, und eben so wie die Thürstöcke, zur Hälfte dergestalt eingeschnitten, daß sie ganz von den Thürstöcken getragen werden. Der Schacht steht in Thürstockzimmerung mit Grundsohlen, und die Stempel senkrecht auf der Sohle.

Alle Strecken werden im Salzgebirge in einer Höhe von 7 Fuß, unten 4 und oben 3 Fuß weit, aufgefahren. Diese schmale Dimension scheint man gewählt zu haben, weil man das beim Streckenbetriebe gewonnene Salzgebirge in die Sinkwerke bringen muß, und wegen dieser unvollkommenen Benutzung das Quantum desselben möglichst zu vermindern sucht. Die Bergeisen, deren man sich beim Auffahren der Strecken bedient, haben eine eigenthümliche Gestalt, indem sie vorn ganz spitz zulaufen. Mit diesen Bergeisen, welche mit einem $2\frac{1}{2}$ Fuß langen hölzernen Helm versehen sind, wird beim Auffahren der Strecken, in der Mitte des Orts, ein 12 Zoll breiter und 12 Zoll tiefer Einbruch, bogenförmig von der Firste bis zur Sohle gehauen, und dann werden die Stöße zu beiden Seiten nachgeführt.

Geschossen wird nur bei der Steinsalzgewinnung in den dazu bestimmten Gesenken, beim Streckenbetriebe aber niemals. Bei dem Abbau der Salzmassen wird ohne alle Methode verfahren, weil das Gebirge jede Behandlung zuläßt, und weil gar keine Schwierigkeiten in Rücksicht der mangelnden Festigkeit des Gebirges, oder der Wasserzuflüsse zu überwinden sind. In dem jetzt trocken liegenden Kaiser-Franz-Sinkwerk ist ein etwa 16 Lachter tiefes, und eben so langes und breites Gesenk in reiner Steinsalzmasse, zur Gewinnung des Steinsalzes in Masse vorgerichtet. *) So wie überhaupt in der hiesigen Grube, so muß man besonders in diesem Gesenk über den ungeheuren Reichthum des Gebirges an Steinsalz erstaunen. Der Reichhaltigkeit des hiesigen Salzgebirges ist es auch wohl zuzuschreiben, daß man die Sinkwerke 10 bis 12 Jahre lang soll ankehren können, ohne sie säubern zu dürfen.

Das Steinsalz in Masse wird, in den zum Abbau vorgerichteten Gesenken, durch Bohren und Schießen gewonnen. Zum Stoßen der Bohrlöcher wendet man 5 Fuß lange Bohrer mit abgerundeten, fast halbkreisförmigen Schneiden an. Der Bohrer hat an beiden Enden eine Schneide, um ihn, wenn die Schneide auf der einen Seite stumpf geworden ist, umkehren zu können. Es wird einige Uebung erfordert, die Löcher mit diesen Bohrern anzusetzen; bei dem Steinkohlenabbau würden sie in einigen Fällen aber gewiß ebenfalls gute Dienste thun. Die Bohrlöcher erhalten gewöhnlich eine Tiefe von 30 Zoll. Man wendet hier die gewöhnliche Lettenbesetzung an. Nirgends macht das Wegthun eines Bohrlochs wohl einen größern Effekt für das Ohr, als in den Gesenken eines Sinkwerkes, wenn man sich im Sinkwerke befindet. Der Knall macht fast die Erde erbeben, und verhallt erst spät in

*) Man wird sich nicht darüber wundern, daß Gesenke von dieser Ausdehnung ohne die geringste Zimmerung oder Unterstützung stehen, wenn man sieht, daß die Firsten von Sinkwerken, die 100 Lachter lang und 40 bis 50 Lachter breit sind, welche also einen Flächenraum von 4- bis 5000 Quadratlachtern einnehmen, ganz frei und ohne alle Unterstützung hängen, und nicht einmal ein Gewölbe, sondern eine ganz ebene Fläche bilden. Ohne diesen festen Zusammenhang des Salzgebirges, und besonders der reinen Steinsalzmassen, würde freilich die ganze jetzige Gewinnungsmethode des Salzes durch Sinkwerke unmöglich seyn.

in dem ungeheuren Raume, der einen wenig sichern Aufenthalt zu gewähren scheinen würde, wenn nicht vielleicht tausendjährige Erfahrung gelehrt hätte, daß die frei hängende und Gefahr drohende Decke keiner Unterstützung bedürfe.

Man gewinnt die Steinsalzmassen, wo und wie man die Bohrlöcher am besten ansetzen kann, und schießt nach und nach große gewölbte Räume aus, ohne auf die Regelmäßigkeit beim Abbau Rücksicht zu nehmen. Es scheint dies auch weniger nöthig zu seyn, weil die Gesenke, wenigstens einige derselben, doch wieder mit Bergen ausgefüllt werden, um die Sinkwerke, in denen diese Gesenke angelegt worden sind, demnächst wieder anzukehren. Wo die Gesenke aber auf eine lange Reihe von Jahren zur Steinsalzgewinnung offen bleiben, sollte man, scheint es, einen regelmäßigen Strossenbau anlegen.

Die Wehrdämme sind ½ Lachter dick, und werden 2 Lachter in die Sohle, und eben so weit in die Firste und in beide Stöße hineingehauen, um die Langofen möglichst zu sichern.

Drei Arbeiter haben das Geschäft der Wasservertheilung in der Grube. Sie müssen die Wasser aus dem Hauptreservoir nach den Punkten des Bedarfs hinleiten, oder die überflüssigen Wasser durch den Petersstollen abschlagen; sie müssen ferner alle angekehrte Sinkwerke täglich befahren, und den Soolenstand nachsehen, um die Menge des einzuleitenden Wassers bestimmen zu können, wozu die mit den Kubiciranstalten verbundenen Hahnöffnungen beim Wasserabfluß das Anhalten geben. Weil die Ankehrschürfe immer bis auf die Sohle der Sinkwerke, gleich bei der ersten Anlage derselben, abgeteuft werden, so läßt sich auch die Höhe des Soolenstandes in den Sinkwerken ganz genau in den Ankehrschürfen beobachten. An einem, nahe beim Sinkwerk, in dem Ankehrschurf senkrecht aufgehängten Stabe, welcher nach Fußen und

Zollen eingetheilt ist (Punktstab), bemerkt der Arbeiter die Höhe des jedesmaligen Soolenstandes, und wie weit die Verätzung des Himmels schon vorgeschritten ist. Gleichzeitig mit der Höhe muß aber auch die Beschaffenheit der Soole im Sinkwerke untersucht werden, welches durch die allgemein eingeführte Metallspindel (Modelhaupt) geschieht. Ist die Soole gesättigt (26,15 Procenthaltig), so findet kein weiteres Zulassen des Wassers mehr statt.

Für ein Lachter Streckenbetrieb erhalten die Häuer 16 Gulden, nach dem 24-Guldenfuß; das gewonnene Gebirge wird aber durch andere Arbeiter in die Sinkwerke, oder wenn die Strecke im Tauben aufgefahren wird, zur Faßstätte gebracht.

Alle Arbeiten in der Grube, der Streckenbetrieb allein ausgenommen, werden entweder in Wochen- oder in Schichtlohn verrichtet.

Hat die Soole in einem Sinkwerke den Grad der völligen Sättigung erreicht, so läßt man sie einige Zeit lang ganz ruhig stehen, damit sich alle Trüben zu Boden setzen. Um die Soole beim Ablassen möglichst klar und rein zu erhalten, sind die in dem Absäugekasten befindlichen Lutterröhren unten mit einem krummen gebogenen Knie versehen, durch welches die Soole in die Höhe steigen muß. Bei aller Vorsicht läßt sich die Soole indeß nicht durchaus klar bekommen, weshalb man sie in den über Tage befindlichen Reserven sich noch völlig klären läßt, ehe sie der weitern Fortleitung übergeben wird.

Früher ward die in den hiesigen Sinkwerken gewonnene Soole auf zwei Salinen verarbeitet. Die Saline zu Schellenberg (auf dem Wege nach Salzburg, unfern der jetzigen Grenze) ist aber schon seit mehreren Jahren eingestellt und abgebrochen. Die hiesige Saline, Frauenreit genannt, unmittelbar südlich von dem Orte Berchtesgaden, hatte heute (den 15ten August) das Schicksal, in Asche gelegt zu werden. In einer Zeit von zwei Stunden waren die Salinen und Magazingebäude sämmtlich niedergebrannt, und nur durch die angestrengtesten Bemühungen der Einwohner Berchtesgadens, durch die von Hallein und Reichenhall schnell eingetroffene Hülfe, und durch die gänzliche Windstille des Tages und der folgenden Nacht, ward es möglich, der Wuth der Flamme, welche bereits die Holzstöße auf dem neben der Saline befindlichen, und mit mehreren tausend Klaftern Holz gefüllten Holzplatz ergriffen hatte, Einhalt zu thun, und den Ort Berchtesgaden von dem sonst unvermeidlich gewesenen Untergange zu retten.

Ob die neu aufzubauende Saline ebenfalls nur eine große Pfanne erhalten wird, wie sie die vorige hatte, mag nach Maaßgabe der neueren Erfahrungen, welche man in Reichenhall gesammelt hat, und nach der Bestimmung der den künftigen Trockenanstalten zu gebenden Einrichtung, vielleicht schon entschieden seyn. Auf allen Salinen, welche völlig gesättigte Soole aus den Sinkwerken verarbeiten, giebt man den sehr großen Pfannen vor den kleineren den Vorzug, weil es wegen der Schnelligkeit des Processes (indem das Salz nur zum Soggen gebracht werden darf) mehr darauf ankommt, Löhne zu ersparen, als einen bei den größeren Pfannen vielleicht etwas stärkeren Brennmaterialien-Aufwand zu verhindern. Zu dieser Gegeneinanderstellung des Vortheils und des Nachtheils der großen Pfanne, welche vielleicht zu Gunsten derselben ausfallen könnte, kommt aber nothwendig noch die Schwierigkeit und Kostbarkeit bei den oft erforderlichen Reparaturen. Eine Pfanne von oft mehr als 2000 Quadratfuß Flächeninhalt erfordert ungemein starke zusammengeniethete Bleche, und erhält dadurch ein so bedeutendes Gewicht, daß die massiven Pfeiler (Steher) unter dem Pfannenboden, nicht im Stande sind, die Last der Pfanne, besonders im gefüllten Zustande, zu tragen. Diese Pfannen müssen daher noch durch große Verankerungen und Hebeketten, an welchen sie hängen, befestigt werden, wodurch sich die Schwierigkeit bei den nicht selten eintretenden Reparaturen, vermehrt. Dieser Umstand dürfte wohl den vortrefflich eingerichteten Reichenhaller zusammengeschraubten kastenförmigen Pfannen das Wort reden, besonders wenn statt der nachtheiligen Darren gut eingerichtete Trockenstuben angelegt werden.

Die hiesige Pfanne hatte über 2000 Quadratfuß Oberfläche, eine runde Gestalt, und war mit einer kleinen viereckigen Wärmpfanne versehen, in welcher die Soole durch die Pfannenfeurung angewärmt, und der großen Pfanne nach Maaßgabe der stattfindenden Verdampfung zugeführt ward. Bei der Versiedung einer völlig gesättigten Soole hat das Nachschlagen derselben aus einer Wärmpfanne gewiß einen großen Nutzen, wenn die Wärmpfanne nur die sonst unbenutzt bleibende Wärme empfängt, und wenn die Pfannenfeurung nicht aus dem Grunde, um die Soole in der Wärmpfanne zu erhitzen, verstärkt werden darf.

Das Trocknen des Salzes geschah in den sogenannten Pfieseln. Die Einrichtung der Pfannen und Pfieseln ist auf allen Salinen, welche Soole aus den Sinkwerken versieden, fast durchaus gleich, indem die kleinern Abweichungen nicht von Bedeutung sind.

Die jährliche Produktion von Siedesalz auf der Berchtesgadener Saline soll 130,000 Centner betragen haben. Hiernach würden die vier Bayerschen Salinen zu Rosenheim, Traunstein, Reichenhall und Berchtesgaden jährlich etwa 750,000 Centner Siedesalz liefern.

Soolenleitung von Berchtesgaden nach Reichenhall und Rosenheim.

Eine im Jahr 1613 bei der Brunnenräumung zu Reichenhall aufgefundene, bis dahin unbekannt gebliebene Edelquelle in dem dortigen Soolenbrunnen, hatte die Zuflüsse von siedwürdiger Soole so vermehrt, daß durch die Versiedung der sämmtlichen Soole sehr bald ein Holzmangel in der Gegend von Reichenhall zu befürchten gewesen seyn würde. Um jedoch die sämmtliche Edelsoole benutzen zu können, ward dem Herzog Maximilian schon im Jahre 1614 der Vorschlag gemacht, eine Soolenleitung nach Traunstein führen zu lassen, wo das Traungebiet damals Holz in Ueberfluß gewähren konnte. Die Ausführung dieses, im Jahr 1617 beschlossenen Unternehmens, ward dem damaligen Baumeister Reifenstuhl übertragen, welcher sie in so kurzer Zeit zu Stande brachte, daß schon in der Mitte des Jahres 1619 in der neu angelegten Saline zu Traunstein gesotten werden konnte.

Ungeachtet jener neu angelegten Saline, mußte aber noch fortwährend ein großer Theil der Reichenhaller Quellsoole durch den Grabenbach unbenutzt abgehen, und man beschränkte sich nur auf die Versiedung der Edelsoole und der Quellen von mittlerem Gehalt, welche man durch Steinsalz von Berchtesgaden anreicherte, nachdem man sie, in späterer Zeit, vorher durch Gradiren auf einen höheren Gehalt gebracht hatte. Eine größere Ausdehnung der Salinen zu Reichenhall und zu Traunstein schien, wegen der Unmöglichkeit, den Holzbedarf nachhaltig herbeizuschaffen, nicht rathsam. Die Waldungen im Gebiet des Inn boten dagegen reiche und ausdauernde Hülfsmittel dar, zu deren Benutzung man jedoch nur durch die Anlage einer Saline am Inn selbst gelangen konnte. Es ward daher, vor etwa 15 Jahren, auf dem Grund der glücklichen Erfolge und Resultate, welche die Traunsteiner Soolenleitung gegeben hatte, der Beschluß gefaßt, die Gradierwerke zu Reichenhall zu verbessern und zu erweitern, um die unbenutzt gebliebenen ärmeren Quellen siedwürdig zu machen, und auf einer neu anzulegenden Saline am Inn zu verarbeiten. Zum Anlagepunkt für die Saline ward Rosenheim gewählt, und zugleich beschlossen, die alte Soolenleitung nach Traunstein gemeinschaftlich für beide Salinen von Reichenhall bis Hammer zu benutzen, hier aber aus der alten nach Traunstein abgehenden Leitung, eine zweite Leitung für Rosenheim abzuführen.

Dies Unternehmen, welches wegen mehrerer Querthäler, die mit der Röhrenfahrt übersetzt werden mußten, einige Schwierigkeiten hatte, ward im Jahr 1809 durch den Herrn Salinenrath v. Reichenbach glücklich zu Stande gebracht. Die Reifenstuhlsche Röhrentour behielt man von Reichenhall bis Hammer und Traunstein zwar überall unverändert bei, sah sich aber genöthigt, nicht allein die noch vorhandenen älteren, sondern auch mehrere von den später errichteten neuen, verbesserten Künsten zur Soolenhebung abzuwerfen, weil man überzeugt war, daß diese Künste, welche nur für eine Saline berechnet waren, den Soolenbedarf für zwei Salinen nicht würden haben heben können. Gleichzeitig mußte aber fast auf der ganzen Strecke von Reichenhall nach Hammer, neben der schon vorhandenen Röhrenfahrt, noch eine zweite Leitung gelegt werden, weil das Gefälle, welches man der ältern Leitung gegeben hatte, nur darauf berechnet war, den Soolenbedarf für eine Saline zu liefern. Von Hammer bis Traunstein bedurfte es keiner neuen Einrichtung, weil die Soole auf diesem Traktus mit Selbstgefälle fortgeführt ist, und weil sich außerdem in den Verhältnissen der Traunsteiner Saline durch die Anlage von Rosenheim nichts änderte. Es wurden daher nur die erforderlich scheinenden neuen Maschinen auf der alten Röhrenleitungstour von Reichenhall nach Hammer erbauet, wo es nöthig war, doppelte Röhrenfahrten gelegt, und von Hammer an bis Rosenheim eine ganz neue Soolenleitung mit den nöthigen Maschinen zum Heben der Soole gegründet.

Der höchst glückliche Erfolg der neuen Anlage, gab Veranlassung, das große Werk dadurch zu krönen, daß man Reichenhall, welches zur Anreicherung der Soole und zur Verstärkung der Salzproduktion noch immer Steinsalz von Berchtesgaden bezog, mit diesem Orte durch eine Soolenleitung unmittelbar in Verbindung setzte, theils um den beschwerlichen und kostbaren Steinsalztransport zu vermeiden, theils um die Reichenhaller Quellsoole, durch Gattirung mit der gesättigten Berchtesgadener Soole aus den Sinkwerken, besser zu benutzen, theils endlich um dem Berchtesgadener Salzbergbau den wichtigen Vortheil zu verschaffen, die Sinkwerke stärker betreiben, und die reinen Steinsalzanbrüche schonen zu können. So schwierig das Unternehmen schien, indem die einspringende Oesterreichische Grenze zwischen Berchtesgaden und Reichenhall den kürzern und weit weniger Hindernisse entgegenstellenden Weg zu nehmen verhinderte; so ward es doch im Jahr 1817 durch Herrn v. Reichenbach glücklich ausgeführt, und dadurch das große Soolenleitungssystem vollendet, durch welches die sämmtlichen Bayerschen Salinen nunmehr aufs engste und genaueste verbunden sind.

Die ganze Länge der Röhrenfahrt von Berchtesgaden über Reichenhall nach Rosenheim beträgt nicht weniger als 370,089 Bayersche Fuß, oder $12\frac{1}{2}$ deutsche Meilen. Dazu kommt noch eine fast anderthalb Meilen lange Röhrenleitung vom Theilungspunkte bei Hammer bis nach Traunstein, so daß eine 14 Meilen lange Röhrenfahrt erforderlich gewesen ist, um die Verbindung zwischen den sämmtlichen Salinen zu Stande zu bringen.

Nicht blos auf der alten Reifenstuhlschen Leitung von Reichenhall bis Hammer, sondern auch auf dem neuen Zuge von dort bis Rosenheim, ist das Gefälle, zwischen zwei Maschinen oder Brunnenhäusern, sehr ungleich vertheilt. Theils hat wohl der Standpunkt für die Maschinen selbst, wobei man sich nach der Lokalität und zum Theil nach den herbeizuführenden Aufschlagewassern richten mußte, theils das Verhalten der Thäler Veranlassung gegeben, obgleich es sonst wohl scheinen könnte, daß man einigen Punkten unnöthig zu viel Gefälle zugetheilt, und es andern, die es sehr benöthigt gewesen wären, entzogen hätte. Mit viel größerer Sorgfalt ist das Gefälle auf dem neuen Zuge zwischen Berchtesgaden und der Schwarzbachwacht vertheilt, indem die Soolenleitung fast überall auf diesem Zuge ein gleiches Abfallen erhalten hat.

Die früheren zu den Steig- und Einfallröhren von dem Baumeister Reifenstuhl angewendeten bleiernen Röhren sind jetzt gänzlich abgeschaft, und gegen eiserne ausgewechselt worden. Der eisernen Röhren hat man sich überall zu den Druckröhren für die Soole, bei den Maschinen und Wasserkünsten, so wie zu den Einfallröhren für die süßen Wasser bei den Wassersäulenmaschinen, und zu den Leitungsröhren bedient, mit welchen man bedeutende Thäler übersetzen, und die Soole an dem einen Thalgehänge einfallen, und auf dem andern wieder steigen lassen mußte. Auf allen übrigen Punkten liegen auf dem ganzen Zuge nur hölzerne Röhren. Alle hölzerne Röhren haben eine gleiche Weite, nämlich einen innern Durchmesser von 4 Zoll; alle eiserne Röhren sind $4\frac{1}{2}$ Zoll weit, um die zum Durchgang der Flüssigkeit erforderliche Geschwindigkeit zu vermindern. Wo die Röhren über Ströhme und Bäche fortgeführt werden mußten, hat man entweder die bereits vorhandenen Brücken benutzt, oder Stege, mit theils hölzernen, theils massiven Pfeilern, zur Fortleitung der Soole errichtet.

Theils wegen der erwähnten sehr ungleichen Vertheilung des Gefälles zwischen den verschiedenen Brunnenhäusern, theils wegen der ungemein vielen Biegungen der Röhrenfahrt, welche bei den Berechnungen gar nicht berücksichtigt werden können, fällt das Resultat der durch die Berechnung sich ergebenden nothwendigen Druckhöhe, oder des erforderlichen Gefälles für die Röhrenfahrt, geringer aus, als es nach der wirklichen Erfahrung sich als nothwendig ergeben hat. Deshalb ist man auf einzelnen Strecken längs der Leitung, wo das erforderliche hinlänglich starke Gefälle nicht zu erhalten war, auch genöthigt gewesen, zwei Röhrenleitungen nebeneinander zu legen, weil eine einfache die Soole nicht fortzuschaffen vermogte.

Alle auf den Bayerschen Salinen befindlichen Kubiciranstalten, für die Soole sowohl, als für die süßen Wasser, bei den Maschinen auf der Soolenleitung und bei den Reservoiren zum Ankehren der Sinkwerke in der Grube zu Berchtesgaden, sind so eingerichtet, daß durch eine kreisrunde Röhre, oder durch eine Abflußöffnung von einem bestimmten Durchmesser, in 24 Stunden ein Quantum von 660 Bayerschen Kubikfuß Flüssigkeit ablaufen muß. Deshalb wird ein Quantum Soole oder Wasser von 660 Kubikfuß ein Röhrel genannt. Bei den Kubiciranstalten befinden sich ganze, halbe und Viertel-Röhrel, in der auf jedem Punkte nothwendig erforderlichen Anzahl.

Nimmt man die jährliche Salzerzeugung für Rosenheim und Traunstein zu 320,000 Centner an, welche aus 20 Prozenthaltiger Soole dargestellt werden, so sind zu dieser Produktion 1,600,000 Centner, oder mit Einschluß eines Soolenverlustes von 8 Procent beim Versieden und bei der Magazinirung, 1,728,000 Centner Bayersches Gewicht Soole erforderlich. Weil man nun das Gewicht eines rheinländischen Kubik ußes Soole von 20 Procent (bei 15 Grad Wärme) zu $75\frac{1}{4}$ Pfund Berliner in Rechnung bringen kann, so sind jene 1,728,000 Centner 3,415,757 Kubikfuß (Bayersches Maaß) gleich zu setzen.

Ein so großes Quantum von Soole muß also — wenn ein Soolenverlust bei der Leitung, wie man versichert, gar nicht stattfände — in einem Jahre von Reichenhall nach dem Theilungspunkt bei Hammer gebracht werden. Rechnet man das Jahr, wegen der unvermeidlich vorkommenden Störungen, zu 320 Tagen, so würden durch die Röhrenleitung täglich 16 Röhrel fortzubringen seyn, welches auch mit den erhaltenen Angaben übereinstimmt.

Jenes Quantum von 3,415,757 Kubikfuß Soole, giebt bei der Annahme von 320 Tagen im Jahr für die Sekunde 213,5 Kubikzoll. Es würde daher, bei einer 4zölligen Röhrenweitung oder bei einer Durchschnittsfläche von 12,56 Quadratzoll eine Geschwindigkeit von genau 17 Zoll in der Sekunde erforderlich seyn, um die Soole bis Hammer zu bringen. Nach der Theorie *) ist zu dieser Geschwindigkeit eine Druckhöhe von 3,8 Zoll auf 100 Fuß Länge der Röhrenfahrt erforder-

*) Wenn h die Druckhöhe, oder das erforderliche Gefälle, v die Geschwindigkeit der Flüssigkeit in der Röhrenleitung, λ die Länge der Röhrenleitung, zu welcher h gesucht wird, und d den Durchmesser der Röhre bezeichnet, so ist nach Herrn Eytelwein $h = \frac{v^2 \left(002 \frac{\lambda}{d} + 1.\right)}{41,72.}$ alles in rheinländischen Fußen ausgedrückt. In dem vorliegenden Falle ist:

$v = 1,31721$ Fuß rheinl.
$\lambda = 92,98$ Fuß rheinl.
$d = 0,31$ Fuß rheinl.

woraus sich h zu 3,54 Zoll rheinl. oder zu 3,8 Bayer. findet.

lich — ein Gefälle, welches sich auf einige Stationen im Uebermaaß findet, auf anderen aber nicht vorhanden ist.

Die Soolenleitung von Berchtesgaden nach Reichenhall, soll in 24 Stunden ebenfalls 16 Röhrel Soole fortbringen, welches bei der sehr sorgfältigen und genauen Vertheilung des Gefälles auch wirklich geschieht. Das Gefälle hat indeß überall reichlicher angenommen werden müssen, als es nach der Berechnung erforderlich gewesen wäre.

Der Markt Berchtesgaden mag etwa 450 Fuß höher liegen als Reichenhall, allein die Reserven für die aus den Sinkwerken des Ferdinandsberges kommende Soole, liegen nur 161 Fuß höher als die Reserven im Reichenhaller Brunnenhause, welche zur Aufnahme der Berchtesgadener Soole bestimmt sind. Weil nun die Soole auf dem Ferdinandsberge gleich bei der Grube, 50 Fuß bis zu dem Niveau der Reserven für die Soole aus den Frauenberger Sinkwerken gehoben wird; so liegen diese letzteren Soolenreservoire 211 Fuß höher als die Reserven zu Reichenhall. Dies Gefälle würde zum Abfluß der Soole von Berchtesgaden nach Reichenhall fast zureichend gewesen seyn, wenn man der Richtung der geraden Linie hätte folgen können, und wenn nicht das zwischen beiden Orten befindliche Lattengebirge die Hebung der Soole bis zum Wasserscheidepunkt des Gebirgsrückens und eine bedeutende Verlängerung der Röhrenfahrt nothwendig gemacht hätte. Um die Soole von den Reserven des Ferdinandsberges bis zu dem Höhenpunkt der Gebirgseinsattelung (Schwarzbachwacht) zu bringen, von welchem aus sie mit Selbstgefälle den Reichenhaller Reserven zugehen kann, mußte sie 1579 Fuß (bis zum Söldenköpfel) gehoben werden; denn obgleich Schwarzbachwacht, als der tiefste Punkt des Thales, durch welches die Soolenleitung geführt werden mußte, nur 1283 Fuß höher liegt als die Reserven des Ferdinandsberges bei der Grube, so war doch ein

Gefälle von 296 Fuß erforderlich, um den Abfluß der Soole in der 58,552 Fuß langen Röhrenfahrt von der Grube bis zur Schwarzbachwacht zu bewerkstelligen. Von der Schwarzbachwacht bis zu den Reichenhaller Reserven beträgt die Länge der Röhrenleitung 38,729 Fuß; hier ist wegen des jähen Abfalles des Gebirges, das ungemein große Gefälle von 1444 Fuß vorhanden, dessen man natürlich nicht bedurft haben würde, wenn es möglich gewesen wäre, einen niedrigern Punkt der Gebirgeeinsattelung, als die Schwarzbachwacht, auszumitteln.

Die Soole wird auf dem Zuge von der Grube, oder von den Reservoiren des Ferdinandsberges bis zum Söldenköpfel, oder bis zu dem Punkte, von welchem an sie mit Selbstgefälle nach Reichenhall abgeht, dreimal gehoben. Einmal bis zu einer senkrechten Höhe von 50 Fuß, unmittelbar bei der Grube, bis zum Niveau der Reserven des Frauenberges. Von hier fließt sie den Reserven der Maschine an der Pfisterleiten*) zu, wird hier 311 Fuß senkrecht gehoben und den Reserven der Illsang-Maschine zugeführt, wo sie 1218 Fuß senkrecht bis zum Reservoir auf den Söldenköpfel gebracht, und von dort den Reserven bei der Schwarzbachwacht zugeleitet wird. Auf dem ganzen Zuge von der Pfisterleiten bis zur Schwarzbachwacht ist die Soolenleitung am Gehänge des Lattengebirges fortgeführt, und hat zwischen Pfisterleiten und Illsang nur das Bischofswieser Thal zu übersetzen, welches durch eine eiserne Röhrenfahrt geschieht, die über dem Flußbette selbst auf einem mit massiven Pfeilern versehenen Stege liegt. Von der Grube bis zur Pfisterleiten ist sie, auf einem Stege liegend, vom rechten auf das linke Almufer übergeführt. — Von der Schwarzbachwacht an folgt die Soolenleitung dem Gehänge

*) So wird ein Theil des Marktes Berchtesgaden genannt, welcher auf einem in das Almthal hineinspringenden Vorhügel des Lattengebirges erbaut ist.

des Lattengebirges in dem hier stark abfallenden Schwarzbachthal, bis zur Reserve bei Jettenberg, von wo sie im Salachthal, und zwar immer auf dem rechten Salachufer, bis zu den Reserven in Reichenhall fortgeht.

Das Gefälle ist auf dem ganzen Zuge folgendergestalt vertheilt:

	Söhlige Entfernung. Fuß.	Gefälle auf der ganzen Länge. Fuß.	Gefälle auf 100 Fuß. Zoll.
Vom Frauenberge bis Pfisterleiten	5,500	17	5,83
Von der Pfisterleiten bis Illsang .	20,778	108	6,23
Von Illsang bis Schwarzbachwacht	34,274	171	5,99
Von Schwarzbachwacht bis Jettenberg	18,339	1,258	82,31
Von Jettenberg bis Reichenhall .	20,390	186	10,94

Weil das Gefälle sehr gleichmäßig vertheilt ist, so läßt sich annehmen, daß auf allen Punkten zwischen zwei und zwei Stationen die angegebene Druckhöhe auch wirklich vorhanden, und daß sie nicht an einigen Stellen größer, an anderen geringer sey. Zieht man von dem ganzen Gefälle von 1740 Fuß, die 1579 Fuß ab, bis zu welchem die Soole auf den angegebenen drei Punkten gehoben werden muß, so ergiebt sich, daß die Reserven zu Reichenhall 161 Fuß tiefer liegen, als die Reserven für die Sinkwerke am Ferdinandsberge.

Bei der von Reichenhall abgeleiteten gemeinschaftlichen Rosenheim-Traunsteiner Soolenleitung, hatte man, bis zu ihrem Theilungspunkte bei den Reserven zu Hammer, eine Alpenmasse zu übersteigen, deren tiefste Gebirgseinsattelung am Fuße der Scharnkopfalpe, durch das Weißbachthal gebildet wird. Der höchste Punkt der Wasserscheide in dieser Gebirgseinsattelung unfern der sogenannten Lattenklause, liegt 1076 Fuß höher, als die Reserven zu Reichenhall. Von diesem

Höhenpunkte bis zu den Reserven bei Hammer, fällt das Terrain nicht stark ab, indem diese Reserven nur 157 Fuß tiefer liegen als jener Höhenpunkt, folglich 919 Fuß höher als die Reserven zu Reichenhall.

Um die Soole bis zu dem höchsten Punkte bei der Lettenklause zu bringen, ist sie auf sechs Punkten zusammen 1349 Fuß hoch gehoben worden, hat also, weil die Reserven zu Hammer 919 Fuß höher liegen als Reichenhall, 430 Fuß Gefälle zum Abfluß von Reichenhall bis Hammer erhalten.

Die Hebung der Soole geschieht im Brunnenhause zu Reichenhall (44 Fuß senkrecht), ferner zu Fager (190 Fuß), zu Seebügel (220 Fuß), zu Nösselgraben (400 Fuß), zu Weißbach (125 Fuß), und zu Nagling (370 Fuß).

Weil die Künste und Maschinen nicht sehr weit von einander entfernt stehen, so ist es auf dem ganzen Zuge nicht nöthig gewesen, die Röhrenfahrt durch ein Brunnenhaus oder durch eine Reserve zu unterbrechen. Von Reichenhall bis Fager ist die Soole auf der großen Brücke über der Salach fortgeführt. Von den Reserven der Maschine zu Nagling an, bis nach Hammer, folgt die Soolenleitung dem Gehänge des rothen Traunthals.

Die Vertheilung der Gefälle von Reichenhall bis Hammer ist folgende:

	Söhlige Entfernung.	Gefälle	
		auf der ganzen Länge.	auf 100 Fuß.
	Fuß.	Fuß	Zoll.
Von Reichenhall bis Fager . . .	7568	35	4,5
Von Fager bis Seebügel . . .	4382	33	7,51
Von Seebügel bis Nösselgraben .	8511	63	7,3
Von Nösselgraben bis Weißbach .	13103	128	9,6
Von Weißbach bis Nagling . .	4184	14	3,3
Von Nagling bis Hammer . . .	34870	157	4,4

Das Gefälle ist daher äußerst ungleich vertheilt, auch ist diese Vertheilung nicht sehr gleichmäßig auf der Strecke zwischen zwei und zwei Stationen. Daß auf manchen Strecken nicht einmal das durch die Berechnung sich als nothwendig ergebende Gefälle vorhanden ist, kann nicht befremden, weil man, wie bereits erwähnt, die alte Röhrentour, welche ursprünglich nur für die Saline zu Traunstein berechnet war, beibehalten hat. Als nach der Anlage der Saline zu Rosenheim mehr als das doppelte Soolenquantum von Reichenhall versendet werden mußte, sah man sich genöthigt, um nicht eine kostbare neue Röhrentour zu legen, auf den Stellen, wo das Gefälle unzureichend war, zwei Leitungen neben einander fortgehen zu lassen, welches mit wenigen Ausnahmen fast durchgängig geschehen ist. Die alten Kunstgezeuge, welche das doppelte Soolenquantum nicht mehr zu heben vermogten, mußten natürlich abgeworfen und durch neue Maschinen ersetzt werden.

Von den Reserven bei Hammer geht ein Theil der Soole im Traunthal, auf dem rechten Ufer des Flusses, mit hinreichendem Selbstgefälle, bis Traunstein fort. Hier ist die alte Reichenstuhlsche Leitung durchaus und unverändert beibehalten. Zwei kleine Querthäler übersetzt die Soole in eisernen Röhrenfahrten, wird bei Traunstein vom rechten auf das linke Ufer der Traun, vermittelst eines Steges mit massiven Pfeilern übergeführt und in die bei der Saline befindlichen Reserven geleitet.

Die neuere, von Hammer nach Rosenheim abgeleitete Soolenleitung hat mit mehreren Hindernissen zu kämpfen gehabt. In der Hauptrichtung liegt sie von Osten nach Westen und weil das Hauptabfallen in der ganzen Gegend von Süden nach Norden gerichtet ist; so sollte man vermuthen, daß die Leitung längs dem Gehänge mit dem erforderlichen Gefälle bequem hätte fortgeführt werden können, weil die Reserven auf der Saline zu Rosenheim 476 Fuß tiefer liegen,*) als die Reserven auf dem Theilungspunkte zu Hammer. Das Terrain ist aber von mehrern, zum Theil bedeutenden Querthälern und Gebirgsrücken durchschnitten, welche sich von Süden nach Norden fortziehen und durch die Soolenleitung übersetzt werden mußten. Dadurch ward es nothwendig, die Soole auf mehreren Punkten in kostbaren eisernen Röhren über die Schluchten und Thäler setzen zu lassen, und sie auf anderen Punkten sogar über die Berghöhen zu heben. Dennoch ist das Gefälle nicht allein zwischen den einzelnen Stationen selbst, sehr ungleich vertheilt und auf einigen Punkten vielleicht ganz unnöthig verloren; sondern diese Vertheilung ist auch auf den Strecken zwischen zwei und zwei Stationen sehr ungleich ausgefallen. Man wird daher veranlaßt, einen Fehler beim Nivellement vorauszusetzen, weil bei der Wahl der Punkte für die Brunnenhäuser und Reserven, die Rechtfertigungsgründe nicht vorhanden sind, welche für die Punkte, wo die Soole durch Maschinen gehoben werden muß, wegen der Herbeischaffung der Aufschlagwasser, wohl geltend gemacht werden können.

Auf dem Zuge von Hammer bis in die Reserven auf der Saline zu Rosenheim, wird die Soole auf fünf Punkten, zusammen zu einer Höhe von 819 Fuß gehoben. Weil nun die Reserven zu Rosenheim 476 Fuß tiefer liegen, als die zu Hammer, so beträgt das ganze, der Soolenleitung zugetheilte Gefälle von Hammer bis Rosenheim 1295 Fuß. Bei der söhligen Länge der Röhrentour von 200,190 Fuß, würde die Hälfte des Gefälles mehr als zureichend gewesen seyn, um den Soolenbedarf von Hammer nach Rosenheim zu bringen, wenn nicht ein großer Theil des Gefälles, durch die Nothwendigkeit: des

*) Weil Hammer 919 Fuß höher liegt als Reichenhall, so ergiebt sich daraus, daß Rosenheim 443 Fuß höher als Reichenhall und 282 Fuß höher als die Soolenreserven am Ferdinandsberge zu Berchtesgaden liegen muß.

die Soole über die nicht zu umgehenden Bergrücken heben zu müssen, verloren gegangen wäre, indem sich von dem starken Abfallen kein Gebrauch machen ließ, ohne die Soolenleitung außerordentlich bedeutend zu verlängern, welches auf mehreren Strecken, zur Benutzung des Gefälles, ohnedies schon geschehen ist. Die Soole wird zu Siegsdorf (200 Fuß senkrecht), zu Klaushäusel (175 Fuß), zu Bergham (200 Fuß), zu Mühlthal (180 Fuß), und zu Rosenheim (44 Fuß) gehoben.

Die große Entfernung zwischen Siegsdorf und Klaushäusel machte es nothwendig, die Röhrenfahrt zu unterbrechen und Brunnenhäuser oder Reserven zu Bergen und Staudach anzulegen. Eben so befinden sich auch auf der Strecke von Mühlthal bis Rosenheim zwei Brunnenhäuser zu Ecking und Schloßberg. Bei Schloßberg fällt das Innthal auf der rechten Uferseite sehr stark ab, indeß hat das durch den Abhang des Thales gebildete Gefälle nicht benutzt werden können, die Soole bis in die Reserven der Saline zu leiten, weil man das breite und flache Thal des Innflusses und der Mangfall übersetzen und die Soole daher auf dem linken Ufer der Mangfall, unmittelbar bei der Saline, noch einmal bis in die Reservoire heben mußte.

Das Gefälle ist auf folgende Weise vertheilt worden:

	Söhlige Entfernung. Fuß.	Gefälle auf der ganzen Länge. Fuß.	Gefälle auf 100 Fuß. Zoll.
Von Hammer bis Siegsdorf . .	22,190	120	5,3
Von Siegsdorf bis Bergen . .	19,280	289	1,7
Von Bergen bis Staudach . .	33,160	83	2,4
Von Staudach bis Klaushäusel .	13,530	42	3
Von Klaushäusel bis Bergham .	15,300	62	4
Von Bergham bis Mühlthal . .	34,900	197	5,4
Von Mühlthal bis Ecking . . .	30,610	354	13,5
Von Ecking bis Schloßberg . .	25,770	75	2,6
Von Schloßberg bis Rosenheim .	6,450	73	15,4

Es ergiebt sich hieraus die höchst ungleiche Vertheilung des Gefälles und die ohne Zweifel ganz unrichtige Lage des Brunnenhauses zu Bergen, wodurch so viel Gefälle nach Staudach verloren gegangen ist, daß man zwischen Bergen und Staudach eine doppelte Röhrenfahrt hat legen müssen, indem eine einzelne Leitung die Soole nicht fortzubringen vermogte. Auch das Brunnenhaus bei Ecking scheint ganz unrichtig zu liegen und den Verlust des Gefälles von Ecking bis Schloßberg zur Folge gehabt zu haben. *)

Die Soole wird also auf dieser riesenhaften Leitung von Berchtesgaden nach Rosenheim vierzehnmal, zusammen 3747 Fuß hoch, gehoben. Am Ferdinandsberge, zu Reichenhall, zu Fager, zu Seebügel und zu Rosenheim geschieht dies durch Radkünste, indem auf diesen Punkten die nöthigen Aufschlagwasser zu erhalten waren. Die ersten vier von diesen Künsten sind von Hrn. J. v. Baader gebaut. Sie zeichnen sich eben so sehr durch zweckmäßige Konstruktion und durch ihren vollkommenen Effekt, als durch Eleganz aus. Das Wasserrad ist auf jeder Seite mit einem Krummzapfen versehen, von denen ein jeder zwei Kolben in eben so viel metallenen Cylindern in Bewegung setzt und die Soole in die Höhe drückt. Die Verbindung der beiden Kolben mit dem Krummzapfen ist auf jeder Seite durch ein Kunstkreuz bewirkt. Die Cylinder sind neun Zoll weit; die Räder sämmtlich oberschlächtig; die eisernen Steigröhren, durch welche die Soole in dem oberen Reservoir ausgießt, sind, so wie alle eiserne Röhren, $4\frac{1}{2}$ Zoll weit. Weil täglich 16 Röhrel abgeführt werden sollen, so läßt sich annehmen, daß jede Maschine auf der ganzen Leitung in

*) Das Versehen ist indeß zu entschuldigen, weil man mit dem Gefälle, welches die Theorie und Berechnung als reichlich angab, auszukommen hoffte, und noch nicht die Erfahrung gemacht hatte, daß es fast um die Hälfte größer seyn müsse.

der Minute fast $7\frac{1}{2}$ Kubikfuß Soole heben muß, welches bei der großen Höhe, bis zu welcher die mehrsten Künste und Maschinen heben müssen, sehr bedeutend ist.

Auf den andern neun Hebungspunkten hat es nicht gelingen wollen, die zu den wohlfeileren Wasserkünsten nöthigen Aufschlagewasser herbeizuschaffen, sondern hier hat die Soole durch Wassersäulen-Maschinen gehoben werden müssen. Aber auch die dazu erforderlichen Druckwasser sind auf den mehrsten Punkten durch sehr lange und kostbare Leitungen, theils in geschlossenen Röhren, theils in offenen mit Bohlen bedeckten und in Moos gelegten Rinnen herbeigeführt. Nur bei den Maschinen zu Nagling, Weißbach und Nösselgraben ist es ausführbar gewesen, der einen Maschine, die, von der nächst oberhalb derselben liegenden Maschine schon benutzten Druckwasser wieder zuzuleiten. Die Maschinen zu Siegsdorf, Klaushäusel und Bergham haben 16- bis 19tausend Fuß lange Leitungen für die süßen Wasser zu den Einfallröhren. Am schwierigsten aber ist die Herbeischaffung der Druckwasser für die Maschinen zu Mühlthal und Illsang gewesen, indem die Wasser auf jedem dieser Punkte, in einer Entfernung von $1\frac{1}{4}$ Meilen von der Maschine, auf verschiedenen Punkten haben gefaßt und zusammengeleitet werden müssen.

Jede Maschine steht in der Mitte eines verschlossenen, eleganten, kleinen Maschinengebäudes, in dessen Nähe sich die Wohnung des Wärters, das Brunnenhaus mit dem Soolenreservoir, woraus die Maschine hebt, das Brunnenhaus mit dem Reservoir, in welches die Soole gehoben wird, und ein kleines Haus mit dem Reservoir befinden, in welchem die süßen Wasser für die Einfallröhren gesammelt werden. Erst nachdem die Nahrungswasser durch mehrere weitere, und zuletzt ganz enge Metallsiebe geleitet worden sind, werden sie den

Einfallröhren der Maschine zugeführt, um jede Unreinigkeit sorgfältig abzuhalten.

Alle Maschinen sind von Metall, und man wird beim Eintreten in die Maschinengebäude fast eben so sehr durch den ruhigen und gleichmäßigen Gang, als durch die ungemeine Eleganz, mit welcher die Maschinen aufgestellt sind, überrascht. In den Maschinengebäuden zu Pfisterleiten, Illsang, Nagling, Weißbach und Nösselgraben erblickt man beim ersten Eintreten nur den sauber gearbeiteten, auf metallenen Säulen stehenden Cylinder, indem sich die Druck- und Einfallröhren hinter dem Cylinder befinden und von demselben gedeckt werden.

Der unerschöpfliche Erfindungsgeist des Herrn von Reichenbach hat es nicht bei Einer Art von Wassersäulenmaschinen bewenden lassen, sondern es befinden sich auf dieser großen Soolenleitung drei verschiedene Arten von Maschinen, von denen zwei, welche im Wesentlichen mit einander übereinstimmen, doppelt wirkend sind. Die dritte, neueste Art, ist eine einfach wirkende Maschine.

Die älteste Art von Wassersäulenmaschinen, oder, wie Hr. von Reichenbach sie nennt, die Maschinen von der erst verbesserten Konstruktion, stehen auf dem Zuge von Hammer nach Rosenheim. Die vier Maschinen zu Siegsdorf, Klaushäusel, Bergham und Mühlthal haben also völlig einerlei Konstruktion und sind nur in der Weite der Cylinder, welche sich nach der disponiblen Fallhöhe für das süße Wasser, und nach der erforderlichen Höhe der Steigeröhren für die zu hebende Soole richten mußte, verschieden. Der Wassersäulenmaschinen-Cylinder steht bei diesen Maschinen in der Mitte, und neben ihm, auf beiden Seiten, ein Saug- und Druck-Cylinder, deren Kolben, durch eine horizontale Verbindungsstange, an dem Kolben des Kraftcylinders angeschlossen, mit diesem gleichzeitig gehoben und niedergedrückt werden. Jeder von den beiden Cylindern saugt und drückt gleichzeitig, sowohl beim Auf- als beim Niedergange. Die Steuerung der Ventile, welche die Wassersäule in der Einfallröhre auf die obere oder auf die untere Fläche des Kolbens im Kraftcylinder wirken lassen, geschieht bei diesen Maschinen von unten.

Die drei Maschinen zu Nagling, Weißbach und Nösselgraben, auf der gemeinschaftlichen Traunstein-Rosenheimer Leitung von Reichenhall bis Hammer, haben ebenfalls einerlei Konstruktion. Diese Maschinen von der sogenannten zweitverbesserten Konstruktion sind zwar, so wie die vorigen, doppelt wirkend, allein sie sind nur mit einem Saug- und Druckcylinder versehen, welcher unmittelbar unter dem Kraftcylinder steht, indem die Kolbenstange, vermittelst einer Stopfungsbüchse, durch den Boden des Kraftcylinders durchgeht und an dem Kolben des Saug- und Druckcylinders angeschlossen ist. Die Kolben beider Cylinder machen also auf diese Art ebenfalls gleichzeitig die auf- und niedergehende Bewegung, und die zu hebende Soole wird gleichzeitig über oder unter dem Kolben des Saug- und Druckcylinders angesogen, wenn sie unter oder über demselben in der Steigröhre in die Höhe gedrückt wird. Die Ventilsteurung geschieht bei den Maschinen von oben.

Die beiden Maschinen zu Pfisterleiten und zu Illsang auf der neuen Soolenleitung von Berchtesgaden nach Reichenhall sind einfach wirkend und von der neuesten Konstruktion. Diese Maschinen saugen beim Aufsteigen des Kolbens, und drücken beim Niedergehen desselben die eingesaugte Soole in die Steigröhre. Der Saug- und Druck-Cylinder steht, wie bei den Maschinen von der zweiten verbesserten Konstruktion, unter dem Wassersäulencylinder. Der Kolben dieses Cylinders wird durch die Süßwassersäule der Einfallröhre niedergedrückt; gehoben wird er aber durch den Kolben eines über dem Wassersäulencylinder befindlichen kleinen Cylinders, unter welchem

(Kolben) dieselbe Süßwassersäule tritt und ihn in die Höhe hebt. Der kleine, zum Heben des Wassersäulen-Cylinderkolbens, und folglich auch zum Ansaugen der Soole bestimmte Cylinder, der Wassersäulencylinder, und der Saug- und Druckcylinder, stehen alle drei untereinander und sind durch eine gemeinschaftliche Kolbenstange mit einander verbunden. Haben die drei Kolben den höchsten Stand erreicht, so öffnet sich durch eine sehr sinnreiche Steurung der Ventile, das Ventil unter dem kleinen oberen Cylinderkolben, durch welches die Wasser in die freie Luft abgehen, und das Ventil über dem Wassersäulen-Cylinderkolben, durch welches die Verbindung mit den Einfallröhren und dadurch der Niedergang der Kolben, folglich auch des Kolbens in dem Saug- und Druckcylinder, bewirkt wird, welcher die angesaugte Soole in die Steigröhre drückt. Befinden sich die Kolben im tiefsten Stande, so schließen sich jene beiden Ventile, und es öffnen sich dagegen die beim Niedergange der Kolben geschlossen gewesenen Ventile, nämlich das über dem Kolben des Wassersäulencylinders, durch welches das Wasser über dem Kolben in die freie Luft gehen, und das unter dem Kolben des obern kleinen Cylinders, welcher mit der Süßwassersäule in Verbindung steht und wodurch der Aufgang der sämmtlichen Kolben, so wie das gleichzeitig stattfindende Ansaugen der Soole unter dem Kolben des Saug- und Druckcylinders, bewirkt wird.

Auf dem ganzen Zuge nach Reichenhall bis Rosenheim sind die Maschinen, so wie auch die Brunnenhäuser, mit zwei Reservoiren versehen (zu Schloßberg befinden sich sogar vier), theils um auf jedem Punkte einen Soolenvorrath zu haben, theils um den Kubicirvorrichtungen durch wechselweises Anfüllen und Ablassen der Reservoire zur Kontrolle zu dienen. Bei den Maschinen und Brunnenhäusern auf der Leitung von Berchtesgaden nach Reichenhall, ist hingegen überall nur ein einziges großes Reservoir vorhanden, wodurch zwar die sehr zuverlässige Kubicirung durch das Aufarbeiten der Soole in den Reservoiren wegfällt; indeß bewirkt man diese Kontrolle dadurch, daß der Soolenstand in den Reservoiren täglich dreimal gemessen und aufgeschrieben wird, welches jedoch auch auf dem Zuge von Reichenhall nach Rosenheim für den Fall geschieht, wenn ein großer Soolenvorrath vorhanden wäre, indem man die Soole alsdann in dasselbe Reservoir leiten muß, aus welchem der Abfluß nach dem zunächst unterhalb liegenden Punkte erfolgt.

Die Reservoire sind zu dem Ende mit genau eingetheilten Maaßstäben versehen, welche den Soolenstand nach Fußen und Zollen anzeigen. Wenn auf keinem Punkte Hindernisse und Unterbrechungen statt finden, so muß sich der Soolenstand, welcher für die Reserven der Berchtesgadener Leitung durchgängig zu 8 Fuß festgesetzt ist, durchaus nicht verändern, indem der Abfluß und der Zufluß ganz gleich bleiben. Die Abflußröhren aus den Reservoiren sind deshalb mit genau gearbeiteten Hähnen versehen, durch welche sich die Menge der abfließenden Soole genau reguliren läßt, sobald ein Steigen oder ein Fallen des Soolenstandes im Reservoir bemerkbar wird.

Die Soole, welche eine Reserve von dem nächst oberhalb liegenden Punkte, oder von einer Maschine erhält, wird zuerst in den Kubicirkasten, und aus diesem durch die Röhren, welche die Kubicirvorrichtung bilden, in die Reservoire geleitet, aus welchen die Soole dann durch die Maschinen gehoben, oder, bei den Brunnenhäusern ohne Maschinen, der nächst unterhalb liegenden Reserve unmittelbar zugeführt wird. Die Soole wird also auf allen Punkten längs der ganzen Leitung von Berchtesgaden nach Reichenhall, Rosenheim und Traunstein, wo sich bloße Reserven oder Brunnenhäuser befinden, Einmal, und auf den Punkten, wo Maschinen vorhanden sind, zweimal kubicirt, nämlich einmal bei den Reserven, aus welchen die Maschinen heben, und zum zweitenmal bei den Reservoiren, in welche die gehobene Soole ausgegossen wird. Verbindet man mit dieser Kubiciranstalt die Kontrolle, welche der Soolenstand in den Reservoiren, oder das wechselsweise Anfüllen und Ausleeren der Reservoire, sowohl auf der ganzen Leitung, als auf den Stationen zu Reichenhall, Traunstein und Rosenheim, gewähren; so kann man mit einem sehr hohen Grade von Zuverlässigkeit wissen, ob die Soole, welche von Berchtesgaden und Reichenhall abgegeben wird, die Salinen zu Reichenhall, Traunstein und Rosenheim, ohne Verlust erreicht. Noch wichtiger aber ist die daraus entstehende Kontrolle für die einzelnen Stationen, wodurch man in jedem Augenblick unterrichtet wird, ob und wo auf irgend einem Punkte längs der ganzen Leitung ein Hinderniß zur Fortschaffung der Soole eintritt.

Die Kubicirung der Soole in den Kubiciranstalten geschieht, auf der ganzen Leitung, durch kreisrunde Röhren von Metallblech. Der Kubicirkasten besteht aus zwei Abtheilungen. Die erste nimmt die zu den Reserven kommende Soole auf und entläßt sie, durch die Röhren, welche in der hölzernen Scheidewand zwischen beiden Abtheilungen liegen, in die zweite kleinere Abtheilung, aus welcher sie unmittelbar in die Reservoire geführt wird. Die Anzahl der Röhren, welche zum Abfließen der Soole aus der ersten in die zweite Abtheilung des Kubicirkastens erforderlich ist, um den Soolenstand in der ersten Abtheilung stets in gleichbleibender Höhe zu erhalten, bestimmt das Soolenquantum, welches die Reserve erhält, indem der Durchmesser der Röhren genau so bestimmt ist, daß in 24 Stunden 660 Kubikfuß, oder ein Röhrel Soole ausfließen muß. Die Maschinenwärter oder die Wärter bei den Brunnenhäusern sind verpflichtet, ununterbrochen nachzusehen, ob der Soolenstand in der ersten Abtheilung des Kubicirkastens, bei der Anzahl der geöffneten Röhren, unverändert bleibt. Bei einem geringeren Soolenzufluß müssen so viel Röhren verstopft, und bei einem stärkeren Zufluß so viel Röhren mehr geöffnet werden, daß der Soolenstand in der ersten Abtheilung des Kubicirkastens die vorgeschriebene und angezeichnete Höhe behält. Jede Veränderung in der Anzahl der geöffneten Röhren — welche indeß bei einem ungestörten Gange der Maschinen nicht vorkommt — muß von den Wärtern sorgfältig bemerkt, und alle 24 Stunden die Zahl der zur Reserve abgelieferten Röhrel angezeigt werden.

Um alle Unreinigkeiten abzuhalten, ist die erste Abtheilung des Kubicirkastens noch mit einem Metallsiebe versehen, unter welchem die Soole aufsteigen muß, ehe sie durch die Röhren abläuft. Außer den Röhren, welche ein ganzes Röhrel Soole durchlassen, giebt es noch halbe und Viertel-Röhrel, um den Soolenstand stets völlig gleich erhalten zu können.

Die Röhren liegen in der Scheidewand zwischen beiden Abtheilungen des Kubicirkastens in Einer Reihe neben einander, und, wie sich von selbst versteht, in einer und derselben Horizontale. Auf der Soolenleitung von Reichenhall nach Rosenheim und Traunstein läuft die Soole ohne Druck durch die Röhren; auf der Soolenleitung von Berchtesgaden nach Reichenhall steht die Soole in der ersten Abtheilung des Kubicirkastens aber in einer bestimmten Höhe über der Oeffnung der Röhren, so daß die Soole eine Drucksäule bildet. In so fern die Durchmesser der Röhren für beide Fälle genau bestimmt sind, und der Soolenstand in der ersten Abtheilung des Kubicirkastens unverändert gehalten wird, scheint es gleichgültig, welche Einrichtung stattfindet. Auf ganz vollkommen genaue Resultate ist bei allen Kubicirvorrichtungen nicht zu rechnen, obgleich sie bei sorgfältiger Wartung und bei

Beobachtung eines immer gleichbleibenden Soolenstandes vor der Einflußöffnung der Röhren, das abfließende Soolenquantum mit ziemlicher Genauigkeit angeben.

Diese Kubicirungsvorrichtungen sind, in Verbindung mit der Kontrolle, welche die Reservoire darbieten, nicht blos bei den Reserven auf der Soolenleitung, sondern überall auf den Salinen angebracht.

Die Reservoire in den sämmtlichen Reserven, längs der ganzen Soolenleitung, so wie auf allen Bayerschen Salinen, stehen frei über der Erde in den für sie bestimmten Gebäuden oder Räumen. Sie sind so durchaus nur aus Holz zusammengesetzt, daß man daran nicht einen einzigen eisernen, ja nicht einmal einen hölzernen Nagel findet. Die Länge der Reservoire ist sehr verschieden; die neuesten hat man möglichst groß zu machen gesucht. Diese haben eine Länge von 50 Fuß, eine Breite von 36 Fuß, und eine Höhe von 9 Fuß; jedoch erreicht der Soolenstand nur eine Höhe von 8 Fuß, so daß ein gefülltes Reservoir 14,400 Kubikfuß Soole enthält. Trotz dieser bedeutenden Soolenmasse und des sehr starken Druckes, den die Wände auszustehen haben, lassen die Reservoire doch keine Soole fallen, und es ist in der That kein Lecken oder Tröpfeln zu bemerken. Die Soole, besonders die völlig gesättigte, ist zwar an sich ein gutes Verdichtungsmittel, weil sich in den Fugen des Holzes leicht Salz absetzt; indeß verdankt man die gute Beschaffenheit der Reservoire, außer ihrer zweckmäßigen Konstruktion, auch der Güte und der Stärke des Holzes, welches man dazu auswählt. Alle Reservoire bestehen aus 6zölligen Bohlen von Kiefernholz; das fichtene wird nur im Nothfall genommen. Die Breite der Bohlen richtet sich nach der Stärke des Blockes. Je breiter man sie erhalten kann, desto besser ist es. Die Wände bestehen immer nur aus einer Bohlenlänge, indem ein Aneinanderstoßen der Bohlen aus begreiflichen Gründen nicht stattfinden kann. Die hohen Kanten, mit denen die Bohlen übereinander gestellt sind, oder (bei dem Boden der Reservoire) neben einander liegen, sind vollkommen glatt gehobelt, und bilden, so wie die Bohlenenden, eine ganz glatte Fläche. Bei den vier Seitenkanten so wenig; als bei den Kanten, welche die Seitenwände mit der Bodenfläche bilden, findet eine Verzahnung, oder irgend eine Art von Verbindung statt, sondern die Bohlen greifen blos übereinander, und werden durch sogenannte Vierspanne nach allen Seiten zusammengekeilt, welches freilich eine äußerst genaue und sorgfältige Bearbeitung der sich deckenden Verbindungsflächen der Bohlen voraussetzt. Eben so sind auch die über einander gestellten Bohlen, welche die Seitenwände bilden, so wie die neben einander liegenden Bohlen der Bodenfläche, nicht in einander gefalzt, sondern blos an einander gestoßen, und werden durch die erwähnten Viergespanne festgehalten. Dadurch allein würde indeß, auch bei der allervollkommensten Aneinanderfügung, das Durchdringen der Soole nicht verhindert werden können, sondern dies geschieht durch eine ganz eigenthümliche Verkittung. Es wird nämlich überall da, wo zwei Flächen an einander stoßen, oder wo ein Neben- oder Uebereinanderstellen der Bohlen stattfinden soll, in der halben Stärke der einen Bohle ein Schlitz herausgenommen, welcher, nach dem innern Raum des Reservoirs zu, reichlich einen halben Zoll weit ist, und sich bis zur halben Bohlenstärke ganz verläuft, so daß dieser Schlitz nur bis zur halben Stärke der Fuge geht, welche zwei neben einander liegende Bohlen bilden. Von diesen keilförmigen, 3 Zoll breiten, und auf den, dem inneren Raume der Reservoire zugekehrten Flächen, reichlich ½ Zoll hohen Schlitzen, ist daher auf den äußeren Umfassungswänden der Reservoire nichts wahrzunehmen. Diese keilförmigen Schlitze, deren so viele sind, als Fugen, welche die einzelnen Bohlen, woraus das Reservoir zusammengesetzt ist, mit einander machen, werden mit Hanfstreifen und einem aus gebranntem Kalk, aus Hackwerk (gehacktem Werg) und Leinöl bestehenden Kitt, dergestalt gedichtet, daß die Hanfstreifen und der Kitt, mit einander abwechselnd, durch hölzerne Keile und Hämmer mit Gewalt hineingetrieben werden. Bei gehöriger Sorgfalt und Genauigkeit lassen diese angefertigten und gewissermaaßen auskalfaterten Reservoire niemals einen Tropfen Soole fallen.

Des oben erwähnten Kittes bedient man sich auch überall als eines ganz vorzüglichen Dichtungsmittels, sowohl für die Röhrenleitungen zu der Soole, als für die zu dem süßen Wasser für die Maschinen. Auf den Salinen selbst, besonders bei den Röhrenfahrten bei dem Gradirwerk, ersetzt man das Leinöl auch wohl blos durch Soole, der wohlfeileren Verkittung wegen; bei den Reservoiren, und bei der großen Soolenleitung kommt es aber auch auf die vollkommenste Verdichtung an, weil sonst ein bedeutender Soolenverlust unvermeidlich seyn würde.

Daß die hölzernen Röhren auf der großen Leitung keine Soole auf dem Wechsel fallen lassen, ist ebenfalls in der zweckmäßigen Aneinanderfügung derselben zu suchen. Die hölzernen Leitungsröhren sind in der Regel 14 Fuß lang. Den kiefernen giebt man den Vorzug vor den tannenen und fichtenen, obgleich die ersteren theurer, und nicht überall zu erhalten gewesen sind. Alle hölzerne Röhren sind 4 Zoll weit gebohrt, und müssen wenigstens 3 Zoll Holzstärke haben, also 10 Zoll stark seyn. Schwächere Röhren werden nicht angewendet, wohl aber stärkere, wenn man sie erhalten kann.

Vor der Anwendung müssen sie einige Zeit im Wasser, oder noch besser, in Soole liegen, indem man dies als das beste Erhaltungsmittel für dieselben gefunden hat. In der

Regel sind sie unter der Dammerde fortgeführt, obgleich es scheint, daß man dabei keine ängstliche Sorgfalt anwendet. Feuchtes und sumpfiges Terrain dient zur Erhaltung der Röhren. Wo die Röhrenfahrt über Brücken und Stege fortgeführt ist, hat man ihr eine Bretterdecke gegeben, theils um den Regen und Schnee abzuhalten, theils um Beschädigungen zu verhindern. Die Röhrenleitungen für die süßen Wasser hat man — wegen des Gefrierens des Wassers, welches bei der 20 und 26 Procenthaltigen Soole nie zu befürchten ist — möglichst tief unter der Erde fortzuführen gesucht, oder die Röhren auch wohl in Moos gelegt. Die Röhren, welche das süße Wasser fortleiten, werden weit schneller schadhaft und faul; die Soolenleitungsröhren scheinen, wenn das Holz gesund und gut ausgewählt war, nach den bei der Traunsteiner Leitung gemachten Erfahrungen, Jahrhunderte auszuhalten, und sich fast zu versteinern, obgleich die Soole keinen bemerkbaren Absatz in den Röhren bildet.

Nicht so häufig als man es bei den vielen Krümmungen und Biegungen der Röhrenleitung nach allen Seiten erwarten sollte, kommt es vor, daß sich die Luft in der Leitung fängt, und den Abfluß der Soole verhindert. Vorzüglich pflegt dies nur in den Strecken, zunächst unterhalb der Reserven, und dort der Fall zu seyn, wo ein starkes Abfallen der Leitung stattfindet, indem sich die Luft dann gegen oben, wo die Leitung niedergebogen wird, anzusammeln pflegt. Deshalb sind die Röhren hin und wieder auf der ganzen Röhrentour, besonders aber auf den bemerkten Stellen, angebohrt, und die etwa halbzölligen Bohrlöcher mit Pflöcken verspundet. Tritt ein Stocken beim Abfließen der Soole ein, so werden die Pflöcke auf der Strecke sämmtlich ausgezogen und wieder eingespundet, sobald sich die Soole wieder eingefunden hat.

Die Verbindung der einzelnen Röhren geschieht nicht durch Einzapfung, sondern die beiden an einander zu stoßenden Enden der Röhren müssen eine ganz glatte und ebene Fläche bilden, um vermittelst einer eisernen sogenannten Büchse genau an einander zu schließen. Diese Büchse ist ein Ring oder ein hohler eiserner Cylinder von 6 Zoll Durchmesser, dessen Höhe 3 Zoll beträgt, und welcher etwa eine halbe Linie im Eisen stark seyn mag. *) Die Ränder an beiden Enden sind schneidenartig abgeschliffen, damit man sie leicht in die hölzernen Röhren hineintreiben kann. Um die äußere Fläche dieses Cylinders, und zwar in der halben Höhe desselben, und senkrecht auf seiner Achse, ist eine Wulst, welche auch etwa eine halbe Linie im Eisen stark ist, oder eine eiserne Scheibe gelegt, welche einen halben Zoll breit ist, und die Bestimmung hat, den Cylinder nicht weiter als bis zur Hälfte seiner Höhe in die hölzernen Röhren hineintreiben zu lassen. Wenn der Cylinder 1½ Zoll tief in das Ende der einen Röhre, vermittelst einer liegenden Rammvorrichtung dergestalt hineingetrieben ist, daß er die ausgebohrte Oeffnung in der Röhre ringförmig umgiebt (indem der Durchmesser des Cylinders 2 Zoll stärker ist als der der Röhrenöffnung, so daß zwischen dieser und dem eisernen Cylinder eine ringförmige Holzmasse von 1 Zoll stehen bleibt), so wird die noch hervorstehende zweite Hälfte des Cylinders, zunächst bei der Scheibe, mit dünnen Hanfschnüren und Röhrenkitt von der oben angegebenen Beschaffenheit, umwickelt, dann die anzustoßende zweite Röhre angerückt, und durch die Ramme mit einer solchen Kraft gegen die hervorstehende Hälfte des Cylinders getrieben, daß der Kitt die Fugen zwischen beiden Röhren völlig ausfüllt. Die Soole kann nun um so weniger durch die Fu-

*) Solche Büchsen würden sich also sehr leicht aus starkem Eisenblech zusammenschweißen lassen.

gen dringen, als sie auf jedem Röhrenwechsel an dem eisernen und in dem Holz der Röhre eingelassenen Cylinder einen Widerstand findet. Sollte sie sich aber in dem Holze selbst zwischen der Röhrenöffnung und dem eisernen Cylinder einen Durchgang bilden wollen, so würde sie durch den Kitt, welcher die Fuge bis zur Oberfläche der Röhren ausfüllt, zurückgehalten werden.

Diese Röhrenverbindung soll durchaus und ganz vollkommen dicht seyn, und jeden Soolenverlust verhindern, welcher nur dadurch denkbar wäre, daß die nicht gehörig ausgewässerten Röhren, in der ersten Zeit noch Soole einziehen, welches aber ebenfalls mit der Zeit gänzlich aufhört.

Die eisernen Röhren werden auf allen Punkten angewendet, wo die Röhrenfahrt stark steigen und fallen muß, auch da also, wo die Leitung Schluchten und Thäler übersetzt, über welche man sonst die hölzernen Röhren auf Stegen hätte hinwegführen müssen. Wegen der Kostbarkeit der eisernen Röhren sind sie jedoch noch nicht auf allen Punkten angewendet, wo man sie sonst mit großem Vortheil statt der hölzernen anwenden würde. Bleierne Röhren sind jetzt gar nicht mehr vorhanden; nur im Nothfall wendet man sie bis zur künftigen Auswechselung deshalb an, weil sie wegen ihrer leichten Biegsamkeit schnell einzusetzen sind.

Die Verbindung der eisernen Röhren geschah früher ebenfalls durch Büchsen von Metall, zu welchem Zweck die vordere Mündung der Röhren eine kleine Ausfalzung erhalten hatte, welche gerade so stark war, als die Metallstärke der Büchse es erforderte. Bei den neuen eisernen Röhren hat man aber keine metallenen Büchsen mehr angewendet, sondern dem einen Ende der Röhre einen gleich mit angegossenen und vor den Kränzen etwa einen halben Zoll hervorstehenden Ring gegeben, welcher in den Falz der nächst folgenden Röhre hineinpaßt. Der Ring wird mit dünnen Hanfstreifen und Röhrenkitt umwickelt, und in den Falz hineingepreßt, so daß der Kitt zwischen den Kränzen der Röhren, welche durch vier Schrauben in den zugehörigen Schraubenlöchern an einander befestigt werden, in die Höhe steigt.

Die eisernen Röhren sind 5 Fuß lang, 4$\frac{1}{2}$ Zoll weit, und mit 12 Zoll im äußersten Durchmesser bɩeiten Kränzen versehen, in welchen sich vier Schraubenlöcher befinden. Die Eisenstärke der Röhren wechselt von $\frac{3}{4}$ bis $\frac{9}{4}$ Zoll Dicke ab. Diese ungemeine Stärke von $\frac{9}{4}$ Zoll findet sich bei den untersten Röhren, aus welchen die Steigröhre der Illsanger Maschine zusammengesetzt ist, welche den Druck einer völlig gesättigten Soolensäule von 1218 Fuß senkrechter Höhe zu widerstehen haben.

Die flache Länge dieser Steigröhrenfahrt beträgt 3506 Fuß. Die Eisenstärke der Röhren, aus welchen sie zusammengesetzt ist, nimmt von unten nach oben, im Verhältniß des sich vermindernden Druckes, von $\frac{9}{4}$ bis $\frac{3}{4}$ ab, welche letztere Dimension die gewöhnliche für alle eiserne Röhren ist, die keinem starken Drucke ausgesetzt sind. Wegen der großen Schwierigkeit der Auswechselung einer schadhaften oder unbrauchbaren eisernen Röhre, wird keine einzige Röhre von der Gießerei zu Bergen angenommen, welche nicht aufs sorgfältigste durch die Wasserpresse, mit einer Kraft, die mit dem Druck, welchem Widerstand geleistet werden soll, im Verhältniß steht, probiert worden ist. Auswendig sind die eisernen Röhren mit einem schwarzen Oelfirniß (aus Kienruß und Leinöl) überzogen; inwendig sollen sie mit einer Fettsalbe, aus Talg und Oel bestehend, vor dem Einlegen ausgepinselt werden.

Die Wärter auf allen Brunnenhäusern haben die Verpflichtung, die zu ihrer Reserve gehörige Röhrenfahrt täglich

einmal

einmal zu begehen und nachzusehen, ob auf irgend einem Punkte etwas, was der Leitung nachtheilig werden könnte, vorgefallen ist. Außerdem müssen sie dies jedesmal in dem Falle thun, wenn sich der Soolenzufluß, ohne daß es ihnen vorher bekannt gemacht worden, vermindert, oder wenn er sogar ganz nachläßt. Jeder Wärter giebt das Quantum der empfangenen und versendeten Soole, nach der Anzahl der Röhrel und nach der Höhe des Soolenstandes in den Reserven, täglich an. Diese Notizen werden von dem einen Wärter dem andern übergeben, so daß man in Rosenheim und Traunstein täglich unterrichtet ist, wie viel Soole am Tage vorher von Reichenhall abgesendet worden, und in Reichenhall, wie viel Soole jene Salinen täglich empfangen haben. Auf gleiche Weise stehen auch Reichenhall und Berchtesgaden in einer ununterbrochenen Verbindung.

Eintritt ins Oesterreichische.

Die Alm mag bei Berchtesgaden etwa 360 Fuß höher liegen als bei ihrem Einfluß in die Salza zu Salzburg. Das schöne Thal, welches sie sich zwischen den Massen der Untersberger und der Gollinger Alpenkette gebildet hat, erweitert sich mit dem Abfallen der Vorgebirge von Süden nach Norden, und öffnet sich ganz, so wie man die Oesterreichische Grenze am hangenden Stein erreicht hat. Noch immer trennt aber eine fortlaufende Hügelreihe die Flußgebiete der Salach auf dem linken, und der Salza auf dem rechten Ufer der Alm von einander, bis sich die Gegend immer mehr und mehr verflächt, und bei Salzburg das Ansehen einer völligen Ebene erhält, in welcher die Salza fortströhmt, um sich, nachdem sie vorher die Alm und die Salach aufgenommen, mit dem Inn zu vereinigen.

Der Weg durch jenes vom Durchbruch der Alm gebildete Thal, führt bald auf das rechte, bald auf das linke Ufer des kleinen Flusses. Die Thalufer bestehen durchaus aus Massen von Kalksteinbreccie, welche die Vorgebirge bildet, die sich an den Alpen des Unterberges und der Gollinger Kette lehnen; welche vor dem Durchbruch des Wassers vereinigt waren. Erst unterhalb der vormaligen Saline Schellenberg verläßt man das rechte Ufer der Alm, und gelangt dann auch sehr bald in die Salzburger Ebene, welche mit dem großen Bayerschen Meer unmittelbar verbunden ist, und, so wie dieses, aus Meeresboden, nämlich aus Kalksteingerülle und Moorgrund, besteht.

Daß das ehemalige Erzstift Salzburg, welches im Jahr 1803 zur Entschädigung für Toskana, an das Haus Oesterreich gelangte, durch den Preßburger Frieden 1805 mit dem Oesterreichischen Kaiserstaate verbunden, und durch den Wiener Frieden 1809, mit Ausnahme der ehemaligen Salzburger Enklaven in Kärnthen, an Bayern abgegeben ward, erst seit dem Jahre 1816, mit Ausnahme des bei der Krone Bayern verbliebenen Landstriches auf dem linken Ufer der Salza, bis zum linken Ufer der Salach, wieder mit den Oesterreichischen Kaiserstaaten vereinigt worden ist, wird schon aus den Einrichtungen auf der Grenze einleuchtend. Die zur Zeit des Bayerschen Besitzthums eingeführte löbliche Einrichtung, die Straßenzölle durch das ganze Land, an der Grenze zu berichtigen, ist noch beibehalten; auch ist in der Landesverwaltung selbst nur so viel geändert, als nöthig war, um die Provinzialverwaltungsbehörden mit den obersten Landesbehörden in Wien in Verbindung zu setzen.

Deshalb geschieht auch die Verwaltung der Gruben, Hütten und Salinen im Salzburgischen nach einer etwas andern Form, als in den mehrsten andern Provinzen der Monarchie. Zum Theil mag diese Abweichung auch wohl daher rühren, weil gar kein Privat- oder gewerkschaftlicher Bergbau und Hüttenbetrieb im Salzburgischen vorhanden ist, sondern alle Gruben und Hütten für Rechnung des Staats betrieben werden.

Die Centralbehörde für die Verwaltung des Salz-, Berg- und Hüttenwesens in der Oesterreichischen Monarchie zu Wien, ist ein Theil der K. K. allgemeinen Hofkammer im Ministerio der Finanzen. Das Finanzministerium, oder die allgemeine Hofkammer, zerfällt in drei Abtheilungen. An der Spitze dieser Abtheilungen stehen der Finanz-Minister und der Präsident der Hofkammer. Jeder Abtheilung der Kammer ist wieder ein besonderer Direktor vorgesetzt, und die Geschäfte in der montanistischen Abtheilung der Hofkammer werden jetzt von dem Direktor und sechs Räthen verrichtet, von welchen einem Jeden ein Geheimer Sekretair als Gehülfe und Stellvertreter, während der Anwesenheit der Räthe in den Provinzen, zugetheilt ist.

In den Provinzen ist die Verwaltungsform nicht ganz übereinstimmend. Einige Provinzen (Ungern, Böhmen, Salzburg, Tyrol) haben eine, oder, nach der Größe und Ausdehnung der Provinz, auch wohl mehrere oberste Provinzialbehörden — Oberbergämter *) — erhalten, von welchen die sämmtlichen Unterbehörden der Provinz oder des Oberbergamtsdistrikts, nämlich alle Berg- und Hüttenämter, unmittelbar abhängen, so daß aus diesen Provinzen nur die Berichte der Oberbergämter an die Hofkammer gelangen, und die Berg- und Hüttenämter von den Oberbergämtern beschieden werden. In anderen Provinzen sind zwar Oberbergämter vorhanden, von denen aber nur diejenigen Bergämter ressor-

*) Die obere Bergbehörde für die Provinz Ungern ist das Oberst-Kammergrafenamt zu Schemnitz.

ziren, welche die Verwaltung des für Rechnung der Krone umgehenden Bergbaues verwalten, indem die Hüttenämter unmittelbar von der Hofkammer abhängig geblieben sind.

Alle Aemter, welche unmittelbar von der montanistischen Abtheilung der Hofkammer beschieden werden, müssen wöchentliche Sitzungsprotokolle einreichen, wodurch vielleicht ein zu specielles Eingreifen der obersten Bergwerksbehörde in den Betrieb und Haushalt veranlaßt, und eine schnellere und erfolgreichere Wirksamkeit der Provinzialbehörden erschwert wird. Daß die oberste Bergwerksbehörde auch zugleich die Oberrechnungsbehörde für die montanistischen Rechnungen ist, trägt zur Beschleunigung der Rechnungslegung und Revision sehr viel bei.

In den südlichen Provinzen des Oesterreichischen Kaiserstaates, — denn Böhmen und Ungern haben eine ziemlich abweichende Bergwerksverfassung, vorzüglich Böhmen, wo noch größtentheils nach deutschen Bergordnungen verfahren wird, — beschränkt sich die Verwaltung der Oberbergämter und der Bergämter in technischer Hinsicht ganz allein auf den Betrieb der für Rechnung des Staates umgehenden Gruben oder Grubenantheile. Die Führung des Grubenbetriebes auf den Gruben, welche nicht für Kaiserliche Rechnung umgehen, ist den Gewerken gänzlich überlassen, indem unter der Regierung des Kaisers Joseph II. die administrative Einwirkung des Staates in den Haushalt und Betrieb der gewerkschaftlichen und der Privatwerke aufgehoben worden ist. Dagegen sind überall dort, wo starker Bergbau getrieben wird, Berggerichte niedergesetzt, welche theils den Zehent, oder die vertragsmäßigen Abgaben (die Frohn) zu erheben, theils die bergrechtlichen Verhältnisse der Gewerke gegen den Staat und unter einander wahrzunehmen haben.

Diese Berggerichte sind mit den Oberbergämtern in den Provinzen verbunden; indeß finden in einigen Provinzen, wo ein auf mehreren Punkten vertheilter und ausgedehnter Bergbau umgeht, sogenannte Substitutionen statt, d. h. kommissarische Geschäftsführungen einzelner Bergrichter, welche von dem Oberbergamte der Provinz unmittelbar abhängen. Die Berggerichte machen daher eine besondere Behörde aus, und haben mit den Bergämtern und Oberbergämtern nichts gemein, vielmehr stellen sie die bergrechtlichen Verhältnisse des für Rechnung des Staates umgehenden Grubenbetriebes, ganz in derselben Art fest, wie es bei dem gewerkschaftlichen Bergbau der Fall ist. Die Bergämter haben nur die rein technische Aufsichtsführung über den Haushalt und Betrieb der Kaiserlichen Grubengebäude, weshalb in mehreren Provinzen zwar Berggerichte, aber Bergämter nur in dem Falle vorhanden sind, wenn Gruben oder bedeutende Grubenantheile für Rechnung des Staates betrieben werden.

Zufolge dieser Einrichtung müssen die Muthungsgesuche beim Berggericht vorgebracht werden, welches sein Gutachten über die Zulässigkeit der Belehnung abgiebt, die Vermessungen vornehmen läßt, und bei entstehenden Feldesstreitigkeiten in erster Instanz entscheidet. Diese Gesuche müssen von den gewerkschaftlichen und von den landesherrlichen Gruben in ganz gleicher Art vor die Berggerichte gebracht, und den Entscheidungen derselben unterworfen werden. Von den Berggerichten gehen alle Bergrechtssachen in zweiter Instanz an das Provinzial-Justizkollegium, und in der letzten Instanz an die oberste Justizbehörde nach Wien.

Sobald eine technische Aufsicht über den Betrieb der Gruben, von Seiten des Staates, nicht stattfindet, und dieser das Bergregal nur in rein finanzieller Rücksicht ausübt, müssen wenigstens Vorkehrungen getroffen seyn, wodurch die Fortdauer einer schon bestehenden Grube gesichert wird. In so fern durch die Bergordnungen positive Bestimmungen über die Größe und Ausdehnung eines Grubenfeldes ertheilt worden sind, wird eine bereits vorhandene Grube, nach strengem Recht, bei Ertheilung neuer Belehnungen zwar niemals eine Berücksichtigung verlangen können, wenn die Gesetze ihr eine solche unter gewissen Umständen nicht einräumen; allein sie wird nach dem strengsten Recht die Aufrechthaltung ihres Besitzthums zu fordern haben.

Daß dies in früherer Zeit nicht immer geschehen ist, davon geben fast alle bedeutende Gruben in den südlichen Oesterreichischen Provinzen ein Beispiel. Ohne einen gütlichen Vergleich der bauenden Gewerkschaften würden die Feldesstreitigkeiten unaufhörlich fortgehen, wozu der erste, und fast der einzige Grund in der falschen Beurtheilung der Bergrichter über die Zulässigkeit der Belehnungen zu suchen ist. Dergleichen Verstöße können in der neuern Zeit nicht mehr vorkommen, indem jetzt alle Bergrichter ihre technische Ausbildung, welche sie bei der bestehenden Verfassung durchaus nicht entbehren können, auf der Bergakademie zu Schemnitz erhalten haben müssen.

In den südlichen Oesterreichischen Provinzen findet also die deutsche Bergwerksverfassung zwar ebenfalls statt, jedoch mit der Abweichung, daß sich der Staat nur den Zehnten, oder andere vertragsmäßige Abgaben für den Bergbau und Hüttenbetrieb, welchen er selbst nicht ausübt, sondern dem ersten Muther überläßt, vorbehalten hat, ohne sich um den Betrieb der Gruben zu bekümmern. Der Bergbau darf hier also auch nur mit Genehmigung des Staates in Ausübung kommen; allein er wird gleich jedem anderen Gewerbe betrachtet, von welchem der dazu Berechtigte seine Abgaben entrichtet, ohne in der Art und Weise, wie er sein Gewerbe betreiben will, im mindesten beschränkt zu seyn. Gewiß wird hierdurch der ursprüngliche Zweck aller Bergwerks-Regalität vollkommen und mit den geringsten Unkosten für die Staatskassen erfüllt. Ist das Eigenthum eines jeden Grubenbesitzers, durch unterrichtete und sachkundige Bergrichter, welche die bestehenden Gesetze zu handhaben und für alle Fälle richtig in Anwendung zu bringen wissen, gehörig sicher gestellt; so scheint es nicht der den Staatskassen zur Last fallenden Besoldungen für Bergbaukundige Beamten zu bedürfen, indem die Gewerke den Betrieb ihrer Gruben schon selbst so zu leiten wissen werden, daß er ihnen die größtmöglichsten Vortheile gewährt. Gewöhnliche Frohnwäger sind hinreichend, um die gesetzmäßigen Abgaben an den Staat einzuziehen, und darauf zu sehen, daß die Staatskassen nicht verkürzt werden.

Ob dadurch aber der höchste Zweck alles **Bergwerksbetriebes** erreicht werden kann, ist eine andere Frage, welche in der neuesten Zeit bei mehreren Gelegenheiten zur Sprache gebracht worden ist. Mag es gleich für unpassend und für einen unnöthigen Eingriff in das Privateigenthum angesehen werden, wenn der Betrieb der gewerkschaftlichen Gruben durch Staatsdiener geleitet wird; so kann doch andererseits nur ein mit dem Verhältniß des Bergbaues ganz Unkundiger, die völlige Gleichstellung des Bergbaubetriebes mit jedem andern Gewerbe verlangen wollen. Nur in wenigen Fällen lassen sich die augenblicklichen Vortheile mit einer vollkommenen Benutzung der unterirdischen Schätze vereinigen, wovon sich die Beweise fast in allen Gruben finden, deren Betrieb der unbeschränkten Disposition der Bauenden überlassen ist. Der rein finanzielle Gesichtspunkt bei der Ausübung des Bergregals ist gewiß für den Bergbau der verderblichste, wogegen eine nach guten Grundsätzen geleitete Verwaltung, welche die Disposition des Grubenbesitzers nicht beschränkt, nur ganz allein den Raubbau verhindern, und eine dauernde Existenz der Grubengebäude bewirken kann.

Der gewerkschaftliche Bergbau und Hüttenbetrieb hat in den südlichen Oesterreichischen Provinzen die durch die Bergordnungen vorgeschriebenen Abgaben zu entrichten. Wo keine besonderen Verträge vorhanden sind, müssen die Hüttenwerke den Zehnten von der Erzeugung bezahlen, ohne einen Beitrag zu den Produktionskosten vergütigt zu erhalten. Sollten nicht bedeutende Abgaben mehr dazu geeignet seyn, das Emporkommen des Bergbaues zu verhindern, als die in der neuesten Zeit so häufig angegriffene Einmischung des Staates in den Betrieb der Gruben? Daß durch die letztere dem Bergbau geschadet wäre, davon ist noch kein Beispiel bekannt geworden; im Gegentheil hat sich der Bergbau dadurch auf Punkten erhalten, wo er sonst schon seit langer Zeit aufgehört haben würde. Eben so wenig kann behauptet werden, daß durch die Oberaufsicht des Staates der Bergbau weniger ausgedehnt und weniger blühend geworden, als es ohne sie geschehen seyn würde. Wer Englands Gruben als Beispiel aufführen wollte, darf nicht vergessen, die ungeheuern Reichthümer, welche der Schooß der Erde dort darbietet, mit in die Waage zu legen; er darf aber auch den Zustand der dortigen Gruben nicht unberücksichtigt lassen, welcher mit einer reinen Gewinnung der vorhandenen Schätze — die dem Staate der oberste Zweck alles Bergbaues seyn und bleiben muß — sehr wenig verträglich ist.

In der That zeigt die Erfahrung, daß der Bergbau in allen Ländern, in welchen er einer starken Abgabe unterworfen ist, z. B. im ehemaligen Herzogthum Westphalen, nicht gedeihen kann. Das Mißlingen aller Unternehmungen, einen Bergbau in solchen Provinzen rege zu machen, beweiset, daß es ihm an hinlänglicher Pflege zum Emporblühen fehlen müsse. Wer mit dem Wesen des Bergbaues nicht unbekannt ist, wird die Verfassung, nach welcher es jedem Grubenbesitzer frei steht, unter der Oberaufsicht des Staates, den Betrieb nach seiner besten Ueberzeugung selbst zu leiten, in so fern nur kein Raubbau dadurch veranlaßt, und die Fortdauer der Grube aufs Spiel gesetzt wird, und nach welcher der Staat eine mäßige, und mit dem Ertrage der Grube im Verhältniß stehende Abgabe einfordert, für die beste und vollkommenste halten, und die Nothwendigkeit der Einmischung des Staates in den Betrieb der Bergwerke nicht verkennen.

Ganz abweichend von den deutschen Bergordnungen ist die Größe des den Bauenden einzuräumenden Grubenfeldes, und noch abweichender die Art der Vermessung, so wie sie nicht allein in Steiermark, Tyrol, Kärnthen und Krain, sondern auch in Ungern, jedoch in allen Provinzen ohne Uebereinstimmung in der Anzahl der Maaßen oder der Feldesausdehnung, stattfindet. Daß weder in den älteren, noch in den neuesten Bestimmungen über die Größe der Grubenmaaße und über die Art der Vermessung auf den Flötzbergbau Rücksicht genommen worden ist, kann nicht befremden, weil der Bergbau — mit Ausnahme des Braunkohlen-Bergbaues in Oesterreich und Steiermark — überall nur auf Gängen oder auf Lagern geführt wird. Auf mächtigen Gängen und Lagern kann eine geringe Ausdehnung des Feldes nicht so nachtheilig für den regelmäßigen Betrieb der Grube werden, als eine zu enge Bestimmung der Feldesgrenzen, in den mehresten Fällen, auf den Flötzbergbau nachtheilig einwirkt. Je mehr der Flötzbergbau empor kommt, desto fühlbarer werden die mangelhaften und ohne hinreichende Erfahrungen aufgenommenen Bestimmungen über die Größe des Grubenfeldes in allen den Bergordnungen, welche es überhaupt der Mühe werth gehalten haben, des Flötzbergbaues zu gedenken.

Die Bestimmungen der Ferdinandischen Bergordnung

— welche für die südlichen Oesterreichischen Provinzen gültig ist — und der Maximilianischen — in Nieder-Ungern geltenden Bergordnung, vereinigen gewissermaaßen die stehende, oder die Gangvermessung, mit der liegenden Vermessung nach geviertem Felde, wie sie in Norddeutschland beim Flötzbergbau angewendet worden ist. Es ist nicht zu läugnen, daß die in diesen Bergordnungen vorgeschriebene Art der Vermessung auf alle Arten des Bergbaues, sowohl auf Gängen als auf Lagern und auf Flötzen, gleich anwendbar ist; aber eben deshalb, weil sie die wesentlichen Verschiedenheiten dieser verschiedenen Arten des Bergbaues ganz unberücksichtigt läßt, kann sie höchstens dazu dienen, allen Feldesstreitigkeiten zuvorzukommen, keinesweges aber wird sie auf Zweckmäßigkeit Anspruch machen können, weil das Feld, bei aller Ausdehnung, welche sie in einigen Provinzen gestattet, zu sehr verstückelt, und die Ausführung großer Unternehmungen unmöglich gemacht wird.

Nach den Bestimmungen dieser Bergordnungen besteht eine Grubenmaaße, oder die körperliche Ausdehnung der zu muthenden Grube, aus einem Parallelepipedum von 56 Klaftern horizontaler Breite, von 15 Klaftern senkrechter Höhe oder Tiefe, und von Erstreckung in die ewige Länge, nach der Kompaßstunde, welche der Muther angiebt, und in welcher er seinen Stollen auffahren will. Obgleich die Vermessung der belehnten Gruben in Ungern und Oesterreich auf diese Weise wirklich geschieht, so weicht doch die Größe der Grubenmaaße in den verschiedenen Provinzen, nach Maaßgabe der vorhandenen, und die Festsetzung in der Bergordnung modificirenden Provinzial-Bestimmungen, ungemein von einander ab. In Steiermark ist eine Grubenmaaße 40 Lachter breit, 20 Lachter tief, und hat die ewige Länge in der angegebenen Stunde. In Kärnthen beträgt die Breite

20 Lachter, die Tiefe 20 Lachter, und die Länge nur 200 Lachter für Hüttenberg; dagegen wird zu Bleiberg ganz genau nach der Bergordnung verfahren, mit Ausnahme der Dimension nach der Tiefe oder Seigerhöhe, welche nicht 15, sondern 21 Lachter beträgt. In Tyrol hat eine Grubenmaaße 15 Lachter Tiefe oder Seigerhöhe, 105 Lachter Breite und die ewige Länge. Nach der dort bestehenden Provinzial-Bestimmung ist das Berggericht befugt, dem Muther, auf dessen Begehren, drei solcher Maaßen vermessen, und dies drei Tage nach einander wiederholen zu lassen, dem Muther also 9 Maaßen von der angegebenen Länge und Breite zuzutheilen. In Nieder-Ungern ist man genau bei der Vorschrift der Bergordnung stehen geblieben; indeß sind den bauenden Gewerkschaften, wenn sie entweder mit besonderen Hindernissen zu kämpfen, oder wenn sie kostbare Anlagen zu machen hatten, nach vorangegangener Prüfung und Untersuchung, auch zwei und mehrere Maaßen verliehen worden.

Bei dieser Art zu vermessen, ist es durchaus nothwendig, alle Maaßen für einen und denselben Gang, oder für ein und dasselbe Lager genau nach einer Kompaßstunde zu strecken, weil sonst ein Durchkreuzen der Grubenmaaßen unvermeidlich seyn würde. Darauf ist aber bei den älteren Vermessungen nicht gesehen, und dadurch Veranlassung zu Feldesstreitigkeiten gegeben worden, welche zum größten Theil nur durch einen Machtspruch gehoben werden können. Nicht selten ist auch der Fall vorgekommen, daß sich eine Gewerkschaft schon im Felde der anderen befand, so daß diese, wenn sie zur Benutzung ihrer Reserven schreiten zu können glaubte, einen verhauenen Bau vorfand. Um daher das Feld gegen die räuberischen Angriffe der Nachbarn zu sichern, blieb der Gewerkschaft nichts übrig, als einen Stollen bis zum jenseitigen Gehänge des Gebirges durchzuschlagen (Knappenberg bei Hüttenberg).

Diese Unordnungen können zwar bei richtigen markscheideri-schen Arbeiten, und bei einer richtigen Streckung der Maaßen, nicht vorkommen; weil Letzteres aber in der früheren Zeit nicht geschehen, sondern die Belehnung in der von den Muthern verlangten Stunde, ohne alle Rücksicht auf die benachbarten Grubenfelder, ertheilt worden ist, und weil den Gewerken, welche mit dem Bau ihrer Gruben schon weit vorgerückt waren, an genauen Markscheidezügen nicht sehr gelegen war, so ist es leicht zu erklären, wie die endlosen Feldesstreitigkeiten entstehen konnten.

So zweckmäßig jene Vermessungsart bei dem Bau auf Lagern auch seyn mag, indem nur Eine Maaße neben und über der andern fortgestreckt werden darf; so unzweckmäßig erscheint sie bei der Anwendung auf den Gangbergbau. Bei dem Bau auf mächtigen Lagern ist fast jede Kompaßstunde für die bauende Gewerkschaft gleichgültig, und es kommt nur darauf an, alle Maaßen genau nach einer und derselben Stunde zu strecken. Bei dem Bau auf Gängen hängt aber von der richtigen Wahl der Stunde, zum Vortheil und Nachtheil der Gewerkschaft, ungemein viel ab. Hier ist es, wo eine wesentliche Verschiedenheit zwischen den Vermessungen in Ungern und in Oesterreich stattfindet.

In Ungern wählte man die Kompaßstunde (mit welcher die ewige Länge verbunden ist) nach dem Streichen des Ganges, nahm die 15 Klafter Seigerhöhe, so wie die 56 Klafter Breite nach dem Verflächen des Ganges, und setzte den Stollen, um den Gang mit seinem ganzen Fallen in das Grubenfeld zu bekommen, auf dem Punkte an, der nach der Fallungslinie des Ganges, verbunden mit der vorgeschriebenen Seigerhöhe von 15 Lachtern, jedesmal der vortheilhafteste war. Auf diese Weise bekam die Gewerkschaft

— in so fern der Gang bei seinem Fortstreichen nicht sehr bedeutend aus der Stunde wich — den Gang nach seinem ganzen Fortstreichen in ihr Feld, und die Grubenmaaßen konnten nur in der Seigerhöhe in der Fallungslinie des Ganges an einander gränzen.

Diese Vermessungsart mußte natürlich die übeln Folgen haben, daß die Tiefbaue gänzlich vernachlässigt, und daß die Gänge nur in den oberen Teufen, wo mit Stollen anzusitzen war, und zwar auf ihrem ganzen Fortstreichen, von einer und derselben Gewerkschaft, ohne besondere Vorrichtungen und Kosten abgebauet wurden. Außerdem ward allen Baulustigen dadurch, daß das Feld auf dem ganzen Fortstreichen des Ganges gesperrt war, die Gelegenheit zum Bau genommen.

In den südlichen Oesterreichischen Provinzen wählte man die Kompaßstunde so, daß sie die Fallungsebene des Ganges durchschnitt. Der Gang konnte daher nur nach seiner Fallungsebene in der vorgeschriebenen Breite und Seigerhöhe abgebauet werden, und die Grubenmaaßen wurden daher nicht allein in der Seigerteufe unter einander, sondern auch im Fortstreichen des Ganges neben einander gegeben.

Bei dieser Art der Vermessung wurden zwar auch die Tiefbaue nicht befördert, jedoch die Feldessperren nach der Richtung des Streichens des Ganges verhindert. Weil mit der Kompaßstunde die ewige Länge verbunden war, so konnte der bauenden Gewerkschaft diese nur in dem Falle nützlich werden, wenn mehrere Gänge hinter einander aufsetzten, die sie dann sämmtlich in der vorgeschriebenen Breite und Seigerhöhe in ihr Feld bekamen. Dadurch trat aber, besonders in Revieren, wo viele Gänge hinter einander aufsetzten, wieder eine Feldessperre auf andere Weise ein, weil die noch unverritzten Gänge schon in Lehn gegeben waren, wenn es sich gleich absehen ließ, daß sie nach einer langen Reihefolge von Jahren noch nicht würden angegriffen werden können.

Die aus diesen Vermessungsarten entspringenden Mißverhältnisse, so wie die vielen Abweichungen in der Größe und Ausdehnung der Feldesmaaßen in den verschiedenen Provinzen, haben die Regierung veranlaßt, im vorigen Jahre ganz neue Bestimmungen über die Grubenmaaßen zu erlassen. Dies Patent ist, weil es für den ganzen Kaiserstaat gültig seyn sollte, auch auf Böhmen ausgedehnt, welches bis dahin die Vermessungsart, wie die alten deutschen Bergordnungen sie vorschreiben, beibehalten hatte. Bekanntlich ist mit dieser Vermessung auf Gängen die ewige Teufe nach dem Fallen des Ganges verbunden, und die Maaßen werden nach dem Streichen desselben so gestreckt, daß des Ganges ganze Mächtigkeit nebst der Vierung — welche in den verschiedenen Bergordnungen verschieden bestimmt wird — in das Feld der Grube kommt. Eine der Natur des Gangbergbaues angemessenere Vermessungsart kann es schwerlich geben, und es wäre daher zu wünschen gewesen, daß bei den neueren Bestimmungen darauf hätte Rücksicht genommen werden können.

Das neue Patent vom 21sten Julius 1819 ist zu wichtig, und noch zu wenig allgemein bekannt, um es hier nicht wörtlich mitzutheilen.

„Um den Vortheil der Einförmigkeit und der Maaßenvergrößerung, so weit sie nöthig und nicht der Erweiterung des Bergbaues hinderlich wird, mit den wesentlichen Erfordernissen der Sicherheit des Eigenthums und der Vorbeugung vielfältiger Streitfälle zu vereinbaren, wird in Hinsicht der lehnsherrlichen Verleihung der Grubenfeldmaaßen für Unsere Königreiche Böhmen, Gallizien, Lodomirien, Illyrien und Dalmatien, für das Erzherzogthum Oesterreich, Herzogthum Steiermark, Kärnthen, Salzburg, Ober- und Nieder-Schlesien, Markgrafschaft Mähren und gefürstete Grafschaft Tyrol Folgendes festgesetzt:"

„Erstens. Von nun an soll in obbenannten Königreichen und Ländern keine andere Grubenfeldmaaße, ohne Unterschied der mineralischen Lagerstätte, verliehen werden, als welche zur ebenen Grundfläche ein Rechteck von zwei hundert vier und zwanzig Wiener Klafter Länge, und funfzig sechs Wiener Klafter Breite hat, und in den senkrechten Seitenflächen hundert Wiener Klafter hoch oder tief mißt, folglich ein liegendes rechtwinkelichtes Prisma von 1,254,400 Kubikklafter bildet."

„Zweitens. Die Richtung der Maaßen ist im freien Felde mit dem Längenmaaße weder auf das Streichen, noch auf die Kreuzstunde desselben gebunden, sondern hängt von der Willkühr des Lehnswerbers ab, und wird nur durch die wirkliche Verpflöckung, wenn dieselbe bergordnungsmäßig einzutreten hat, endlich beistimmt."

„Drittens. Jedoch hat jeder Muther oder Lehnswerber entweder schon in dem Muthungs- oder Belehnungsgesuche, oder längstens zwei Monate nach eingelangter Muthung, die beiläufige Lagerung der ausgebetenen Grubenfeldmaaße sorgfältig anzugeben, daß immerhin der Aufschlagpunkt des Baues innerhalb der söhligen und seigeren Grenzen der Maaße sich befinde, und die Richtung des Längenmaaßes zwischen drei fortlaufenden Kompaßstunden ausgedruckt werde, wodurch einerseits zu Gunsten des Muthers der Spielraum bezeichnet wird, in welchem er sich die Lagerung der Maaße bei der nachfolgenden Verpflöckung wählen darf, und wodurch zugleich andererseits verhindert wird, daß durch ein solches unverpflöcktes Lehen das freie Gebirge zur Abhaltung anderer Baulustigen nicht nach allen Richtungen gesperrt werde."

„Viertens. Gleichwie die bestehenden Berggesetze in Hinsicht der Befugniß des jüngern Muthers, den älteren zur Verpflöckung und Maaßnahme anzustrengen, so wie in Hinsicht der Bauhaltung eines jeden Grubenfeldes, aufrecht verbleiben, so muß auch jede neu verliehene Grubenmaaße durch besondern Einbau bauhaft erhalten werden; nur in dem erwiesenen Falle schwebender und flacher Lagerstätten, bis zu einem Verflächungswinkel von 30 Graden, ist den Berggerichten die Befugniß eingeräumt, über Ansuchen der Lehenswerber oder Belehnten, und über vorgenommenen Augenschein und zugleich bewerkstelligte Verpflöckung zweier, in gleicher Stunde des Längenmaaßes und in der Fortsetzung des Breitenmaaßes an einander geschlossenen, und in gleicher Seigerhöhe befindlichen, ertheilten Feldmaaßen, die Bauhafthaltung unter Einem Einbaue zu bewilligen."

„Fünftens. Diese neuen Bestimmungen wirken auf bereits verliehene ältere und neuere Grubenmaaße nicht zurück, und haben daher ihre gesetzliche Anwendung nur für jene Verleihungen, die nach Kundmachung dieses Patents erfolgen."

Die Bestimmungen dieses Patents sind ungemein liberal, und werden bei dem Bau auf Lagern sowohl, als beim Flötzbergbau, sehr zweckmäßige Anwendung finden können. Auch für den Bau auf mächtigen Gängen — und diesen, so wie den Bau auf Lagern oder auf Stockwerken, scheint man beim Entwurf des Patents nur allein vor Augen gehabt zu haben — mögen sie nicht unzweckmäßig seyn; allein auf den gewöhnlichen Gangbergbau passen sie nicht. Ueberhaupt aber werden die Tiefbaue durch diese Bestimmungen wenig begünstigt, und es würde dem Patent wohl der Vorwurf gemacht werden können,

daß

daß es, statt der an sich freilich sehr bedeutenden Seigerhöhe von 100 Lachtern, nicht die ewige Teufe gestattet hat.

So wie die Abgaben vom Berg- und Hüttenbetrieb in den Kaiserlich Oesterreichischen Staaten nicht in allen Fällen aus dem reinen Zehnten bestehen, sondern nach vorhandenen Verträgen für einzelne Gruben und Hütten mannigfaltig modificirt sind: so finden auch Begünstigungen für einzelne Gewerkschaften statt, welche ebenfalls auf älteren Verträgen beruhen.

Der Steinsalzbergbau und der Salinenbetrieb ist in den Oesterreichischen, so wie in den benachbarten Preußischen und Bayerschen Ländern, ein Monopol des Staates.

Die Landesherrlichen Gruben, vorzüglich aber die Hütten, sind dadurch besonders begünstigt, daß jedes Werk seine eigenen Forsten, angemessene, häufig sehr große Ländereien für die Beamten und Arbeiter, eigene Mühlen u. s. f. zugetheilt erhalten hat, so daß sie ein unabhängiges Ganzes ausmachen. Die Beamten in den Provinzen sind daher auch zum großen Theil auf Natural-Einnahme (Fassung) angewiesen, und erhalten nur einen Theil ihrer Besoldung in baarem Gelde. Getreide, Holz, Butter, Licht u. s. f. wird ihnen, so wie den Arbeitern, in angemessener und für die verschiedenen Grade festgestellter Quantität aus den Magazinen eines jeden Etablissements geliefert.

Salzburg, Hallein, Werfen.

Die Zusammenfügung und die Schichtung der Kalksteinbreccie, welche, als Vorgebirge der Alpenmassen, und zum Theil als Hangendes des Salzgebirges, eine so große Rolle spielt, zeigen sich nirgends deutlicher als in dem herrlichen neuen Thor zu Salzburg, welches in einer Länge von fast

900 Fuß durch den Felsen gebrochen ist, und die Schichten vom Liegenden zum Hangenden durchfahren hat, so daß sich in dem schönen Gewölbe das vollkommenste Profil des Mönchsberges darstellt, welcher im Zusammenhange mit dem Schloßberge, die Stadt von der Westseite einschließt. Auch der Kapucinerberg, auf der Ostseite der Stadt, besteht nur aus Kalksteinbreccie, so wie überhaupt die ganze Salzburger Ebene mit Kalksteingeschieben ausgefüllt ist, welche hin und wieder mit großen und mächtigen Torfmooren bedeckt sind.

Die Breccien, welche aus den einzelnen Geschieben zusammengesetzt sind, erreichen häufig eine Erstaunen erregende Höhe. Dies ist weniger dort der Fall, wo sie isolirt stehende Felsmassen bilden, als da, wo sie an dem anstehenden Gestein gelehnt, einen Schutz gegen die fortdauernden Wasserströhmungen gefunden haben. Das Brecciengebirge, welches die Stadt Salzburg einschließt, ist schon ganz getrennt vom Grundgebirge, mit welchem es unbezweifelt vormals zusammenhing. Es macht jetzt den schönen Ueberrest von den ungeheuern Breccienmassen, welche früher mit dem Grundgebirge vereinigt waren, und dann, von den Fluthen zertrümmert, als Geschiebe fortgeführt wurden. Zwischen diesen Ueberresten ströhmt die Salza, sie selbst gewissermaaßen ein Ueberrest der vorigen Fluthen, von Norden nach Süden, und hat sich hier ein Thal gebildet, welches gerade breit genug ist, um auf beiden Ufern des Flusses die Stadt Salzburg aufzunehmen. Die feste Lage der Gegend war schon den Römern einleuchtend, aber auch Juravia vermogte der zerstörenden Wuth der deutschen Krieger keinen Widerstand zu leisten; nur die wenigen Trümmer der alten Römerstadt, welche die neuesten Ausgrabungen entblößt haben, erinnern an Roms ehemalige Größe und Weltherrschaft.

Der Schloßberg und der Kapucinerberg wetteifern mit

einander, in der Schönheit der Aussicht, welche sie darbieten. Gegen Süden wird der Horizont durch die Alpenkette begrenzt, welche sich von Abend gegen Morgen durch Tyrol, Berchtesgaden und Steiermark fortzieht; gegen Osten beschränkt der 4000 Fuß hohe Gaisberg den Blick in die Ferne, der gegen Abend und Mitternacht so wenig einen Ruhepunkt findet, daß man einen sehr großen Theil der Bayerschen Ebene überschaut, und dem Laufe der Salza tief in das Land hinein zu folgen vermag.

Die beiden Theile der Stadt auf dem rechten und linken Ufer der Salza sind durch eine hölzerne Brücke mit einander verbunden. Mit Recht führt die Steinstraße, auf dem rechten Ufer des Flusses, diesen Namen, weil sie zum Theil durch den Breccienfels gehauen werden mußte, welcher den Häusern zum Fundament dient. Vor zwei Jahren ward dieser Theil der Stadt zum großen Theil ein Opfer der Flammen, und dadurch ist auch Paracelsus Grab in der St. Sebastians-Kirche, mit deren Wiederherstellung man jetzt noch beschäftigt ist, zerstört worden.

Salzburgs ehemaliger Flor beurkundet sich jetzt nur noch durch die vielen großen Gebäude, welche es aufzuweisen hat. Obgleich die Provinzial-Landeskollegien des vormaligen Erzstifts, oder des jetzigen Herzogthums Salzburg hier vereinigt sind, so vermögen doch diese nicht, das zerstörte Leben der Stadt wieder zu erwecken. Die obere Bergwerksbehörde für Salzburg hat hier ebenfalls ihren Sitz, unter der würdigen Leitung des um die Provinz und um die Bergwerkskunde hochverdienten Veteranen, des Herrn Oberbergraths Schroll. Die sämmtlichen Berg- und Hüttenämter im Salzburgischen, so wie der wichtige Salzbergbau und die Saline zu Hallein, sind dem hiesigen Oberbergamte unmittelbar untergeordnet. Der Salzburgische Bergbau ist noch jetzt von großer Ausdehnung, wenn gleich leider nicht von großer Wichtigkeit. Unter den Eisenhüttenwerken ist das zu Flachau das größte und bedeutendste. Aller Berg- und Hüttenbetrieb im Salzburgischen wird für Rechnung des Staates geführt.

Von Salzburg bis Hallein scheint die Salza nicht stark anzusteigen; wirklich liegt Hallein nach barometrischen Messungen kaum 150 Fuß höher als Salzburg. Die große Alpenkette, welche sich von Tyrol nach Steiermark fortzieht, bildet hier bei Hallein, am linken Ufer der Salza, einen Vorsprung, eine Fortsetzung des Gollinger Zuges, an welchem die Salzniederlagen zu Berchtesgaden ebenfalls abgesetzt worden sind. Es ist wohl mehr als wahrscheinlich, daß jene Niederlagen mit dem hiesigen Salzstock, welcher das Vorgebirge des eben erwähnten vorspringenden Alpengebirges ausmacht, gleichzeitig gebildet sind, und gänzlich mit einander zusammenhängen.

Die Salzniederlage in dem Dürrenberge zu Hallein ist weniger reich, als die zu Berchtesgaden, jedoch nimmt auch hier die Masse des reinen Steinsalzes in größerer Teufe ebenfalls zu. Der Dürrenberg ist in neun Berge abgetheilt, von denen der Georgenberg der höchste, und der Wolfdietrichberg der tiefste ist. Wegen der geringeren Salzführenheit des Gebirges müssen die Wasser in den hiesigen Sinkwerken länger stehen, ehe sie völlig vergütet sind, als in Berchtesgaden. Dennoch ist die Salzerzeugung in den 35 Sinkwerken des Dürrenberges ungemein größer als zu Berchtesgaden, und erreicht jährlich die bedeutende Höhe von 400- bis 450tausend Centnern. Der Siedeproceß in den großen Pfannen ist von dem, welcher früher in Berchtesgaden stattfand, nicht verschieden; eben so wenig sind bedeutende Abweichungen in dem Betriebe der dortigen und der hiesigen Sinkwerke vorhanden. Man hat mit dem Bau bereits die Grenze überschritten, weshalb es zwischen Oesterreich und Bayern zu Grenzstreitigkeiten gekommen ist, wobei sich Oesterreich auf alte Verträge beruft, welche die Ueberschreitung der Landesgrenze nachlassen sollen; Bayern aber behauptet, daß durch die neuern Grenzberichtigungen jene ältern Verträge aufgehoben worden wären.

Zwischen Hallein und Golling nimmt die Salza noch mehrere kleine Gebirgswässer auf, bei denen man nur aus der Größe der Geschiebe, welche sich in ihrem unverhältnißmäßig breiten Bette fortrollen, auf die Wassermasse schließen kann, welche sie der Salza, zur Zeit des Anschwellens, zuführen. Noch hat man nur gegen Westen die Kalkmassen des Gollinger Alpenzuges unmittelbar an der Straße, und östlich, auf dem rechten Ufer der Salza, ist das Thal nicht geschlossen. Kaum hat man aber Golling verlassen, so stürzt sich eine hohe Alpenmasse furchtbar jähe von Süden nach Norden hinab, und schließt auch gegen Osten das Thal der Salza so enge ein, daß kaum der Fluß hinlänglichen Raum behalten zu haben scheint, seine Wasserfluthen durch die Felsen zu drängen. Eine lange Strecke muß man dies schauerlich enge Thal verfolgen, ehe man den Paß Lueg erreicht, wo die Gewalt der Wasserströhmung durch Höhlen, welche der Stoß der drängenden Fluth aus den Felsen gewaschen, am deutlichsten hervortritt. Fürchterlich muß der Durchbruch der Salza durch die hohe Alpenkette gewesen seyn, und zerstöhrend die Wirkung der ungeheuern Wassermassen, die sich nun in schäumender und unaufhaltbarer Fluth über die kaum entstandenen Brecciengebirge ergossen.

Noch ehe man die Stadt und Feste Werfen erreicht, kommt man zu der hart am Wege liegenden Eisenhütte zu Werfen, welche, aus einem Hohenofen und zwei Frischfeuern bestehend, zwar keine besonders merkwürdigen Vorrichtungen für den Eisenhüttenmann darbietet, aber die Aufmerksamkeit desselben durch den hier eingeführten Sinterproceß auf sich ziehen wird. Diese Frischmethode, welche noch auf einigen Salzburgischen Eisenhütten im sogenannten Thalgau ausgeübt werden soll, ist nur sehr wenig verbreitet, und scheint, außer im Salzburgischen und zu Malbourghetta in Kärnthen, nur noch auf der Saline zu Reichenhall in Anwendung zu seyn. Auf den Salinen zu Reichenhall und zu Hallein glaubt man durch dieses Verfrischungsverfahren ein ganz besonders festes, hartes, und zu Salzpfannenblechen besonders geeignetes Stabeisen zu erhalten; und auf den Hüttenwerken, wo der Sinterproceß zur Darstellung des gewöhnlichen Stabeisens angewendet wird, ist man überzeugt, nur durch diese Frischmethode den Kaltbruch des Eisens heben zu können. Das durch den Sinterproceß erzeugte Stabeisen wird übrigens zwar für fest und dehnbar, aber nicht für hinlänglich weich und zähe gehalten, um es auch zu Drath anwenden zu können.

Auf den Salinen zu Reichenhall und Hallein wendet man, wo möglich, immer gleiche Theile Roheisen und Abfälle von geschmiedetem Eisen an, welche mit Glühspan verarbeitet werden. Auf den Eisenhütten, denen keine Eisenabfälle zu Gebot stehen, beschränkt man sich auf die Quantitäten von altem geschmiedetem Eisen, welche durch den Ankauf zu erhalten waren. Das Wesentliche dieses Processes besteht darin, das stark rothglühende Roheisen unter einem Hammer mit breiter Bahn zu zerpulvern, und das Roheisenpulver, mit Glühspan und gepulverter Gaarschlacke (Schwal- und Stockschlacke aus dem Feuer und vom Hammer) gemengt, durch langsames Niederschmelzen im Feuer zur Gaare zur bringen. Hier in Werfen werden die abgestochenen Roheisengänge (Flossen), sobald sie hinlänglich erstarrt sind, unter den Pochhammer gebracht, und noch rothglühend zerpulvert. Auf den Salinen fällt dieser Vortheil natürlich weg, und man ist genöthigt, die Flossen in einem besondern Feuer glühend zu machen.

Es gehören zu diesem Frischverfahren — welches eigentlich eine Art von Wallonenschmiede ist — zwei Feuer: eines, in welchem die Deule oder Masseln gefrischt und geheitzt, und ein zweites, in welchem sie zu Kaufmannswaare ausgestreckt werden. Der Heerd ist aus Eisenplatten oder Frischzacken zusammengesetzt, hat aber einen aus Ziegeln gemauerten Boden, welcher mit Kohlenlösche bedeckt wird, so daß das Frischen und das Ausschmieden auf einem Löschboden geschieht. Beide Feuer haben einerlei Einrichtung und Dimensionen; nur pflegt das Schmiedefeuer etwas kleiner zu seyn. Die Breite von der Form bis zur Gicht- oder Windseite beträgt 22, die Länge 24 bis 26 Zoll. Die hintere, oder die Aschenseite und die Windseite sind durch besonders aufgesetzte Zacken erhöhet, um die Kohlen im Feuer hoch aufstürzen zu können, indem die aufgegebene Beschickung durch Kohlen langsam niederschmelzen muß. Der Löschboden liegt etwa 7 Zoll von der stark stechenden Form entfernt, durch welche nur ein sehr schwacher Windstrohm geführt wird, um die Masse möglichst langsam niedergehen, und überall vom Winde berühren zu lassen, indem ein heftiger Wind mehr ein Niederschmelzen, als ein gleichzeitiges Frischen der niedergehenden Masse bewirken würde.

Den Anfang der Arbeit macht das Ausheitzen der beiden Luppenstücke (Masseln) vom vorigen Deul, von denen ein jedes einzeln in den Frischheerd gebracht wird und die Schweißhitze erhält, um unter dem Hammer zu Kolben ausgezogen zu werden. Gleichzeitig mit dem Einhalten des ersten Luppenstücks, streut der Frischer schon schaufelweise etwas von der, aus gepochtem Roheisen und Glühspan bestehenden, Beschickung über die Kohlen, welche zwischen der Aschen- und Windseite aufgehäuft worden sind. Mit diesem Eintragen der Beschickung wird immer fortgefahren, sobald die vorige niedergegangen ist. Der Kolben aus der ersten Massel wird dem Heitzfeuer übergeben, die zweite Massel eingehalten, und ebenfalls zu einem Kolben ausgezogen, welcher dann gleichfalls abgegeben wird. Das Ausschweißen der Masseln ist früher beendigt, als das Niederschmelzen der Beschickung, welche zu einer Luppe bestimmt ist. Gewöhnlich werden 130 bis 140 Pfund Beschickung zu einer Luppe genommen, und nach und nach langsam eingerennt. So wie das letzte, zu einer Luppe bestimmte Quantum von der Beschickung niedergegangen ist, wird das Feuer abgeräumt, die kleine, etwa 100 Pfund schwere Luppe ausgebrochen, und unter dem Hammer in zwei Masselstücke zerschroten, mit deren Ausschweißung zu Kolben die Anfertigung einer neuen Luppe beginnt. Das Feuer ist mit zwei Arbeitern besetzt, welche in 12stündigen Schichten arbeiten, und in dieser Zeit vier Luppen anfertigen müssen.

Das Heitzfeuer oder das Streckfeuer schmiedet während dieser Zeit die Kolben zu Stäben aus. Die Kolben erhalten zu dem Ende eine neue Schweißhitze; indeß bringt der Heitzer gleichzeitig auch etwas von der Beschickung ins Feuer, und macht jedesmal bei zwei auszuheitzenden Kolben eine kleinere Luppe, die nur e i n Masselstück giebt, welches mit den Kolben der folgenden Heitze gleichzeitig ausgeschmiedet wird. Das Streckfeuer ist ebenfalls mit zwei Arbeitern besetzt, welche aber auch das Zerpochen der Flossen besorgen müssen.

Aus den vier größeren Luppen des Frischheerdes und aus den vier kleineren, welche das Streckfeuer liefert, werden täglich, oder vielmehr in 12 Stunden, 450 bis 500 Pfund Stabeisen geliefert, so daß zwei Feuer wöchentlich nur 28 bis 30 Centner Eisen geben. Man glaubt dies mangelhafte Frischverfahren beibehalten zu müssen, um tadelloses Stabeisen aus dem Roheisen zu erhalten. Daß durch dies langsame Einrennen des gepochten, und daher sehr fein getheilten Roheisens mit gaarenden Zuschlägen recht gutes Stabeisen erzeugt werden muß, ist sehr einleuchtend; indeß geschieht dies auf Unkosten der Zeit und mit einem großen Kohlenaufwand. Auf den Salinen läßt sich ein solches Verfahren entschuldigen, weil man dort auf die Güte des Eisens zu den Blechen der Salzpfannen ganz vorzüglich Rücksicht zu nehmen hat; allein bei der Verarbeitung zu Stabeisen auf den Eisenhütten, würde doch die gewöhnliche deutsche Frischarbeit ungemein vorzüglicher seyn.

Nach einem mehrjährigen Durchschnitt hat man zu Werfen aus 4882 Centner 74 Pfund Flossen und 45 Centner 72 Pfund altem Stabeisen, mit 813 Centner 29 Pfund Schmiedesinter und Schwahl (welche theils von den Handschmieden angekauft, theils von der Eisenhütte zu Flachau abgegeben werden) bei 9394 Säcken Kohlen, 4260 Centner 86 Pfund Stabeisen dargestellt. Weil hier der Centner zu 100 Wiener Pfunden, und der Sack Kohlen zu 27 Salzburger, oder zu $25\frac{1}{3}$ Rheinländischen Kubikfußen zu berechnen ist, so sind — wenn man 100 Wiener gleich 119,528 Berliner Pfunden setzt — zu 100 Berliner Pfunden Stabeisen $46\frac{2}{3}$ Rheinländische Kubikfuß Holzkohlen erforderlich gewesen. Bei der deutschen Frischschmiede beträgt der Holzkohlenverbrauch, zu 100 Berliner Pfunden, höchstens nur 18 Kubikfuß Rheinl., also bei der Sintermanipulation $2\frac{1}{2}$ Mal mehr, welches zum Theil freilich nicht der Methode, sondern dem übeln Haushalt zugeschrieben werden muß. — Dagegen hat der Eisenabgang, wenn man das alte Stabeisen dem Roheisen gleichsetzt, und den Eisengehalt des Sinters gar nicht in Anschlag bringt, nur $13\frac{1}{2}$ Procent betragen, indem aus 100 Pfd. Roheisen $86\frac{1}{2}$ Pfund Stabeisen dargestellt worden sind. Die deutsche Frischschmiede arbeitet gewöhnlich mit 28 Procent Eisenverlust, so daß hier der Vortheil auf der Seite des Sinterprocesses, ganz überwiegend seyn würde, wenn die gaaren Zuschläge gar nicht in Rechnung gebracht werden dürften. Diese können aber wenigstens zum halben Roheisenwerth angeschlagen werden, und dann ergiebt sich ein Eisenverlust von 20 Procent, welcher zwar noch immer beträchtlich geringer ist, als bei der deutschen Frischschmiede, jedoch den großen Kohlenaufwand nicht aufwiegt. Dazu kommt noch, daß das Heitzfeuer auch durchaus grobe Eisensorten, zum Theil auch nur sogar Prügeleisen liefert, wogegen die deutsche Frischschmiede bei einem Eisenabgang von 28 Procent, völlig fertige Waare abliefern muß.

Böckstein.

Die schönen Alpenmassen, welche bei Werfen das nördliche Vorgebirge der Tauernkette bilden, weichen in demselben Verhältniß, als man sich dem Urgebirge nähert, zurück, um dem Schiefergebirge Platz zu machen. Immer wechseln aber bis St. Johann und Lend noch Kalkmassen mit dem Schiefergebirge ab, und dem letzteren ist der Charakter des Kalkgebirges so tief eingedrückt, daß es nicht schwer wird, das große Uebergewicht der Kalkformation daran zu erkennen. Von Lend an verläßt man die Salza, und steigt in einem steilen und engen, von dem Gasteiner Bach gebildeten Thal, durch die von der Tauernkette herabkommenden Gebirgsschichten, welche der Bach durchschnitten hat, zum Urgebirge in die Höhe. Zuerst wechselt Chloritschiefer mit einer geschichteten kalkigen Schiefermasse, bald aber erhält die Thonerde das Uebergewicht; der Uebergang des Schiefergebirges aus dem Kalkschiefer in Thonschiefer, und aus diesem in Glimmerschiefer wird immer deutlicher, bis kurz unterhalb Gastein der Glimmerschiefer rein hervortritt. In der Gegend des Gasteiner Wildbades lagert sich der Glimmerschiefer auf Gneus, und nun ist man auch bald am Fuße des Rathhauskogels bei Böckstein, eines 8176 Fuß über der Meeresfläche erhabenen Berges, welcher zur Kette des Tauerngebirges gehört, und vom Fuß bis zum Gipfel aus Gneus besteht, der auf mehrern Stellen, vorzüglich in den oberen Höhen, so wenig Schichtung zeigt, daß man ihn für Granit zu halten geneigt ist.

Das ganz eigenthümliche und den Beobachter wundersam ergreifende Verhalten des durch den Gasteiner Achen gebildeten Thales, hat Hr. v. Buch so meisterhaft als wahr und lebendig geschildert.*) Von seinem Ursprunge an bis zum Einfluß in die Salza, bei den Hütten unterhalb Lend, bildet dieser wasserreiche Gebirgsfluß eine fast ununterbrochene Reihe von Wasserfällen, von denen der bei dem Gasteiner Wildbade und bei den Hütten zu Lend, kurz vor der Vereinigung des Achen mit der Salza, einander den Vorzug streitig machen. In schauerlicher Tiefe rauscht der Strohm, auf mehreren Stellen eng eingeschlossen zwischen hohen und überhangenden Felsenmassen, unter hölzernen Bergbrücken fort, weil alle Kunst dem Felsen den Weg nicht abzuzwingen vermogte. Nur zwischen Hof-Gastein und dem Wildbade, so wie unterhalb Böckstein, haben die Fluthen die Gebirgsschichten nicht schnell genug durchbrechen können, und große Wasserbehälter gebildet, die, nach dem endlich erfolgten Durchbruch des Strohmes, als ziemlich breite Thäler, einer üppigen Vegetation zugänglich wurden.

Das obere weite Thal zieht sich bis zum Fuße des Rathhauskogels hin, und hier liegen die Wäschen, so wie ein Theil

*) Geognostische Beobachtungen, I. S. 234—238.

der Pochwerke, welche zur Aufbereitung der Erze dienen, die dem im Rathhauskogel aufsetzenden Gange abgewonnen werden.

Der Rathhauskogel ist die höchste Spitze des Rathhausberges, welcher noch mehrere Kuppen hat, unter denen sich besonders die nördlich vom Rathhauskogel befindliche Kuppe: Hahnenkogel auszeichnet. Beide Kuppen bilden eine große, klaffende, und mit ewigem Schnee bedeckte Gebirgsspalte, welche schon von fern die Lagerstätte eines mächtigen Ganges bezeichnet, der fest von Osten nach Westen, nämlich St. 4 streicht, und unter 55 Grad gegen Süden einfällt. Einer von den vielen Oberstollen — der Christophstollen — auf dem Gange getrieben, hat die ganze Kuppe nach beiden Weltgegenden durchfahren. Der jetzige tiefste Stollen — Hieronymus-Erbstollen — bringt, von der Kuppe an gerechnet, 300 Lachter Seigerteufe ein; sein Mundloch liegt in der Schneelinie. Er ist im Liegenden des Ganges spieseckig angesetzt, und, nachdem er den Gang erreicht, auf ihm aufgefahren worden. Der Abbau ist schon sehr weit, und fast bis zur Sohle des Erbstollens vorgerückt. Die Gangart ist Quarz, zum Theil ein quarzartiger Glimmerschiefer, worin sich Schwefel-, Kupfer- und Arsenikkies, Fahlerz, Blende und feinkörniger Bleiglanz, mit etwas Gediegen-Gold, welches jedoch mit dem bloßen Auge nicht erkennbar ist, ziemlich fein eingesprengt befinden. Die Menge des gediegenen Goldes ist so gering, daß man in der Regel aus 1000 Centner Pochgängen nur ein Ausbringen von einer bis 1¼ Mark Gold zu rechnen pflegt.

Die sehr hohe Lage der Grube, welche ein geübter Bergsteiger doch erst nach zweistündigem ununterbrochenem Steigen erreichen kann, und das steile Ansteigen des Berges, von seinem Fuße, bei den Wäschen zu Böckstein, bis zur Kuppe, machten es unmöglich, die gewonnenen Erze und die Gruben-materialien auf die gewöhnliche Weise zu transportiren. Die Erze wurden daher früher (so wie es noch jetzt auf dem Goldbergwerk zu Rauris geschieht) durch den Sackzug von der Grube nach Böckstein hinunter gebracht, *) welches aber nur

*) Außer zu Rauris soll der Sackzug auch bei dem Eisensteinbergbau zu Liezen im Ensthal in Obersteiermark und zu Großfragant bei Obervellach im Möllthale in Oberkärnthen stattfinden. Die Säcke sind etwa 3 Fuß lang, aus starkem Zwillich gemacht, und unten mit einer Schweinshaut beschlagen. Das eine Ende des Sackes ist mit einem Riemen, in Gestalt einer Handhabe, versehen. Jeder Sack wird mit einer Last von etwa drei Centnern angefüllt, und ein Mann soll die Fahrt den Berg hinab mit 10 bis 12 gefüllten Säcken unternehmen. Die leeren Säcke werden gewöhnlich durch abgerichtete Hunde (Saumhunde) den Berg hinauf getragen. Die mit Erz gefüllten Säcke werden durch Stricke, welche an dem einen Ende eines jeden Sackes befestigt sind, und in die Handhabe des folgenden eingehangen werden, mit einander verbunden. Ein Zug, welchen drei Sackzieher leiten, besteht aus 30 bis 36 auf diese Art an einander gehängten Säcken, welche in die für sie zubereitete Schneebahn gebracht, und so lange mit den Händen fortgezogen werden, bis sie von selbst zu rutschen anfangen. Dann setzt sich einer der Sackzieher, welcher am mehrsten geübt ist, auf den vordersten Sack, der zweite auf den 11ten oder 13ten u. s. f., wobei sie die Füße kreuzweis übereinander schlagen, einen mit einer starken Spitze versehenen Bergstock zwischen sich nehmen, und durch ein stärkeres oder schwächeres Drücken gegen die Eisbahn, die Geschwindigkeit des Zuges bestimmen. Die Saumhunde nehmen ihren Platz auf den andern Säcken ein. Ungeachtet der Stocksperre würde die Geschwindigkeit doch zu groß werden, wenn die Schneebahn nicht schlangenförmig ausgeschaufelt wäre. Gewöhnlich sollen mehrere Züge auf diese Art in kurzen Zwischenräumen hinter einander fahren. Wo das Abfallen des Gebirges zum Sackzuge auf Schweinshäuten zu schwach ist, da werden die Säcke auf Schlitten gelegt.

im Winter geschehen konnte, weshalb sich die geförderten Erze den Sommer über anhäuften, wodurch große Erzvorräthe nöthig wurden, indem auch die Pochwerke und die Wäschen, im Winter, also gerade zu der Zeit, wenn sie mit Erzen versorgt wurden, wenig oder gar nicht im Betriebe seyn konnten.

Weil die Stollenwasser und die vom Kogel zusammenfließenden Tagewasser nicht zureichten, um die Erze oben bei der Grube aufbereiten zu können, so hatte man die Pochwerke und die Wäschen am Fuße des Rathhausberges angelegt, wodurch der eben erwähnte schwierige, und, wegen der zu haltenden Erzvorräthe, großen Zeitverlust verursachende Erztransport von der Kuppe bis zum Fuße des Berges nach Böckstein nothwendig ward. Zur Vermeidung dieses Transports sind vor mehreren Jahren, unter der Leitung und nach dem Vorschlage des Herrn Schroll, die Aufbereitungsarbeiten der Erze höchst zweckmäßig dergestalt vertheilt, daß das Verpochen der Erze — wozu die erforderlichen Aufschlagewasser oben bei der Grube zu erhalten waren — auf der Kuppe des Rathhausberges geschieht, die weitere Behandlung und das Verwaschen des Pochmehls aber am Fuße des Berges vorgenommen wird.

Das Pochmehl, welches die bei der Grube erbaueten Pochwerke liefern, wird durch eine hölzerne Röhrenfahrt ununterbrochen zu den Wäschen hinunter gesendet, so daß, außer der Unterhaltung der Röhren, keine Transportkosten für die Erze mehr vorkommen.

Die Röhren sind $3\frac{1}{2}$ Zoll weit gebohrt, und durch die gewöhnliche Einzapfung mit einander verbunden. Die Neigung der Röhrenfahrt gegen den Horizont ist sehr verschieden, und richtet sich nach dem Abfallen des Berges auf den verschiedenen Punkten. Sie wechselt deshalb auch zwischen 20 und 40 Graden ab. Bei der großen Geschwindigkeit, mit welcher das Pochmehl in den Röhren herabstürzt, würde die mit dem Wasser fortgerissene Luft sich leicht irgendwo in der Leitung anhäufen, ein Zersprengen derselben veranlassen, oder das Abfließen des Pochmehls verhindern können. Deshalb sind von 100 zu 100 Lachtern senkrechte, vier Fuß hohe Luftröhren in den Leitröhren eingezapft, durch welche die Luft ausströhmt. Auf der Seite, mit welcher die Leitungsröhren aufliegen, leiden sie ungemein durch die Reibung des Pochkorns, und müssen daher nach einiger Zeit gewendet werden, welches unter einem rechten Winkel geschieht, so daß eine Röhre dreimal gewendet, folglich auf vier Seiten benutzt wird, ehe sie als ganz unbrauchbar ausgewechselt werden muß. Ein Aufseher hat die Verpflichtung, die steile Röhrenfahrt täglich einmal nachzusehen, um die schadhaften Stellen augenblicklich auszubessern.

Die Grubenmaterialien und die Bedürfnisse derjenigen Grubenarbeiter, welche oben wohnen, werden durch eine Treibemaschine in die Höhe gebracht. Diese besteht aus einem 50 Fuß hohen oberschlächtigen Kehrrade, welches oben auf der Grube hängt, sein Aufschlagewasser aus dem Hieronymusstollen erhält, und den ebenfalls oben befindlichen Pochwerken zurückgiebt. An der Welle des Rades ist eine Trommel oder ein Seilkorb von 12 Fuß im Durchmesser angebracht, um den sich das Treibeseil auf- und abwickelt, an dessen Ende ein vierräderiger Wagen befestigt ist, welcher auf einem starken hölzernen, von der Kuppe bis zum Fuße des Berges niedergeführten Schienenwege, die gefährliche Fahrt machen muß. Das Wasserrad ist mit einer Bremse versehen, um die Geschwindigkeit des niedergehenden leeren Wagens mäßigen zu können. Man rechnet eine halbe Stunde zum Aufziehen des Wagens, und eine Viertelstunde zum Rückgange. Die hölzernen Schienen sind 8 Zoll im Quadrat stark, und liegen in 4 Fuß Entfernung von einander; die Räder des Wagens haden eine Höhe von 15 Zoll. Das Schleppen des Seils wird durch hölzerne Walzen verhindert, welche in gewissen Entfernungen zwischen dem Gestänge des Schienenwagens angebracht sind. Die Neigung des letztern ist sehr verschieden, auf einigen Punkten fast senkrecht, auf anderen unter einem Winkel von 20 Graden fortgeführt. Das Treibseil ist oben, wo es sich um die Trommel wickelt, $2\frac{1}{2}$ Zoll stark, und nimmt immer mehr und mehr an Dicke ab, so daß das untere Ende nur einen Durchmesser von $1\frac{1}{2}$ Zoll behält. Die Schnüre, aus denen es zusammengesetzt ist, sollen nur sehr schwach gedrehet seyn, weil die vorher angestellten Versuche ergaben, daß die schwach gedreheten Seile sich zwar mehr ausdehnten, aber fast um den dritten Theil stärker belastet werden konnten, ehe sie rissen, als die stark gedreheten. Die Fäden des Seils sind, ehe sie zu Litzen zusammengedreht wurden, mit Seilerschmiere eingeschmiert worden, und das fertige Seil demnächst mit einer Schmiere aus Talg, Pech und Leinöl überzogen. Das ganze Seil ist aus neun Stücken von abnehmender Stärke zusammengesetzt, und an den Stellen der Zusammenfügung mit Leder überkleidet. Die Länge des Seils, folglich auch die donnlägige Entfernung der beiden äußersten Punkte des Gestänges, soll 5000 Fuß betragen.

Um die anfahrenden Grubenarbeiter gegen die Schneelawinen zu schützen, hat ein Theil des steilen und beschwerlichen Grubenweges eine Bretterbedachung erhalten müssen. Dennoch ist erst in diesem Jahr ein Arbeiter, durch eine von der Kuppe herabgerollte Lawine, oben bei der Grube erdrückt worden.

Ganz eigenthümlich ist die hier stattfindende Aufbereitung der Erze, welche Herr Schroll auch zu Rauris, zu Schellgaden, und überall eingeführt hat, wo die Erze unter ähnlichen Verhältnissen, d. h. so eingesprengt in einer festen

Gang-

Gangart brechen, daß es schwer seyn würde, reiche Pochgänge zum Trockenpochen, Setzgänge und nasse Pochgänge, durch Handscheiden und Setzen zu trennen. Es liegt diesem Aufbereitungsverfahren der richtige Gesichtspunkt zum Grunde, daß die Kosten der Handscheidung und der Setzarbeit bei weitem größer seyn würden, als die des Naßpochens. Ueberhaupt will Herr Schroll die Setzarbeit — für so wichtig man sie auch gewöhnlich bei der Aufbereitung hält, und sie sogar für den wichtigsten Theil derselben betrachtet — mit großem Recht nur da angewendet wissen, wo derbe oder sehr groß eingesprengte Erze in einem milden Gestein brechen. Nur in diesem Falle wird sich durch die Setzarbeit eine, den Unkosten derselben und dem dabei doch unvermeidlich stattfindenden Waschverlust angemessene, Separirung der reichen Pochgänge (oder reiner Stufen) von solchen Pochgängen, die doch wieder unter dem nassen Pochwerk aufbereitet werden müssen, bewirken lassen. Wo also durch die Setzarbeit nur wenig reiche Gänge abgesondert werden können, da wird sie offenbar überflüssig erscheinen, vorausgesetzt, daß die Pocharbeit unter dem nassen Pochwerk zweckmäßig ausgeübt wird.

Man kann es unbezweifelt als das erste und oberste Gesetz bei der ganzen Aufbereitungskunde ansehen, daß man dahin trachten muß, alle Arbeiten mit einer möglichst gleichen Größe des Korns zu verrichten. Diesem Gesetz steht das zweite zur Seite, das Korn nie kleiner zu halten, als es durchaus nothwendig ist, und das Todtpochen der Pochgänge, wenn es sich wegen der höchst fein eingesprengten Erztheilchen nicht vermeiden läßt, nicht mit Einemmale, sondern nach und nach vorzunehmen. *) Dies ist nothwendig, um das erzführende

*) Von dieser allgemeinen Regel kann es allerdings einzelne Ausnahmen geben, z. B. bei der Aufbereitung von Zinnzwittern, welche im Glimmerschiefer so fein eingesprengt

Gestein von dem völlig tauben vollkommener zu trennen, und den Stoßheerden wesentlich vorzuarbeiten. Nächstdem wird dadurch die zu große Zerkleinerung der Erztheilchen, welche einen großen Verlust zur Folge haben würde, verhütet, und der Vortheil bewirkt, reicheres Pochmehl vom ärmeren trennen, und jedes für sich auf den Stoßheerden in Arbeit nehmen zu können. Diese Vortheile sind sehr einleuchtend, und sie lassen sich sämmtlich durch ein möglichst rösches Pochen, so wie durch ein wiederholtes Pochen des, bei der ersten Arbeit erhaltenen, und von dem feineren Pochmehl abgesonderten Korns, erlangen.

Das bei dem ersten, möglichst röschen Pochen entstehende Mehl, ist jederzeit das reichste, weshalb man es so bald als möglich aus dem Pochtroge bringen muß, um es nicht mit dem Mehl des geringhaltigern oder tauben Gebirges zu vermengen, welches der Fall seyn würde, wenn nur ein einmaliges Durchpochen der Gänge stattfände. Werden aber Mehl und Korn schnell ausgetragen, durch ein Siebwerk geschieden, und das Korn noch einmal, mit Anwendung von feineren Blechen durchgepocht, so bewirkt man eine vorläufige Trennung der reicheren und ärmeren Schlämme, welche für sich abgestoßen werden können, und man kann mit einem weit geringeren Pochverlust einen großen Theil des tauben Gebirges abscheiden, als es bei einem einmaligen Durchpochen möglich seyn würde.

wären, daß man sie auch mit bewaffnetem Auge nicht erkennen kann. Hier könnte es vielleicht gleichgültig seyn, die Pochgänge mehreremale durch feinere und feinere Bleche gehen zu lassen, oder sie sogleich todt zu pochen, obgleich das erste Verfahren schon deshalb vorzuziehen seyn würde, weil man dadurch bereits einen Theil des ganz Unhaltigen und Tauben durch die Schlammgerinne abscheidet, und das erzführende Korn mehr koncentrirt.

Es bedarf keiner Bemerkung, daß die zum ersten Durchpochen kommenden Pochgänge, so viel als es immer möglich ist, einerlei Größe haben müssen, welche ihnen entweder durch Handhämmer in der Klaubstube, oder noch besser, unter einem Quetschwerk, welches hinlänglich weit gestellt ist, um kein Mehl zu geben, ertheilt werden muß.

Der günstige Erfolg eines so eingeleiteten Pochwerksbetriebes hängt jedoch durchaus von der guten Einrichtung der Pochwerke ab. Mit Pochwerken, wie man sie gewöhnlich noch findet, läßt sich nichts ausrichten, weil sie die Bestimmung der Größe des Korns nicht zulassen. Bei einem, der Beschaffenheit der Erze und der zu verrichtenden Arbeit angemessenen Gewicht der Pocheisen und der Stempel, bei einer mit diesem Gewicht in Verhältniß stehenden Anzahl der Stempel in einem Pochtroge, bei einem möglichst geringen Zwischenraum zwischen zwei und zwei Stempeln, und bei der gehörigen Regulirung des Wasserszuflusses zum Pochtroge, lassen sich nur dann gute Resultate erwarten, wenn die Pochwerke auf den beiden langen Seiten des Pochtroges austragen, und hier mit Gattern oder Blechen versehen sind, durch welche die Größe des auszutragenden Korns bestimmt wird.

Die in Rahmen befestigten Stäbe, aus denen das Gatter besteht, sind den Blechen vorzuziehen, weil bei der langen Spalte, welche den Zwischenraum zwischen zwei und zwei Stäben des Gatters bildet und die Größe des Korns bestimmt, ein Verstopfen weniger zu befürchten ist, als bei den Löchern, mit welchen die Bleche zum Austragen des Mehls aus dem Pochtroge versehen sind.

Das erste rösche Pochen wird in Böckstein das Grobpochen, und das Durchpochen des vom Grobpochen erhaltenen und vom Mehl durch ein Siebwerk getrennten Korns, das Röschpochen genannt. Das zähe Pochen vermeidet man hier ganz, weil man, und auch wohl mit Recht, voraussetzt, daß durch das Zerquetschen der Erzkörnchen zu staubförmigen Theilen, eine größere Menge derselben mit den Poch- und Heerdwassern fortgeführt wird, als die wenigen Erztheilchen betragen können, welche in einem röschern Korn ungetrennt von der Bergart zurückbleiben. Ueberhaupt hat das zähe Pochen wohl nur der unvollkommenen Einrichtung der Pochwerke und der Mehlführung, so wie dem Umstande sein Entstehen zu verdanken, daß die Pochgänge nur Einmal durchgepocht werden.

Oben auf der Grube befinden sich drei Grobpochwerke, und ein viertes Pochwerk, welches zwischen einem Grob- und Röschpochwerk in der Mitte steht. Mit jedem Grobpochwerk ist eine Scheidestube verbunden, in welcher, jedoch nur höchst selten, Stuferze ausgehalten werden. Die ganze Handscheidung auf eisernen Pochsohlen, hat hier nur den Zweck, die Berge von den Pochgängen zu trennen, und den letzteren eine ziemlich gleiche und übereinstimmende Größe für die Grobpochwerke zu geben, denen sie durch Rolllöcher zugeführt werden. Die vier Pochwerke liegen dergestalt unter einander, daß eins die Aufschlagewasser des andern benutzt, und daß das Röschpochwerk die tiefste Lage hat. Man mußte sich hier nach der Beschaffenheit des Lokals richten, welches die möglichst sparsame Wasserwendung gebot, weshalb man durch diese vier oberen Pochwerke auch mehr eine Zerkleinerung der Pochgänge, als eine so vollständige Separirung der Pochwerksprodukte beabsichtigte, als es sonst wohl möglich gewesen seyn würde. Diese Separirung konnte nur ganz im Allgemeinen oben auf der Grube bewirkt werden. Die Hauptseparation mußte unten in Böckstein erfolgen, weil man hier am Fuße des Berges hinlängliches Wasser zur Disposition hatte.

Aus dem erwähnten Grunde findet auch bei dem oberen

Röschpochwerk nur eine sehr unvollkommene Mehlführung statt, so wie dies Pochwerk überhaupt nur den Zweck hat, dem eigentlichen Röschpochwerk am Fuße des Berges etwas vorzuarbeiten. Bei den Grobpochwerken würde eine Mehlführung unzweckmäßig seyn, weil anzunehmen ist, daß das dabei entstehende Mehl durchaus als erzführend der weiteren Behandlung unterworfen werden muß, so daß nur eine Trennung des Mehls (der Schlämme) von dem zur weiteren Verpochung bestimmten Korn bewerkstelligt werden darf.

Das aus allen drei Grobpochwerken Ausgetragene, wird durch eine hölzerne Röhrenfahrt dem untersten vierten, oder dem Röschpochwerke, zugeführt, und hier erfolgt, auf zwei unter einander liegenden Sieben, welche unter einem Winkel von etwa 25 Graden gegen den Horizont geneigt sind, und in dieser geneigten Ebene hin und her bewegt werden, das Abschütteln der Korns und die Trennung der Schlämme von dem Korn. Das obere Sieb, welches die Pochwerksprodukte von den Grobpochwerken zuerst empfängt, ist weiter, wie das darunter befindliche zweite. Was vom ersten Siebe abgeschüttet wird, sammelt sich besonders, und das vom zweiten Siebe abgeschüttete Korn, wird auch für sich gehalten, um dem Röschpochwerke so viel als möglich ein gleich großes Korn darzubieten, zu welchem Ende es auch mit Pochblechen von verschiedenen Durchmessern der Oeffnungen versehen ist, von denen nach Umständen eins oder das andere eingesetzt wird.

Der durch beide Siebe hindurch gehende Schlamm wird mit dem, auf dem oberen Röschpochwerke noch einmal durchgepochten Pochkorn, welches das Siebwerk abgeschüttet hatte, gleichzeitig durch die Röhrenfahrt nach Böckstein hinunter gelassen, und hier erfolgt nun erst die vollständige Trennung des Mehls von dem röschen Korn, welche auf der Grube zu bewerkstelligen, theils aus den schon angeführten Gründen, theils deshalb nicht möglich war, weil die verschiedenen Pochwerksprodukte durch eine und dieselbe Röhrenfahrt gleichzeitig abfließen mußten. Wo sich diese Röhrenfahrt unten am Fuße des Berges endigt, werden die ausfließenden Pochwerks-Resultate von zwei Sieben aufgenommen, die eine eben so geneigte Lage gegen den Horizont haben, auch eben so hin und her bewegt werden, aber mit kleineren Oeffnungen als die Separationssiebe oben auf der Grube, versehen sind. Auf diesen Sieben geschieht also die eigentliche Trennung der durch das Grobpochen aus den Pochgängen erhaltenen Schlämme und Körner.

Die Schlämme vom Grobpochen werden unmittelbar auf die Stoß- und Reinmachheerde gebracht; auch wird das auf beiden Heerden Abgestoßene von diesen Schlämmen in Sümpfen aufgefangen, um als Afterschlämme noch einmal verwaschen zu werden.

Die vom Grobpochen erhaltenen Körner kommen auf das bei den Waschwerken befindliche eigentliche Röschpochwerk, mit welchem eine vollständige Mehlführung verbunden ist. Die Sümpfe sind hier — für die zunächst am Pochwerk liegenden Leitungen — durchaus abgeschafft und blos Gerinne, ohne Gefälle, mit Schwellleisten oder Vorlegehölzern eingeführt. Die Wasser dürfen zum Pochtroge nie so stark zufließen, daß die abgehenden Pochwasser sich in dem ersten Gerinne mit Gewalt durchdrängen, oder daß sie eine große Geschwindigkeit zum Abfluß erhalten müssen. Durch die Vorlegehölzer wird die Separirung des röschen und des zäheren Korns bewirkt; sie dürfen daher weder zu früh, noch zu spät eingelegt werden, sondern erst dann, wenn die Schlämme fast bis zur Oberfläche der Schwellleisten in die Höhe gestiegen sind, weil sonst entweder zu viele zähe Schlämme bei den röschen bleiben würden, oder das Korn, welches in der ersten Abtheilung des

Gerinnes sich lagern soll, in die nächst untere übergeführt werden müßte. Die verschiedenen Abtheilungen der Gerinne liegen gerade so tief unter einander, daß keine nachtheiligen Aufstauungen zu befürchten sind. Das obere Gerinne, welches das gröbste Korn, oder das Kernmehl aufnimmt, ist 16 Fuß lang und 3 Fuß breit. Solcher Gerinne liegen drei neben einander, um das eine auszuschlagen, während das zweite sich anfüllt, und das dritte vorbereitet wird. Die Tiefe des Gerinnes beträgt 2 Fuß. Jede Schwellleiste, oder jedes Aufsatz- oder Vorlegehölzchen ist $1\frac{1}{4}$ Zoll hoch, und es werden nach und nach etwa 14 bis 15 solcher Hölzchen aufgesetzt, ehe das Gerinne so voll wird, daß es ausgeschlagen werden muß. Aus dem Kernmehlgerinne geht die Pochtrübe in ein zweites, horizontal liegendes Gerinne, welches ebenfalls mit Aufsatzklötzchen versehen ist, und in welchem sich die Kernschlämme absetzen, welche zwischen dem Kernmehl und den zähesten Pochwerksprodukten, den sogenannten Schlämmen, in der Mitte stehen. Diese Schlämme setzen sich in einem dritten, sehr großen und sumpfartigen Gerinne ab, welches aus mehreren Sümpfen besteht, durch welche die Pochtrüben erst gehen müssen, ehe sie in die wilde Fluth gelassen werden.

Das Kernmehl wird für sich auf Stoßheerden verarbeitet, wobei nur das obere zurückbehalten, das untere aber abgestoßen wird. Das Häuptel wird auf einen Reinmachheerd gebracht, und hier zu Schlich verwaschen. Die Abgänge von den sämmtlichen Reinmachheerden, so wie die Abgänge von den Stoß- und Reinmachheerden, welche die Schlämme vom Grobpochen verarbeiten, werden, gemeinschaftlich mit den Pochtrüben, welche die Kernschlammgerinne passirt haben, in Sümpfe geleitet, welche von Zeit zu Zeit ausgeschlagen und wieder auf Stoßheerden und Reinmachheerden verarbeitet werden.

Die Kernschlämme kommen ebenfalls auf Stoß- und Reinmachheerde, welche sich nur in der Heerdstellung, in der Stärke des Stoßes und in der Menge des Wasserzuflusses unterscheiden.

Dies ist auch der Fall bei der Verarbeitung der Schlämme vom Röschpochwerk und der Schlämme, welche von den Stoß- und Reinmachheerden abgestoßen werden, weil jede Art des Mehls und der Schlämme eine besondere Neigung und Behandlung des Heerdes erfordert. Die Stoßheerde, besonders diejenigen, welche die zäheren Mehlsorten und die Schlämme zu verarbeiten haben, sind mit einem zweckmäßigen Mehlrührwerk versehen, damit die Schlämme nicht allein über den ganzen Heerd gleichförmig vertheilt, sich ausbreiten, sondern auch in stets gleichbleibenden Quantitäten dem Heerde zugeführt werden. Ein solches Rührwerk ist für den guten Erfolg der Arbeit auf dem Stoßheerde von der allergrößten Wichtigkeit, weil die Schlämme sonst stoßweise, und bald in zusammengebackenen Massen, bald in einem zu dünnen Strahl auf den Heerd gebracht werden, so daß sie der Wirkung des Stoßes in jedem Fall entgehen, und die ganze Wascharbeit vergeblich machen.

Auf allen Reinmachheerden unterscheidet man hier drei Stiche. Den ersten, 6 Zoll von oben breiten Stich, nennt man Köpfe, welche das gediegene Gold enthalten, weshalb sie vor der Verhüttung erst einer Amalgamation unterworfen werden. Die folgenden 16 Zoll kommen als Mittelstich oder reine Schlieche zur Schmelzhütte nach Lend, woselbst die Zugutemachung geschieht, und die nun folgenden Schlieche oder der Unterstich muß noch einmal auf den Reinmachheerd gebracht werden.

Obgleich bei dieser Trennung der Grobpochwerke von den Röschpochwerken, die Aufbereitungsarbeiten dadurch etwas verwickelt geworden sind, daß das Mehl von den Grobpochwerken zweimal durch die Siebe gehen mußte, welches bei einer günstigeren Lokalität nur Einmal geschehen darf; so ist doch die ganze Aufbereitung zu Böckstein eben so einfach als vollständig, welches sich durch die gänzliche Gehaltlosigkeit der in die Fluth gehenden Aftern an den Tag legt; allein dieser gute Erfolg ist eben so wohl der guten Einrichtung der Pochwerke und der Stoßheerde, als der gewählten Aufbereitungsmethode zuzuschreiben.

Die Pocheisen sind sämmtlich gegossen; die für die Grobpochwerke sind 90, die für die Röschpochwerke 45 Pfund schwer. Die Pochstempel sind bei allen Pochwerken aus Lerchenholz angefertigt und ungeschlitzt. Die Pochwerke zum Grobpochen sind dreihübig, und es befinden sich jedesmal 5 Sätze an einer Welle. Das Röschpochwerk ist fünfhübig, und hat ebenfalls 5 Sätze. Der mittlere Stempel ist der Unterschurer, beim Grobpochen sowohl als beim Röschpochen; indeß hat die Schüttrolle die Länge des ganzen Satzes, so daß alle Stempel gleichzeitig untergeschurt erhalten. Weil die Pochstühle auf hartem Felsen stehen, so bedurfte es für die Grundsohlen keiner Untermaurung. Auf den von Lerchenholz angefertigten Grundsohlen liegt die gegossene Pochsohle, bei den Grobpochwerken etwa 24 Zoll über der Hüttensohle, bei dem Röschpochwerk aber in dem Niveau der Oberfläche des Kernmehlgerinnes. Die Stempel gehen sehr genau zwischen den Ladenhölzern, und sind nur durch etwa 1½ Zoll starke Riegel von einander getrennt. Besonders bei dem Röschpochwerk sind die Pochstempel sehr sauber und genau zwischen den Ladenhölzern und Riegeln passend gearbeitet.

Die Pochtröge für jeden Satz sind 30 Zoll lang und 8 Zoll breit. Statt der gewöhnlichen Futterwände sind die beiden langen Seiten des Pochtroges von senkrecht stehenden

Rahmen eingeschlossen, in welchen bei den Grobpochwerken geschmiedete eiserne Stäbchen, und bei den Röschpochwerken durchlöcherte Bleche eingesetzt sind. Die Stäbchen bei den Grobpochwerken sind halbzöllige Quadratstäbe, welche mit den Kanten, und nicht mit den Flächen neben einander stehen, und einen Zwischenraum von etwa drei Linien zwischen sich lassen. Um das Verspritzen zu verhüten, wird das aus den Zwischenräumen zwischen den Stäbchen austretende Pochmehl und das Pochkorn in hölzernen, seitwärts geschlossenen, und oben mit einem Deckel versehenen Trögen aufgefangen, und aus diesen Trögen zu den Separations-Sieben geleitet. — Je nachdem mehr oder weniger grob gepocht werden soll, müssen die Eisenstäbchen weiter oder weniger weit von einander entfernt stehen.

Die Sieböffnungen bei den Separationssieben sind $\frac{3}{16}$ Zoll im Quadrat für das oberste Sieb; das unterste hat auf einen Quadratzoll Fläche etwa 80 Löcher.

Die Bleche für die Röschpochwerke haben $\frac{1}{12}$ Zoll weite, trichterförmig durchgeschlagene Löcher, so daß die äußere Oeffnung weiter ist als die innere. Vielleicht würden die aus Drathstäben zusammengesetzten Gatter, wie sie bei den Kärnthener Pochwerken angewendet werden, den durchlochten Blechrahmen vorzuziehen seyn. — Zur Reinigung der Blechöffnungen, und um das Verstopfen derselben zu verhindern, sind bei jedem Satze sogenannte Abklopfhämmer angebracht, welche gegen die Bleche schlagen und sie erschüttern müssen.

Bei den Grobpochwerken sowohl, als bei dem Röschpochwerk stehen die Gatter und Bleche etwa 2 Zoll höher, als die Pochsohle im Pochtroge. Die Stempel müssen immer auf die todte Sohle, und niemals — vorzüglich nicht bei den Grobpochwerken — auf Erz pochen.

Die Stoßheerde sind 14 Fuß lang und 6 Fuß breit. Prellstock und Hängeketten sind auf die gewöhnliche Art eingerichtet.

Die von den Reinmachheerden erhaltenen Köpfe, oder diejenigen Schliche, welche die schwersten Erztheilchen in sich aufgenommen haben, enthalten mehrentheils den ganzen Gehalt der Erze an gediegenem Golde. Um diesen Goldgehalt vor der Verschmelzung der Schliche zu gewinnen, bedient man sich hier noch des ältesten Amalgamations-Verfahrens, indem man die Schliche mit Wasser und Quecksilber in gegossenen eisernen Gefäßen zusammenreibt. Weil das im vererzten Zustande in den Schlichen befindliche Gold durch den Schmelzproceß gewonnen wird, so ist das Zusammenreiben der Schliche mit Quecksilber zu dem beabsichtigten Zweck zureichend; auch gestattet der geringe Gehalt an Goldtheilchen nicht, kostbarere und mehr Löhne erfordernde Vorrichtungen zur Amalgamation anzuwenden.

Man hat hier drei sogenannte Goldmühlen, oder gegossene eiserne Cylinder, mit einem konkaven Boden, in welchem sich ein hölzerner Läufer bewegt, der zwar genau des Cylinders innern Raum ausfüllt, aber doch unten und auf allen Seiten einen Zwischenraum von einem Zoll zwischen seiner Oberfläche und der innern Fläche des Cylinders unausgefüllt läßt, in welchen die Schliche hineingespühlt werden. Auf seiner Oberfläche ist dieser Läufer mit mehreren Reihen von eisernen oder stählernen Federn versehen, welche gerade so weit hervorstehen, um die innere Fläche des Cylinders zu berühren, damit die in den Zwischenraum befindlichen Schliche der Wirkung des in Bewegung gesetzten Läufers nicht entgehen. Die Cylinder haben 9 Zoll im Durchmesser, und sind 12 Zoll hoch. Alle drei Cylinder oder Mühlen stehen neben einander. Ueber denselben befindet sich eine hölzerne, drei Fuß im Durchmesser große Scheibe, mit einem hervorstehenden Rande. Auf diese

Scheibe wird bis zu der Höhe des Randes eine gewisse Anzahl von Maaßen von den zu entgoldenden Schlichen gebracht, welche durch einen zugeführten Wasserstrahl in die unter der Scheibe stehenden Mühlen gespühlt werden. Durch eine an der Peripherie des Scheibenrandes angebrachte gezähnte Stange, die durch einen Sperrhaken immer um einen Zahn fortgeschoben wird, läßt sich die Anzahl der Umgänge der Scheibe in einer gewissen Zeit, folglich auch die Menge des Schlichs, bestimmen, welche in dieser Zeit von der Scheibe durch den Wasserstrahl in eine jede Mühle niedergespühlt werden soll.

In jeden Cylinder werden 4 Pfund Quecksilber gebracht, und sodann die Läufer und die Scheibe in Bewegung gesetzt. Die Anzahl der Umgänge der Scheibe wird durch eine angebrachte Zählmaschine angezeigt. Weil die Anzahl von Maaßen, welche eine Scheibe an Köpfen oder an zu entgoldenden Schlichen faßt, bekannt ist, und weil man durch Erfahrung aufgefunden hat, wie viel Maaß Köpfe erforderlich sind, um die Amalgamation des Goldes mit dem in der Mühle befindlichen Quecksilber noch vollständig zu bewerkstelligen; so darf die umgehende Scheibe nur so oft wieder nachgefüllt werden, bis die Zählmaschine die zur Sättigung des Quecksilbers bereits verwendete Quantität von Schlichen anzeigt, worauf die Maschine in Stillstand gesetzt, das Amalgam aus allen drei Stühlen herausgenommen und neues Quecksilber hineingebracht wird.

Die Federn des Läufers führen die Spühlwasser mit den Schlichen im Cylinder umher, bewirken das Zusammenreiben mit dem Quecksilber, und werfen die leichteren und entgoldeten Schliche wieder aus dem Cylinder heraus. Diese entgoldeten Schliche (Mahlschliche) sammeln sich in Sümpfen, aus denen sie ausgeschlagen, und, eben so wie die Mittelstickschliche von den Reinmachheerden, an die Schmelzhütte nach Lend geliefert werden.

Das Amalgam wird, wie gewöhnlich, durch Leder gepreßt, das Zurückbleibende in eine Form gedrückt, und unter einer ganz einfachen Vorrichtung ausgeglühet. In einem, theilweise mit kaltem Wasser angefüllten, eisernen Kessel, steht ein eiserner Träger, welcher sich oben, wo er über den Rand des Kessels hervorragt, in drei Spitzen endigt, die einer kleinen geschmiedeten eisernen Schaale zur Unterlage dienen. In die Schaale wird eine durchlöcherte eiserne Scheibe, und auf dieselbe das Goldamalgam gelegt. Sodann bedeckt man den Kessel mit einer großen geschmiedeten und mit einem ziemlich hohen Rande versehenen eisernen Pfanne, in deren Mitte sich eine kreisförmige Oeffnung befindet, aus welcher der Träger mit seiner Schaale hervorragt. Ueber diesen Träger stürzt man endlich einen geschmiedeten eisernen, oben mit einem Boden versehenen, folglich hier ganz geschlossenen, unten aber offenen Cylinder, welcher durch die kreisförmige Oeffnung der Pfanne hindurch geht, und mit seinem unteren offenen Rande so tief in den Kessel hineinreicht, daß er den Träger durch das in dem Kessel befindliche Wasser völlig absperrt. Der Zwischenraum zwischen dem eisernen Cylinder und der eisernen Pfanne wird mit glühenden Kohlen (deren leichteres und schnelleres Verbrennen durch mehrere in der Pfanne befindliche Oeffnungen befördert wird) angefüllt, und dadurch das auf der Schaale des Trägers befindliche, und von dem Cylinder umgebene Amalgam hinreichend erhitzt, um das Quecksilber zu verflüchtigen, dessen Dämpfe im Cylinder niederfallen, und von dem Wasser im Kessel aufgenommen und verdichtet werden. Die jährliche Goldgewinnung durch die Amalgamation soll 50 bis 60 Mark betragen.

Lend.

In früheren Zeiten fand bei **Lend** ein bedeutender Blei- und Silberbergbau statt. Jetzt sind die Hütten zu Lend blos auf die Verarbeitung der Schliche von Böckstein und von Rauris beschränckt. Aus dem bedeutenden Umfange der Hüttenanlage kann man auf ihre vormalige Beschäftigung schließen, die jetzt nicht mehr von großer Bedeutung ist, weshalb die Oefen einen großen Theil des Jahres hindurch kalt stehen.

Die Krummöfen sind mit Vor- und Stichheerd versehen, und haben auf der entgegengesetzten Seite vom Stichheerd die Schlackentrift. Die Höhe der Oefen über der Form beträgt 36 Zoll, und die Entfernung der Form von der oberen Fläche des Vorheerdes 18 Zoll. Mehrere Krummöfen haben ein gemeinschaftliches Gebläse, welches aus hölzernen liegenden Kasten besteht.

Bei der Bereitung des Gestübbes zum Zumachen der Oefen wendet man eine sehr große Sorgfalt an, indem der Thon (ein schwarzer Schieferthon) sehr fein gepocht, mit Wasser zu einem Teige geknetet, in die Gestalt kleiner Kuchen von 4 Zoll Durchmesser und 1 Zoll Stärke gebracht, in dieser Kuchengestalt zwischen Holzkohlen roth gebrannt, dann fein gestoßen und mit Kohlenstübbe vermengt wird.

Außer den Krummöfen befinden sich noch ein Gaar- und ein Treibheerd in der Hütte. Die Erze und Schliche werden roh und ungeröstet verschmolzen; auch werden die Schliche nicht eingebunden. Man nimmt blos Schlacke zur Beschickung, indem die fallenden Schlacken bei der Roharbeit immer mit zugeschlagen werden. Das Resultat des Schmelzens ist Lech- oder Stein, welcher in Stadeln geröstet, und mit bleiischen Zuschlägen und mit Schlacken von Steinschmelzen beschickt wird, wobei Werke und Stein erhalten werden. Der Stein wird abermals geröstet und verbleibt, welche Arbeit noch zum drittenmal wiederholt, dann aber der Stein als Kupferstein abgesetzt, und, wenn eine hinreichende Menge zusammengekommen ist, auf Schwarzkupfer verarbeitet wird.

Die Werke kommen, nachdem sie noch einmal durchgestochen und geläutert worden sind, zur Treiberarbeit. Die beim Läutern fallenden Krätzen werden der nächsten Verbleiungsarbeit zugesetzt. Das Schwarzkupfer wird auf einem, aus schwerem Gestübbe bestehenden Gaarheerd gaar gemacht, und aus diesem Heerde in einen, unter dem Gaarheerde befindlichen Brillenheerd abgelassen, indem die Gaarkupfer, wegen ihrer schlechten Beschaffenheit, nicht in Scheiben gerissen werden.

Beim Rohschmelzen pflegt man Kalkstein zur Beförderung des Flusses zuzusetzen, und beim Steinschmelzen schlägt man gewöhnlich etwas Quarz zu, um einen flüssigeren Gang zu bewirken.

Die bei der dritten Verbleiung fallenden Werke, sind zu arm an güldischem Silber, um sie gleich auf den Treibheerd zu bringen, weshalb man sie als Zuschläge für die nächstfolgende Bleiarbeit anwendet, und sie auf solche Weise anreichert. Das erhaltene Gaarkupfer soll keinen größeren Silberrückstand als 3 Loth im Centner haben.

Der Treibofen ist mit einer beweglichen eisernen, aus Eisenblech zusammengesetzten, und mit vielen Eisenstäben verankerten Haube versehen, welche in einem Charnier geht, und auf der entgegengesetzten Seite desselben in die Höhe gezogen und niedergelassen wird. Der Heerd besteht aus Kalkmergel und Thon. Der Heerdkranz, auf welchem die Haube ruht, ist aus einzelnen, neben einander liegenden Werkstücken (aus

Glimmerschiefer) zusammengesetzt, welche auf ihren vorderen und hintersten Flächen genau nach der Kreislinie des Heerdes, und auf den Flächen, mit denen sie aneinander stoßen, nach der Richtung des Halbmessers des Treibheerdes bearbeitet sind; mit der oberen und unteren Fläche aber genau in der Horizontale liegen. Diese Werkstücken werden nach der Beendigung eines Treibens jedesmal weggenommen, um den Heerd mit Bequemlichkeit auszubrechen, und wieder aufgestellt, wenn ein neuer Heerd geschlagen werden soll. Die Feurung geschieht, wie gewöhnlich, in einem mit dem Treibheerde verbundenen Flammofen mit Holz. Dem Flammofen gerade gegenüber liegt die Brust oder das Glättloch, welches 18 Zoll hoch und breit ist. Der Rauch wird theils aus dem Glättloch, theils aus zwei Oeffnungen abgeführt, von denen sich eine auf jeder Seite der Brust befindet. Diese Oeffnungen sind 12 Zoll breit und 18 Zoll hoch; sie haben nämlich die ganze Höhe der Werkstücken, welche den Kranz bilden. Auf diese beiden Oeffnungen und auf die Bruströffnung wird gleich beim Legen der Werkstücken Rücksicht genommen. Nach der Aeußerung des Hüttenbeamten soll dadurch nicht allein die Abführung des Rauches, sondern auch die bessere Ströhmung der Luft, folglich die Verkaltung des Bleies befördert werden.

Beim Treiben werden 50 bis 60 Centner Werke mit Einemmal aufgesetzt. Ein Nachsetzen der Werke findet nicht statt. Das Blicksilber erhält schon auf dem Treibheerde die möglichst größte Feine; denn ein Feinbrennen findet nicht statt. Das erhaltene güldische Silber geht über Salzburg an die Münze zu Wien, woselbst die Probe genommen, das Silber selbst aber nach Schemnitz gesendet, und dort zur Goldscheidung gegeben wird. Die jährliche Produktion von Lend wird zu 300 Mark Silber und zu etwa 30 Mark Gold angegeben.

Flachau.

Der Kalkstein im Thale der Salza wechselt mit Schiefergebirge, welches ihm aber untergeordnet zu seyn scheint. Auch enthält er häufig Lagen von Thon und Schiefermassen, und zu Bischoffshofen, zwischen St. Johann und Werfen, wird ein bedeutendes Eisenerzlager bebauet, in welchem die Erze für Flachau gewonnen werden. Ueberhaupt kommen die Eisenerzlager im Kalkstein sehr häufig dort vor, wo derselbe entweder mit Schiefergebirge wechselt, oder selbst sehr große Lager im Schiefergebirge bildet. Dieser Kalkstein, in welchem die Eisenerzniederlagen so häufig angetroffen werden, ist höchst selten weiß; gewöhnlich hat er eine schwarze oder röthlichbraune Farbe. Die Eisenerze sind fast immer Spatheisenstein, Brauneisenstein und sogenanntes Braunerz, nämlich Eisenerze, welche zwar alle Spathstruktur verloren haben, und dadurch dem Brauneisenstein ähnlich geworden sind, aber durch ihren, wenn gleich oft nur sehr geringen Gehalt an Kohlensäure, verrathen, daß sie sich aus den zerstörten und umgeänderten Spatheisensteinen gebildet haben müssen.

Verläßt man bei Werfen das Salzathal, so nimmt das Schiefergebirge, je mehr man sich Hüttau nähert, auch immer mehr den Charakter des Thonschiefers an, in welchem aber noch bedeutende Lager von Kalkstein vorkommen, welche ebenfalls untergeordnete Lager von Spatheisenstein und von Braunerz enthalten. Nicht weit von Hüttau werden mehrere Eisenerzlager für Flachau bebauet.

Das Ensthal, welches man nicht weit von Hüttau betritt, ist hier, fast am Ursprunge der Ens, sehr breit, und wird gegen Süden durch den Radstädter Tauern begränzt. Daß das ganze Thal früher Meeresboden gewesen sey, ist nicht zu verkennen.

Fast in der Mitte dieses breiten Thales liegt das Eisenhüttenwerk Flachau, das größte und ausgedehnteste im Salzburgischen, zu dessen Betrieb die Ens die Aufschlagewasser giebt. Das Werk ist ungemein weitläuftig gebauet, und man geräth in Erstaunen, über die lange Wasserleitung, welche den Bau einer langen und kostbaren hölzernen Wasserarche herbeiführte, um das Wasser den unterhalb liegenden Werken zuzuführen. Die oberste Anlage dieses Hüttenwerks besteht aus einer Frischhütte, mit einem Rennheerd und zwei Frischfeuern, und aus einer Streckhütte. Beide Hütten stehen unter einem Dache, in einem großen und verfallenen alten hölzernen Gebäude. Jedes Frischfeuer hat ein, aus drei liegenden Kasten bestehendes Gebläse, und die Streckhütte ein kleines Wassertrommelgebläse, mit acht Fuß Wassergefälle, oder Länge des Einfallrohrs. Beiden Frischfeuern sind zwei gegossene Aufwerfhämmer (7 und 5 Centner schwer) gemeinschaftlich zugetheilt, indem der schwere Hammer zum Zängen und Zerhauen des Deuls, und der leichtere zum Abfassen der Schirbel, so wie zum Ausziehen der Kolben bestimmt ist.

Unter diesem Hüttengebäude befindet sich das zweite, welches zwei Frischfeuer enthält, deren Gebläse und Hämmer eben so wie in der oberen Hütte vorgerichtet sind. Das in dieser Hütte befindliche Streckfeuer ist mit einem ledernen Balgen versehen.

Unter der zweiten Frischhüttenanlage liegt das Hohenofengebäude, mit einem Blauofen, dessen Gebläse aus vier hölzernen liegenden Kasten besteht, von denen sich zwei auf jeder Seite des Arbeitsgewölbes befinden. Neben dem Hohenofen ist das Rennfeuer für die untere Frischhüttenanlage, so wie der Bratofen für die in dem Rennfeuer gehobenen Blattln oder Scheiben, welcher sich für die obere Frischfeueranlage in einem besondern massiven kleinen Gebäude, neben der Frischhütte, befindet.

Bei allen drei Hüttenanlagen sieht man große und sehr geräumige Kohlenschuppen, weil die sämmtlichen Kohlen im Winter angefahren werden müssen. Dadurch und durch einzelne Familienwohnungen sind die sehr auseinander gelegenen oberen und unteren Hüttengebäude mit einander in Verbindung gebracht, wodurch das Eisenhüttenwerk eine ungemein große Ausdehnung und eine Bedeutsamkeit erhält, welche demselben in der Wirklichkeit weniger zukommt.

Im Allgemeinen ist der Gang des Betriebes folgender. Das Roheisen aus den im Blauofen verschmolzenen Erzen wird in Gänzen oder in Flossen, deren jede etwa vier Centner wiegt, abgestochen. Die Flossen werden im Rennfeuer, bei Holzkohlen eingeschmolzen und in Blattln oder Scheiben gerissen, welche in einem besondern Braofen ausgeglühet, und dann im Frischfeuer zu Kolben oder Prügeln verarbeitet werden. Die Prügel kommen in die Streckhütten, und werden zu Stäben ausgezogen.

Der Frischproceß ist also die Bratfrischschmiede, nur daß die Scheiben nicht unmittelbar beim Blauofen gerissen, sondern in einen besondern Zerrennheerd gehoben werden. Man pflegt dieses Frischverfahren, welches, mit Ausnahme von Werfen, auf allen Salzburgischen Eisenhütten eingeführt ist, auch die Hart- und Weichzerrennarbeit, nämlich das Eisenschmelzen des Roheisens im Zerrennheerd und das Blattelreißen, das Hartzerrennen, und das Verfrischen der gebratenen Blattln das Weichzerrennen zu nennen.

Die Erze von Bischoffshofen und von Hüttau werden schon auf den Gruben geröstet, und im gerösteten Zustande nach Flachau gebracht. Die Erzgattirung besteht aus $\frac{3}{4}$ Braunerzen und $\frac{1}{4}$ Spatheisenstein. Der große Kalkgehalt der Erze soll einen Zuschlag von Thonschiefer nothwendig machen, weshalb man die Beschickung aus $\frac{2}{3}$ Erz und $\frac{1}{3}$ zerfallenem Thonschiefer, dem Maaße nach, bestehen läßt. Die Erze werden zu 20 bis 21 Procent ausgebracht. Die gattirten und beschickten Erze sowohl, als die Kohlen, werden vermittelst eines über einer Rolle hängenden Seils aus der Blauofenhütte auf den Sichtboden gewunden.

Der Ofen ist 27 Wiener Fuß hoch, ohne Gestelle, ganz rund, und unten 3 Fuß im Durchmesser weit. Er wird mit 2 Formen betrieben, von denen eine jede, so wie die zugehörigen Düsen, $2\frac{1}{4}$ Zoll hoch, und 3 Zoll breit ist. Die Formen sind 18 Zoll vom Boden entfernt. Die Weite des Ofens in der Formhöhe ist ebenfalls 3 Fuß, so daß das Untergestell desselben 18 Zoll hoch cylindrisch in die Höhe geht. Von der Form an erweitert sich der Schacht, bis zum Kohlensack, zu einer Weite von 6 Fuß im Durchmesser, und zieht sich von dort wieder bis zu der drei Fuß weiten Gicht zusammen. Der Kohlensack ist 8 Fuß vom Boden entfernt, welche schnelle Erweiterung des Schachtes über den Formen auf den Kohlenverbrauch kein günstigen Einfluß haben kann. Die Gichtöffnung ist noch mit einem drei Fuß hohen gemauerten Gichtkranz versehen, und die Gichtmauer ist essenartig 20 Fuß in die Höhe geführt.

Der Bodenstein besteht aus Glimmerschiefer; der ganze Kernschacht aber ist, vom Boden bis zur Gicht, aus einem vorzüglich schönen Talkschiefer zusammengesetzt, welcher sich sehr leicht bearbeiten läßt, und ungemein gut im Feuer stehen soll, weshalb er, obgleich der Ofen im Winter nicht betrieben, und daher jährlich einmal an- und ausgeblasen wird, mehrere hundert Wochen, ohne einer Reparatur zu bedürfen, aushalten soll.

Der Windmesser zeigte, bei der angegebenen Weite der

Düsen, eine Pressung, die mit einer 9 bis 10 Salzburger Linien hohen Quecksilbersäule das Gleichgewicht hielt. Der Ofen würde in der Minute also etwa 1000 Kubikfuß Luft von atmosphärischer Dichtigkeit erhalten.

Das Aufgeben der Erze geschieht vermittelst eines Kastens, welcher auf den Hebelsarm eines Krahns gestellt, durch diesen an die Gicht gerückt, und dort umgekehrt wird. Die Kohlen werden in geflochtenen Körben aufgegeben. Eine Kohlengicht besteht aus 11 Wiener Kubikfuß weichen Holzkohlen, worauf in der Regel 2 Centner Beschickung gesetzt werden. Jedesmal nach 12 Gichten wird abgestochen, und zwar in Flossen, die unmittelbar vor der Eisenstichöffnung eingeformt sind. In 12 Stunden gehen gewöhnlich 70 Gichten. Das wöchentliche Ausbringen soll 380 bis 400 Centner seyn. Zwischen jedem Eisenabstich wird die Schlacke aus der, in der Mitte der Vorwand oder der Brust, 12 Zoll über dem Bodenstein liegenden Schlackenöffnung, dreimal abgelassen. Die Schlacke wird in die Ens gestürzt, und nur diejenige, welche sich unmittelbar über den abgestochenen Flossen befindet, durchgepocht. Man arbeitet immer auf getiegertes oder halbirtes Roheisen.

Bei einem Gange von 70 Gichten in 12 Stunden, und bei einem wöchentlichen Ausbringen von 400 Centner Roheisen, geben 980 Gichten wöchentlich 40,000 Wiener Pfund Roheisen, mit einem Kohlenaufwand von 10,780 Wiener Kubikfuß Holzkohlen, wobei 1960 Centner oder 196,000 Pfund Beschickung durchgeschmolzen werden. Da nun 100 Wiener gleich 119,528 Berliner Pfunden, und 100 Wiener gleich 102,895 Rheinländischen Kubikfußen, so würden zu 100 Berliner Pfund Roheisen 23,7 Kubikfuß Rheinl. Holzkohlen erforderlich seyn, und bei 100 Rheinl. Kubikfuß Holzkohlen würden 2112 Berliner Pfund Beschickung zu $\frac{2}{3}$ aus Erz und

⅓ aus Thonschiefer bestehend, durchgeschmolzen werden. Vergleicht man diese Resultate mit denen, welche der mit einem Gestelle versehene Blauofen zu Bergen liefert, so fallen sie sehr zum Nachtheil des hiesigen Ofens aus. Der Eisengehalt der Erze ist auf beiden Hütten zwischen 20 und 21 Procent, und fällt gleich der Kohlenaufwand auf 100 Pfund Roheisen hier schon deshalb größer aus, weil die Beschickung nicht aus reinem Erz, sondern zum dritten Theil aus Thonschiefer besteht, dessen Eisengehalt nur sehr unbedeutend ist, so würden die Kohlengichten doch aus eben diesem Grunde hier mehr Schmelzmasse tragen müssen, welches aber keinesweges der Fall ist.

Obgleich man die Blattln unmittelbar beim Blauofen erzeugen könnte, so zieht man es doch vor, die Flossen noch einmal in dem Hartzerrennheerd einzuschmelzen, und dann erst zu Blattln zu reißen, indem man überzeugt ist, daß man auf andere Weise kein festes und zähes Stabeisen erhalten könne. Die unmittelbar beim Ofen gerissenen Blattln sollen ein hartes und weniger festes Produkt, bei den angestellten Versuchen, gegeben haben.

Der Zerrennheerd ist aus eisernen Zacken zusammengesetzt, und hat gewöhnlich einen steinernen, aber hoch mit Kohlenlösche bedeckten Boden. Die Form sticht so stark, daß der Wind fast die Mitte der Löschgrube auf dem Boden trifft. Ihre Entfernung vom tiefsten Punkt der Grube beträgt 9 Zoll. Die Arbeit des Einrennens oder des Hartzerrennens geht Tag und Nacht fort, und obgleich in 24 Stunden nur gegen 30 Centner Flossen eingeschmolzen und zu Scheiben gerissen werden, so liefert ein Zerrennfeuer doch mehr Blattln, als zwei Frischfeuer oder Weichzerrennheerde verarbeiten können. Wenn die Grube voll ist, wird das Feuer abgeräumt, das Eingeschmolzene auf der Oberfläche durch Begießen mit Wasser zum Erstarren gebracht, und in Scheiben gerissen, welche dann zum Braten abgegeben werden.

Zum Braten der Scheiben hat man hier besondere Bratöfen, nämlich gemauerte backofenartige Gewölbe, welche unten auf der Sohle mit einigen Zuglöchern, und oben mit einer Oeffnung zur Abführung des Rauches und der Dämpfe versehen sind. Die Löcher werden indeß nur sehr wenig geöffnet, weil man eine starke Gluth vermeidet, theils um das Zusammensintern der Scheiben zu verhüten, theils weil überhaupt der ganze Proceß des Bratens sehr langsam ausgeübt werden muß, um die Scheiben gehörig zur Verfrischung vorzubereiten. Bei diesem Braten wird ein Theil des Kohlengehalts des Roheisens in der That abgeschieden und verbrannt, gleichzeitig findet aber auch eine Oxydation des Eisens statt; so daß die gut gebratenen Blattln eine halb gefrischte, und auf der Oberfläche mit einer sehr starken Glühspandecke versehene Eisenmasse darstellen.

Auf der Sohle des Bratofens wird zuerst ein Bett von Kohlenlösche ausgebreitet, welches etwa 6 Zoll hoch ist. Die Größe der Bratöfen selbst ist sehr willkührlich, und richtet sich nach der Fabrikationsmenge. Weil indeß die Frischarbeiter hier den Materialaufwand beim Braten der Scheiben mit zu vertreten haben, so hat jede aus zwei Feuern bestehende Frischhütte, welcher ein Meister vorgesetzt ist, ihren besonderen Bratofen, der etwa sechs Fuß lang und breit, und eben so hoch ist. Die Scheiben werden mit ihrer hohen Kante auf dem Bette von Kohlenlösche neben einander gestellt, jedoch so, daß sie sich nicht unmittelbar berühren, welches man durch zwischen gestreuete Kohlenlösche zu verhindern sucht. In den hiesigen Oefen werden drei Reihen Scheiben auf solche Art neben einander gestellt, und bilden die erste Schicht, welche wieder 6 Zoll hoch mit Kohlenlösche bedeckt wird, worauf man zum Aufstellen einer zweiten, ebenfalls aus drei Reihen bestehenden Schicht schreitet. Zum Eintragen der Scheiben ist die vordere Wand des Ofens mit einer hohen Thüröffnung versehen, welche nach dem beendigten Einsetzen vermauert wird. Die unterste Schicht von Kohlenlösche wird durch die Zugöffnungen angezündet, zu welchem Zweck man mehrere Kanäle, mit groben Kohlen ausgesetzt, unter der Lösche durchgehen läßt.

Von den geröſteten oder gebratenen Blattln werden jedesmal $2\frac{1}{2}$ bis 3 Centner im Weichzerrennheerd eingeschmolzen, indem man sie in Zangen gepackt vor den Wind bringt. Die Heerde haben ebenfalls einen Löschboden, sind 30 Zoll lang, 26 Zoll breit, und mit stark stechenden Formen versehen. Man läßt das Eisen langsam vor dem Winde niedergehen, indem im Heerde mit der Brechstange nicht gearbeitet wird, auch kein Aufbrechen stattfindet. Gewöhnlich ist das Einschmelzen in $2\frac{1}{2}$ Stunden beendigt, worauf die Luppe ausgebrochen, gezängt und in vier Stücken gehauen wird, welche dann wieder ins Feuer gebracht werden, um die Schweißhitze zu erhalten. Die beiden mittleren Schirbel werden zu langen Kolben ausgezogen, und als Materialdratheisen verkauft; die beiden Randschirbel, welche aus weniger zähem Eisen bestehen, werden zu Prügeleisen ausgereckt, aber gleich zerhauen und in die Streckschmiede abgegeben. Das Ausschmieden der Schirbel zu Kolben und Prügeleisen dauert gewöhnlich $1\frac{1}{2}$ Stunde, worauf zur Anfertigung einer zweiten Luppe geschritten wird. Der ganze Proceß ist also in etwa vier Stunden beendigt, und weil in den Weichzerrennheerden nur in 12stündigen Schichten gearbeitet wird, so liefert jedes Feuer täglich 3 Luppen. Dennoch soll die wöchentliche Erzeugung eines Feuers nur in 24 bis 30 Centnern bestehen, so daß in einigen Schichten auch wohl nur zwei Luppen fertig werden. Der Schwahl, den man nicht selbst verbraucht, wird an die Eisenhütte zu Werfen, zum dortigen Sinterproceß, abgegeben.

Der Weichzerrennhammer liefert, außer den Kolben und dem Prügeleisen, nur ganz grobe Eisensorten. Alle feineren Sorten müssen in der Streckschmiede, welche mit einem gewöhnlichen Wärmfeuer versehen ist, aus dem Prügeleisen ausgezogen werden. Zu den feinsten Sorten (Zain- und Bandeisen) wird den Streckhütten auf den Centner (zu 100 Wiener Pfunden) ein Eisenabgang von 4 Procent, und ein Kohlenverbrauch von 18 Wiener Kubikfuß gutgethan.

Das Hartzerrennfeuer stellt die Blattln aus den Flossen mit einem Eisenabgang von 5 bis 6 Procent, und mit einem Kohlenaufwand von 18 Wiener Kubikfuß auf 100 Pfund Blattln dar. Der Materialienverbrauch beim Braten der Blattln fällt dem Weichzerrennfeuer zur Last, welches aus 100 Pfund rohen Blattln 80 Pfund Materialeisen liefert, und zu 100 Pfund Prügeleisen, oder zu starken und groben Stäben, 35 Kubikfuß Kohlen gebraucht. Mit Einschluß der Resultate der Bratarbeit, erfolgen also aus 100 Pfund Flossen etwa 76 Pfund Materialeisen, oder es findet ein Eisenabgang von 24 Procent statt, und zu 100 Pfund Stabeisen (Wiener Gewicht) werden im Hart- und Weichzerrennheerd $57\frac{1}{2}$ Wiener Kubikfuß Kohlen, folglich zu 100 Berliner Pfunden 50 Rheinländische Kubikfuß Holzkohlen, verbraucht. Die Hart- und Weichzerrennarbeit erfordert hier also fast dreimal so viel Kohlen als die deutsche Frischschmiede, und liefert außerdem nur noch Materialeisen, oder ganz grobe Eisensorten, so daß man sie für die am mehrsten verschwenderische Frischmethode zu halten befugt ist.

Die jährliche Produktion von Flachau ist 6000 Centner Streckeisen. Der Blauofen erzeugt zwar mehr Flossen, als zur Darstellung dieser Quantität Stabeisen nöthig ist, welche aber an andere Werke verkauft werden.

Das Kohlengemäß auf allen Salzburgischen Eisenhütten hält 27 Salzburger, oder etwas über 25 Wiener Kubikfuß, und wird ein Sack genannt. Beim Eisenverkauf rechnet man nach Buschen und Sam. Ein Buschen ist gleich 1 Centner 25 Pfund Salzburger, und ein Sam gleich 2 Buschen, oder gleich 2 Centner 50 Pfund Salzburger oder Landesgewicht.

Eintritt in Kärnthen.

Das Schiefergebirge, welches, von Werfen an, den Kalk immer mehr und mehr verdrängte, und unterhalb Radstadt auf sehr dünnschieferigem Gneus gelagert ist, muß bald wieder dem Kalk weichen, welcher zum größten Theil den sogenannten Radstädter Tauern bildet. Zwar wechseln der Thonschiefer und der Kalk bis zum Fuße des Tauern noch sehr oft mit einander ab; allein bei Untertauern bekommt der Urkalk so sehr die Oberhand, daß das Schiefergebirge in größerer Höhe nicht mehr zum Vorschein kommt. Am Fuße des Tauern ist der Kalkstein fast milchweiß, von sehr feinem Korn und mit den glattesten Ablösungsflächen. Er wechselt mit sehr schwachen Schichten eines Schiefergebirges, welches man bald für Thonschiefer, bald für Kalkschiefer, bald für Glimmerschiefer halten mögte, nimmt dann eine fast schwarze Farbe an, und ist mit weißen Kalkspathadern durchzogen, die immer mehr und mehr zunehmen, je höher man sich erhebt, worauf die weiße Farbe des Kalksteins wieder vorwaltend wird.

Der nördliche Abhang des Tauern hat wenig Wasser, welches die Ens in sich aufnimmt, obgleich die Wasserfälle, welche die Taurach bildet, den steilen und engen Gebirgsweg ungemein verschönern, und diesen auf einigen Stellen so beengen, daß man von Bergbrücken auf die schauerlich schönen Abgründe hinabschauen muß. Quellenreicher ist der südliche Abhang, welcher seine Wasser der Mur zuführt. Die Höhe des Tauernpasses soll nach barometrischen Messungen 5080 Fuß betragen. Auch der südliche Abhang des Tauern besteht fast nur aus Urkalk, welcher erst am Fuße des Berges, bei Tweng, mit Schiefergebirge zu wechseln anfängt. Dieser Wechsel dauert auch so lange fort, bis man die Centralkette des Tauerngebirges, hinter St. Michael, am Fuße des Katschberges erreicht hat.

Man kann den Gebirgszug, welcher das Radstädter Tauerngebirge bildet, als einen nach nordöstlicher Richtung ablaufenden Arm der großen Centralkette ansehen, welche sich in der Hauptrichtung von Westen nach Osten, nämlich vom Glockner, oder von der Kärnthner, Salzburger und Tyroler Gränze, bis nach Ungern fortzieht, zuerst Kärnthen gegen Norden von Salzburg und von Steiermark scheidet, und sich dann in Steiermark, südöstlich von Judenburg, in zwei Hauptarme theilt, von denen der eine in nordöstlicher Richtung, der andere aber in fast südlicher Richtung (fortdauernd die Gränze zwischen Kärnthen und Steiermark bildend) fortgeht, und sich, so wie jener nordöstliche Hauptarm, welcher zuvor das Gebirge in Unter-Oesterreich gebildet hat, erst in Ungern verflächt.

Diese große Centralkette entläßt, schon wenige Meilen östlich vom Glockner, eine in nordöstlicher Richtung fortlaufende Hauptgebirgskette, — das Tauerngebirge, — welches sich, südlich von Rauris, Böckstein und Radstadt, durch das südliche Salzburg zieht, dann in Steiermark eintritt, und bis zur österreichischen Gränze parallel mit jenem nordöstlichen Hauptarm der Centralkette fortgeht, um demnächst, gemeinschaftlich mit demselben, den Wiener Wald zu bilden.

Zwischen dem südlichen Abhange dieser Hauptgebirgskette, welche hier den Radstädter Tauern bildet, und dem nördlichen Abhange der Centralkette selbst, befinden sich die Quellen der Mur. Das Murthal hat hier eine ziemliche Breite, und, obgleich es nach allen Weltgegenden von hohen Gebirgen eingeschlossen, und nur gegen Osten offen ist, doch eine ausgezeichnete Fruchtbarkeit. In diesem Thal erblickt man zuerst die sogenannten Harpfen auf den Getreidefeldern, nämlich große hölzerne Gerüste, aus 20 Fuß hohen Säulen bestehend, welche, 12 Fuß von einander entfernt, senkrecht aufgerichtet, und durch horizontal liegende, etwa 2 Fuß von einander entfernte Latten, von oben bis unten mit einander verbunden sind. Die Zwischenräume zwischen den Latten nehmen das geschnittene Getreide auf, welches in diesen Gerüsten trocknet, und erst dann wieder herausgenommen wird, wenn es gedroschen werden soll. Zur Abhaltung des Regens sind die Harpfen oben mit einem kleinen sattelförmigen Dach versehen; übrigens liegt das Getreide ganz frei aufgeschichtet, weshalb man den Harpfen auch eine solche Lage giebt, daß die langen Seiten von den herrschenden nassen Winden am wenigsten getroffen werden. Die Harpfen vertreten also zugleich die Stelle der Scheunen, und machen es möglich, das Getreide sogleich nach dem Schnitt vom Felde wegzubringen, um dieses ohne Verzug wieder umackern zu können, welches, wegen der sehr späten Ernte und der dann schon eintretenden sehr unregelmäßigen Witterung, nothwendig ist. In ganz Kärnthen und Krain wird das Getreide in solchen Harpfen eingeerntet, welche oft in großer Anzahl neben einander auf den Feldern stehen, und der Landschaft ein eigenthümliches Ansehen geben.

Der grünlich gefärbte Thonschiefer, welcher, mit Kalkstein abwechselnd, bis St. Michael aushält, wird schon am Fuße des Katschberges, dessen nördlicher Abhang die

Gränze zwischen Salzburg und Kärnthen bildet, immer kie-seliger, und erhält bald das Ansehen des Glimmerschiefers, in welchem jedoch fortdauernd noch Kalkstein eingelagert ist. Obgleich der Katschberger Paß die Höhe von 4900 Fuß erreicht, so gewährt er doch keine viel größere Aussicht als der Tauern-paß, weil die hohe Gebirgskette überall den Horizont begränzt. Auch die Centralkette scheint die Eigenthümlichkeit zu haben, daß ihr südlicher Abhang wasserreicher ist als der nördliche. An diesem südlichen Abhange laufen die kleinen Gebirgsflüsse in das Drauthal hinab, welches sich durch ganz Kärnthen, von Osten nach Westen fortzieht. Der Katschberg sendet die Lie-ser in jenes schöne und fruchtbare Thal, welches durch zwei hohe Gebirgszüge, die Kärnthen gegen Norden und Süden begränzen, gebildet ist. Gegen Norden ist es die Centralkette selbst, und gegen Süden sind es die Kärnthner Alpen, welche sich in ihrer Haupterstreckung von Osten gegen Westen fast parallel mit dem Centralgebirge fortziehen, obgleich sie mehrere Arme in das Land hineinsenden. Ganz Kärnthen bildet auf diese Weise eine große Mulde, in deren größten Vertiefung die Drau von Westen nach Osten fortströhmt, und alle Was-ser aufnimmt, welche nördlich von der Centralkette, oder süd-lich von der Alpenkette kommend, dem tiefsten Thalpunkte zu-fließen. Zwar verflächen sich auch die Alpen, so wie das Cen-tralgebirge, in der weiteren Erstreckung gegen Osten, jedoch in einem weit geringeren Verhältniß, so daß die Centralkette, welche westlich beim Glockner, die Alpen bedeutend an Höhe übertrifft, weiter gegen Osten niedrigere Gebirgsmassen als die Alpenkette bildet.

Den großen Reichthum an Eisen und Blei verdankt Kärn-then dem Kalk. Die Hauptniederlage von Eisenerzen befindet sich in Unter-Kärnthen, und auch hier nur auf den Punkten, wo der Kalk Lager im Schiefergebirge bildet. Zwar findet sich ein gleiches Verhalten des Gebirges auf dem ganzen Zuge der Centralgebirgskette, indeß hat man in Ober-Kärnthen bis jetzt doch nicht so reiche Eisenerzlager aufgefunden, als sich weiter östlich abgesetzt haben. Blei- und Zinkerze liefert die Alpenkette, welche wahrscheinlich bei näherer Untersuchung noch größere Schätze, als sie jetzt schon hergiebt, darbieten würde.

Die Roheisenerzeugung in Blauöfen — denn Oefen mit Gestell und offener Brust, sind in ganz Kärnthen nicht anzutreffen — findet vorzüglich in Unter-Kärnthen statt; Ober-Kärnthen hat nur wenige Oefen. Die von mehreren Schriftstellern angeführte Eintheilung der Eisenhütten in Haupteisenwurzen und in Waldeisenwerke, von welchen die letzteren den ersteren, bei einem etwa entstehenden Holzmangel, weichen müßten, ist durchaus ohne Grund. Diejenigen Oefen, welche ihre Erze von der reinsten und besten Niederlage bei Hüttenberg beziehen, pflegen sich zwar als zu den Eisenwurzen gehörig zu betrachten; allein diese Benennung bezeichnet nur die Quelle, woher das Material genommen wird, ohne daß irgend ein Vorrecht damit verbunden wäre.

Es sind jetzt 16 Blauöfen in Kärnthen vorhanden, von denen sich 12 in Unter-Kärnthen, und 4 in Ober-Kärnthen befinden. Die letzteren sind die Oefen in der Krems und in der Eisentratten an der Lieser, der Ofen zu Radenthin, zwischen Treffen und Mühlstadt, bei Villach, und der Ofen zu Deutsch-Pontafel an der venetianischen Gränze. Zu den ersteren gehören die Oefen zu St. Salvator und Härt an der Mettnitz, der Ofen zu Friesach an der Olsa, ferner die zur Haupteisenwurzel gehörigen Oefen zu Eberstein, in der Lölling, in der Mossinz, in der Heft und zu Treibach. Der vormalige Kompagnieofen zu Hüttenberg ist in diesem Jahre ganz eingegangen. Ferner die Oefen zu Waldenstein, St. Leonhard und St. Gertrud im Lawandthal, und endlich der Ofen in der windischen Kappel zwischen Klagenfurth und Völkermarkt. Von diesen Oefen gehören nur die beiden zu St. Gertrud und zu St. Leonhard der Krone, die übrigen sind ein Eigenthum von Privatpersonen, welche an den Staat den Zehnten zu entrichten haben.

Der Ofen zu Treibach zeichnet sich vor allen durch seine Größe und durch seine starke Produktion aus. In Kärnthen wird das Roheisen, welches zu Stabeisen und Stahl verarbeitet werden soll, theils in Flossen abgestochen, theils unmittelbar beim Abstechen in Scheiben oder Blattln gerissen, weshalb sich die Oefen nach den Bestellungen der Eisenabnehmer richten müssen. Man berechnet die ganze Roheisenerzeugung in Kärnthen jährlich etwa zu 260,000 Centner, welche aber nur zum Theil in Kärnthen selbst, zum Theil in Krain verarbeitet werden.

Die Verarbeitung des Roheisens zu Stahl und Stabeisen ist weniger an bestimmten Punkten gebunden, und die Anzahl der Frischhütten und der Stahlfeuer mögte in Ober-Kärnthen vielleicht größer seyn, als in Unter-Kärnthen. Ein großer Theil des Stabeisens wird zu Nägeln, zu Drath und zu Sensen verarbeitet. Im Durchschnitt kann man annehmen, daß jährlich 60,000 Centner Stabeisen, 40,000 Centner Stahl, 15,000 Centner Nägel, eben so viel Drath, und einige tausend Centner Sensen in Kärnthen erzeugt werden.

Bei der Verfrischung des Roheisens zu Stabeisen wendet man in Kärnthen verschiedene Methoden an. Am allgemeinsten ist das Verfahren, die Flossen, so wie es auf den Salzburgischen Werken geschieht, schnell niederzuschmelzen, in Blattln zu reißen, diese zu braten, und dann in einer zweiten Feuergrube die gebratenen Blattln zu einer Luppe zu frischen.

Dies Frischverfahren nennt man in Kärnthen das Blattlheben am Zerrennheerd, und wendet dazu gaare oder graue Flossen an.

Bei einer zweiten Frischmethode bedient man sich ebenfalls gaarer, oder auch wohl halbirter Flossen, welche aber nicht in Gestalt von Gänzen, sondern immer in dünnen Platten oder Kuchen abgestochen werden, schmelzt diese in einer Feuergrube zu einer einzigen Eisenmasse ein, und bringt diese Masse (Kartitsch; in Steiermark Hartfloß oder Hase) in einem zweiten Feuer zur Gaare. Diesen Frischproceß nennt man die Kartischarbeit; sie ist in Kärnthen, aber nur auf den Kaiserlichen Hütten in Lawandthal, in Anwendung.

Eine dritte (nur in der Gegend von St. Veit eingeführte) Methode, besteht in der Anwendung weicher Flossen, welche, wenn sie etwas roher sind, gebraten, sonst ungebraten, einmal niedergeschmolzen werden, welches Verfahren mit der Steierschen Einmalschmelzerei übereinstimmt.

Bei einem vierten Verfahren wendet man gebratene Blattln unmittelbar vom Blauofen an, welche nur Einmal eingeschmolzen werden: eine Methode, die in Ober-Kärnthen ganz allgemein ist, und welche sich von der Einmalschmelzerei nur durch die Art des Materials, welches sie anwendet, unterscheidet.

Nur zu Malbourghet, an der venetianischen Gränze, ist ein fünftes Verfahren, nämlich die Sintermanipulation, noch üblich.

Eine sechste Frischmethode endlich, das sogenannte Müglafrischen, soll vor mehreren Jahren noch auf einigen Werken in Kärnthen ausgeübt worden seyn, wird aber jezt nirgends mehr angetroffen. *)

Zur

*) Karsten's Handbuch der Eisenhüttenkunde. B. II. §. 978.

Zur Stahlerzeugung bedient man sich eines ganz eigenthümlichen Verfahrens, nämlich der sogenannten Brescianarbeit, zu welcher theils Flossen, theils Blattln, letztere jedoch nur ausnahmweise, angewendet werden.

Für Kärnthen ist ein Oberbergamt zu Klagenfurt niedergesetzt, welches die technische Direktion über die Kaiserlich Königlichen Berg- und Hüttenetablissements in Kärnthen und in Krain führt, mit Ausnahme von Idria, wo sich jetzt noch ein eigenes Oberbergamt befindet. Mit dem Oberbergamt ist zugleich das Berggericht für beide Provinzen verbunden, und außerdem ist noch eine Berggerichts-Substitution in Bleiberg vorhanden. In Raibl, wo für Rechnung der Krone ein Blei- und Gallmei-Bergbau umgeht, so wie zu Bleiberg, wo der Staat theils eigene Gruben bauet, theils bedeutende Antheile an Gruben besitzt, sind Bergämter vorhanden, zu Dellach im Drauthal aber eine Zinkhütten- und Bergbauverwaltung, welche sämmtlich, so wie das Berggericht zu Bleiberg, dem Oberbergamte zu Klagenfurt untergeordnet sind. Die Hüttenämter zu St. Gertrud und zu St. Leonhard stehen unmittelbar unter der Hofkammer. Alle Zehnten und Gefälle werden vom Berggericht durch die dazu bestellten Frohnwäger erhoben; nur die Bergwerksgefälle vom Bleiberger Bergbau, müssen, zufolge einer bestehenden Einrichtung, an das Steueramt zu Villach entrichtet werden.

Besondere Maaße und Gewichte finden in Kärnthen nicht statt, indem nach dem Wiener Fuß und Centner gerechnet wird. Nur die Kohlengemäße sind in der Größe verschieden. Gewöhnlich rechnet man nach dem Kärnthner Schaff, welches 8 Wiener Metzen, oder $15\frac{1}{2}$ Wiener Kubikfuß enthält. Auf einigen Werken hat man etwas kleinere, auf anderen etwas größere Schaffe eingeführt, so daß bei der Reduction der

Schaffe auf Kubikfuße, mehrentheils eine genaue Bestimmung der Art der im Gebrauch befindlichen Schaffe nöthig ist.

Lieserthal.

Auf dem südlichen Abhange des Katschberges wechselt der Glimmerschiefer auf einigen Punkten mit Thonschiefer, welcher aber immer mit vielen Quarzlagen durchzogen ist. Das Gebirge fällt stark ab; die Lieser hat daher ein starkes Gefälle, und ist bis Rennweg, der ersten Station in Kärnthen, in einem sehr engen Thale eingeengt. Erst bei Rennweg öffnet sich das Thal etwas mehr. Die alte verfallene Burg Rauchenkatsch steht auf einem Granatenreichen Glimmerschieferfels, mitten in dem noch immer sehr geschlossenen Thale. Der Glimmerschiefer hält bis unter Gemünd an, und hier erst kommt der Gneus zum Vorschein, welcher bei Spital mit Glimmerschiefer wechselt. Die Eisenwerke in der Krems und an der Eisentratten, zwischen Rauchenkatsch und Gemünd, liegen, so wie Gemünd selbst, noch im engen Thale der Lieser, welches sich aber unterhalb Gemünd in demselben Verhältniß, wie man sich dem Drauthale nähert, höchst anmuthig erweitert. Schon auf dem halben Wege zwischen Gemünd und Spital, übersieht man östlich das reitzende und fruchtbare Thal der Drau, dem schönsten Garten vergleichbar, und gegen Süden von den imponirenden Gebirgsmassen begränzt, welche schon zu der Kärnthner Alpenkette gehören, die sich hier in mehreren, zum Theil parallel fortlaufenden Armen von Westen nach Osten fortzieht.

Das Eisenhüttenwerk in der Krems besteht aus einem Blauofen, und aus zwei Wallaß- oder Walloßhämmern, *)

*) Fast überall in Kärnthen, und ganz allgemein in Krain, werden die Frischhämmer Wallaßhämmer, und die Rohstahlfeuer Brescianhämmer genannt.

und das an der Eisentratten aus einem Blauofen und aus vier Walloßhämmern, welche letztere sich in einer Hütte befinden. Wie überall in den südlichen Oesterreichischen Provinzen, so besteht auch hier die Einrichtung, daß die Frischhämmer nur Prügeleisen oder Knüppeleisen (Walloß oder Wallasch) liefern, welches in besonderen Streckfeuern zu feineren Eisensorten ausgezogen wird. Die Frischer sind nur verpflichtet, Walloßeisen oder Zainprügel (auch Zagel und Jackel) zur weitern Verarbeitung in den Streckfeuern, oder höchstens doch nur ganz grobe fertige Eisensorten abzuliefern. Die Eisenhütten im Lieserthal arbeiten bloß auf Walloß, und die weitere Verarbeitung desselben findet hier nicht statt, indem das Walloßeisen als solches verkauft wird. Die Verfrischungsmethode besteht in der Anwendung von Scheiben oder Blattln, welche unmittelbar bei dem Ofen gerissen, und in einem Bratofen, welcher sich in der Ofenhütte befindet, für die sämmtlichen Feuer gebraten, und diesen sodann zur Verarbeitung übergeben werden. Ein besonderes Blattlheben am Zerrennheerd findet hier also nicht statt, und dadurch unterscheidet sich dies Frischverfahren von dem auf dem Flachauer Hüttenwerk bereits beschriebenen, welches auch in Unter-Kärnthen größtentheils angewendet wird. Offenbar spart man hier die Kohlen, welche zum Einschmelzen der Flossen in einem besonderen Zerrennheerd erforderlich sind, obgleich es nicht geläugnet werden kann, daß das Roheisen, welches unmittelbar beim Ofen in Scheiben gerissen wird, etwas mehr Kohle enthalten mag, als die Scheiben aus dem in einem besonderen Heerde wieder eingeschmolzenen Roheisen, weil durch das Umschmelzen schon ein Theil der Kohle abgeschieden wird. Dieser Unterschied des Kohlengehalts scheint indeß sehr wenig bedeutend zu seyn, und am wenigsten steht er im Verhältniß mit dem großen Aufwand an Brennmaterial, welchen das Umschmelzen erfordert, vorzüglich weil eine zu starke Abscheidung der Kohle beim ersten Einschmelzen gar nicht einmal stattfinden darf, um das eingeschmolzene Roheisen in Scheiben reißen zu können, welches bei einer zu starken Entkohlung nicht mehr möglich seyn würde. Man scheint in Kärnthen daher auch mehr und mehr auf das Scheibenreißen, unmittelbar beim Ofen, zurückzukommen, und die höchst verschwenderische Verfahrungsart des Blattlhebens am Zerrennheerd nach und nach zu verlassen. Von dem Blattlheben am Zerrennheerd unterscheidet sich die Kartitscharbeit (welche in Steiermark den Namen der Hart- und Weichzerrennheerd führt) durch weiter nichts, als daß das eingeschmolzene Roheisen nicht in Blattln gerissen, sondern als eine einzige Eisenmasse herausgebrochen wird. Sie mögte daher vor jener den Vortheil haben, daß sie weniger graue, oder schon mehr entkohlte Flossen vom Ofen (wo die Beschaffenheit der Erze einen mehr rohen als gaaren Gang im Ofen gestattet) anwenden, und diese auch beim ersten Einschmelzen, oder beim Hartzerrennen, etwas gaarer niedergehen lassen kann, weil sie keine Scheiben reißt; allein sie theilt mit ihr die verschwenderische Verwendung des Brennmaterials, und steht ihr sogar darin nach, daß sie sich statt der dünnen Scheiben, der dickeren Eisenmasse, welche die Kartitsche oder den Hasen bildet, bedienen muß.

Die Oefen in Lieserthal verarbeiten Brauneisensteine, welche geröstet, auf großen Längebühnen ausgelaugt, und dann durchgerättert werden, um die gröberen Stufen von dem milderen Erz abzusondern. Die Stuferze werden unter einem, aus zwei horizontal neben einander liegenden hohlen eisernen Walzen bestehenden Quetschwerke zerkleinert. Diese Quetschwerke zum Zerkleinern der Eisenerze sind auf allen Kärnthener Eisenhüttenwerken eingeführt. Bei dem Rösten und Auslaugen der Erze wird eine Zersetzung und Verwitterung des Schwefelkieses, welcher bei den Erzen hin und wieder mit einbricht, folglich eine Fortschlämmung des entstandenen Vitriols beabsichtigt. Die sehr ockerige Beschaffenheit der Erze könnte indeß leicht dazu beitragen, daß ihnen durch dieses Auslaugen sehr viel reicher Eisenocker entzogen, also mehr Nachtheil als Vortheil verschafft würde, obgleich man nur die nicht ockerigen Erze jener Behandlung unterwirft.

Nur wenige Monate im Jahr sind die Oefen im Betriebe. Der Ofen an der Eisentratten hat zwei Formen und ein aus einem hölzernen Kasten bestehendes Gebläse. Die Steine, aus welchen der Schmelzraum zusammengesetzt wird, bestehen aus einem Gemenge von Chlorit, Grünstein, Serpentin und Glimmerschiefer. Der Zuschlag-Kalkstein ist schwarz gefärbt. Die Höhe des Ofens beträgt 26 Fuß; der Schacht ist viereckig, im Kohlensack 5 Fuß, am Boden $2\frac{1}{2}$ Fuß, und auf der Gicht ebenfalls $2\frac{1}{2}$ Fuß weit. Die Form liegt 12 Zoll vom Boden entfernt. Die Erze werden zu 38 Procent ausgebracht. Alles Roheisen wird zu Blattln gerissen, weshalb immer ein gaarer Gang des Ofens stattfinden muß.

Das Braten der Blattln in dem Bratofen weicht von dem auf den Salzburgischen Eisenhütten üblichen Verfahren nicht ab.

Eben so findet auch beim Verfrischen der gebratenen Blattln kein Unterschied statt. Die vier Walloßhämmer in der Frischhütte stehen unter Einem Meister. Zu zwei und zwei Feuern gehört ein Schwanzhammergerüst mit zwei Hämmern, nämlich einem zum Zängen des Deuls und zum Zerhauen desselben in Schirbel, und einem zum Abfassen der Schirbel und Ausziehen derselben zu Walloß oder zu Zageln. Die Arbeit des Einschmelzens sowohl, als die Zeiteintheilung bei der Arbeit, sind mit den Einrichtungen auf den Salzburger Eisenhütten durchaus übereinstimmend. Diese Uebereinstimmung erstreckt sich auch bis auf die schlechte Beschaffenheit des gehenden Zeuges und des Hüttengebäudes selbst. Die Gebläse bestehen hier aus zwei Spitzbälgen für jedes Walloßfeuer. Alle vier Feuer können wöchentlich bei einem guten Gange der Arbeit 120 Centner Walloß liefern.

Der Abgang bei dieser Frischmethode wird zu 18 bis 20 Procent, und der Kohlenaufwand zu 35 bis 40 Kubikfuß auf 100 Wiener, oder zu 32 bis 36 Kubikfuß auf 100 Berliner Pfunde angegeben. So vortheilhaft sich daher diese Frischerei vor der Hart- und Weichzerrennarbeit auszeichnet, so ist der Kohlenverbrauch doch noch immer viel zu groß, als daß er nicht eben so sehr auf Rechnung der Unwirthschaftlichkeit und des schlechten Haushalts der Frischer zu setzen, als der Methode selbst zuzuschreiben wäre, welche bei einer besseren Oekonomie der Frischarbeiter, wenigstens den dritten Theil der Kohlen weniger verbrauchen würde.

Bleiberg.

Die schöne Lage von Spital, nicht weit vom Einfluß der Lieser in die Drau, kontrastirt ungemein mit der ärmlichen Beschaffenheit des Städtchens. Verfolgt man den Lauf der Drau nach Osten, so bleiben die von der Centralgebirgskette in das Drauthal hinablaufenden Gebirgsärme, welche sich noch bei Spital fast bis zum linken Ufer der Drau erstreckten, immer weiter zurück, und gestatten dadurch eine Erweiterung dieses fruchtbaren Thales auf der nördlichen Seite. Ueberall besteht das Gebirge am linken Ufer der Drau aus Schiefergebirge, theils aus Glimmerschiefer und Gneus, theils aus Hornblendeschiefer, welcher jedoch nur auf einzelnen wenigen Punkten zum Vorschein kommt.

Ein ganz anderes Verhalten zeigt das Gebirge, welches das Drauthal gegen Norden begränzt. Es nähert sich dem rechten Ufer der Drau immer mehr, und bei Paternion, wo die Straße nach Villach vom linken auf das rechte Ufer der Drau führt, ist man fast am Fuße des Gebirgsarmes, welcher, zur Kärnthener Alpenkette gehörig, parallel mit derselben fortläuft. Das Uebergangsschiefergebirge wird bald vom Alpenkalk bedeckt, und erst eine halbe Stunde oberhalb Villach verflächt sich die Gebirgsmasse in das Thal, welches sich bei Villach dadurch noch mehr erweitert, daß hier das Gailthal mit dem Drauthal zusammenstößt.

An Wasserreichthum steht die Gail der Drau bei Villach nicht nach. Die Gail erhält ihre Zuflüsse von dem nördlichen Abhange der Kärnthener Alpen und von den südlichen Abhängen des Gebirgsarms derselben, welcher sich von der Hauptkette getrennt hat, nördlich von ihr, fast genau von Westen nach Osten, von der Tyroler Gränze bis Villach fortgeht, und sich oberhalb Villach in das Drauthal hinabstürzt. Deshalb läßt sich das Thal der Gail mit Recht als ein Nebenthal des Drauthals ansehen. Jener Gebirgsarm, welcher die Thäler der Drau und der Gail von einander trennt, besteht aus mehreren, zum Theil parallel mit einander fortlaufenden Höhenzügen, welche größtentheils sehr enge und steile Schluchten bilden, deren Abfallen sich oft nicht nach dem Hauptabfallen des ganzen Gebirgsarms richtet, so daß sie ihre Wasser bald gegen Osten der Drau, bald gegen Westen und Süden der Gail zuführen.

Zwei solche Höhenzüge sind es, welche, westlich von Villach, die Schlucht bilden, in welcher Bleiberg liegt. Steigt man, von Villach aus, diese Schlucht hinan, so ist man bald auf beiden Seiten von hohen Alpenmassen umgeben, und obgleich die Schlucht sehr tief durch den Weißenbach (oder durch den Bleibergbach), welcher sein Wasser der Drau zuführt, eingeschnitten ist; so beträgt die senkrechte Erhebung dieser Schlucht, von Villach bis Bleiberg, bei einer Entfernung von etwa 3 Stunden beider Orte von einander, doch über 1400 Fuß. Höchst romantisch ist dieser enge Thalweg zwischen den Alpenmassen, die an einer fortdauernden Zerstöhrung durch die Wasser leiden, Breccien bilden, und selbst zu schroffen und senkrecht abfallenden Wänden umgeändert werden.

Der Höhenzug, welcher die südliche Begränzung dieser Schlucht bildet, und sich in der Hauptrichtung von Westen nach Osten fortzieht, wird die Villacher Alpe (Dobratsch), auch wohl der große Bleiberg genannt. Sie übertrifft den parallel mit ihr fortlaufenden Höhenzug, welcher die Schlucht gegen Norden begränzt, bedeutend an Höhe. Die Alpe ist nicht erzführend, wohl aber der nördliche Höhenzug, der deshalb auch vorzugsweise den Namen Erzberg oder Bleiberg erhalten hat, und im Gegensatz von der Alpe auch wohl der kleine Bleiberg genannt wird. Bei dem Orte Bleiberg hat sich die enge Schlucht zu einem etwas breiteren Thal ausgebildet, welches, einige hundert Schritte westlich von Bleiberg, seine größte Höhe erreicht, und nun, statt vorhin gegen Osten abzufallen, gegen Westen abfällt, und die Wasser, welche sich an diesem westlichen Abhange, unter dem Namen der Nötschbach vereinigen, der Gail zugeführt. Der Rücken, den die Schlucht oder das enge Thal hier bildet, hat Veranlassung gegeben, den Bleibergbau in den inneren und in den äußeren abzutheilen. Der innere Bleiberg heißt der Theil des erzführenden nördlichen Höhenzuges, welcher auf dem westlichen, und der äußere Bleiberg derjenige Theil desselben, welcher auf dem östlichen Abfallen der Schlucht bebauet wird. So unwesentlich diese Abtheilung seyn würde, wenn blos die Weltgegend, nach welcher die Schlucht abfällt, dazu Veranlassung gegeben hätte; so bedeutend wird sie, für den Bleiberger Bergbau, durch das wirklich sehr verschiedene Verhalten der Erzlagerstätten im inneren und im äußeren Bleiberge.

So steil übrigens die Schlucht nach beiden Weltgegenden abfällt, so wenig schroff ist doch der Rücken, den sie bei Bleiberg bildet, indem er sich sehr sanft nach Osten und Westen verflächt, und fast ein ebenes Thal von einigen tausend Fuß Länge zu bilden scheint, in welchem man einen Theil des inneren und des äußeren Bleiberges, nach beiden Weltgegenden, sehr schön übersehen kann. Nur in den langen Sommertagen erfreuet sich jedoch dieses Thal der Alles belebenden Sonne; im Winter dringt kein erwärmender Strahl zu ihm. Die Alpe zieht sich so genau in der Richtung von Westen nach Osten fort, und erhebt sich so hoch über das Thal, daß nur noch der Fuß des Erzberges selbst, von der Sonne beschienen werden kann. Eine Verschiedenheit des Gebirges, aus welcher die Alpe besteht, und desjenigen, welches den Bleiberg bildet, läßt sich durchaus nicht wahrnehmen. Beide Höhenzüge sind derselbe Kalkstein, welcher, nördlich vom Tauerngebirge, die große Alpenkette bildet, die sich aus Tyrol nach Steiermark fortzieht. Diesem Alpenkalkstein geht alle regelmäßige Schichtung gänzlich ab, und nur auf wenigen Punkten zeigt er überhaupt eine regelmäßige Ablösung in großen Massen, welche man wohl für eine Schichtung halten könnte, indem er sonst beständig Massen bildet, in deren Verbindung sich Gesetz und Ordnung bis jetzt noch nicht haben erkennen lassen. Zu den wenigen Ausnahmen, wo sich eine ganz unverkennbare Regelmäßigkeit in der Schichtung der Gebirgslagen findet, gehört der Bleiberger Erzberg, weshalb diese Gebirgsschichtungen auch für ein, besonderes Lager von Alpenkalkstein gehalten worden sind, welches indeß die Beschaffenheit des Kalksteins selbst nicht bestätigt.

Nach der Messung des Herrn Bergschaffers Florian zu Bleiberg, ist der höchste Punkt des Thales, oder der Schlucht zwischen dem großen und dem kleinen Bleiberge, 2814 Wiener Fuß, der südliche Berg, oder die Villacher Alpe, in welcher keine Erzlager vorkommen, auf seinem höchsten Punkte 6894 Fuß, der Erzberg, oder das nördliche Gebirge, 5760 Fuß, und die höchste Grube im Erzberg 4662 Fuß über der Meeresfläche erhaben. In dem sogenannten Erlachgraben, am westlichen Ende des Bleiberges, so wie auf dem Grauwackengebirge, und selbst noch an der Alpe, findet sich eine Menge großer Blöcke von Granit, Gneus, Glimmerschiefer, Grünstein, Serpentin und Urthonschiefer, von denen sich schwer bestimmen läßt, auf welche Weise sie dorthin gelangten. Muschelmarmor und Herzmuscheln kommen auf den Erzlagern vor, und zwar sowohl 1200 Fuß über, als 300 Fuß unter dem Horizont der Thäler. Das geognostische Verhalten der Gegend hat Herr Mohs gründlich und lehrreich entwickelt. *)

Ueber das Alter des Bleiberger Bergbaues weiß man nichts Gewisses. Nach den noch vorhandenen schriftlichen Nachrichten vom Jahre 1508, waren die Grafen Fugger eine der ältesten Gewerkschaften in Bleiberg. Neben diesen hatten aber auch die von Weitwasser, Länder und Putz bedeutende Antheile. Der Bergbau scheint von den beiden Endpunkten Bleibergs, nämlich von Osten und Westen, begonnen zu haben. Nach schriftlichen Nachrichten von 1558, sind im Fuggerthal am westlichen Abhange, neben den alten, noch jetzt im Betriebe befindlichen Weinrebenstollen, neue Maaßen empfangen worden. 1593 ward für die von Fugger und Länder ein Erbstollen am östlichen Ende, am Saaggraben, unter

*) Die Villacher Alpe. In v. Moll Ephemeriden III. 160.

dem Dorfe Heiligengeist verliehen. Außerdem finden sich in beiden Gebirgsschluchten, der östlichen und westlichen, viele Stollen, Strecken und Schächte, welche lange vor der Erfindung des Schießpulvers, im 14ten Jahrhundert, blos mit Schlägel und Eisen aufgefahren und abgeteuft worden sind. Die ältesten Gruben scheinen schon gleich westlich von Villach, bei St. Martin, aufgenommen zu seyn, und nach den noch vorhandenen Protokollen von 1535 sind, neben anderen alten Gruben, bei Ober-Villach auf der Tratten, drei neue an der Villach-Bleiberger Straße, mit Namen: Trommel, Geige und Laute, gemuthet und belehnt worden.

Von diesem, nun vielleicht schon 8- bis 900 Jahr alten Bergbau, berichtete im Jahr 1551 ein Bambergischer Huthmann an den Vicedom, „daß es nun wohl bald mit dem gesegneten Bleibergwerk in Bleiberg ein Ende haben werde, „weil selbst die beste Grube fast kein Erz mehr habe.“ Seitdem sind aber in 228 Jahren, nämlich von 1553 bis 1781, 1,311,000 Centner, und später, von 1782 bis 1818, oder in 37 Jahren, 1,160,610 Centner, also in einem Zeitraum von 265 Jahren 2,471,610 Centner Blei gewonnen worden. Der hiesige Bleibergbau giebt einen auffallenden Beweis von dem seegensreichen Einfluß des Bergbaues auf den Wohlstand der Gegend, und erhebt das sonst unwirthbare und nahrungslose Thal, in welchem Bleiberg liegt, zu einem der wichtigsten Punkte der Oesterreichischen Monarchie. Denn außer den unmittelbaren Revenüen, welche den Staatskassen durch die Frohnentrichtung zufließen, beherbergt das etwa drei Stunden lange, und in seiner größten Breite nur einige 1000 Fuß breite Thal, in 600 Feuerstellen etwa 3800 Menschen, welche ihre Abgaben entrichten, und nur vom Bergbau leben. Aber nicht dies Thal allein, sondern auch das angränzende Gailthal, wird größtentheils nur durch den Verkehr mit Bleiberg in den Stand gesetzt, seine Bewohner zu ernähren; ja selbst bis Villach und bis in das Drauthal erstreckt sich der Einfluß des Bergbaues, durch die Gelegenheit zum Erwerbe, welche er in vielfachen Rücksichten darbietet.

Im äußeren Bleiberge läßt sich die regelmäßige Schichtung besonders deutlich wahrnehmen; jedoch scheinen sich die Schichten, in größerer Höhe, in ihrem Streichen und Fallen etwas anders zu verhalten, als am Fuße des Berges. In der mittleren Höhe des Gebirgszuges, wo jetzt noch Bergbau stattfindet, indem in der oberen Teufe schon Alles abgebauet, und man auch zum großen Theil schon unter die Thalsohle gekommen ist, haben die Schichten ein Fallen von 23 Graden aus O. N. O. nach S. S. W., oder nach Stunde 9, indem sie Stunde 3 streichen. Diese Schichten werden da, wo sich eine deutliche Ablösung zeigt, oder wo sie wohl gar mit einem feinen Letten und Sandschmitz ausgefüllt sind, Schichtungsklüfte genannt. Sowohl auf diesen Schichtungsklüften, als auf den fast stehenden Gängen, welche genau in St. 6 von Westen nach Osten streichen, folglich alle Schichtungsklüfte durchsetzen, und von diesen selbst wieder durchschnitten werden, wird der Bau dergestalt geführt, daß man die Sechser — so heißen hier die St. 6 streichenden Gänge — in ihrem Streichen verfolgt, und durch sie die Schichtungsklüfte aufsucht. Die Erfahrung hat nämlich gelehrt, daß die Erzführung nur auf den Punkten stattfindet, wo sich die Schichtungsklüfte und die Sechser durchkreuzen. Sehr selten sind die Sechser außer den Schichtungsklüften bauwürdig, und eben so selten ist das Vorkommen von Erz in den Schichtungsklüften, außer auf den Punkten, wo sie von den Sechsern durchsetzt werden. Gänge, die St. 12 streichen, und die Sechser in einem rechten Winkel durchsetzen, auch gewöhnlich sehr deutliche glatte Ablösungen haben, aber niemals erzführend sind, verwerfen die Sechser nicht aus der Stunde, sondern nur etwas seitwärts, so daß die Sechser sehr leicht wieder ausgerichtet werden können. Man nannte diese Zwölfer sonst Erzräuber, weil man der Meinung war, daß sie die Sechser ganz abschnitten, welches jedoch keinesweges der Fall ist.

Weil der ganze Gebirgszug, der den Bleiberg bildet, in der Hauptrichtung ebenfalls von Westen nach Osten streicht, so setzen die Sechser, fast parallel mit dem Kamm des Gebirges, neben einander von Osten nach Westen im Bleiberge auf. Deshalb setzt man auch, wenn eine Grube aufgenommen werden soll, den Stollen am Abhange des Erzberges an, und fährt ihn in der Regel in St. 12, von Süden nach Norden auf, um mit ihm die sämmtlichen Sechser zu überfahren, und auf dem Fortstreichen der angefahrenen Sechser die Schichtungsklüfte aufzusuchen. Die Anzahl der Sechser ist noch durchaus unbekannt, weil bis jetzt noch kein Stollen so weit fortgebracht worden ist, daß man mit seinem Ort bis unter dem Gebirgskamm, also noch viel weniger bis zum nördlichen Abfallen des Erzgebirges gekommen wäre, obgleich der Erzberg sehr steil vom Kamm bis zur Thalsohle abfällt. Die Höhe der Sechser über dem Horizont des Thales, richtet sich natürlich ganz nach dem Abfallen des Erzberges, und sie ist für diejenigen Sechser am größten, welche zunächst am Gebirgskamm aufsetzen. Ob aber überhaupt auf dem jenseitigen nördlichen Abhange des Gebirgskammes noch Sechser aufsetzen, und ob auf der Südseite die Thalsohle zugleich die Gränze für die Sechser ist, darüber sind keine Untersuchungen bis jetzt angestellt worden. Daß die Schaarungspunkte der Sechser mit den Schichtungsklüften auch unter der Thalsohle erzführend sind, beweisen die Anbrüche in den Gruben, welche schon unter der Thalsohle bauen. Erfahrungen haben sogar gelehrt, daß die Edelheit in größerer Teufe zunimmt.

Eben so wenig als die Anzahl der Sechser ist die Anzahl der Schichtungsklüfte bekannt. Hat man auf den Sechsern, durch Erlängen gegen Osten und Westen, eine Schichtungskluft angefahren, so ist der Schaarungspunkt gewöhnlich edel. Wäre er es aber auch zufällig nicht, so verfolgt man doch den parallelepipedischen Körper, welchen die einander durchschneidenden Ebenen der Sechser und der Schichtungsklüfte mit einander bilden, und richtet hier den Erzbau (oder, wie es in Bleiberg genannt wird, den Verhau) vor.

Weil nämlich weder die Schichtungskluft noch der Sechser an sich erzführend sind, sondern aller Erzgehalt nur auf dem Schaarungspunkte beider zusammengedrängt ist; so bedarf es zur Erzgewinnung weder eines Auslängens auf den Schichtungsklüften, noch auf den Sechsern. Dadurch erhält der Bau das Ansehen eines donnlägigen, ganz flachen Schachtes, dessen Stöße, weil die Flächen der Schichtungsklüfte und der Gänge sich nicht unter einem rechten Winkel durchschneiden, verzogen sind, und bei welchem überhaupt keine völlige Regelmäßigkeit und keine gleichbleibenden Dimensionen in der Länge und Breite, längs seiner ganzen Tiefe möglich sind, weil die Erzführenheit nicht in allen Seigerhöhen gleich groß ist, und weil allerdings Fälle vorkommen können, daß sich der Erzgehalt auf einigen Punkten in die Schichtungsklüfte, oder auch in die Gänge, über die Durchschnittsflächen hinaus, erstrecken kann. Auf einem und demselben Sechser werden daher eben so viele Erzverhaue stattfinden können, als die Anzahl der Schichtungsklüfte beträgt, welche er durchsetzt. Und auf der andern Seite wird ein und dieselbe Schichtungskluft zu eben so vielen Verhauen Anlaß geben können, als die Anzahl der Sechser beträgt, von denen sie durchsetzt wird. Bei einem ganz regelmäßigen Grubenbetriebe würde man daher die Sechser gangweise in Abbau nehmen können, wobei man die zwischen zwei und zwei Schichtungsklüften befindlichen Gangmittel nur als taube Mittel zu behandeln, und dabei den großen Vortheil haben würde, von den bekannten erzführenden und tauben Mitteln des einen Ganges, mit der größten Zuverlässigkeit auf das Verhalten des zweiten, dritten u. s. f. Ganges schließen zu können. Auf solche Art läßt sich ein eben so einfacher als höchst regelmäßiger und vollkommener Abbau denken, welcher jetzt freilich, bei der ungemeinen Zerstückelung des Feldes, durch die Vertheilung desselben an die einzelnen Gewerkschaften, von denen eine jede ihre Grube mittelst eines besonderen Stollens abbauet und abbauen muß, durchaus unausführbar ist.

Das sonderbare Verhalten der Schichtungsklüfte und der St. 6 streichenden Gänge gegen einander, in Rücksicht der Erzführenheit, indem durch die Gänge die Erzführung der Schichtungsklüfte, und durch die der letzteren die Erzführung der Gänge so sehr bedingt wird, daß beide an sich vollkommen taub, und nur so eben durch ihre glatten Ablösungsflächen im Gebirge erkennbar sind, hat oft zur Untersuchung der Frage Veranlassung gegeben, ob diese genannten Schichtungsklüfte mit den Gängen gleichen Werth haben, ob sie nämlich, wie diese, als wahre Gänge zu betrachten sind, oder ob sie für wirkliche Schichtungsklüfte, d. h. für keine erst nach der Bildung des Gebirges entstandene Gesteinstrennungen, sondern für in und während der Gebirgsbildung erzeugte, also für mit dem Gebirge selbst gleichzeitig entstandene Ablösungen der Gebirgsschichten gehalten werden müßten. Wenn man erwägt, daß die ungeheuren Massen des Alpenkalksteins nirgends eine deutliche Schichtung zeigen, die auf eine allmählige Bildung durch einen ruhigen Niederschlag deuten ließen, vielmehr alle Erscheinungen auf eine Entstehung ganz anderer Art hinweisen; so kann man wenig geneigt seyn, die Schichtungsklüfte für gleichzeitig mit dem Gebirge zu halten. Ließe sich das Vorhandenseyn eines mächtigen Gebirgslagers, welchem diese Schichtung bei der Bildungsperiode zukommt, bestimmt nachweisen, so würde über die Natur der Schichtungsklüfte in Bleiberg kein Zweifel mehr obwalten; allein ein solches Lager scheint bis jetzt nicht nachgewiesen, sondern nur angenommen zu seyn, und es läßt sich daher der zweiten Ansicht, welche die Schichtungsklüfte, eben so gut wie die Sechser, für wahre Gänge gehalten wissen will, mit Grund nichts entgegensetzen. Und wirklich würde Bleiberg nach dieser Ansicht nur ein Punkt mehr seyn, wo man jüngere Gänge die älteren durchsetzen, und wo man die Erzführung vorzüglich nur auf den Schaarungspunkten der Gänge beschränkt sieht.

Das Verhalten der Erzlagerstätten im inneren Bleiberge, scheint die Annahme, die Schichtungsklüfte im äußeren Bleiberge für wahre Gänge zu halten, sogar zu rechtfertigen. Man unterscheidet im inneren Bleiberge (in der Gereit) Gänge oder Erzlager, welche St. 9 streichen, und Stunde 3, unter 75 Grad gegen Südost einfallen, und Kreuzklüfte, welche St. 11 bis 12 streichen, und St. 5 bis 6, unter 55 Gr. gegen Südost fallen. Die Kreuzklüfte im inneren Bleiberge haben so viel Uebereinstimmendes mit den Gängen im äußeren Bleiberge, und die Gänge oder Lager im inneren Bleiberge mit den Schichtungsklüften im äußeren, daß die Verschiedenheit im Streichen und Fallen kein Grund seyn kann, dort eine ganz andere Art des Vorkommens, wie hier, suchen zu wollen. Dort, wie hier, veredelt ein Gang den andern, obgleich sich im inneren Bleiberge die Erzmassen häufiger als im äußeren Bleiberge, außer den Schaarungspunkten der Gänge finden.

Am wesentlichsten unterscheiden sich die Erzlager im inneren Bleiberge von denen im äußeren durch die Beschaffen-

heit

heit des Erzes selbst. Die Erzlager im äußeren Bleiberge sind reicher an Bleiglanz, und enthalten weniger Bleierden, Gallmei und Blende. Die im inneren Bleiberge werden dagegen, vorzüglich von Blende und Gallmei, stark verunreinigt, weshalb sie auch weniger reiche Schliche bei der Aufbereitung geben, welche sogar in dem Ofen etwas anders, als die reineren Schliche vom äußeren Bleiberge behandelt werden müssen. Wenn auch nicht häufiger, so ist das Gelbbleierz doch in größeren und schöneren Krystallen bis jetzt im äußeren, als im inneren Bleiberge gefunden worden.

Die nach der zeitherigen Bestimmung ertheilten Grubenmaaßen stellen ein Parallelepipedum dar von 56 Lachter Breite, 21 Lachter Seigerhöhe und ewiger Länge, d. h. von solcher Länge, als dem Stollen zugetheilt werden müßte, wenn das jenseitige Gehänge des Gebirges mit ihm durchörtert werden sollte. Diese Länge richtet sich daher nach der Ausdehnung des Gebirges im senkrechten Durchschnitt mit seinem Hauptstreichen. Am besten kann man sich die, neben und über einander vermessenen Gruben, in dem Bilde eines Schrankes mit Schubladen vorstellen. Bei dieser Vermessung wird eine und dieselbe Stunde für alle Gruben vorausgesetzt, welche hier St. 12 ist, weil der Gebirgskamm von Westen nach Osten streicht.

Außer dieser prismatischen oder Stollenvermessung fanden in früheren Zeiten auch Schachtvermessungen statt, nämlich ein Grubenfeld von 42 Lachtern im Quadrat, mit ewiger Teufe, nämlich senkrecht auf den Linien, welche das Quadrat begränzen. Diese sonderbare, und weder in Bleiberg, noch sonst irgendwo anwendbare Vermessungsart, ist jetzt ganz abgekommen. Wo aber die auf solche Art vermessenen Gruben noch vorhanden sind, und wo bis jetzt noch keine Einigung der Gewerkschaften unter einander stattgefunden hat, da müssen die neueren prismatischen Vermessungen den alten Schachtvermessungen, so weit als das Feld der letzteren reicht, weichen, setzen aber da wieder fort, wo das Feld der Schachtvermessung aufhört. Auf solche Art geht die Schachtvermessung durch alle prismatischen Vermessungen, welche unter der in ewige Teufe seiger niedergehenden Fläche von 42 Lachtern im Quadrat liegen, hindurch, und die letzteren liegen um das vermessene Feld des Schachtes, welches sie nach allen Weltgegenden umschließen. Von den wenigen alten Schächten ist kein einziger mehr vorhanden, und überhaupt hat jeder Gewerke für seine Grube einen besonderen Stollen, so daß sich in dem gangen Bergrevier kein Schacht befindet, welcher, bei dem ungemein steil abfallenden hohen Gebirge, auch eben so kostbar als geringen Nutzen bringend seyn würde.

Felbesstreitigkeiten können nur vorkommen, wenn die Vermessungen nicht sämmtlich nach einer Stunde gestreckt sind, oder wenn die Grubeneigenthümer die zugemessene Stunde nicht halten. Beide Fälle haben in früheren Zeiten stattgefunden, und der erste Umstand hat sogar Machrsprüche und Entscheidungen durch Zutheilung von noch im Bergfreien liegenden Felde zur Folge gehabt.

So groß die Ausdehnung des Grubenfeldes der Länge nach ist, so unbedeutend ist doch die Breite und die Tiefe desselben: und darin liegt der Grund, warum kein einziger großer und regelmäßiger Bergbauplan für dies schöne Revier hat ausgeführt werden können. Jede Gewerkschaft bauet mit ihrem Stollen die ihr zugetheilten Grubenmaaßen ab, und sucht sich durch die benachbarten Gruben Wetterlosung zu verschaffen, so wie es die Umstände jedesmal erfordern. Die Wasserlosung verschafft theils der eigene Stollen, theils die unten liegende Grube, indem sich die Wasser, bei der Klüftigkeit des Kalksteins, immer nach dem Tiefstein ziehen.

Die Anzahl der abgebaueten, der fristenden, und der im Betrieb befindlichen Gruben, ist sehr bedeutend. Der größte Theil der Gruben ist gewerkschaftlich, nur wenige gehören der Regierung allein; bei einigen bauet sie mit den Gewerken gemeinschaftlich, und hat gewisse Antheile.

Ein Erbstollen, oder ein tiefer Hauptstollen, ist für den äußeren Bleiberg nicht vorhanden, obgleich das östliche Thal der Weißenbach eine vortreffliche Gelegenheit zur Ansetzung eines tiefen Revierstollens darbietet. Zu dieser Unternehmung wird man wahrscheinlich schreiten, wenn der Abbau über der Thalsohle mehr vorgerückt seyn, und das Bedürfniß eines tiefen Stollens dringender gefühlt werden wird. Für den inneren Bleiberg ist vor mehreren Jahren eine solche nützliche Unternehmung, welche den Bergbau demnächst neu beleben wird, nämlich der Betrieb des Leopolds-Erbstollens, zu Stande gekommen. Dieser tiefe Stollen ist unten im Nötschthal angesetzt, und in einer Länge von 700 Lachtern in einer Stunde, nämlich St. 5, aufgefahren; alsdann hat er, um die vorliegende Grube schneller zu erreichen, eine Biegung erhalten, und war in dieser Richtung nach St. 7, bis heute (25. August) bereits gegen 40 Lachter ins Feld gebracht. Dieser wichtige Stollen, bei welchem die Regierung mit 9, ein Gewerke mit 8, und ein zweiter mit 7 Antheilen betheiligt ist, hat die Bestimmung: die gesammten Gruben des inneren Bleiberges nach und nach zu lösen. Er ist im Liegenden angesetzt und etwa 300 Lachter lang im Schiefergebirge aufgefahren; dann erreicht er zwar den Kalk, kommt aber mehrere Male abwechselnd wieder in den Schiefer und in Kalk, so daß man diesem Schiefer und dem Kalk eine gleichzeitige Bildung zutheilen würde, wenn das Schiefergebirge nicht ganz augenscheinlich das Liegende des Kalksteins ausmachte, so daß die im Stollen überfahrenen Mittel nur als Einlagerungen im

Kalk betrachtet werden können. Vielleicht wird dies eigene Verhalten des Schiefers in Zukunft einmal einen Aufschluß über die Art seines Hervortretens aus dem Inneren der Erde geben können. Eben dieser Schiefer kommt in dem inneren Bleiberge zuweilen in den Gängen vor, und scheidet dann jedesmal die Erze völlig ab.

Der Leopolds-Erbstollen ist, mit Einschluß einer drei Fuß hohen Wasserseige, 10 Fuß hoch und 5 Fuß weit. Der Kalkstein steht ohne Maurung, welches aber bei dem Schiefer nicht der Fall ist, weshalb man den Stollen, nach und nach, so weit als er im Schiefer aufgefahren ist, wird in Maurung setzen müssen, welches erst theilweise geschehen ist. Ungeachtet das Tragwerk im Stollen ganz ausgedielt, und dadurch zugleich zur Förderung mit vierräderigen ungerschen Hunden eingerichtet ist, hat man dem Stollort dort nicht die erforderlichen Wetter verschaffen können, sondern diese durch Balgen, welche von einem Wasserrade bewegt wurden, in hölzernen Lutten nachführen müssen. Seitdem jedoch ein Stollenflügelort mit der vorliegenden Annagrube durchschlägig geworden, scheint auch das Hauptort hinreichende Wetter erhalten zu haben. Es ist dieser wichtigen Unternehmung ein rascheres Fortschreiten zu wünschen. Das Hauptstollort war schon seit einiger Zeit, wegen Mangel an Betriebsgeldern, unbelegt. Es findet hier übrigens eine 8stündige Belegung mit 2 Mann statt, die erst den Einbruch machen, die Stöße und die Firste in der vorgeschriebenen Weite und Höhe sogleich mitnehmen, und die stehengebliebene Strosse monatlich nachreißen. Das Ortsgedinge soll 70 bis 80 Gulden C. M. stehen. Man rechnet hier nach dem Wiener Lachter zu 6 Wiener Fuß.

So einfach der Betrieb der einzelnen Gruben und Erzbaue ist, so sehr vermißt man doch einen Zusammenhang und eine Regelmäßigkeit der Anlagen, welches eine nothwendige

Folge der Zerstückelung des Feldes ist. Jede Grube ist auf ihrem tiefsten Vermessungspunkte mit einem Stollen versehen, welcher in der Regel nach der Vermessungslinie, nämlich nach St. 12, aufgefahren ist. Dieser Stollen dient der ganzen Grube zur Wasser- und Wetterlosung, und aus dem Stollen erfolgt auch die ganze Förderung, welche sich indeß mehrentheils nur auf die in den Verhauen gewonnenen Erze beschränkt, indem die Berge vom Stollenbetrieb und vom Betriebe der Querschläge (wenn man die söhligen Strecken so nennen will, welche, vom Stollen aus, auf den tauben Sechsern oder Kreuzklüften, zur Aufsuchung jenes Schaarungspunktes mit den Schichtungsklüften oder Gängen getrieben werden, indem die Sechser oder Kreuzklüfte in der That nur die Anleitung zu der, der Strecke zu ertheilenden Richtung geben, und nicht im mindesten an einen Streckenbetrieb auf einem, wenn auch tauben Gange, erinnern) größtentheils zum Versetzen in den Verhauen, oder im Erzbau angewendet werden. Alles, was bei der Erzgewinnung im Verhau fällt, wird ohne Unterschied durch die Stollen zu Tage gefördert, und demnächst geschieden.

Die Förderung auf dem Stollen und in den Strecken oder Querschlägen wird in vierräderigen Hunden verrichtet, und die in den Verhauen gewonnenen Erze werden in Mulden bis zur Stollen- oder Querschlagssohle getragen. Die Hundestößer müssen entweder schlecht abgerichtet, oder die Hunde nicht gut konstruirt seyn; denn man wundert sich mit Recht über die große Kraft, welche sie zur Fortbringung der beladenen Hunde anwenden müssen, obgleich sie überall auf Laufdielen fortgeschoben werden.

Maurung wird in keiner Grube angetroffen, und auch von Zimmerung nicht weiter, als dann und wann ein Paar Stempel in den Verhauen, die aber höchst selten vorkommen.

Weil die Stollen und Strecken ohne Zimmerung stehen, so beschränkt sich der ganze Holzverbrauch in der Grube fast nur auf die Laufdielen zur Hundeförderung.

Der Streckenbetrieb geht im Lachtergedinge, die Erzgewinnung aber in Schichten. Nur in seltenen Fällen kann man in den Verhauen mit Keilhauen allein ausreichen, sondern in der Regel wird Alles durch Schießen gewonnen. Ueberall sind einmännische Bohrer, eiserne Räumnadeln und Lettenbesetzung eingeführt. Die Bohrer sind gewöhnliche Meißelbohrer. Statt der Schlagröhren oder der mit Pulver ausgestrichenen Halme, wendet man hier halbe, nämlich nach der Richtung der Länge gespaltene Strohhalme an, welche erst in der Grube mit Pulver ausgestrichen werden. Dies an sich tadelnswerthe Verfahren, wird es dadurch noch mehr, daß auch die Patronen erst in der Grube, in dem Augenblick des Bedarfs, angefertigt werden, indem jeder Häuer einen leinenen Pulverbeutel bei sich führt. Dies Verfahren ist nicht allein mit Gefahr verknüpft, sondern es wird dadurch auch eine Verzettelung von Pulver herbeigeführt, und zur Entstehung von vielem Mehlpulver Veranlassung gegeben.

Diejenigen Gruben am Bleiberge, welche ihre Vermessungen am tiefsten Punkte des Berges, also schon in der Thalsohle haben, heben die Wasser aus den Tiefbauen mit Handpumpen, wozu man sich hier der gewöhnlichen Sackpumpen bedient, auf den Stollen. Auf einer der wichtigsten Gruben des Bleiberges, welche sich auch überhaupt sehr vortheilhaft auszeichnet, auf dem sogenannten Friedrichsstollen, ist jetzt ein Tiefbau im Betriebe, aus welchem die Wasser durch ein Kunstrad und durch zwei Wassersäulenmaschinen (nach der gewöhnlichen Schemnitzer Einrichtung), von denen die eine einen hölzernen, die andere einen metallenen Cylinder hat, gehoben werden. Dies ist aber auch bis jetzt die einzige Grube, im ganzen Bleiberger Revier, welche sich der Künste zum Heben der Wasser bedient.

Die Aufbereitungsarbeiten zeichnen sich zwar durch die Vollkommenheit der Maschinerien und durch den vollständigen Erfolg der ganzen Arbeit höchst vortheilhaft aus; indeß würde man sie in jedem Falle für zu verwickelt, und, wegen der vielen Handarbeiten, die sie erfordern, für zu kostbar halten müssen, wenn nicht auf der einen Seite die Löhne hier sehr niedrig ständen, und auf der anderen der eingeführte Schmelzproceß es nothwendig machte, die Erze weder in zu großen Stücken, noch in zu zähen Schlichen anzuwenden. Deshalb sucht man, so viel als möglich, die reinen Erze erst in immer kleineren und kleineren Stücken zu gewinnen, ehe man Pochgänge an die Naßpochwerke abgiebt. Ob man hier, durch die Einführung des Grob- und Röschpochens nicht vielleicht einen Theil der vielen Setzarbeiten sparen könnte, wäre um so mehr zu versuchen, als man den Pochgängen durch die vorhergehende viele Setzarbeit doch nur wenig reine Erze abgewinnt. Es versteht sich übrigens von selbst, daß bei so derben Erzen, als die hiesigen sind, und bei der milden Gebirgsart, in welcher sie brechen, das Grobpochen erst nach einer vorangegangenen Setzarbeit erfolgen muß, und daß durch das Grobpochen nur ein Theil der später folgenden häufigen Setzarbeit entbehrlich gemacht werden kann.

Die Aufbereitungswerkstätten liegen theils bei den Gruben, theils in dem Bleibergthal, wo die Rösch in dem westlichen, und der Weißbach in dem östlichen Thale, die nöthigen Wasser für die Wäschen und Pochwerke hergeben.

Die in den Verhauen gewonnenen Erze werden zuerst in den Grubenwäschen geschieden, ehe sie zu den eigentlichen Aufbereitungswerkstätten, nämlich zu den Erzmühlen, Wäschen und Pochwerken, abgegeben werden.

In der Grubenwäsche geschieht zuerst die Absonderung der sehr großen, von Grubenschwand freien, und der kleineren mit Grubenschwand verunreinigten und vermengten Gänge. Die ersteren kommen gleich zum Scheiden, die letzteren vorher auf das Reibesieb.

Das Scheiden geschieht hier mit sehr spitzen Scheidefäusteln, meistens auf ausgehöhlten Steinen, und zwar in viereckigen Abtheilungen auf dem Boden, oder auf der Sohle der Scheidestube. Bei dieser Handscheidung wird das ganz Taube ausgehalten, und es werden zwei Erzsorten gemacht, nämlich Mittelerze *) und Pochgänge. Stuferze kommen fast nicht vor; sollten aber ganz reine Bleiglanzstufen ausgehalten werden, so werden sie zerschlagen, und unmittelbar an die Hütte abgegeben.

Auf dem Reibesiebe werden die kleineren Gänge und der Grubenschwand, vor dem weiteren Scheiden, trocken durchgesiebt. Das Sieb besteht aus sehr starkem Drath, und hat Löcher von etwa 1 Quadratzoll Größe. Es steht auf einem hölzernen Kreuz, dessen senkrecht in dem zu behandelnden Erzhaufen gestellter Fuß ein leichtes Hin- und Herbewegen des Siebes mit dem ganzen Kreuze zuläßt, wodurch die Absonderung der gröberen und der kleineren Stücken bewirkt wird. Was auf dem Reibesieb liegen bleibt sowohl, als das, was durchgeht, wird nun dem Proceß des Setzens auf folgende Art unterworfen.

Das auf dem Reibesiebe zurückgebliebene Gröbere wird zuerst auf das Schwämmsieb gebracht, dessen Löcher etwa 10 Linien im Quadrat groß sind. Dies Sieb ist, wie alle die folgenden, ein Sieb zum nassen Setzen, folglich mit einem Setzfaß, wie gewöhnlich, versehen; auch geschieht die Bewe-

*) Mittelerze heißen alle Erze, welche den Erzmühlen zur weiteren Aufbereitung übergeben werden.

gung des Siebes, wie gewöhnlich, durch eine Wippe, oder Schwungruthe. Vom Schwämmsieb erhält man Taubes, welches über die Helde kommt, und kleine Gänge zur Handscheidung.

Das durch das Reibesieb durchgefallene Feinere wird auf das Kernsieb gebracht. Dies Sieb hat auf einen Quadratzoll 4 Löcher. Auf das Kernsieb kommt auch der Faßvorrath vom Schwämmsiebe. Beim Setzen auf dem Kernsiebe entsteht Taubes, Pochgänge und Mittelerz, so daß dies Sieb nichts mehr zur Handscheidung hergiebt.

Der Faßvorrath vom Kernsiebe wird auf das Schlammsieb gebracht, welches 36 Löcher auf den Quadratzoll hat. Beim Setzen erhält man Pochgänge, Mittelerz und Schlich, welcher letztere schon an die Hütten abgegeben wird.

Der Faßvorrath vom Schlammsiebe kommt auf den Haarboden, und giebt beim Setzen Pochgänge, Mittelerz und Schlich. Der Faßvorrath vom Haarboden, welcher rösche Letten heißt, wird ausgeschlagen, auf einer sehr inklinirten Fläche durch einen starken Wasserstrohm niedergespühlt, und in Gerinne geleitet, wo er dann rösche, milde und zähe Schlämme giebt, die auf den Stoßheerd kommen.

Vielleicht sind auf keiner Grube die eigentlichen Grubenscheidearbeiten so ausgedehnt und so vollkommen, wie hier. Die Separation der verschiedenen Mittelerze und der Pochgänge nach ihrem verschiedenen Korn, ist höchst musterhaft, und erleichtert die folgenden Aufbereitungsarbeiten. Desto eher würde sich hier aber mit günstigem Erfolge das Grobpochen einführen lassen.

Die sämmtlichen Pochgänge, welche bei der Grubenscheidung, und demnächst bei der weiteren Aufbereitung der Mittelerze fallen, werden an die Naßpochwerke, nach ihrem verschiedenen Korn getrennt, abgegeben und durchgepocht. Die Mittelerze hingegen müssen nun der eigentlichen Aufbereitung erst unterworfen werden. Statt daß sie gewöhnlich mit Handhämmern zerschlagen, oder unter einem Trockenpochwerke zermalmt, und durch Siebsetzen weiter aufbereitet werden, wendet man hier zum Zerkleinern der Mittelerze Erzmühlen an, welche, nach der verschiedenen Größe und nach dem Korn der Mittelerze, auch verschieden gestellt werden können. Wahrscheinlich würde man sich statt der Erzmühlen eines Walz- und Quetschwerks mit horizontal neben einander liegenden Walzen bedienen, wenn nicht eingeführter Gebrauch, und selbst die bedeutenden hohen Preise der Gußwaaren in der hiesigen Gegend, bisher davon abgehalten hätten.

In den mehrsten Wäschen hat man zwei Mühlen, eine für die gröberen, die andere für die feineren Mittelerze, um den Läufer der Mühle nicht zu oft stellen zu dürfen. Beim Mahlen wird viel Wasser auf die Steine geschlagen, welche in einem hölzernen trichterförmigen Kasten stehen, der oben ganz offen ist, um die zu zermahlenden Mittelerze aufzunehmen, und unten am Boden nur eine Oeffnung hat, um die zermahlene Masse abzuführen. An dieser Oeffnung ist eine schräg ablaufende kurze Lutte angebracht, welche die zermahlenen Erze auf die sogenannten Schlaggitter schüttet. Diese Gitter sind unter einem Winkel von 30 Graden gegen den Horizont geneigt, und bestehen aus drei Gittern, welche unter einander liegen. Sie erhalten keine nach der Richtung der Ebene, in welcher sie liegen, hin- und hergehende Bewegung, sondern sie sind auf der einen, der Mühle zugekehrten schmalen Seite, mit einem Charnier versehen, welches eine auf- und niedergehende Bewegung zuläßt. Zu diesem Ende sind, an der entgegengesetzten schmalen Seite der Gitter, Ketten oder Stäbe angebracht, welche mit einer Welle in Verbindung stehen, durch welche die Gitter um einige Grade in die Höhe gehoben werden, und dann durch ihr eigenes Gewicht wieder niederfallen.

Das erste Gitter, welches die zermahlene Masse aus den Mühlen empfängt, oder das grobe Kerngitter, hat auf einem Quadratzoll Fläche vier Löcher. Dies Gitter schüttet auf das zweite, oder auf das mittlere Kerngitter ab, welches 16 Oeffnungen auf dem Quadratzoll hat. Vom zweiten Gitter wird die Masse auf das dritte, oder auf das feine Kerngitter abgeschüttet, welches mit 36 Oeffnungen auf dem Quadratzoll versehen ist. Was das grobe Kerngitter nicht auf das mittlere abschüttet, führt es in einem besonderen Behälter ab, aus welchem es dann noch einmal, und zwar auf die etwas enger gestellte Mühle, gebracht wird. Das Haufwerk hingegen, welches das mittlere Kerngitter dem feinen nicht übergiebt, wird ebenfalls in einem besonderen Behälter aufgenommen, und aus diesem dem Setzwerk übergeben. Das auf dem feinen Kerngitter zurückbleibende Haufwerk kommt ebenfalls zum Setzen; was aber hindurchgeht, wird in einem Gerinne geführt, dessen Boden ein bedeutendes Ansteigen hat, um das Abgehen des röschen Korns zu verhindern. Dies Gerinne wird während der Arbeit fast ununterbrochen ausgeschlagen, und das Ausgeschlagene ebenfalls dem Setzwerk übergeben, aber nicht auf das erste, sondern auf das zweite Setzwerk (Kränzelsieb) gebracht. Die aus dem Gerinne ablaufende Trübe geht in die Schlammführung, welche wie die Mehlführung bei den Naßpochwerken eingerichtet ist.

Das Setzen geschieht hier ebenfalls mit der Hand und vermittelst einer Wippe oder Schwungruthe. Es sind folgende drei Setzwerke eingeführt:

1) Das Schlammsieb. Dieses hat genau dieselbe Größe, wie das feine Kerngitter. Zum Schlammsiebe wird

dasjenige Haufwerk genommen, welches das mittlere und das feinere Kernsieb nicht durchgelassen haben. Jedes Haufwerk wird aber, wegen der Verschiedenheit des Korns, für sich gesetzt. Das Resultat dieser Arbeit ist der erste Abhub, welcher ins Naßpochwerk kommt, der zweite Abhub, welcher eben so, wie das auf dem groben Kerngitter zurückbleibende Haufwerk, an die Mühle zurückgegeben wird, ferner grober Kernschlich, und endlich der Faßvorrath, welcher dem zweiten Siebe übergeben wird.

2) Das Kränzelsieb. Dies Sieb hat 81 Oeffnungen auf dem Quadratzoll. Es erhält zur weiteren Bearbeitung den Faßvorrath vom Schlammsiebe, und das Haufwerk, welches durch das feine Kerngitter hindurchgegangen, in dem Gerinne aufgefangen, und aus demselben ausgeschlagen worden ist. Man erhält bei dieser Arbeit den ersten Abhub, der zum Naßpochen kommt, den zweiten Abhub, welcher der Mühle zurückgegeben wird, ferner mittleren Kernschlich und dem Faßvorrath.

3) Der Haarboden. Dieser hat ein Sieb in der Größe des Kränzelsiebes zur Unterlage, ist aber mit einem Haarsiebe überzogen. Dies feine Sieb erhält den Faßvorrath vom Kränzelsiebe. Auch hier entsteht erster Abhub, zum Naßpochwerk; zweiter Abhub, zur Mühle, und feiner Kernschlich.

Der Faßvorrath vom Haarboden kommt auf den Trübheerd, welches ein horizontal liegender schmaler Waschheerd ist, auf welchem mit der Krücke, auf gewöhnliche Weise, der reine Schlich gewaschen, das abfließende aber in Sümpfe geleitet, ausgeschlagen und auf Stoßheerden verarbeitet wird.

Das öftere Zurückgeben der zweiten Abhübe zu den Mühlen, macht das Aufbereitungsverfahren etwas verwickelt; indeß bewirkt man dadurch die möglichst vollständige Absonderung der verschiedenen Kernschlichsorten von den feineren Schlichen, welche aus den Pochgängen erhalten werden. Es bedarf übrigens keiner Erinnerung, daß das an die Mühlen zurückgegebene Haufwerk immer nach der verschiedenen Größe des Korns genau separirt gehalten wird, um den Läufer gehörig stellen zu können. Eben diese genaue Separation des Korns findet auch bei den Pochgängen statt, um das feinere Haufwerk schneller als das gröbere aus dem Pochtroge abgehen lassen zu können.

Außer den groben Schlichen, welche schon bei der Grubenscheidearbeit, vom Schlammsiebe und vom Haarboden erhalten wurden, sind nun die aus den Mittelerzen, durch Mahlen und Setzen zu gewinnenden gröberen Erztheilchen, als Kernschliche von verschiedenem Korn dargestellt, so daß nur noch die Gewinnung der in den Pochgängen fein eingesprengten Erztheilchen übrig bleibt.

Zu den Mühlensteinen wendet man eine sehr grobkörnige Grauwacke an. Die Steine haben 27 Zoll im Durchmesser. Die zu Raibl gemachten Erfahrungen mit 40zölligen Steinen, haben erwiesen, daß durch die Anwendung derselben zu viel Erzschlämme entsteht, welche nach Möglichkeit zu vermeiden, eigentlich der ganze Zweck der Mahlarbeit ist. Eben deshalb hatte man in der hiesigen Kaiserlichen Wäsche (in der, nach dem früheren Besitzer noch den Namen führenden Putzwäsche), in welcher die Aufbereitungsarbeiten überhaupt in der größten Vollkommenheit ausgeführt werden, den Versuch gemacht, stehende Steine statt der liegenden anzuwenden. In allen anderen hier befindlichen Erzmühlen liegt der untere Stein fest, und der obere, oder der Läufer, wird auf die gewöhnliche Weise, vermittelst einer durch den Mittelpunkt des unteren Steins hindurchgehenden, unten mit einem Trilling versehenen Spindel, in Bewegung gesetzt, und nach Umständen mehr oder weniger gehoben, indem die untere Spitze der Spindel in einer Pfanne steht, welche durch ein gewöhnliches Hebezeug in die Höhe geschraubt oder gesenkt werden kann. Bei den stehenden Steinen in der Putzwäsche sind nicht die Umkreise der Steine, sondern ihre breiten Flächen gegen einander gekehrt, und es läuft ebenfalls nur ein Stein um, welcher dem unbeweglichen, durch eine an dem letzteren angebrachte Schraube, mehr oder weniger nahe gebracht werden kann. Man will durch die Anwendung der stehenden Steine wirklich weniger Schlämme erhalten haben, indeß würden die gewöhnlichen Quetschwerke, mit liegenden Cylindern, unbezweifelt den Vorzug verdienen, weil sie die Erze gleich hindurch lassen, ohne sie stärker als die Stellung der Walzen es bestimmt, zu zermalmen. Bei den Erzmühlen läßt sich, ungeachtet des ununterbrochenen Zuströmens von Wasser, das längere Verweilen der Erze zwischen den Steinen als nöthig ist, niemals vermeiden.

Die hiesigen Naßpochwerke sind musterhaft eingerichtet. Alle Pochwerke sind fünfhübig, und bestehen aus drei Sätzen. Die Pochsohle ist von Gußeisen; eben so auch die Pocheisen, welche nur 40 Pfund schwer sind. Die Stempel sind aufs genaueste gearbeitet, und werden nur durch $1\frac{1}{2}$zöllige Riegel, welche an den Seitenflächen der Stempel ganz genau anschließen, von einander getrennt. Die Stempel sind ungeschlitzt, und die ganze Bauart der Pochwerke stimmt mit den Röschpochwerken zu Böckstein überein, nur daß man sich zum Austragen des Pochmehls, auf den beiden langen Seiten des Pochtrogs, nicht der durchlöcherten Bleche, sondern der Gatter bedient. Diese bestehen aus 1 Linie starken, senkrecht aufgestellten Dräthen, welche in einer Entfernung von 1 Linie neben einander in einem Rahmen stehen, in welchem sie dergestalt eingefaßt sind, daß das ganze auf solche Art gebildete Drathgatter, statt der Futterwände, die beiden langen Seiten des Pochtrogs bildet. Die Rahmen stehen 3 Zoll höher als die Pochsohle, und die Länge der Dräthe in den Rahmen beträgt 9 Zoll. Das längere oder kürzere Verweilen der Pochgänge im Pochtroge wird durch den stärkeren oder schwächeren Zufluß von Wasser bewirkt. Vollkommener würde man allerdings verfahren, wenn man, nach Beschaffenheit der Pochgänge, weitere oder engere Gatter anwendete, welche sich sehr schnell auswechseln lassen würden. Dadurch würde man ein Grob- und Röschpochen, nach Salzburger Art, einführen, und ohne Zweifel die Aufbereitungsarbeit sehr abkürzen, indem das öftere Zurückgeben der, bei den Setzarbeiten entstehenden Mahlwerksabhübe, welche immer wieder neue Setzarbeiten herbeiführen, vermieden werden würde.

In der halben Höhe haben die Dräthe, durch eine nach der Länge des Gatters horizontal liegende eiserne Schiene, eine Befestigung erhalten. Diese Schiene dient auch zugleich dazu, das ganze Drathgatter in Erschütterung zu setzen, und das Verstopfen der Zwischenräume zwischen den Dräthen zu verhüten, indem von Zeit zu Zeit ein durch die Pochradwelle bewegter eiserner Hammer gegen die Schiene schlägt.

Die Pochstempel haben 7 Zoll Hub. Das Unterschuren erfolgt nach der gangen Länge des Pochtrogs, und es wird immer dahin gesehen, daß die Eisen niemals auf eine Erzsohle pochen.

Die Mehlführung ist ebenfalls vollkommen zu nennen. Man wendet weder Sümpfe, noch Gerinne mit Kopfbrettern an, sondern bedient sich der Gerinne mit Vorlegehölzchen, oder mit Schwelleisten. Alle Gerinne sind ohne Gefälle und doppelt, um das eine auszuschlagen, während sich das andere füllt. Die Klötzchen werden nach und nach, in dem Verhältniß als die Gerinne sich anfüllen, aufgelegt, so daß die Pochwasser aus dem ersten Gerinne zwar trübe, aber ohne rösches

Korn abgehen. Das obere Gerinne giebt den röschen Schlamm, welcher für sich auf den Stoßheerden bearbeitet wird. Aus dem ersten Gerinne geht die Pochtrübe in ein zweites, ebenfalls ohne Gefälle, welches eben so wie das erste behandelt wird, nur daß die Pochwasser weniger trübe abgehen müssen. Dies Gerinne giebt den milden Schlamm, welcher ebenfalls für sich auf den Stoßheerden aufbereitet wird. Aus dem zweiten Gerinne geht die Trübe mit höchst wenigem Gefälle zu mehrern anderen Rinnen hin und her, welche sämmtlich nur zähen Schlamm geben, welcher ebenfalls für sich auf den Stoßheerden verarbeitet wird. Aus dem letzten sumpfartigen Gerinne dieser dritten Abtheilung werden die Pochwasser in die Fluth gelassen. Ueberall hat man also auf die möglichst genaue Separation des Korns gesehen. Die Gerinne liegen mit einigem Gefälle unter einander, damit keine Abtheilung der anderen die Wasser dämmt, indem es eine Hauptsache ist, die Pochtrüben in ihrem Zuge nicht zu hemmen, damit die verschiedenen Mehlsorten nicht mit einander vermengt abgesetzt werden.

Die Stoßheerde sind zwar sämmtlich auf gleiche Art eingerichtet, indeß erhalten diejenigen, welche die röschen Schlämme verarbeiten, einen stärkeren Stoß und mehr Heerdwasser, als die zum Abstoßen der zähen Mehle bestimmten Heerde. Auch ist die Einrichtung zum Aufgeben der Schlämme bei beiden Heerden verschieden. Die Stoßheerde für die röschen Schlämme sind mit einer sogenannten Trondel versehen, nämlich mit einer Scheibe, welche sich um ihren Mittelpunkt dreht, und von welcher die Schlämme durch einen zuströhmenden Wasserstrahl streifenweise, nach der Richtung des Halbmessers abgespühlt, und den Stellkegeln der Heerdtafel zugeführt werden. Die Trondeln sowohl, als das Mehlspühlwerk, für die zähen Schlämme, welches man hier die Saxel

nennt,

nennt, und darunter ein unmittelbar über den Stellkegeln der Heerdtafel hängendes, muldenförmiges Gefäß, oder ein Schiffchen versteht, welches schaukelartig hin und her bewegt wird, und durch diese Bewegung die zufließenden Schlämme auf beiden Seiten immer abschweift, und auf die Heerdtafel spühlt, werden durch die Stoßheerdwelle zugleich mit in Bewegung gesetzt. Die Trondelscheibe ist unten mit einer gezähnten Stange, oder mit einem Sperrrade versehen, in dessen Zähne ein Sperrhaken greift, welcher, durch das jedesmalige Fortschieben um einen Zahn, die kreisförmige Bewegung der Trondel und das regelmäßige Abspühlen der Schlämme, durch den innern auf Einen Punkt zuströhmenden Wasserstrahl, bewirkt. Die schaukelartige Bewegung der Saxel, wird durch die unmittelbare Verbindung derselben mit einer, durch die Pochradwelle in Bewegung gesetzte Wendedocke hervorgebracht.

Die röschen Schlämme sowohl als die zähen, werden erst rauh gestoßen, und dann auf demselben Heerde, jedoch bei einem geringeren Gefälle der Heerde, welche ihre Stellung auf die gewöhnliche Weise durch Stellketten erhalten, rein gemacht. Beim Rauhstoßen wird zuerst ein Heerd voll gestoßen, wobei die abgestoßenen Schlämme in die Fluth gehen, der Heerd aber ausgeschlagen, aufs neue voll gestoßen, wieder ausgeschlagen, und diese Procedur so oft wiederholt, bis man von einer und derselben Art von Schlämmen so viel Rauhgestoßenes erhalten hat, daß zum Reinmachen geschritten werden kann. Was die Heerde beim Reinmachen abgestoßen, wird in Sümpfe geführt, und von Zeit zu Zeit noch einmal auf den Stoßheerd gebrach.

Schliche, die einen geringeren Bleigehalt als von 50 Procent haben, sieht man hier nicht gern, weil sie in den Oefen nicht gutthun. Deshalb werden die röschen sowohl als die zähen Schlammschliche — so nennt man sie, zum Unterschied von den verschiedenen bei der Setzerarbeit gewonnenen Kernschlicharten — immer auf einen möglichst hohen Gehalt gebracht, welches bei der großen Verschiedenheit im specifischen Gewicht zwischen den Erztheilchen und der Gebirgsart, und bei der Vollkommenheit der Wascharbeiten, ohne einen bemerkbaren Verlust möglich ist.

Die Abgänge von den Pochwerken und Wäschen, welche in die Fluth gehen, werden den alten Haldenwäschern, welche sich darum bewerben, besonders verliehen. Die Arbeit soll indeß wenig lohnend seyn, und den Arbeitern nur etwa so viel einbringen, daß sie durch den Verkauf des erzeugten Schlichs auf ein Tagelohn von 10 Kreutzern kommen. Ausgenommen sind aber 25 Lachter Länge, unterhalb einer jeden Wasch- und Pochwerkstätte, welche nicht verliehen werden können, sondern der Gewerkschaft verbleiben müssen, welcher das Pochwerk oder die Wäsche gehört. Diese 25 Lachter Länge kann sie selbst benutzen, oder den alten Haldenwäschern, wenn sie will, überlassen, oder auch ganz unbenutzt liegen lassen. — Klagen über Versandung der Wiesen finden zwar im Weißenbachthale nicht statt, wohl aber im Nötschthale von den Besitzern der Wiesen, welche vor dem Einfluß der Nötsch in die Gail liegen.

In den früheren Zeiten wurden die Bleierze und Schliche hier in niedrigen Krummöfen verschmolzen. Die jetzt gebräuchlichen Schmelzöfen sind im Jahre 1740 von einem Bleiberger Gewerken und Schmelzer, Mathias Tanzer, eingeführt, welcher sich dadurch um den Bleiberger Berg- und Hüttenbetrieb unendlich verdient gemacht hat, weil man bei der frühern Schmelzungsart kaum halb so viel Blei als jetzt aus den Schlichen ausbrachte.

Die Verschmelzung der Schliche geschieht jetzt durchgängig

auf stark gegen den Horizont geneigten Heerden; bei Flammenfeuer. Der Windofen oder die Schürgasse und der Schmelzheerd, liegen unter einem gemeinschaftlichen Gewölbe, so daß die Flamme und der Rauch aus der vorderen Oeffnung des Schmelzheerdes abziehen, durch welche die Schliche aufgesetzt werden, und aus welcher das Blei vom Heerde abläuft. Die Schürgasse liegt neben der einen langen Seite des Heerdes, also nicht dem Mundloch oder der vorderen Oeffnung gegenüber. Der Schmelzheerd ist vom Mundloch bis zur Hinterwand 10 Fuß 10 Zoll lang; seine Breite beträgt durchgängig 4 Fuß 6 Zoll, und nur gegen das in der Vorwand befindliche, 12 Zoll hohe und breite Mundloch, verläuft er sich in einer schwach gekrümmten Bogenlinie. Der Flammenofen hat zwar die Länge des Heerdes, allein der eigentliche Schürraum, von der Hinterwand bis nach der Vorderwandseite, ist nur 5 Fuß lang. Die Breite der Schüre beträgt 18 Zoll. Die Fuchsöffnung ist so lang wie die Schüre, nämlich 5 Fuß, und hat nur 4 Zoll Höhe. Die Brücke, welche die Schüre von dem Schmelzheerd trennt, nennt man hier den Grad, vermuthlich um dadurch auf den Grad des Fallens, oder der Neigung gegen den Horizont anzudeuten, welcher für den Schmelzheerd 26 Grad, und für den Feuerheerd 36 Grad beträgt. Das Holz ruht auf starken Rostbalken, welche einen Aschenraum unter sich haben. Zur Feurung wendet man 4 Fuß lange Scheite an, welche bis zu einer Dicke von 3 bis 6 Zoll zerspalten sind.

Obgleich der Schmelz- und der Feuerraum eine gemeinschaftliche Dicke haben, so ist doch jeder Raum für sich allein mit einem Gewölbe versehen, welchem die Brücke als Widerlager dient, so daß nur dieser Theil des Gewölbes, in welchem auch der Fuchs eingeschlitzt ist, als gemeinschaftlich für beide Räume angesehen werden kann. Der Schmelzheerd ist schwach muldenförmig ausgetieft, zieht sich also nach den beiden langen Seiten etwas in die Höhe, fällt aber von hinten nach vorn in einer geraden Linie ab. In der höchsten Höhe, nämlich in der Mitte des Heerdes, beträgt die Entfernung des Gewölbes vom Heerd zwei Fuß.

Der Schmelzheerd ruht auf einem Gewölbe, oder auf einer festen, mit Schutt und trockenen Bergen ausgefüllten Unterlage. Er wird aus Thon geschlagen, und erhält oben eine Decke von Thon, der mit altem Heerd oder mit bleiischen Hüttenabgängen gemengt ist. Er muß so fest als möglich geschlagen, und vor dem Gebrauch vorsichtig abgewärmt werden, zuletzt aber eine sehr starke Hitze erhalten, ehe er mit Schlichen besetzt wird. Die Kappe oder das Ofengewölbe wird hier aus rothem Sandstein (Rothliegendem) geschlagen, wozu man recht gleichartige Stücken aussucht, weil die zu groben Geschiebe leicht springen. Der Grad wird ebenfalls aus Rothliegendem gemacht, welches im Feuer sehr gut stehen soll.

Die Werkzeuge sind sehr einfach, und bestehen blos aus einer eisernen Kratze, mit einem 15 Fuß langen eisernen Stiel; aus einem eisernen Haken, zum Aufrühren des Holzes in den Schüren und zum Abkratzen zusammengeballter Schliche von der Heerdsohle, in nöthigen Fällen, und aus einem Meißelhaken, einem nothwendigen Instrument, um das Gekrätze, welches sich auf dem Heerde festsetzt, so wie die Krätze, die sich vorn bei der Einsetz- und Abflußöffnung ansetzen könnte, loszustoßen, welches oft sehr viel Arbeit erfordert, weil sich die Bleiabgänge von der Heerdmasse sehr schwer abstoßen lassen.

Ein neu anzulegender Ofen muß einen 6 Zoll hohen Heerd von altem Gekrätz erhalten, welches weich gefeuert wird, um aus der entstandenen bildsamen Masse dem Heerde die Gestalt geben zu können. Hätte man keine Krätze, so würde man arme Schliche nehmen müssen, um erst einen Heerd zu bilden. Nachdem der Ofen beim ersten Angange der Arbeit abgewärmt und wieder so weit abgekühlt ist, daß kein Zusammenbacken der Schliche befürchtet werden darf, wird der Heerd durch das Mundloch mit Schlichen besetzt. Zu jeder Einfahrt werden (auf der Kaiserlichen Hütte) 220 Wiener Pfund Kernschlich und 100 Pfund Schlammschlich genommen, welche auf dem hintern Theile des Heerdes ausgebreitet werden. Je reicher die Schliche sind, desto langsamer muß die Arbeit gehen, und desto dunkler der Ofen gehalten werden. Schliche, die aus ganz reinem Bleiglanz bestehen, und die Schliche, welche viel Schwefelkies enthalten (vorzüglich von einigen Gruben des inneren Bleiberges), versetzt man mit etwas sogenanntem Quarz (Kalkstein). Beim Eintragen der Schliche hat der Ofen noch Hitze genug vom vorigen Pressen, und es darf nur so viel Holz nachgesetzt werden, daß es im Ofen dunkelroth bleibt, damit die Schliche nicht musig werden, sondern sandig bleiben und nicht an der Krücke hängen. Das Rühren und Wenden der Schliche muß etwa alle halbe Stunden einmal vorgenommen werden. Bei dieser Röstarbeit erhält man das Jungfernblei, welches oft schon $1\frac{1}{2}$ Stunden nach dem Einsetzen der Schliche zum Vorschein kommt. Wenn, nach mehreren Stunden, die Röstungsperiode aufhört, welches sich durch die nicht mehr aufsteigenden Dämpfe, vorzüglich aber durch den Geruch zu erkennen giebt, bringt der Arbeiter glühende Kohlen auf den Heerd, die er aus der Schüre nimmt, und dafür Holz wieder nachfeuert. Er verstärkt die Hitze etwas, und bewirkt dies auch noch dadurch, daß er glühende Kohlen auf die Schliche legt. Diese Arbeit erfordert fleißiges Rühren; man nennt sie das Pressen, und das dabei erhaltene Blei, Heerdblei.

Beim Rösten gehen die Oefen so kalt, daß das unter dem Mundloch stehende eiserne Pfännchen nicht viel Blei aufnimmt, sondern daß das von dem stark geneigten Heerd herunter laufende Blei schon erstarrt, ehe es das Mundloch erreicht, so daß es als ein Pflaster vom Heerde abgezogen werden muß. Es wird also nicht einmal rothglühend, und deshalb findet auch kein bedeutender Bleiverbrand bei dieser Arbeit statt. Etwas stärker ist der Hitzgrad beim Pressen, und demnach erreicht das Heerdblei die Vorsatzpfanne kaum im rothglühenden Zustande. Die Röstarbeit dauert 5 bis 6, das Pressen 3 bis 4 Stunden. Das Rühren erleichtert sich der Arbeiter durch eine in der halben Höhe des Mundlochs angebrachte Unterlage, auf welcher er die Kratze ruhen läßt. Er wird dadurch auch zugleich in den Stand gesetzt, die Kratze sicherer zu führen, und die Schliche bald zusammenhäufen, bald wieder auseinander ziehen zu können, welches beim Pressen nothwendig ist.

Wenn das Pressen kein Heerdblei mehr abwerfen will, so schreitet der Schmelzer zum zweiten Pressen, bei noch mehr verstärkter Hitze und unter stärkerem Rühren. Es wird aber nicht bei jeder Einfahrt zum zweitenmal gepreßt, sondern das letzte Pressen bei starkem Feuer, geschieht immer nur von zwei Einfahrten zugleich, indem man das Gekrätz von der ersten Einfahrt aus dem Ofen nimmt, und es der letzten Preßarbeit bei der jedesmaligen zweiten Einfahrt wieder zusetzt. Dies letzte Pressen pflegt indeß immer nur sehr wenig Blei zu geben.

Die Hauptsache bei dieser ganzen Schmelzarbeit ist die richtige Beobachtung des Hitzgrades bei der Röstarbeit. Ist die Hitze zu groß, so backen die Schliche zusammen, erhalten eine Kruste, und der ganze Röstproceß hat ein Ende. Sobald sich die Schliche zu stark an der Krücke setzen, ist die Hitze schon zu groß, und sie müssen dann in den sandigen Zustand zurückgeführt werden, welches, wenn die Schliche nicht zu sehr zusammengebacken wären, dadurch bewirkt wird, daß man feuchtes, oder absichtlich naß gemachtes Holz und Spähne auf den Heerd wirft, um den Ofen abzukühlen. Ein zu häufiges Umrühren der Schliche bei der Röstarbeit ist nachtheilig, wenigstens wird der Proceß dadurch ungemein verzögert und in die Länge gezogen.

Die nach dem zweiten Pressen zurückbleibenden Krätzen werden auf zweifache Art benutzt, nämlich entweder unter das Pochwerk gebracht, in die Mehlgerinne geführt, und dann auf Stoßheerden verarbeitet; oder – und dies ist gewöhnlich der Fall — auf die Mühle gegeben und gesetzt, die röscheren Theile, welche auf dem Haarboden bleiben, zurückgeworfen, und der Faßvorrath auf Stoßheerden verwaschen. Die auf die eine oder die andere Art auf Stoßheerden aufbereiteten Krätzschliche werden für sich verarbeitet, und geben das Krätzblei.

Jungferblei, Heerdblei und Krätzblei werden aber nicht für sich allein in den Handel gebracht, sondern man schmelzt alle drei Schmelzprodukte wieder auf dem Heerd zusammen ein, und gießt sie nun erst in Formen. Zwar macht man hier eine Sorte Blei, die man Probierblei nennt, und welche mit dem Zeichen des doppelten Adlers fünfmal versehen wird; indeß unterscheidet sich dies Blei von dem gewöhnlichen nur dadurch, daß man dazu Schliche aussucht, welche nach der Probe gar kein Silber enthalten, obgleich die Bleiberger Bleierze überhaupt so arm an Silber sind, daß man das gewöhnliche Blei fast als Probierblei gebrauchen könnte.

In den Kaiserlichen Hütten muß jeder Ofen wöchentlich 16 Einfahrten oder Schmelzen machen; in den gewerkschaftlichen Hütten nur 14. Es müssen folglich in 21 Stunden

2 Einfahrten gemacht werden. Aus diesen 16 Einfahrten erhält man 32 bis 34 Centner Blei. Man glaubt den Kernschlich zu 75, und den Schlammschlich zu 50 bis 65 Procent auszubringen. Den Schmelzverlust bei der ganzen Arbeit schlägt man nur zu 4 Procent an, *) indeß wird hier auch oft eine unabsichtliche Täuschung stattfinden können, weil sich der Gehalt der Schliche unmöglich genau bestimmen läßt. Ob in den Krätzen wirklich so wenig zurückbleibt, als man in Bleiberg annimmt, würde sich nur durch wiederholte Proben ausmitteln lassen können. Eben so würde, mit einer und derselben Schichtsorte, ein vergleichender Versuch im Flammofen und im Krummofen, oder im Hohenofen angestellt werden müssen, um zu entscheiden, ob das Bleiberger Schmelzverfahren, in Rücksicht des Ausbringens, der Niederschlagsarbeit vorzuziehen ist. Bei der Anwendung von Holzkohlen dürfte es unbedingt der Fall seyn; wo aber gute Coaks zu erhalten sind, bleibt es noch unentschieden, welche Methode das reichlichste Ausbringen gewährt. Es leuchtet übrigens ein, daß hier nur von reinen Bleierzen, und nicht von kupferhaltigen Erzen die Rede seyn kann. Eben so wird sich, bei einem gleichen, oder nicht wesentlich verschiedenen Ausbringen, die Wahl des einen oder des andern Schmelzprocesses, nach den Preisen der Materialien, des Holzes und der Coaks, des Niederschlageisens, so wie nach den in jeder Gegend zu zahlenden Löhnen richten

*) Dieser Abgang von 4 Procent ist als ein mittlerer Durchschnittssatz zu verstehen. Sonst sind — wenigstens in den Kaiserlichen Hütten — gewisse Abgangssätze vorgeschrieben, welche die Arbeiter erfüllen müssen. Für jedes Pfund Blei, welches sie mehr ausbringen, erhalten sie 2½ Kreutzer Prämie, werden aber für jedes Pfund Minderausbringen mit 5 Kreutzer gestraft. Die Gehaltsproben werden mit schwarzem Fluß gemacht. Nach diesem, durch die Probe aufgefundenen Bleigehalt, sollen die Schliche den Schmel-

müssen, indem eine langsame Schmelzarbeit mehr Schichten als eine schnellere erfordert.

Nur in den Kaiserlichen Hütten ist Gedingarbeit eingeführt. In den Privathütten wird durchgängig in Schichten gearbeitet. Die Schmelzer erhalten für die Einfahrt einen

zern übergeben werden, und diesen soll alsdann folgender Schmelzabgang gestattet seyn:

Wenn der Centner, oder 100 Pfund Schliche, einen Bleigehalt hat von	So ist ein Schmelzabgang gestattet von
82 Pfunden	2 Procent
81 —	2½ —
80 —	3 —
79 —	3½ —
78 —	4 —
77 —	4½ —
76 —	5 —
75 —	5½ —
74 —	6 —
73 —	6½ —
72 —	7 —
71 —	7½ —
70 —	8 —
69 —	8½ —
68 —	9 —
67 —	9½ —
66 —	10 —
65 —	10½ —
64 —	11 —
63 —	11½ —
62 —	12 —
61 —	12½ —
60 —	13 —
59 —	13½ —
58 —	14 —
Krätzschliche aller Art	20 —

Die Schmelzung im Flammofen erfordert daher, wenn der Abgang nicht zu groß ausfallen soll, sehr reiche Schli-

Gulden und 30 Kreutzer C. M., müssen aber dafür das Holz und die Schmiedekosten selbst bezahlen. Das Holz wird ihnen zu dem bestimmten Preis von 5 Gulden für die Klafter (von 144 Wiener Kubikfuß) geliefert. Zu 64 Einfahrten werden 11 Klafter Holz verbraucht, folglich kommt auf 10 Centner Blei nicht völlig eine Klafter Holz, oder zu 1 Centner Blei werden noch nicht 15 Kubikfuß Holz verbraucht, welches sehr wenig ist.

Die Schmelzerarbeiten müssen in 24stündigen Schichten verrichtet werden. Zu jedem Ofen gehören 3 Schmelzer, welche also einen Tag arbeiten und zwei Tage ruhen. Der Schmelzer hat zugleich die Verpflichtung, sich alle Materialien selbst heran zu bringen, indem ihm kein Gehülfe gutgethan wird.

Die Frohnabgabe ist hier zu $7\frac{1}{2}$ Procent vom fertigen Produkt festgesetzt, indem $2\frac{1}{2}$ Procent als eine Vergütigung für die Aufbereitungs- und Zugutemachungskosten gerechnet werden, welches allerdings ungemein wenig ist. Sonst sind die anderen Abgaben für den Bergbau unbedeutend, und bestehen blos in der Entrichtung von Receßgeldern, welche für eine fristende Grube jährlich 30 Kreutzer, für eine im Erzbau befindliche Grube 1 Gulden 30 Kreutzer, und für eine auf Versuchbau betriebene Grube einen Gulden betragen. Dagegen haben die Gewerken freies Holz aus den Kaiserlichen Waldungen zum Betriebe der Gruben und der Pochwerke (nicht der Hütten). Weil der ganze Bergbau jährlich aber kaum 600 Stämme Holz verbraucht, so ist das Vorrecht der

che. Diese pflegen aber in der Regel einen großen Verlust in den Wäschen zur Folge zu haben, welcher auch wohl in Bleiberg nicht ganz unbedeutend seyn dürfte, obgleich er durch das musterhafte Aufbereitungsverfahren und durch die an sich nicht sehr schwierige Trennung des schweren Bleiglanzes von dem leichten und spröden Kalkstein, sehr vermindert wird.

Gewerken von keinem großen Werth. Von einem noch geringeren Werth, und einer Last ähnlich, ist die Verpflichtung, alles Sprengpulver aus den Kaiserlichen Magazinen, zu einem bestimmten Preise zu nehmen; weil der Fall, daß die Gewerken es von Lieferanten schlechter und theurer beziehen müßten, wenn ihnen jenes Vorrecht nicht auferlegt wäre, nicht soll vorkommen können.

Die jährliche Bleierzeugung vom inneren und äußeren Bleiberge kann zu 34- bis 35,000 Centner angenommen werden, wovon die Frohn also etwa 2,600 Centner jährlich beträgt, und eine reine Einnahme von wenigstens 26,000 Gulden verschafft.

Jede Gewerkschaft sorgt für ihre Knappschaft durch die Bruderkasse, deren es so viele giebt, als verschiedene Gruben, oder wenigstens als verschiedene Gewerkschaften vorhanden sind. Der Arbeiter zahlt vom Gulden des Verdienstes einen Kreutzer, und hat dafür freie Kur, wenn er erkrankt. Noch bestehen hier zwei Kassen, die von den Vorstehern, oder vom Ausschuß sämmtlicher Gewerken und von dem Kaiserlichen Bergamt gemeinschaftlich verwaltet werden. Die eine ist durch eine Abgabe von 2 Kreutzern von jedem producirten Centner Blei entstanden, welche zu einer Kasse gezahlt werden müssen, die den Zweck hat, den Kindern der Arbeiter freien Schulunterricht zu ertheilen, und eine Hebamme zu unterhalten. Die zweite Kasse erhält ihre Einnahme durch eine Abgabe von drei Kreutzern für den Centner Blei, und ist dazu bestimmt, die kostbare Straße von Bleiberg nach Villach, welche auch für Rechnung der Bleiberger Gewerke gebauet werden mußte, zu unterhalten. Die beiden Kassen gehören allen Gewerken gemeinschaftlich, und dürfen nur zu den genannten Zwecken verwendet werden.

Eintritt in Krain.

Bei Villach hat das Thal der Drau durch die Vereinigung mit dem Gailthal eine ziemliche Breite gewonnen. Gegen Süden wird dies Thal durch die Alpenkette begränzt, die Kärnthen von Krain scheidet, und welche man durch den Paß auf dem Wurzener Berge überschreiten muß, um die Gränze von Krain zu erreichen. Der höchste Punkt des Wurzener Passes ist zwar nur 3100 Fuß über der Meeresfläche erhaben; allein der Berg steigt von seinem nördlichen Fuße fast eben so steil an, als er gegen Süden steil abfällt. Gegen Norden gewährt der Paß eine schöne Aussicht in das Drauthal und in das Thal der Gail; gegen Süden wird der Gesichtskreis durch die vorliegende Kette der Krainer Alpen beschränkt, welche sich, schon von der venetianischen Gränze an, von der Kärnthener Alpenkette getrennt haben, in parallelen Zügen mit ihr zuerst fortlaufen, und sich dann von ihrem höchsten Punkte, nämlich vom Terglou (97,000 Fuß hoch), in mehreren Armen, von denen der Hauptarm in südlicher Richtung fortgeht, durch Krain verbreiten.

Die Kärnthener Alpenkette macht die Wasserscheidung zwischen der Drau und der Sau, dem Hauptflusse von Krain. Nicht so wie die Drau, welche alle Nebenflüsse in Kärnthen aufnahm und der Donau zuführte, vereinigt die Sau die Nebenflüsse Krains mit sich, sondern die nach südlicher Richtung fortlaufenden Krainer Alpen trennen die Flußgebiete der Sau gegen Osten, des Isonzo gegen Westen, und führen außerdem mehrere kleine Flüsse unmittelbar dem adriatischen Meere zu.

Mehrere, von der Hauptkette der Krainer Alpen parallel neben einander von Westen nach Osten fortlaufende Höhenzüge, bilden die großen Nebenthäler der Gurk und der

Kulpa, welche erst in Kroatien wieder von der Sau aufgenommen werden. Ein anderer Höhenzug geht in fast südlicher Richtung fort, und bildet die Halbinsel Istrien, so daß der größte Theil des Landes ein hohes Alpenland darstellt, welches der Vegetation wenig günstig ist.

Ueberall ist Kalkstein die vorwaltende, fast die einzige Gebirgsart, denn das Schiefergebirge kommt nur auf wenigen Punkten, und größtentheils nur in den Thälern, zum Vorschein. Auf dem Wurzener Berge wechseln Massen von dichtem und geschichtetem Kalkstein, von allen Farben, und ohne alle Regelmäßigkeit im Streichen und Fallen, so oft mit einander ab, daß diese Felsenmassen unmöglich durch eine ruhige Bildung entstanden seyn können, sondern Kräfte verschiedener Art wirksam gewesen seyn müssen, um sie in ihre jetzige Lage zu versetzen.

Ungeachtet der größte Theil von Krain eine hohe Gebirgsebene ist, so erfreuet sich das Land doch eines sehr angenehmen Klima's, weil es durch die Kärnthener Alpenkette vor den Nordwinden geschützt wird. Die ganz freie Lage gegen Süden steigert die Hitze im Sommer sogar bis zu einer unerträglichen Höhe, vorzüglich weil das Land den Einflüssen der Südwinde, welche das adriatische Meer nicht abzukühlen vermogte, gänzlich ausgesetzt ist. Die Kärnthener Alpenkette trennt daher gewissermaßen das südliche Klima von dem nördlichen, und deshalb weicht der Schnee im Frühjahr weit eher von dem südlichen, als von dem nördlichen Abhange des Gebirges.

Zu den vielen Eigenthümlichkeiten, durch welche sich die Krainer Alpen auszeichnen, gehört die große Menge von Berghöhlen, welche sie bilden. So viel man deren auch bereits kennen gelernt hat, so wenig mag ihre Zahl in Vergleichung mit den wirklich vorhandenen seyn, durch welche sich unterirdische Seeen und Flüsse gebildet haben, welche oft unerwartet zum Vorschein kommen, noch öfter aber ihre Wassermassen unter der Oberfläche bis zum Meere fortführen dürften. Häufige Erdfälle und Gebirgseinstürze vermehren die Zahl der Wunder, welche man zu erblicken glaubt, und geben der Landschaft oft ein ödes und höchst wildes Ansehen. Dies spricht sich vorzüglich auf der hohen Gebirgsebene aus, welche sich von der italienischen Gränze nach Istrien, in einer Breite von 6 bis 8 Meilen fortzieht und sich ziemlich steil ins Meer hinabstürzt. Diese öde, hohe Berggegend — die sogenannte Karst — vergleicht man nicht unpassend mit einem Felsenmeer, indem sich die Gebirgsschichten, gleich erstarrten Meereswogen, neben einander aufthürmen, und oft eine unabsehbare Fläche bilden, in welcher man nur die Wirkungen einer Alles zerstöhrenden Fluth zu erblicken vermag. Nur die einzelnen Massen, welche sich hier und dort zu hohen Bergen erheben, unterbrechen die Einförmigkeit dieser Felsenwüste, in welcher kein Grashälmchen Nahrung findet, noch weniger ein Baum seine Wurzeln zu befestigen im Stande ist. Eiserner Fleiß hat hin und wieder dem kahlen Felsen etwas tragbaren Boden abgezwungen, und Weingärten gebildet, die als grüne Inseln freundlich aus der öden, grauen Wüste hervorblicken.

Liegt die Ursache dieser Unfruchtbarkeit in der natürlichen Beschaffenheit des Bodens selbst, oder daran, daß er die atmosphärische Feuchtigkeit nicht zurückzuhalten vermag, sondern sie gleich einem Siebe durchläßt, und den unterirdischen Höhlen zuführt? Vielleicht wirken beide Umstände zusammen; denn die hohe Lage des Felsenmeeres — welches im Durchschnitt 1500 Fuß über der Meeresfläche erhaben bleibt, und den Wirkungen der Stürme aus allen Weltgegenden ausgesetzt ist — kann es nicht seyn, welche die Vegetation verhindert, weil da, wo die Rebe rankt, auch andere Pflanzen gedeihen könnten. Der Kalkstein ist fast durchgehends von bläulich-grauer Farbe, und so sandig, daß er an einzelnen Stellen mit dem Stahl Funken giebt. Wo er weniger Härte zeigt, pflegt er nach allen Richtungen mit feinen Löchern durchzogen zu seyn.

Der Preis der Wanderung durch diese Felsenwüste, in welcher alles Leben erstarrt zu seyn scheint, ist der Blick auf das adriatische Meer, von den äußersten südlichen Klippen des Gebirges. Aus der Stille des Grabes glaubt man zum regsten und beweglichsten Leben erwacht zu seyn, wenn man plötzlich und unerwartet bei Opschina das Meer vor sich ausgebreitet, und Triest mit seinem Hafen unter sich erblickt. Diese Ueberraschung vermindert sich nicht, wenn man den steilen Weg von Opschina hinabklimmt, um das 1000 Fuß tiefer liegende Meeresufer zu erreichen. Die zahme Kastanie, die Orange, der Feigenbaum, die Olive und die zu üppigen Lauben sich gestaltende Rebe, erinnern, daß man plötzlich, wie durch einen Zauberschlag, aus dem Norden nach Süden versetzt sey, und — um die Ueberraschung zu vollenden — muß man deutsche Sitte und deutsche Sprache in Triest nicht mehr finden.

So rauh und unwirthbar, wie auf der Karst, ist das Karnische Gebirge zwar nicht allgemein, indeß sind es doch nur die Thäler der Flüsse, welche eine ausgezeichnetere Vegetation zulassen. Dennoch bauet die Provinz so viel Getreide als nöthig ist, um ihre Bewohner zu nähren; und die Furcht vor einer zu großen Produktion, die ein zu starkes Sinken der Getreidepreise zur Folge haben würde, hat bis jetzt Veranlassung gegeben, den Plan zur Austrocknung und Urbarmachung des großen Laybacher Moores nicht zur Vollendung zu bringen.

Der Berg- und Hüttenbetrieb in Krain würde, ohne den berühmten Quecksilber-Bergbau in Idria, sehr unbedeutend seyn, indem er sich nur auf Eisen beschränkt. Aber auch in der Eisen- und Stahlerzeugung steht Krain den übrigen Provinzen Oesterreichs sehr nach.

Es befinden sich jetzt nur vier Blauöfen in der Provinz, von denen die Oefen zu Feistritz im Woheiner Thale, zu Sava und zu Jauernburg im Sauthal, im Ober-Krain liegen, und in Unter-Krain nur der Ofen zu Hof vorhanden ist.

Krain ist diejenige Provinz, in welcher sich die Stücköfen oder die Wolfsöfen am längsten erhalten haben. Noch jetzt befinden sich zwei Wolfsöfen zu Steinbichl und zu Eißnern, in dem Thale der Feistritz, einem Nebenthale der Sau; allein sie gehören Nagelschmieden, und sind nur von Zeit zu Zeit in einem schlechten Betriebe.

Diese Provinz ist es auch, in welcher man noch die mehrsten Wassertrommelgebläse findet. Die geringen Kosten der Anlage und die leichte Unterhaltung, reden diesen Gebläsen das Wort, wo es keines stark gepreßten Windes bedarf. Auch mögten sie mit mehreren schlechten Balgen- und Kastengebläsen vielleicht eine Vergleichung aushalten. Ihre Wirkung würde aber gewiß schon dort nicht für zureichend erkannt werden, wo Kohlen von hartem Holz angewendet werden müssen, und wo man nicht fast ausschließlich auf die Benutzung des weichen Holzes beschränkt ist.

Auch der Betrieb der Walloß- und der Brescianhämmer findet fast nur in Ober-Krain statt, und fast ist das ganze Eisenhüttengewerbe in der Provinz auf eine Strecke von 7 Meilen Länge und 3 Meilen Breite beschränkt. Krain erzeugt weniger Flossen, als es auf seinen Hämmern verarbeitet. Es bezieht daher einen Theil des benöthigten Roheisens aus Kärnthen.

Bei den Blauöfen sticht man das Roheisen, welches zu Brescian verarbeitet werden soll, in Gestalt von Flossen ab.

Zur Walloßfabrikation reißt man es in Blattln, obgleich das eigene Roheisen größtentheils nur zu Brescian verarbeitet wird.

Wie in Kärnthen, wendet man auch in Krain, zur Stahlfabrikation, die eigenthümliche Brescianarbeit an.

Bei der Walloßfabrikation werden an einigen Orten (in der Kanker) Blattln am Zerrennheerd aus Flossen gehoben; an anderen Orten (zu Neumärktl) werden weiche Flossen vom Blauofen, gebraten und, nach Steierischer Art, durch die Einmalschmelzarbeit zu gute gemacht.

Auf einigen anderen Hütten wendet man Blattln, unmittelbar vom Blauofen an, welche vorher gebraten, und dann durch die Einmalschmelzerei verarbeitet werden.

Krain hat zwar ein Oberbergamt zu Idria, welches aber nur als ein Bergamt zu betrachten ist, indem es dem Quecksilberbergbau zu Idria einzig und allein vorzustehen hat. Eine Berggerichts-Substitution, welche von dem Oberbergamte zu Klagenfurt abhängt, befindet sich zu Laibach.

Man rechnet in Krain nach Wiener Gewicht und Maaß. An Kohlengemäßen ist auf den mehresten Hüttenwerken das Schirgel eingeführt, welches 3 Wiener Metzen, oder 5,84 Wiener Kubikfuß enthält.

Jauerburg.

Am südlichen Gehänge des Wurzener Berges, nicht weit oberhalb Wurzen, befinden sich die Quellen der Sau, eines bis zu seiner Vereinigung mit der Feistritz, oder mit der Woheimer Sau, oberhalb Radmannsdorf, ganz unbedeutenden Flüßchens, dessen Thal durch die parallel mit einander fortlaufenden Gebirgszüge der Kärnthener und der Krainer Alpen sehr eng eingeschlossen ist. In diesem Thale liegen, unterhalb Aßling, die Stahlhüttenwerke zu Sava und zu Jauerburg, das erste unmittelbar an der Sau, das letztere, eine halbe Stunde unter dem ersteren, an einem kleinen, von der Kärnthener Alpenkette herabkommenden Bache, dem Jauerburger Wasser, welches bei Jauerburg in die Sau geht.

Auf beiden Hüttenwerken sind die Betriebseinrichtungen völlig gleich. Beide bestehen aus einem Blauofen und aus Brescianhämmern, auf welchen das erzeugte Roheisen, nach der in ganz Kärnthen und Krain üblichen Methode der Brescianarbeit, zu Rohstahl, oder zu Brescian verfrischt wird. Auf beiden Werken sind die Oefen sowohl, als die Rohstahlfeuer, mit Wassertrommelgebläsen versehen; auch werden zu Sava und zu Jauerburg (oder Jauernig) fast ganz gleichartige Erze verhüttet, so daß sich der Betrieb beider Werke nur durch unwesentliche kleine Abänderungen unterscheidet.

Die Hüttenwerke zu Sava, zu Jauerburg, zu Fristritz im Woheimer Thal, und zu Hof in Unter-Krain, so wie unter dem Lichtmeßberge, oberhalb Admont in Steiermark, sind die einzigen, die sich zum Betrieb ihrer Oefen, der Wassertrommelgebläse bedienen. Der Ofen zu Jauerburg ist mit 6 Tonnen versehen. Das Gefälle vom Spiegel des Oberwassers bis zum Spiegel des Unterwassers beträgt 19 Fuß. Die hölzernen Lutten, oder die Wassereinfallröhren, sind 16 Fuß lang, ragen 15 Zoll in die Tonnen hinein, und stehen 12 Zoll über dem Boden des Wassergerinnes, oder des Gefluders, in welchem der Wasserstand gewöhnlich 3 Fuß beträgt, so daß die eigentliche Höhe des Druckwassers zu 2 Fuß anzunehmen ist. Die Einfallröhren sind oben mit einem kupfernen Trichter versehen, durch welchen das Wasser in die Röhren oder Lutten ströhmt. Dieser Trichter bezweckt vorzüglich das Zusammenziehen des Wasserstrahls, welcher die in den Lutten befindliche Luft mit sich fortreißen, und in die Tonnen führen soll. Das Eintreten der Luft in die Lutten wird durch mehrere Oeffnungen bewirkt, welche unmittelbar unter dem Trichter, nämlich da, wo die Lutten unter dem Boden der Wasserarche heraustreten, in den Luttenwänden angebracht sind. Das Ventil über der Einfallöffnung der Lutten, oder über dem Trichter, durch welches die Menge des Einfallwassers bestimmt, oder das Einströhmen des Wassers, wenn das Gebläse in Stillstand gesetzt werden soll, gänzlich verhindert wird, also das Ventil, welches die Stelle der gewöhnlichen Wasserschutze vertritt, ist eine Art von Klapp- oder Deckel-Ventil. Diese Klappe, oder der sogenannte Zapfen, ist auf der einen Seite durch ein Schloß oder Scharnier mit der Lutte verbunden, so daß er sich vermittelst eines, auf der entgegengesetzten Seite des Schlosses angebrachten Hebels, mehr oder weniger öffnen läßt. Er bildet aber nicht eine eigentliche Klappe, oder einen flachen Deckel, sondern einen bis über dem Wasserspiegel in der Wasserarche hervorragenden Klotz, welcher nach seiner senkrechten Richtung durchbohrt ist, also gewissermaßen als eine Fortsetzung der Einfallröhre betrachtet werden kann. Man glaubt, durch diese Einrichtung das Eintreten der Luft von oben, durch die Zapfenöffnung, in die Lutten zu befördern.

Die im Unterwasser stehenden Tonnen sind etwa 5 Fuß weit, und fast ganz cylindrisch, obgleich unten etwas weiter als oben. Ihre Höhe beträgt 6 Fuß; sie ragen über dem Spiegel des Unterwassers etwa 3 Fuß hervor, und stehen daher eben so tief unter dem Spiegel des Unterwassers, in einem Sumpf, aus welchem das durch die Einfallröhren niederströhmende Wasser in das Unterwasser geleitet, die Luft aber zurückgehalten wird. Weil die Tonnen nämlich unten keinen

Boden haben, sondern ganz hohl, auf steinernen Unterlagen, in dem Sumpfe des Unterwassers stehen, so bilden sie eine Art von kommunicirenden Röhren, und der Wasserstand in der Tonne hat, wenn der Zapfen geschlossen ist, und kein Wasser durch die Einfallröhren einströhmt, in der Tonne genau die Höhe des Unterwassers. Ist der Zapfen aber geöffnet, so muß sich die Tiefe des Wasserstandes in den Tonnen, unter dem Spiegel des Unterwassers, nach der jedesmaligen Pressung der Luft richten, welche durch das einfallende Wasser mit herabgerissen wird, indem sich die äußere und die innere Wassersäule in jedem Augenblick mit einander ins Gleichgewicht zu setzen streben. Da nun die Tonnen, mit ihrem unteren Rande, nur 3 Fuß unter dem Spiegel des Unterwassers stehen, so kann die größte dem Winde zukommende Pressung nur mit einer Wassersäule von höchsten 3 Fuß Höhe im Gleichgewicht seyn, weil sich der Wind, bei einer stärkeren Pressung, unter den Tonnen einen Durchgang verschaffen würde. Eine so starke Windpressung hat man aber nie zu erwarten; gewöhnlich soll die Differenz des Wasserstandes nur 18 bis 20 Zoll betragen.

In den Deckeln der Tonnen befinden sich zwei Oeffnungen: die eine, welche die Einfallröhre aufnimmt, und die andere, in welcher die Windlutte angesetzt ist. Die Windlutten von zwei und zwei Tonnen, vereinigen sich immer zu Einer Lutte, welche mit der Hauptwindlutte in Verbindung steht, durch welche der Wind der Form zugeführt wird. Um das Zertheilen des einfallenden Wasserstrahls, so wie die Absonderung der mit dem Wasser mechanisch verbundenen Luft zu befördern, muß das Wasser, in den Tonnen, auf einer konvexen Sandsteinplatte, welche, in der Höhe des Spiegels des Unterwassers im inneren Raume der Tonnen aufgestellt ist, niederfallen.

Die ganze Vorrichtung ist also äußerst einfach, und nur mit wenigen Anlagekosten verknüpft, indem, bei einem vorhandenen Gefälle, nur ein Wassergefluder, oder ein Gerinne für das Einfallwasser, ein Paar Tonnen, mit zugehörigen Lutten, und ein Paar ausgemauerte oder ausgezimmerte Sümpfe erforderlich sind, um die Tonnen aufzunehmen. Allein mit dieser Einfachheit mögte auch wohl der Effekt der Maschinen ziemlich genau im Verhältniß stehen. Außer der Durchbohrung des Zapfens, und außer den Oeffnungen in den Einfallröhren unter dem Trichter, hat man hier keine Mittel angewendet, das Zuströhmen der Luft zu den Einfallröhren zu befördern. Ob diese Mittel aber nicht vielleicht auch hinreichend sind, und ob durch die Anwendung von Beförderungsmitteln zur Herzuführung der Luft, wesentlich mehr als auf dem ganz einfachen Wege geleistet wird, dürfte noch genauer geprüft werden müssen. Daß der Effekt der hiesigen Wassertrommelgebläse mit dem Wasseraufwande und mit dem Gefälle, welche sie erfordern, in einem sehr ungünstigen Verhältniß steht, würde sich bei einer oberflächlichen Berechnung bald zeigen.

Die Pressung des Windes läßt sich, wenn kein Windmesser vorhanden ist, welcher fast unmittelbar mit der Düsenöffnung in Verbindung gesetzt werden muß, niemals mit Zuverlässigkeit bestimmen. Am größten würde die Täuschung seyn, wenn man die Differenz der Wasserhöhen in dem Sumpfe, oder in dem Kasten, worin sich die Tonnen befinden, bei den Berechnungen zum Grunde legt, indem, bei einem schwach gepreßten Winde, die Pressung bei der Düse weit geringer ist, als in dem Raume, in welchem er sich ansammelt, und aus welchem er den Formen zugeführt wird. Dadurch wird der Effekt der Wassertrommelgebläse und der denselben ähnlichen Gebläse, viel höher erscheinen, als er wirklich ist.

Die Eisenerze, welche hier verschmolzen werden, sind theils sehr klein speißiger Spatheisenstein, theils sehr braunsteinhaltige und quarzige Brauneisensteine. Die ersteren brechen in einem Schiefergebirge unter dem Kalkstein, in Lagern von Kalkstein, die in dem Schiefergebirge vorkommen. Nur dann, wenn man die Kalksteinlager anfährt, hat man Hoffnung, Eisenerze zu erhalten. Die Nähe der Kalksteinlager in dem Grauwackengebirge giebt sich, auf eine sehr merkwürdige Weise, durch brennbare Luft zu erkennen, welche sich aus dem bituminösen Schiefergebirge nur dann entwickelt, wenn Kalksteinlager in der Nähe sind. Sie quillt alsdann aus den Oeffnungen hervor, welche die Gesteinlagen bilden. Ist man so glücklich, diese bei Zeiten zu entdecken, so zündet man den Luftstrohm an, der dann ruhig fortbrennt. Bleibt die Oeffnung aber unbemerkt, so entbindet sich die Luft, erfüllt nach und nach die Räume in der Grube, und häuft sich so sehr an, daß sie schlagende Wetter bildet, und heftige Explosionen verursacht. Obgleich daher die Entwickelung der brennbaren Luft mit Gefahr für die Grubenarbeiter verknüpft ist, so sehen sie dieselbe doch gern, weil sie auf die Nähe eines Kalklagers hindeutet, mit welchem dann gewöhnlich auch Spatheisensteine gleichzeitig vorkommen.

Das Schiefergebirge ist sehr bituminös, und enthält auch einzelne Nester, oder, wenn man sie so nennen will, Lager von Steinkohlen, wodurch sich zwar im Allgemeinen die Entstehung der brennbaren Luft, aber doch nicht die Erscheinung erklärt, warum diese Luft nur an solchen Stellen stark hervorquillt, wo sich Kalkstein in der Nähe befindet. Auch in den Kohlengruben scheinen sich die schlagenden Wetter nicht im Flötz selbst, sondern im Hangenden, und vorzüglich im Liegenden desselben, zu entwickeln. Daß die brennbare Luft sich in den Oeffnungen, aus welchen sie hervortritt, in einem gepreßten

Zustande befunden habe, so daß sie vermöge ihrer Elasticität ausströhmt, und die in den Grubenräumen befindliche Luft wegdrückt, ist nicht als erwiesen anzunehmen, weil sie auch wegen ihrer größeren Leichtigkeit ausströhmen kann, also eigentlich durch die Grubenluft aus den Oeffnungen, in welchen sie bis dahin eingeschlossen war, verdrängt wird. So lange man über die Art und Weise, wie sich die brennbare Luft in den Gruben bildet, noch so durchaus ununterrichtet ist, wie jetzt, wird man auch keine Mittel finden können, der Entwickelung derselben zuvorzukommen. Die aber schon entwickelte Luft unschädlich zu machen, kann nur dadurch geschehen, daß man sie entweder gleich, und vor ihrer Vermischung mit der Grubenluft, durch Verbrennen fortschafft, oder daß man ihren Abzug aus den Strecken, durch einen regelmäßigen Wetterzug, und überhaupt durch einen guten Grubenbau — welcher beim Abbau der Kohlenflötze billig verlangt werden kann — auf alle Weise befördert. Je vollständiger durch die Davysche Lampe vielleicht der Zweck erreicht werden sollte, die brennbare Luft in ihren Wirkungen ganz unschädlich zu machen; desto weniger dringende Veranlassung wird sich finden, der Entstehungsart der Luft näher nachzuforschen, und zweckmäßige Mittel zu ergreifen, um sie aus den Strecken und Oertern in den Gruben zu entfernen. Die Natur eines Uebels, welches man nicht mehr fürchtet, weil man zuverlässige Mittel besitzt, es in seinen Wirkungen unschädlich zu machen, lernt man selten so bald und so gründlich kennen, und bleibt gewöhnlich gleichgültiger in der Auffindung und Anwendung der Mittel zur gänzlichen Abhaltung desselben, als dies bei einem Uebel der Fall ist, gegen dessen zerstöhrende Wirkungen noch kein schützendes Mittel aufgefunden ward.

Die Erze werden sämmtlich, auch wenn sie sich von Natur schon etwas braun gefärbt haben, geröstet, und nach dem

Rösten ausgelaugt, weil sie eingesprengten Schwefelkies enthalten. Sie werden ohne Zuschläge verschmolzen.

Der Ofen ist 22 Fuß hoch, auf der Gicht 18 Zoll, und im Kohlensack 5 Fuß 6 Zoll weit. Dieser liegt gerade in der Mitte der Höhe des Ofens. Das Gestell ist 22 Zoll weit, und geht, etwa 30 Zoll hoch, prismatisch in die Höhe. Weil die Form 11 Zoll über dem Bodenstein liegt, so erhebt sich das Gestell noch 19 Zoll über der Form, und schließt sich dann, mit gebrochenen Ecken, an dem runden Schachte. Die Schlackenöffnung befindet sich 9 Zoll vom Boden entfernt, in der Vorwand des Ofens. Der Blauofen ist also mit einem niedrigen Gestell versehen, welches bei dem schwachen Winde gewiß höchst zweckmäßig ist. Zu den Gestellsteinen sowohl als zu den Schachtsteinen, wendet man hier Grauwacke an. Der Schacht soll viele Jahre halten; das Gestell wird aber jedesmal ausgebessert, und in der Regel für jede Kompagne neu eingesetzt. Die Kompagnen dauern indeß nur wenige Monate.

Die Kohlengicht besteht aus $1\frac{1}{2}$ Schirgel, worauf im Durchschnitt 120 Pfund Gattirung gesetzt werden. In 24 Stunden gehen 130 Gichten. $8\frac{1}{4}$ Wiener Kubikfuß Kohlen tragen also 120 Pfund Erz, oder es werden bei 100 Rheinl. Kubikfuß Kohlen 1595 Berliner Pfund Erze verschmolzen. Täglich werden 56 bis 57 Centner Roheisen erzeugt, welche also $1137\frac{1}{2}$ Kubikfuß Kohlen erfordern, welches zu 100 Berliner Pfunden Roheisen einen Kohlenaufwand von etwa 18 Rheinl. Kubikfuß Holzkohlen giebt. Die Erze werden zu 41 bis 42 Procent ausgebracht, weshalb sie auch keinen starken Satz gestatten. Der Gallmeigehalt der Erze führt die Entstehung des zinkischen Ofenbruchs herbei, welcher sich an der Ofengicht absetzt.

Es wird hier jedesmal nach 10 Gichten oder Sätzen abgestochen. Man macht nur Flossen, in Gestalt kleiner Roheisengänze, welche nach dem Abstich stark mit Wasser begossen werden. Die Verwendung der Flossen zu Brescian erfordert einen, weder zu gaaren, noch zu rohen Gang des Ofens. Selbst die Spiegelflossen sind schon bei einem zu geringen Erzsatz erzeugt, und man richtet den Ofengang daher so ein, daß das Roheisen eine Beschaffenheit erhält, zufolge welcher es zwischen der luckigen (weichen, oder bei einem mit Erzen übersetzten Gange erzeugten) und den Spiegelflossen (welche bei einem gewöhnlichen mittleren Erzsatz erhalten werden) in der Mitte steht. In diesem Zustande hat das Roheisen die schönen Spiegelflächen verloren, und nähert sich durch einzelne große Oeffnungen schon den luckigen Flossen; der Bruch ist blumig-blätterig zu nennen; weshalb diese Flossen auch mit Recht den Namen der blumigen Flossen führen. Alle Brescianhämmer wählen die blumigen Flossen vorzüglich gern aus, und nur wenn sie nicht zu erhalten sind, sucht man sich dadurch zu helfen, daß man spieglichte und luckige Flossen, oder harte und weiche Flossen gleichzeitig einrennt. Was bei den Walloßhämmern das Blattlheben genannt wird, heißt bei den Brescianhämmern das Bodenheben. Das Blattlheben geschieht bei den Walloßhämmern gewöhnlich in einem besonderen Zerrennheerd, welcher die Weichzerrennfeuer mit Blattln versieht, die vorher gebraten werden. Das Bodenheben bei der Brescianarbeit und das darauf folgende Kochen der Böden, wird aber immer nur in einem und demselben Feuer verrichtet, weil die Verbindung beider Arbeiten eigentlich zum Wesen der ächten Brescianarbeit gehört, obgleich es bei der falschen oder unächten Brescianarbeit gleichgültig wäre, ob das Bodenheben in demselben, oder in einem besonderen Feuer vorgenommen würde. Die falsche Brescianarbeit hat aber das Bodenheben und das Bodenkochen in einem und demselben Feuer beibehalten, um sich dadurch von der ächten Brescianarbeit scheinbar weniger zu entfernen.

Beide Arbeiten unterscheiden sich im Wesentlichen dadurch von einander, daß die ächte Brescianschmiede ihre Böden unmittelbar auf den eingerennten Flossen kocht, und zur Gaare bringt, so daß die eingerennten Flossen die Unterlage für die zu frischenden Stahlluppen bilden; wogegen die unächte Brescianschmiede die gehobenen Böden in einer, blos mit Schwahl versehenen Kohlengrube, zur Luppe schmelzt. Die unächte Brescianschmiede ist in ganz Krain und auf einigen Brescianhämmern in Kärnthen üblich; die ächte Brescianschmiede findet aber in Tyrol, in dem größten Theil von Kärnthen und auf den Turracher Rohstahlwerken in Steiermark, Anwendung.

Die gehobenen Böden werden niemals gebraten, aber auch niemals wendet die unächte Brescianschmiede (denn bei der ächten würde es an sich unausführbar seyn) Böden in der Gestalt von Blattln oder Scheiben, unmittelbar vom Blauofen an, weil diese zum Bodenkochen noch nicht hinreichend entkohlt seyn würden.

Der unächte Brescianschmidt fängt seine Arbeit damit an, sich eine Quantität Böden zu verschaffen. Das Feuer ist zwar, wie gewöhnlich, aus eisernen Zacken gebildet; allein der Boden desselben muß aus Kohlenlösche bestehen, mit welcher das ganze Feuer ausgefüttert wird, und welche vor der Arbeit eingebrannt und festgestampft werden muß.

Nachdem etwa 5 bis 6 Centner Flossen eingerennt sind, wird zum Heben der Böden geschritten. Weil die Flossen selbst schon ziemlich entkohlt sind, und durch das Einrennen wahrscheinlich noch etwas von ihrem Kohlengehalt verlieren; so fallen die Böden etwas stärker aus, als die Blattln, welche unmittelbar bei dem Blauofen, oder auch im Zerrennheerd, für die Walloßhämmer gerissen werden.

Auf das Bodenheben folgt das Kochen der Böden. Die Feuergrube wird ausgeräumt, mit glühenden Kohlen angefüllt, und es werden nun etwa 2 Centner Böden, auf der Sicht, der Form gegenüber, angesetzt. Zeigt sich bei dem langsamen Einschmelzen ein zu roher oder zu flüssiger Gang, so wendet man gaarende Zuschläge an. Sollte sich die niedergehende Masse zu sehr verdicken, und die Abscheidung der Schlacke nicht stattfinden wollen, so hilft man sich durch einen kleinen Zusatz von Quarz, welcher augenblicklich eine größere Flüssigkeit im Feuer hervorbringt. Während des Einschmelzens zur Luppe, oder zur Gotta, erfolgt auch das Ausschmieden der vorigen Gotta. Die Gotta wird in zwei Theile (Machelli) zerhauen. Mit dem Ausheitzen dieser Machelli wird bei jeder Gotta der Anfang gemacht. Die Machelli werden wieder ein jedes in vier Kölbchen (Thagoli) zerstückt, so daß jede Gotta acht Thagolen giebt, welche während des Gottakochens ausgeheitzt, unter dem Hammer zu groben Stäben ausgezogen, und in der Mitte durchschroten werden. Jede Gotta giebt also 16 solcher Stahlstäbe, welche Rapilli genannt, und einem besonderen Streckfeuer übergeben werden, um zu verkaufbarem Stahl ausgereckt zu werden. Dies Ausstrecken ist aber nur ein wirkliches Ausziehen der Stahlstäbe zu den Dimensionen, welche der Stahl erhalten soll, indem weder die unächte noch die ächte Brescianschmiede ihr Produkt raffinirt oder gerbt. Man macht von dem besseren Stahl, welcher beim Zerschlagen der gehärteten Stäbe, eine Rose auf der Bruchfläche zeigen muß, zwei Sorten: eine flache (Azzalon), und eine vierkantige (Brescian oder Kistenstahl), welche von 2 bis 6 Linien im Quadrat stark ist, und die Nummern 00, 0, 1, 2 u. s. f. erhält. Der weiche und auf dem Bruch keine Rose zeigende Brescianstahl wird Romaner oder Romanstahl genannt, und als die schlechtere Stahlsorte besonders verzackt.

Es wird nur in Tagesschichten gearbeitet, und in jeder Schicht werden drei Gotten gemacht. Ein Brescianfeuer liefert wöchentlich 28 bis 30 Centner Stahlstäbe, oder Rapilli. Der Eisenabgang von den Flossen zum Rohstahl beträgt, mit Einschluß des Abganges beim Bodenheben, 26 bis 28 Procent.

Zu einem Centner fertigen Stahls rechnet man 68 bis 75 Kubikfuß Kohlen, mit Einschluß des Kohlenverbrauchs bei der Streckhütte, welcher aber im Abgang von 2 bis 4 Procent, von den Stahlstäben bis zur fertigen Kaufmannswaare, gutgethan wird.

Vergleicht man diese Resultate mit denen der im Siegenschen bestehenden Rohstahlarbeit, so muß die Brescianschmiede sehr nachtheilig erscheinen, weil dort, bei einem Abgange von ebenfalls 26 bis 28 Procent, höchstens 20 Kubikfuß Kohlen zu 100 Pfund Rohstahl verbraucht werden. Ohne Zweifel liegt der außerordentlich große Kohlenaufwand in der Langsamkeit des Processes, vielleicht auch in der Unvollkommenheit der Gebläse und der Geschläge, und zum Theil in der Beschaffenheit der Holzkohlen, besonders aber auch in dem unhaushälterischen Verbrauch des Brennmaterials, welches im Feuer nicht gehörig zusammengehalten wird. Nächstdem muß freilich auch die Procedur des Bodenhebens, welche in Siegen ganz wegfällt, den Kohlenverbrauch bedeutend vermehren.

Die ächte Brescianschmiede, welche denselben Materialienaufwand erfordert, und dieselben Produkte giebt, wendet zwar auch Böden von Lösche an, allein sie kocht ihre Gotten auf dem sogenannten Sauer. Auch die ächte Brescianschmiede bedient sich nur der blumigen Flossen, oder versetzt die etwas roheren und gaareren Flossen, wenn sie keine blumigen erhalten kann.

Der Anfang der Arbeit wird mit dem Einschmelzen der Flossen gemacht. Wenn sich die aus festgestampfter Lösche gebildete Feuergrube schon zum Theil mit eingeschmolzenen Flossen angefüllt hat, so wird zum Ausheitzen der Machelli von der vorigen Gotta geschritten, damit die Machelli schon eine Masse im Heerde finden, durch welche sie vor der Einwirkung der trockenen Hitze geschützt werden. Mit dem Einschmelzen der Flossen zu Sauer fährt man so lange fort, als mit Rücksicht auf die künftig auf dem Sauer zu erzeugenden Gotta, noch Raum im Feuer vorhanden ist. Weil dieser Sauer aber zugleich die Böden für die folgenden Gotten geben muß, so dürfen doch nicht weniger als 5 bis 6 Centner Flossen eingeschmolzen werden, weshalb die Feuergrube eine, diesen Bestimmungen angemessene, Größe erhalten muß.

Bei der Anfertigung des Sauers, d. h. beim Einschmelzen der Flossen, ist es nothwendig, einen zu steifen Gang im Heerde zu vermeiden, welches durch Anwendung von Quarz geschieht, im Fall der Gang zu gaar seyn sollte. Eine zu große Flüssigkeit darf aber auf der andern Seite ebenfalls nicht stattfinden, weshalb mit dem Zusatz des Quarzes vorsichtig verfahren werden muß.

Ist es die Kieselerde als solche, welche den augenblicklichen Rohgang im Feuer bewirkt, indem sie mit dem oxydirten Eisen eine dünnflüssige Verbindung eingeht, und die Scheidung der Schlacke vom Eisen befördert, oder wird sie theilweise reducirt, und mit dem Eisen vereinigt?

Sobald das Einschmelzen der Flossen beendigt ist, wird das Feuer abgeräumt — hinterhalten — und zur Anfertigung des Sauer dadurch geschritten, daß man Sinter und Stockschlacke (Skaja) in die flüssige Eisenmasse bringt, und sie mit einer hölzernen Birkenstange so lange umrührt, bis sie anfängt zu stocken und oben eine feste Kruste zu bilden. Diese Kruste ist die Unterlage für die folgenden, in einer Schicht zu erzeugenden drei Gotten, und zugleich der Heitzboden für die Machelli von der nächst vorher angefertigten Gotta.

Die ächte Brescianschmiede arbeitet, so wie die unächte, nur in Tagesschichten, und erzeugt in jeder Schicht drei Gotten. Die unächte Brescianschmiede bediente sich, zum Kochen der Gotten, der vorher gehobenen Böden, und fertigte die Gotten in der Löschgrube, aus den Böden an, von welchen sie sich einen ganz unbestimmten Vorrath verschaffte. Die ächte Brescianschmiede kocht ihre Gotten auf dem Sauer, und erst wenn sie ihre drei Gotten aus dem Sauer der nächst vorhergegangenen Schicht angefertigt hat, bricht sie den Sauer, welcher den drei Gotten zur Unterlage diente, aus dem Feuer, und verschafft sich dadurch einen Theil des Materials für die nächstfolgenden drei Gotten, welche in der künftigen Schicht gekocht werden sollen. Der Sauer wird theils in Gestalt von unförmlichen dicken Böden, größtentheils aber in einzelnen Stücken aus dem Feuer genommen, und erhält nun den Namen der süßen Böden, zum Unterschiede von den sauren Böden, worunter man die unmittelbar vom Blauofen erhaltenen ungebratenen Blattln versteht.

Es wird also jedesmal mit der Anfertigung des Sauer der Anfang gemacht, um sich die süßen Böden für die nächstfolgende Schicht zu verschaffen, der Sauer selbst aber, während der ganzen Schicht, als Unterlage für die drei Gotten benutzt, welche aus den süßen Böden angefertigt werden, die aus dem Sauer, welcher in der vorigen Schicht als Unterlage diente, entstanden sind.

Zu einer Gotta wendet man, nach Umständen, $\frac{2}{3}$ bis

$\frac{3}{4}$ weiche Böden, und $\frac{1}{3}$ bis $\frac{1}{4}$ saure Böden an, je nachdem die süßen Böden weniger oder mehr entkohlt sind. Auch muß die Beschaffenheit der sauren Böden natürlich auf die Menge des Zusatzes Einfluß haben. Die Böden werden an der Gichtseite des Feuers angesetzt, und langsam niedergeschmolzen, während welcher Zeit das Ausheitzen der Machelli von der vorigen Gotta vorgenommen wird. Gewöhnlich nimmt man $1\frac{1}{2}$ bis $1\frac{3}{4}$ Centner Böden zu einer Gotta. Bei einem zu flüssigen Gange hilft man sich durch einen Zusatz von Stockschlacke; im umgekehrten Falle wendet man Quarz an. Sobald die Böden eingeschmolzen sind, wird die Gotta ausgebrochen, zerhauen, die Masselli werden ins Feuer gebracht, und bald darauf süße und saure Böden zu der zweiten Gotta angesetzt, mit denen eben so verfahren wird, wie bei der ersten Gotta. Nach der zweiten folgt die Anfertigung der dritten Gotta, und sobald auch diese zerschroten ist, und die Masseln etwas abgeheitzt worden sind, wird der Sauer, welcher den drei Gotten als Frischboden, oder als Unterlage diente, ausgebrochen, um die süßen Böden für die in der künftigen Schicht zu erzeugenden drei Gotten zu geben.

Die erste Gotta erfordert eine Zeit von 6 bis 7 Stunden, weil vorher der Sauer gemacht werden muß; die folgenden beiden Gotten sind eine jede in einer Zeit von 4 Stunden angefertigt, so daß die ganze Schicht etwa 14 bis 15 Stunden dauert.

Um die Kruste des Sauers nicht zu verletzen, und um zu verhüten, daß sich die Gotten nicht zu tief einfressen, muß ein zu flüssiger Gang, welcher auch außerdem das Gaaren der Gotten sehr verzögern würde, durchaus vermieden werden. Bei dem sehr langsamen Einschmelzen und bei der schon ziemlich gaaren Beschaffenheit der Böden, hat man dies nicht sehr zu befürchten; sollte ein solcher roher Gang aber eintreten, so muß man durch einen Zusatz von Skaja, auch wohl durch einen Zusatz von Refudi — Stahlabgängen — die Masse zum Gaaren bringen. Will sich die Schlacke aber gar nicht scheiden und die Gotta sich nicht setzen, so muß zur vorsichtigen Anwendung von Quarz geschritten werden. Aller Quarz, er mag bei der ächten oder bei der unächten Brescianarbeit, bei der Anfertigung des Sauers, oder beim Gottakochen angewendet werden, muß vorher gebrannt und ausgeglüht seyn, um das Zerspringen zu verhindern.

Das Ausbrechen der Gotten geschieht gewöhnlich erst ¾ Stunde, nachdem die letzten Böden eingeschmolzen sind, weil die Masse sonst nicht gehörig zusammenhalten würde.

Die ächte Brescianschmiede liefert übrigens ihre zerschrotenen Stahlstäbe ebenfalls an den Ziehhammer ab, worin er blos nach den üblichen Maaßen ausgereckt, aber nicht gegerbt wird. Die ausgereckten Stäbe werden sogleich in kaltes Wasser geworfen, und nach dem Ablöschen zerschlagen. Der Stahl, welcher auf dem Bruch die Rose zeigt, wird als die beste Sorte besonders verpackt; hat der Stahl zwar einen völligen Stahlbruch, zeigt er aber keine Rosen, so giebt er die zweite Sorte, und eine dritte Sorte macht man zuweilen aus dem schlechten und weichen Stahl. Der zu weiche Stahl, welcher schon sehr eisenartig ausfällt, wird als Ausschuß angesehen, und kommt mit den übrigen Abgängen und Spitzen wieder zur Umarbeitung in den Brescianhammer. *) Dieser Ausschuß und die Abgänge führen den gemeinschaftlichen Namen Refudi, deren man sich theils beim Einschmelzen der Flossen zu Sauer, theils beim Gottakochen selbst, als Zuschläge in den Fällen bedient,

*) So erhält man also gewöhnlich Fein-Brescian, Mittel-Brescian und Romaner, nach den verschiedenen Nummern, welche die Dimensionen bezeichnen.

dient, wenn es zu roh im Feuer geht. Auch die unächte Brescianschmiede wendet die Refudi theils als Zusatz beim Einschmelzen der Flossen zum Bodenheben, theils beim Kochen der Gotten an.

Ein Brescianfeuer liefert wöchentlich 24 bis 28 Centner Stahl, mit einem Abgange von 25 bis 28 Procent, bis zu den Stahlstäben, die dem Ziehhammer übergeben werden, welcher sie mit einem Abgange von 2 bis 4 Procent auszieht. Der Kohlenaufwand beträgt, mit Einschluß des Verbrauchs im Ziehhammer, ebenfalls einige 60 Kubikfuß zu 100 Pfund fertigem Brescianstahl.

Idria.

Die Krainer Alpenkette, welche sich vom Terglou, in der Hauptrichtung nach Südosten fortzieht, scheidet die Flußgebiete der Sau gegen Osten und des Isonzo gegen Westen. Bis Krainburg ist das Thal der Sau sehr beengt, weil westlich von den Karnischen, und östlich von den Kärnthener Alpen, mehrere Gebirgsarme in dasselbe hinablaufen. Unterhalb Krainburg erweitert es sich mehr und mehr, und bildet zwischen Laybach und Ober-Laybach eine, mehrere Meilen lange und breite Ebene, die früher Meeresboden gewesen ist.

Die Höhen, welche das Sauthal begränzen, sind zwar überall Kalkstein, an welchem sich aber, auf den tieferen Punkten, theils ein jüngeres Schiefergebirge, theils Kalksteinbreccie angelegt hat. Die Letztere bildet besonders sehr mächtige und weit verbreitete Lager, welches unter andern bei Krainburg sehr schön und ausgezeichnet zum Vorschein kommt.

Von Ober-Laybach an wird die Erhebung des Bodens merklicher; man befindet sich schon am Fuße desjenigen

Armes der Krainer Alpenkette, welcher in seiner südlichen und südöstlichen Erstreckung die Halbinsel Istrien bildet, und sich nach Croatien fortzieht. Zwar hat man erst bei Adelsberg die größte Höhe dieses Gebirgszuges erreicht; allein schon von Planina an, verlieren sich die Wasser in den Höhlen des Gebirges, und werden der Sau, wenigstens sichtbar, nicht mehr zugeführt. Es mögte schwer seyn, zu bestimmen, welche Richtung ihrem Lauf durch die unterirdischen Höhlen und Wasseransammlungen angewiesen wird. Bis über Adelsberg hinaus ist das Gebirge mit Wald bedeckt; von dort an zieht sich die hohe und kahle Gebirgsebene über Prewald und Sessana bis Opschina fort, um sich dann plötzlich ins Meer zu stürzen. Zwischen Lohitsch und Planina kommen Gebirgsschichten von Schiefergebirge (Stinkstein) zum letztenmal zum Vorschein; von Planina an ist der sandige, bläulich-graue Kalkstein, mit abwechselndem Fallen nach allen Weltgegenden, ununterbrochen bis Triest aushaltend.

Um von Ober-Laybach nach Idria zu gelangen, muß man die Krainer Alpenkette selbst, welche hier indessen keine bedeutende Höhe mehr erreicht, durchschneiden. Der östliche Abhang ist ziemlich sanft, und auf dem höchsten Punkte des Weges über den Magdalenenberg mag man sich etwa in einer 1300 Fuß größeren Höhe als zu Ober-Laybach befinden. Aeußerst steil ist aber der Abfall gegen Westen, nach dem Thal der Idriza. Der Berg fällt unter einem Winkel von 60 bis 70 Graden, so daß es eines sehr oft und künstlich gewundenen Weges bedurfte, um das Idrizathal zu gewinnen. In diesem Thale liegt Idria, etwa 300 Fuß tiefer als Radmannsdorf an der Sau. Weil aber Ober-Laybach ziemlich 250 Fuß tiefer liegen mag, als Radmannsdorf, so kann man für Idria fast eine gleiche Höhe mit Ober-Laybach annehmen.

Das Gebirge, welches beide Orte trennt, besteht aus dichtem Kalkstein, der in seiner mittleren Höhe mit jüngerem Schiefergebirge und mit Stinkstein, der sich bis Planina fortzuziehen scheint, bedeckt ist. Noch weit höher als bis zum höchsten Punkte des Weges, steigt die Kalksteinbreccie hinauf, welche fast bis an die Kuppe des Magdalenenberges zu reichen scheint.

Der westliche Abfall der Krainer Alpenkette gehört zum Flußgebiet des Isonzo, dessen Quellen am südlichen Fuße des Terglou entspringen. Auch die Idriza, welche bei Idria noch ziemlich in der Richtung von Süden nach Norden fortgeht, wendet sich bald gegen Westen, um sich demnächst mit dem Isonzo zu vereinigen. Das Thal der Idriza ist sehr enge und geschlossen, aber nicht durch fortlaufende Gebirgszüge auf beiden Ufern, sondern durch einzelne, isolirt stehende Berge, die fast erst im Niveau des Thales zusammenkommen. Das ganze Gebirge westlich von der Krainer Alpenkette hat ein solches zerstückeltes Ansehen, welches auf eine sehr gestöhrte Bildung und auf Stöhrungen nach der Bildung schließen läßt. Vielfache Hebungen und Senkungen haben ohne Zweifel Wasserströhmungen nach allen Richtungen zur Folge gehabt, so daß es schwer ist, eine Regelmäßigkeit in der Anordnung der ganzen Gebirgsmassen, und noch viel weniger in den Schichtungsverhältnissen der Gebirgsarten aufzufinden. Mehrere kleine Gebirgswasser, welche im Sommer fast gänzlich austrocknen, stürzen aus den Schluchten, welche die einzelnen Gebirgsmassen bilden, in das Idrizathal hinab, und geben so zur Bildung von kleinen Querthälern Anlaß, welche sich mit dem Hauptthale der Idriza fast unter einem rechten Winkel vereinigen.

In einem solchen, von der Nicova gebildeten Querthale, liegt Idria, auf dem linken Ufer der Idriza. Die

Nicova, von Westen nach Osten fließend, vereinigt sich fast unter einem rechten Winkel mit der Idriza, deren Lauf, bei Idria, ziemlich genau von Süden nach Norden gerichtet ist. Die Berge, welche die Thäler einschließen, bestehen aus einem grauen Kalkstein, der häufig glimmerartig glänzende Schuppen, und so viel Quarztheile enthält, daß er mit dem Stahl Feuer giebt. In dem Niveau der Thäler ist der Kalk, am Fuße der Berge, zum Theil zu mergelartigen, oft regelmäßig geschichteten Massen aufgelöset; auch findet sich hier und dort ein schwarzes Schiefergebirge aufgelagert, von dem es schwer zu sagen ist, ob es auch dem zertrümmerten Grundgebirge sein Entstehen verdankt, oder ob es, als ein wahrer Brandschiefer, seine Abkunft von andern wirkenden Ursachen ableitet.

Ein solches Schiefergebirge ist es, in welchem, in der Idrianer Grube, die Quecksilbererze vorkommen. Zwar hat sich auf mehreren Punkten in den engen Thälern der Idriza und der Nicova ein ähnliches Schiefergebirge angelegt, als dasjenige, in welchem die Quecksilberze gewonnen werden; auch ist erweislich der erste Quecksilberbergbau auf einem ganz anderen Punkte als jetzt, nämlich auf dem nördlichen, oder linken Ufer der Nicova, geführt worden; allein es hat doch bis jetzt nicht gelingen wollen, ein Schiefergebirgsmittel auszurichten, welches erzführend genug wäre, um es in Abbau nehmen zu können.

Der erzführende Brandschiefer hat sich an dem sogenannten Erzberg angelegt, welcher auf dem linken Ufer der Idriza und auf dem rechten der Nicova liegt. Weil dieser Berg beiden Thälern gemeinschaftlich angehört, so macht er auch eine Wendung in beide Thäler hinein, welcher das Schiefergebirge sehr genau folgt; indem dasselbe nach St. 2, aus Südsüdost nach Nordnordwest fortstreicht, und sich mit seinem Fallen wahrscheinlich ganz nach dem Abfall des Grundgebirges, oder des sogenannten Erzberges richtet. Deshalb ist das Fallen des erzführenden Schiefers zwar St. 8 aus Südwest nach Nordost, allein keinesweges unter einem gleichbleibenden Winkel, indem es in oberen Teufen weit schwächer fällt, als in einer größeren Teufe, wo es fast senkrecht einschießt.

Ueber dem Niveau des Idriza- und Nicova-Thales erhebt sich das Schiefergebirge etwa 350 Fuß. Eine viermal größere Höhe erreicht aber der sogenannte Erzberg, nämlich der Kalkberg, welcher das Liegende des Schiefergebirges ausmacht. Bis zum Niveau des Thales ist das Schiefergebirge durch mehrere, jetzt schon lange verbrochene Stollen untersucht, aber ganz unbauwürdig befunden worden. Ueberhaupt ist es eine merkwürdige Erscheinung, daß die Erzführenheit des Schiefers in dem Verhältniß der größeren Teufe zunimmt, welches für die Dauer der Grube eine sehr erfreuliche Aussicht gewähren würde, wenn nicht die Mächtigkeit des Schiefermittels in eben diesem Verhältniß dergestalt abnähme, daß es sich, in einer Tiefe von etwa 120 Lachtern unter der Thalsohle, ganz auszukeilen scheint.

Eben so wie die Erstreckung des erzführenden Schiefergebirges in die Teufe begränzt ist, kennt man in mehreren Sohlen auch schon die Begränzung desselben nach der Richtung des Streichens, und zwar nach beiden Weltgegenden, gegen Südsüdost und Nordnordwest. Dieser Umstand und die Erfahrung, daß das Hangende aus demselben Kalkstein besteht, welcher das Liegende des Schiefergebirges ausmacht, und welcher dasselbe nach beiden Weltgegenden in seinem Fortstreichen begränzt, haben Veranlassung gegeben, das ganze Schiefergebirge als einen mächtigen Gang, oder auch als ein Stockwerk im Kalkstein anzusehen. Bergmännisch läßt sich diese Ansicht allerdings rechtfertigen, weshalb auch der sehr regelmäßige und wohl eingerichtete Grubenbau, jenem Verhalten des Gebirges gemäß geführt worden ist; ob sie sich aber geognostisch vertheidigen lassen wird, dürfte zunächst wohl von dem noch unbekannten Verhalten des Schiefergebirges am Erzberge, zu dem Schiefergebirge abhängen, welches sich am rechten Ufer der Idriza und am linken der Nicova heraushebt, dessen Verhalten in der Teufe noch völlig unaufgeschlossen ist. Daß übrigens das Schiefergebirge wirklich jünger ist, als der dasselbe umgebende Kalkstein, oder daß es wenigstens erst nach dem Vorhandenseyn des Kalkgebirges, wahrscheinlich von unten, nämlich aus dem Inneren der Erde emporgehoben worden seyn müsse, geht aus den großen Kalksteinmassen hervor, die sich mitten im Schiefergebirge befinden, und welche von allen Seiten von demselben eingeschlossen werden. Dieser Kalkstein hat ganz das Ansehen und die Beschaffenheit des Liegenden, und es kann kein Zweifel seyn, daß er bei der Bildung des Schiefergebirges nicht von oben niedergestürzt wäre. Man nennt diese von dem Schiefergebirge umschlossenen Kalksteinmassen Wände, welche man in der Grube mit Strecken zu umfahren sucht, weil der Streckenbetrieb im Schiefergebirge leichter und wohlfeiler ist, als im Kalkstein. Es sind zwar mehrere solcher Wände in der Grube bekannt, indeß zeichnet sich besonders eine derselben durch ihre große Ausdehnung vorzüglich aus.

Die Erstreckung des erzführenden Schiefergebirges beträgt, in dem Niveau des Thales, nach dem Streichen von Südsüdost nach Nordnordwest, gegen 400 Lachter, und die Mächtigkeit vom äußersten Liegenden bis zum äußersten Hangenden etwa 60 Lachter. Beide Dimensionen nehmen aber in größerer Teufe ab, und in dem jetzigen Tiefsten der Grube — etwa 120 Lachter unter dem Niveau des Thales — glaubt man bald das völlige Auskeilen des Schiefers erreicht zu haben.

Mit der Zuversicht, mit welcher man das Liegende überall gefunden hat, dürfte jedoch das wahre Hangende noch nicht ausgemittelt, aber noch viel weniger dürfte es als entschieden anzusehen seyn, daß das Schiefergebirge wirklich nicht weiter, als man jetzt dafür hält, nach beiden Gegenden fortstreicht. *)

Nicht das ganze Schiefergebirge ist erzführend, sondern die Erzführenheit desselben beschränkt sich auf eine Mächtigkeit von mehreren Lachtern, wobei aber weder nach der Richtung des Streichens, noch nach dem Einfallen, irgend eine Regelmäßigkeit stattfindet. Auf mehreren Punkten laufen auch einzelne erzführende Trümmer ab, so daß man das Ganze als einen sehr zertümmerten und durch viele taube Mittel unterbrochenen Erzgang im Schiefergebirge ansehen kann. In der Nähe der Wände ist das Gebirge immer taub; auch sind da, wo Gediegen-Quecksilber am häufigsten vorkommt, immer die ärmsten Anbrüche zu erwarten. Der erzführende Schiefer unterscheidet sich von dem tauben, durch seine dunklere Farbe und durch ein matteres Ansehen. Der taube, stets lichtere und glänzendere Schiefer wird erst mild und dunkler, ehe er erzführend wird; dann scheint er aber an Härte und Festigkeit

*) Die Annahme, daß das erzführende Schiefergebirge aus dem Inneren der Erde emporgehoben worden sey, ist keine zu gewagte Hypothese. Je näher der Erdoberfläche, desto geringer war der Widerstand, den die schon gebildeten Kalkmassen entgegensetzten; desto mehr konnte sich der Brandschiefer daher nach allen Seiten ausbreiten. Selbst der zunehmende Erzreichthum des Schiefers in größerer Teufe, erklärt sich dadurch sehr ungezwungen. Ein wirkliches Auskeilen des Schiefers dürfte deshalb auch schwerlich zu befürchten, wohl aber ein sehr genauer Zusammenhang der Schiefermittel, welche man auf den rechten und linken Ufern der Idriza und der Nicova über der Thalsohle kennen gelernt hat, zu erwarten seyn.

so zuzunehmen, daß er mit dem Stahl Funken giebt. Der Kalkgehalt des Schiefers ist nicht so bedeutend, daß er mit Säuren aufbrauset, obgleich er auf vielen Punkten mit Kalkspathadern, und nicht selten auch mit Gips durchzogen ist. Nur da, wo der Schiefer sehr kalkhaltig wird, und Kalkspath enthält, hat sich Zinnober in ausgezeichneten Stücken gebildet und abgesetzt.

Man unterscheidet Stahlerze, Lebererze, Ziegelerze, Korallenerze, Branderze, Gediegen-Quecksilber und Zinnober. Unter Stahlerzen versteht man ganz derbe und durchaus reine Lebererze. Ziegelerze sind Lebererze, die kleine, kaum sichtbare Schiefertheilchen, so häufig eingesprengt enthalten, daß sie fast eine homogene Erzmasse zu bilden scheinen. Die eigentlich sogenannten Lebererze stehen zwischen den Stahlerzen und den Ziegelerzen in der Mitte. Die Zinnobererze, oder das reine hoch- und dunkelrothe, geschwefelte Quecksilber, kommt theils derb, theils grob und fein eingesprengt, im Schiefer und im Kalkstein, und theils angeflogen vor. Der Zinnober ist auch der erzhaltende Bestandtheil der Korollenerze, nämlich des Schiefers, welcher — wahrscheinlich durch die Lage und Richtung des blätterigen Gefüges der einzelnen, von Zinnober durchdrungenen Theilchen — kugelförmige Knoten, bald in der Gestalt von wirklichen Kugeln, bald von Bohnen und Halbkugeln bildet, und dadurch das äußere Ansehen von Korallengewächsen erhält. Unter Branderz versteht man einen milden, erzführenden Schiefer, dessen großer Gehalt an Bitumen sich durch das Ansehen, so wie durch das Zerfallen beim Liegen an der Luft und durch das Brennen beim Anzünden zu erkennen giebt. Der Erzgehalt der Branderze ist sehr verschieden, und richtet sich darnach, ob das geschwefelte Quecksilber häufiger, oder sparsamer eingesprengt ist. Von dem Gediegen-Quecksilber wird in der Grube sehr wenig, und nur dasjenige gewonnen, was von Zeit zu Zeit in den Förderstrecken zusammengekehrt wird; der größte Theil wird erst bei der Aufbereitung, oder, in so fern die Erze unmittelbar zur Hütte kommen, und nicht erst zur Aufbereitung genommen werden, in dem Erzbrennofen gewonnen. Wodurch haftet aber das regulinische Quecksilber, oder das natürliche gediegene Metall, so stark an dem Gestein, daß es sich weder bei den Erzgewinnungsarbeiten, noch bei der Förderung, von demselben trennt, und, wenigstens zum größten Theil, mit der Gebirgsart aus der Grube gebracht werden kann?

Weil das Schiefergebirge erst unter der Thalsohle bauwürdig wird, so hat der Bau durch einen Stollen nicht gelöset werden können, sondern die Grube mußte ihre Wasserlosung durch Künste erhalten. Deshalb ist es ein sehr glücklicher Umstand, daß sich nur in der oberen Teufe Grubenwasser von einiger Bedeutung finden, und daß in größerer Teufe nur sehr wenig Wasser vorhanden sind. Das Schiefergebirge selbst ist fast wasserleer, und die Wasserzuflüsse kommen vorzüglich nur aus dem Liegenden, besonders aber aus dem hangenden Kalkstein, weshalb man es auch sehr vermeidet, denselben anzufahren. Wenn durch das Anfahren des Kalksteins keine Wasser erschroten werden, so ist dies ein sicherer Beweis, daß man weder das Hangende, noch das Liegende, sondern eine vom Schiefergebirge umgebene Wand angefahren habe.

So ausgedehnt die Grube ist, so einfach ist sie doch in ihren Hauptabtheilungen, indem sie in acht Hauptsohlen oder Hauptgezeugstrecken abgetheilt ist. Eine gleiche Entfernung findet zwischen diesen acht Sohlen (Schlägen, oder Feldern, wie man sie hier nennt) nicht statt, und bei einer so alten Grube läßt sich dieser Mangel an Regelmäßigkeit eben so leicht erklären, als entschuldigen. Die acht Sohlen heißen, von oben bis zur größten Teufe gerechnet: das Agaci-Feld, das Floriani-Feld, das Mittelfeld, das Hauptfeld, das Wasserfeld, das Clementini-Feld, das Hauptmannische Feld und das Karls-Feld. Die Strecken (Schläge oder Läufe) haben im Allgemeinen die Richtung nach dem Streichen des Gebirges, also St. 2, und von ihnen gehen die Abbaustrecken und die Versuchstrecken (Hoffnungsschläge) gegen Osten und Westen, oder nach dem Hangenden und Liegenden ab. Wo das Feld zwischen zwei Hauptgezeugstrecken zu groß gewesen seyn würde, sind Mittelstrecken vorgerichtet worden.

Die Hauptgezeugstrecken stehen sämmtlich durch zwei Schächte mit einander in Verbindung, die gleichzeitig als Kunst- und als Förderschächte gebraucht werden. Noch ist ein dritter Schacht vorhanden, welcher blos als Kunstschacht benutzt wird. Die beiden Kunst- und Förderschächte: Barbara und Theresia, stehen am Fuße des Erzberges, wenige Lachter über der Thalsohle, in geringer Entfernung von einander. Sie sind in der Stadt selbst, also im Nicova-Thale, abgeteuft, und weil sich, fast unmittelbar unter der Hängebank, die Poch- und Waschwerke befinden, oder doch wenigstens durch ein kurzes Hundegestänge mit ihnen verbunden sind; so hat man zwar den Vortheil, die geförderten Erze nicht weit zu den Wäschen bringen zu dürfen; allein weil die Schächte fast in der äußersten nordnordwestlichen Erstreckung des Erzbaues niederkommen, so sind die Förderlängen in der Grube desto größer, und veranlassen bedeutende Förderkosten. Dies kann indeß der Verwaltung nicht zum Vorwurf gereichen, weil die Schächte älter sind als die Baue in der äußersten südöstlichen Erstreckung, und weil man zur Ersparung der Förderlängen in der Grube, nicht so leicht den Entschluß fassen kann, einen neuen 120 Lachter tiefen Schacht niederzubringen.

Zum Einfahren in die Grube dient ein besonderer Einfahrtstollen, der Antoni-Stollen, welcher in der äußersten nordnordwestlichen Feldeserstreckung, im Hangenden des Schiefergebirges angesetzt, und nicht allein bis zum Liegenden, sondern noch viele Lachter lang in dasselbe hineingetrieben worden ist. Von dem, mit einer Kapelle gezierten Orte des Stollens, führt ein höchst bequemer donnlägiger Schacht (eine Rolle) mit massiven Stufen, hölzernen Geländern, und mehreren Podesten und Absätzen zu den Hauptgezeugstrecken. So kommt man durch die Attemsischen Rollen zum Agaci-Felde, durch die Heitzfeldischen Rollen zum Floriani-Felde, von dort durch die Kämpfischen Rollen zum Mittelfelde, und durch die Koflerschen Rollen zum Hauptfelde. Hier hören die Hauptrollen auf, und vom Hauptfelde gelangt man zum Wasserfelde durch den gemauerten Josephi-Schacht, vermittelst einer hölzernen Wendetreppe. Zu den tiefsten Feldern führen, vom Wasserfelde, die Leopolds-Rollen, welche jedoch nicht mit der Eleganz und Bequemlichkeit, wie die oberen Rollen eingerichtet sind.

Der Antoni-Stollen liegt am Marktplatz der Stadt. Das Mundloch ist mit einem Hause überbauet, in welchem sich auch die Anfahrstube befindet. Es findet in Idria die eigene Einrichtung statt, das Stollenmundloch mit einem eisernen Gitter zu verschließen, welches von dem Steiger in den Wechselstunden für die aus- und einfahrende Mannschaft geöffnet wird.

Ein zweiter Stollen, der Josephi-Stollen, ist in derselben Sohle, wie der Antoni-Stollen, nämlich einige Lachter über dem Niveau des Thales, ebenfalls im Hangenden, aber in der äußersten südsüdöstlichen Erstreckung des Erzlagers angesetzt. Dieser Stollen dient zum Wetterwechsel, und ist durch die Joseph-Rollen mit dem Floriani-Felde, so wie durch die

Stephani-Rollen mit dem Mittelfelde, mit allen übrigen Feldern aber durch Gesenke verbunden.

Das ganze Bild der Grube stellt sich also höchst einfach, als ein, auf einem mächtigen, nach St. 2 streichenden Gange geführter, in acht Hauptfeldern, vom Niveau des Thales an, eingetheilter Bau dar, dessen Gezeugstrecken nach dem Hauptstreichen des erzführenden Gebirges, von dessen äußersten nördlichen, bis zur äußersten südlichen. Erstreckung aufgefahren, und fast an der Gränze ihrer nördlichen Feldeslänge, durch zwei Schächte, die gleichzeitig zur Wasserhaltung und zur Förderung dienen, mit einander in Verbindung gesetzt sind. Die Hauptgezeugstrecken dienen daher zur Wasserhaltung für jedes Feld, und zugleich zu eben so vielen Hauptförderstrecken, weshalb sie auch Hauptläufe genannt werden. Wegen dieser doppelten Bestimmung, zur Förderung und zur Wasserhaltung, haben alle Strecken ein Ansteigen von Norden nach Süden erhalten. Mit den Schächten sind die Strecken durch $2\frac{1}{2}$ Lachter hohe, 3 Lachter breite und 4 Lachter lange Anschlagörter (Riegelweiden) verbunden, welche theils als Füllorte, theils zur Ansammlung der Wasser von jedem Felde dienen.

Ungeachtet dieser großen Einfachheit und Regelmäßigkeit des Baues, hat die Grube doch eine bedeutende Ausdehnung, durch die große Menge von Mittelstrecken und Querschlägen, die theils als Hoffnungsschläge, theils als Abbaustrecken nach dem Hangenden und Liegenden getrieben, und welche auf vielfache Weise durch Gesenke und Uebersichbrechen mit einander in Verbindung gesetzt sind, erhalten. Sehr viele dieser Strecken sind bereits verbrochen und nicht mehr fahrbar. Das Agaci-Feld ist schon völlig abgebauet, und auf den nächstfolgenden Hauptfeldern findet nur noch Arbeit im alten Mann statt, die, wegen des starken Druckes des Gebirges, sehr mühsam und gefährlich ist. Auf dem Mittelfelde ist im

Jahre 1532 ein großes Stück Feld zu Bruche gegangen, welches einigen 50 Häuern das Leben kostete.

Dies Feld führt daher noch jetzt den Namen der Todtenteufe, und man sucht sowohl hier als auch auf vielen andern Punkten in der Grube, die verbrochenen Erze in den alten Brüchen vorsichtig auf. Zu solchen Brüchen hat sich, zum großen Nachtheil für die Grube, im Jahre 1803 eine sehr ausgedehnte Veranlassung gefunden, durch welche die ganze Grube auf immer vernichtet zu werden bedroht ward. Es war nämlich im Wasserfelde, vermuthlich durch Selbstentzündung, ein Grubenbrand ausgebrochen, welcher die Zimmerung ergriffen hatte, und den Zusammensturz der ganzen Grube zu bewirken drohte. Augenblicklich angeordnete, und mit großer Lebensgefahr ausgeführte Verdämmungen, indem sich die Quecksilberdämpfe an den Körpern der Arbeiter verdichteten und niederschlugen, hatten bereits zu den gerechtesten Hoffnungen Anlaß gegeben, das Feuer zu ersticken, als durch ein unglückliches Mißverständniß die Verdämmungen wieder weggerissen wurden, und dem Feuer dadurch Gelegenheit gegeben ward, mit neuer Wuth hervorzubrechen. Als man den Irrthum gewahrte, war es schon zu spät; mehrere Strecken waren bereits ausgebrannt und verbrochen, und man konnte überhaupt die dritte Gezeugstrecke kaum mehr erreichen. In diesem kritischen Augenblicke, wo die Existenz der ganzen Grube auf dem Spiel stand, faßte der Herr Gouvernialrath v. Sybold zu Eisenerz, welcher damals in Idria angestellt war, den Entschluß, das einzige nur noch mögliche Mittel zur Rettung der Grube, zu ergreifen, und dieselbe zu ersäufen.

Die Art und Weise, wie dieses höchst gefährliche Mittel angewendet ward, damit es in seinen Wirkungen nicht eben den Nachtheil für die Grube herbeiführe, als das Uebel, gegen welches es dienen sollte, so wie die mancherlei Gefahren, welchen die Arbeiter bei ihren angestrengten Bemühungen ausgesezt worden sind, verdienten wohl, so wie die ganze Geschichte dieses höchst merkwürdigen Grubenbrandes, zur Belehrung öffentlich bekannt gemacht zu werden. *) Zum größten Glück hatte die Flamme die Schachtzimmerung noch nicht ergriffen, weshalb der Theresien-Schacht zur Rettung der Grube ausersehen, und das Wasser aus der Idriza, durch in den Schacht schnell eingebauete Lutten in die Grube gelassen ward. Die erwartete Explosion blieb natürlich nicht aus, sobald das Wasser aus dem Tiefsten bis zum eigentlichen Sitze des Feuers in die Höhe gestiegen war: eine Explosion, die so heftig wirkte, daß die Tagegebäude in der Nähe des Schachtes zusammengeworfen wurden. Die Grube ward durch dieses Mittel jedoch in der Hauptsache gerettet, wenn gleich Brüche in großer Zahl und Ausdehnung entstanden waren, und wenn gleich die Hauptläufe in den Feldern, wo das Feuer gewüthet hatte, ganz wieder aufgeräumt werden mußten, nachdem man die Wasser zu Sumpfe gebracht hatte.

Obgleich dies traurige Ereigniß der Grube dadurch sehr nachtheilig geworden ist, daß ein großer Theil der besten Anbrüche zu Bruche ging, deren Gewinnung schwerlich mehr zu erwarten, oder wenigstens mit bedeutenden Kosten verknüpft seyn wird; so ist doch aus diesem Brande das Gute für die Grube hervorgegangen, daß jetzt alle Hauptstrecken in Mauerung stehen, so daß man sich bei einer jetzigen Befahrung der Grube verwundernd fragt, wie es bei der vorhandenen wenigen Zimmerung möglich sey, daß je ein so großer und verderblicher Brand habe ausbrechen können. Offenbar würde das

*) Diese Belehrung wird dem bergmännischen Publikum zu Theil werden, wenn Herr Gubernialrath von Sybold sich entschließt, sein, mündlich mir ertheiltes Versprechen, zu erfüllen.

Feuer auch nicht so plötzlich und allgemein um sich gegriffen haben, wenn nicht das Bitumen des Schiefers, vielleicht auch der Schwefelgehalt der Quecksilbererze und des Schwefelkieses, als Brennmaterial gedient hätten. Eine große Menge reguliniſches Quecksilber, welches man, nach dem Brande, aus dem Tiefsten der Grube gewann, wo es sich vermöge seines specifischen Gewichtes, und weil alle Strecken nach den Schächten zu geneigt geführt sind, angesammelt hatte, war die traurige Frucht eines Ereignisses, welches, ohne die energischen und umsichtigen Maaßregeln des Herrn v. Sybold, die ganze Grube auf immer vernichtet haben würde.

Die ganze Seigerteufe der Grube, von der Hängebank der beiden, in einer Sohle liegenden Kunst- und Treibschächte, bis zur Schachtsohle, beträgt 125 Lachter, mit Einschluß eines 8 Lachter tiefen Wassersumpfes, der beiden Schächten gemeinschaftlich angehört, indem sie im Tiefsten durch eine Wasserstrecke mit einander verbunden sind. Von der Hängebank bis zur Hauptgezeugstrecke des Karls-Feldes ist die Seigerteufe 117 Lachter; von der Hängebank bis zum Hauptmannschen Felde 109, bis zum Clementini-Felde 101, bis zum Wasserfelde 93, bis zum Hauptfelde 75, bis zum Mittelfelde 61, bis zum Floriani-Felde 46, und bis zum Agaci-Felde 30 Lachter. Die Sohlen sind daher, besonders in den oberen Teufen, sehr ungleich vertheilt. Die Feldeserstreckung des Agaci-Feldes ist sehr gering, weil das Schiefergebirge in dieser Teufe noch wenig erzführend ist. Am weitesten sind die Gezeugstrecken, welche das Floriani- und das Mittelfeld bilden, ins Feld gebracht, weil das erzführende Gebirge in dieser Teufe in seiner streichenden Erstreckung am längsten aushält. Auch die Hauptgezeugstrecken für das Hauptfeld, Wasserfeld und Clementini-Feld, sind noch fast 200 Lachter lang gegen Südsüdost aufgefahren; allein die nun folgenden tieferen Gezeugstrecken, nehmen sehr an Länge ab, weil das Schiefergebirge in dieser Teufe weder in der streichenden Erstreckung, noch in der Mächtigkeit, vom Liegenden zum Hangenden gerechnet, sehr weit aushält.

Die Grube ist folglich als ganz aufgeschlossen zu betrachten, indem sich ein neues Feld nicht mehr ausrichten läßt, sondern alle Arbeiten jetzt nur noch auf den Abbau der Reserven und der in den verschiedenen Teufen noch anstehenden Mittel, vorzüglich aber auf den Bau im alten Mann und in den ungemein vielen Brüchen in der Grube, beschränkt ist. Dennoch, und wenn es sich wirklich mehr und mehr bestätigt, daß sich das erzführende Gebirge unter der Karls-Sohle bald so auskeilt, daß ein lohnender Bau in der größeren Teufe nicht mehr stattfinden kann, wird man noch über 100 Jahre Erze finden können, wenn es auch nicht gelingen sollte, ein ganz neues bauwürdiges Schiefermittel auszurichten.

Untersuchungen zur Ausmittelung bauwürdiger Schiefermittel auf anderen Punkten des Thales, sind schon seit vielen Jahren angestellt worden. Bereits zu Anfange des vorigen Jahrhunderts sind Versucharbeiten auf dem r e c h t e n Ufer der Idriza, in dem Magdalenen-Berge, dessen Fuß dem Erzberge gegenüber liegt, und nur durch die Idriza von ihm getrennt wird, im Umgange gewesen. Dieser Hoffnungsbau soll schon eine sehr bedeutende Feldesausdehnung gehabt haben; er ist aber in der Mitte des vorigen Jahrhunderts wieder verlassen worden, weil man den Schiefer über der Thalsohle überall taub fand, und weil man durch das starke Zudringen der Wasser abgehalten ward, die Beschaffenheit des Schiefergebirges, in einer etwas beträchtlichen Teufe unter der Sohle des Thales, zu untersuchen.

Nachdem man die Hoffnung zur Auffindung eines bauwürdigen Schiefermittels auf diesem Punkte aufgegeben hatte, rich-

richtete man seine Aufmerksamkeit auf das Schiefergebirge, in welchem der Erzbau zu Idria erweislich zuerst, zu Ende des 15ten Jahrhunderts, begonnen hatte, aber nur bis zum Jahre 1506 fortgesetzt worden war.

Dieser Punkt liegt nördlich vom Erzberge, am linken Ufer der Nicova, an dem sogenannten Antoni-Berge, welcher vom Erzberge nur durch die Nicova getrennt wird, deren Thal hier, bei der Vereinigung mit der Idriza, breiter ist, als das der Idriza selbst. Man soll hier mehrere Hundert Lachter im alten Mann aufgefahren seyn, auch ein Abteufen von mehreren 30 Lachtern gemacht, aber keine bauwürdigen Erze gefunden haben. Theils deshalb, theils wegen Wettermangel, vorzüglich aber wohl wegen der brennbaren Wetter, welche im Jahre 1766 in diesen Versuchbauen großen Schaden anrichteten und mehreren Arbeitern das Leben kosteten, scheinen die weiteren Untersuchungen ebenfalls eingestellt worden zu seyn.

Wenn man erwägt, daß alle diese Schiefermittel, sowohl diejenigen, auf welchen jetzt der Bau am Erzberge geführt wird, als diejenigen am Magdalenen- und Antoni-Berge, welche man theils taub, theils unbauwürdig verlassen hat, nur wenige Hundert Lachter von einander entfernt sind, und wenn man ferner das Verhalten des Schiefers am Erzberge berücksichtigt, welcher sich nur wenige Lachter über der jetzigen Thalsohle erhebt, dann vom Kalkstein bedeckt wird, aber erst in einer Teufe von etwa 20 Lachtern unter der Sohle des Thales bauwürdig zu werden anfängt; so ist wohl die größte Wahrscheinlichkeit vorhanden, daß das ganze erzführende Schiefergebirge einen unmittelbaren Zusammenhang haben müsse, und daß man die Schiefer am Magdalenen- und Antoni-Berge, in größerer Teufe bauwürdig ausrichten werde.

Daß man diese Untersuchungen, zu der Zeit, wo sich die

Idrianer Grube durch den starken Absatz des Quecksilbers im höchsten Flor befand, zu sehr vernachlässigt hat, ist daher kaum zu rechtfertigen. Seit mehreren Jahren hat man indeß, in der Sohle des Mittelfeldes, einen sogenannten Hoffnungsschlag, oder einen Querschlag durch das Hangende gegen Osten, zu treiben angefangen, um das Gegengebirge am Magdalenen-Berge in dieser Teufe zu untersuchen.

Man ist mit der Strecke schon so weit vorgerückt, daß das Ort derselben in diesem Augenblicke unter der Idriza steht, unter welcher sie einige 50 Lachter Teufe einbringt. Noch immer hat man aber einen quarzigen, gelblich-grauen Kalkstein vor Ort anstehend, und da man das Verhalten des Schiefers im Gegengebirge in Rücksicht seines Einfallens nicht genau kennt; so bleibt es ungewiß, wie lang die Strecke noch aufgefahren werden muß, ehe sie das Schiefergebirge erreichen wird. Der Wetter wegen sind die Dimensionen dieser Hauptversuchstrecke sehr groß genommen worden. Glücklicherweise haben sich bis jetzt wenig Wasser gefunden; auch steht der Kalkstein ohne Zimmerung sehr gut, so daß die Kosten dieses Querschlagsbetriebes nicht bedeutend sind. Vielleicht hat dies die sonst unerklärbare Veranlassung gegeben, in derselben Sohle gleich zwei Strecken, in geringer Entfernung, parallel neben einander, aufzufahren, und dadurch die Kosten der Versucharbeit ungemein zu erhöhen. Hätte man etwa die Absicht, den Wetterwechsel auf diese Weise zu befördern, so würde man beide Strecken, sobald ein Wettermangel eintritt, von Distanz zu Distanz durch kurze Querschläge mit einander in Verbindung setzen, welches aber bis jetzt noch nicht geschehen ist. Beim Auffahren der Strecken beobachtet man die Vorsicht, dem Einbruch immer ein 1 Lachter langes Bohrloch vorangehen zu lassen, um in dem Fall, wenn man etwa viele Wasser erschroten sollte, welches, unter dem Flußbette der

Idriza, in dieser Teufe zwar nicht wahrscheinlich, aber doch möglich wäre, bei Zeiten die gehörigen Vorsichtsmaaßregeln treffen zu können.

Die Aufschlagwasser für die Künste auf dem Barbara- und Theresien-Schacht, so wie für die unmittelbar unter der Hängebank beider Schächte liegenden Pochwerke und Wäschen, sind aus der Idriza, auf einem über 1500 Lachter oberhalb der Kunsträder liegenden Punkte, im Idriza-Thal gefaßt, und am Abhange des Erzberges fortgeleitet. Die Leitung ist in Maurung gesetzt, aber nur auf wenigen Punkten überwölbt, auf den mehresten mit Brettern und Rasen bedeckt.

Jeder der beiden Kunstschächte hat drei Abtheilungen, von denen die eine zur Wasserhaltung, die beiden anderen zur Förderung bestimmt sind. Der Theresien-Schacht ist ganz seiger, der Barbara-Schacht aber unter einem Winkel von 80 Graden bis zum Tiefsten niedergebracht. Die Abtheilung des Schachtes, in welcher die Kunstsätze hängen, ist zwar mit einer Fahrung versehen, welche aber nur von dem Kunststeiger benutzt wird, weil die Aus- und Einfahrt durch den Antoni-Stollen geschieht. Fremde haben das nicht beneidenswerthe Vorrecht, auf einem, mit einem bequemen Sitze versehenen Rollschlitten, aus dem Barbara-Schacht, durch das zur Grubenförderung bestimmte Kehrrad, ausgetrieben zu werden.

Die oberschlächtigen Kunsträder sind 35 Fuß hoch, die Sätze 12 Zoll, die Saugröhren jedoch nur 9 Zoll weit, und mit dem Krummzapfen des Kunstrades (welches sehr luxuriös aus Metall, und nicht aus gegossenem Eisen besteht) auf die gewöhnliche Weise durch ein Gestänge und durch Kunstkreutze über dem Schachte verbunden. Die Sätze heben einander auf die gewöhnliche Art zu, und die Wasser von den verschiedenen Hauptgezeugstrecken, oder Feldern, sammeln sich in den Ausgußkästen, welche sich in den Füllörtern oder Anschlagörtern, durch welche die Strecken mit dem Schacht in Verbindung stehen, befinden. Weil der Barbara-Schacht nicht ganz seiger ist, so haben die Kolben hier eine etwas größere Reibung als im Theresien-Schacht zu überwinden. Die Kolben sind noch gewöhnliche Stulpkolben. Die Wasserzuflüsse, welche, wie erwähnt, auf den verschiedenen Sohlen abgefangen werden, sind nicht so stark, daß die Künste die Sümpfung nicht bewirken könnten. Im Nothfall würde man wohl doppelte Sätze einhängen, und das Kunstrad breiter schaufeln können, weil es an Anschlagwassern nicht fehlt. Ueberhaupt aber sind die Wasser, besonders in den tieferen Sohlen, so unbedeutend, daß man in den Hauptstrecken nicht einmal einen Sohlenritz, oder eine Wasserseige wahrnimmt, und noch viel weniger eines Tretwerks bedarf, so daß die Laufbretter für die Förderhunde unmittelbar auf der Sohle der Strecke liegen.

Die Förderung in der Grube geschieht überall durch Hunde mit einem Spurnagel. In den Hauptgezeugstrecken besteht das Gestänge aus Laufbrettern mit einem Schlitz, die zugleich als Tretwerk dienen; in den Abbaustrecken sind nur verlorene Gestänge gelegt. Das zu fördernde Quantum ist unbedeutend, weil die Berge sogleich wieder zum Versetzen angewendet werden, und weil selbst die beim Querschlagsbetrieb und beim Auffahren der Oerter im tauben Schiefer fallenden Berge, in den mehresten Fällen in der Grube bleiben, indem es oft an Bergen zum Versetzen fehlt. Die Förderlängen aus den Abbaustrecken zu den Hauptgezeugstrecken, sind zwar nicht bedeutend, allein desto größer oft die auf den letzteren, vom Ansatzpunkte der Abbaustrecken bis zum Füllorte bei dem Schacht. Außerdem muß die Förderung, wegen der vielen Arbeiten im alten Mann, oft durch Gesenke und Rolllöcher gehen, ehe sie eine querschlägige Versuchstrecke, oder eine offene Abbaustrecke, und durch diese die nächste mit dem Schacht in Verbindung stehende Hauptgezeugstrecke erreicht, so daß die Förderung von vielen Orten ohne Zweifel sehr theuer zu stehen kommt. Die zu den Füllörtern geförderten Erze bleiben dort so lange liegen, bis ein Quantum zur Aufförderung in den Schächten beisammen ist, welche, wie sich von selbst versteht, aus den verschiedenen Sohlen besonders erfolgt.

Die Schachtförderung wird in viereckigen, stark mit Eisen beschlagenen Kasten verrichtet, welche über der Hängebank in Hunden ausstürzen, durch welche die aufgeförderten Erze auf einem Spurnagelgestänge unmittelbar zu den Wäschen und Pochwerken abgeführt werden. Das Treibrad ist ein gewöhnliches Kehrrad, mit einer Bremsvorrichtung und mit einem Seil, welches um die Radwelle liegt, und dessen beide Enden über Scheiben gehängt sind, welche sich unmittelbar über dem Schacht befinden, so daß die mit den Seilenden verbundenen Tonnen, auf die gewöhnliche Art, beim Auf- und Niedergehen wechseln. Das Grubenseil hat durchgehends eine gleiche Stärke von 3 Zoll im Durchmesser; es besteht aus 4 Litzen, eine jede zu 90 Fäden, und ist gegen die Fäulniß dadurch verwahrt, daß man die Litzen (nicht die einzelnen Fäden) vor ihrer Vereinigung zum fertigen Seil, mit einer Masse tränkt, welche aus $\frac{2}{15}$ Terpenthin, $\frac{1}{15}$ Leinöl, $\frac{1}{5}$ Talg und $\frac{8}{15}$ Pech zusammengesetzt ist. Dies Gemenge wird vorsichtig in eisernen Kesseln gekocht, und im noch warmen Zustande zum Tränken der Litzen angewendet.

Die Aufförderung aus den verschiedenen Seigerteufen der Grube, wird vermittelst der Bremse, und durch Zeichen, welche sich für die verschiedenen Teufen am Seil befinden, sehr vollkommen bewerkstelligt, sobald sich das Seil nicht mehr zieht, welches bekanntlich nur bei neuen Seilen der Fall ist. Weil die Seile aber sehr viele Jahre aushalten, so hat der Bremser nur geringe Aufmerksamkeit anzuwenden, um die

Tonnen bis zu den vorgeschriebenen Teufen, mit Hülfe der Schützstange für die Schützöffnung des Kehrrades und der Bremse, hinunter- oder heraufgehen zu lassen. Uebrigens gehen aus den verschiedenen Füllörtern Signalzüge für den Bremser bis zur Hängebank in die Höhe.

Bis zum Mittelfelde sind die Wetter ziemlich frisch, aber schon auf dem Hauptfelde fangen sie an matt zu werden, und vor den tiefsten Oertern ist die Hitze so groß, daß die Arbeiter ihre Schicht, mit einem bloßen Schurz bekleidet, verfahren. Es findet deshalb auch ein häufiger Wechsel der Arbeiter, vor den verschiedenen Orten in der Grube sowohl, als auch mit den Arbeitern in den Pochwerken, in den Wäschen und in der Hütte statt. So wenig diese Einrichtung geeignet ist, kunstfertige und geübte Arbeiter zu erhalten, so ist sie doch nothwendig, weil die Grubenluft zu nachtheilig auf die Gesundheit der Arbeiter einwirken würde, wenn sie ununterbrochen in der Grube, und nicht abwechselnd mit Tagearbeiten beschäftigt werden sollten.

Vielleicht sieht man in keiner Grube so vortreffliche und mit größerer Pracht ausgeführte Maurung, als hier. Die Stollen sowohl als die donnlägigen Schachte, oder die Rollen — welche unter einem Winkel von 35 Graden gegen den Horizont geneigt sind — stehen in elliptischer Maurung, und haben eine Höhe von 1,1 Lachter, so wie eine Breite von 0,7 Lachter im Lichten. Diese Dimensionen sind, weil der Durchschnitt eine vollkommene Ellipse ist, für die größten und kleinsten Durchmesser zu verstehen. Auch die Hauptgezeugstrecken, welche nach denselben Dimensionen aufgefahren sind, stehen zum größten Theil in Maurung. Weil der Schiefer nicht steht, so müssen die Strecken, bei denen ein langes Offenhalten beabsichtigt wird, in Maurung oder Zimmerung gesetzt werden. Früher waren nicht allein die Abbaustrecken und die

Gesenke, sondern auch die unteren Hauptgezeugstrecken zum großen Theil in Zimmerung gesetzt. Nachdem aber der ausgebrochene Grubenbrand und die zur Löschung desselben in die Grube geleiteten Wasser ein Zusammenbrechen der sämmtlichen vom Feuer ergriffenen Strecken herbeigeführt hatten, wollte man sich nicht wieder einer ähnlichen Gefahr durch die Zimmerung aussetzen, sondern führte eine neue Art von Maurung, die sogenannte Gurtmaurung ein, um die Strecken schnell wieder zu sichern.

Zu dieser Gurtmaurung werden gewöhnliche gebrannte Ziegel mit Kalkmörtel angewendet, und die Gurte 12 Zoll breit und 10 Zoll stark gemacht. Je nachdem das Gebirge mehr oder weniger druckhaft ist, läßt man zwischen zwei und zwei Gurten einen Zwischenraum von 12 bis 24 Zollen. Die Gurten sind hier ebenfalls vollkommene Ellipsen, und die Gurtmaurung ist mit der vollen oder ganzen Maurung, etwa wie die halbe mit der ganzen Schrotzimmerung zu vergleichen. Sie ist indeß nur da anwendbar, wo das Gebirge nicht naß und nicht zu druckhaft ist, weil die Gurte sich dann einander so sehr nähern müßten, daß die Gurtmaurung dadurch zur vollen Maurung würde. Von der Gurtmaurung sieht man in der hiesigen Grube überall auf den Hauptgezeugstrecken, in so fern sie nicht in ganzer Maurung stehen, mit glücklichem Erfolge Anwendung gemacht. Die Einführung der Maurung war hier um so wichtiger, als es darauf ankam, die verbrochenen Strecken so schleunig als möglich wieder herzustellen. Auch die Füllörter, welche sonst in Zimmerung gestanden haben sollen, sind jetzt in Maurung gesetzt.

In Zimmerung stehen noch, auf eine kaum begreifliche, und mit der prachtvollen Maurung in den Einfahrtstollen und in den Rollen sehr kontrastirende Weise, die Schächte Barbara und Theresia. Sie sind von unten bis oben in ganzen

Schrot gesetzt, und es ist zur Zimmerung außerordentlich starkes Holz angewendet. Alle Abbaustrecken und die ins Hangende und Liegende aus den Hauptgezeugstrecken getriebenen Versuchörter (in so fern sie nicht als Verbindungsstrecken mit Gesenken von oberen Mittelstrecken auf lange Zeit beibehalten, und daher in Gurtmaurung gesetzt werden) stehen in Zimmerung, welche, so wie die Strecke abgeworfen wird, auch zum Theil wieder gewonnen wird. Die Thürstöcke sind überall ganz, und nur die Kappen eingeschnitten, weil man den Firstendruck am mehresten zu fürchten scheint. Nur wo das Gebirge sehr druckhaft ist, haben zwei und zwei gegen einander über stehende Thürstöcke Grundsohlen erhalten. Das Feld zwischen den Thürstöcken ist fast überall verzogen; indeß bemerkt man doch nur an sehr wenigen Stellen Thürstock an Thürstock, welches nur beim Auffahren im alten Mann nöthig wird, wo man überhaupt eine Art von Abtreibarbeit vorrichtet, und, sich nach den Umständen richtend, keinen regelmäßigen Bau vornehmen kann.

Die Fahrung in den Gesenken, durch welche die Mittel- und Hauptgezeugstrecken in Verbindung stehen, ist für den damit Unbekannten höchst unbequem. Statt der gewöhnlichen Fahrten, steigt man nämlich auf hölzernen Wendetreppen hinab.

Der Abbau geschieht, im unverritzten Felde, durch den Querbau. Aus den Grundstrecken oder Hauptgezeugstrecken werden nämlich unter einem rechten Winkel die Abbaustrecken aufgehauen, und bis zum Hangenden und Liegenden erlängt, je nachdem das erzführende Schiefermittel mehr oder weniger nach beiden Weltgegenden aushält. Die Abbaustrecken (oder die Auslängen) müssen durch Zimmerung gehörig gesichert werden. Wenn das Schiefergebirge immer in gleicher, oder wenigstens in solcher Erzführenheit aushält, daß der Abbau durch einen regelmäßigen Querbau lohnend ist, und wenn nicht taube Mittel das Stehenlassen von Pfeilern herbeiführen, so werden die Abbaustrecken, auf beiden Seiten der Grundstrecken, in solchen Entfernungen von einander aufgehauen, als die doppelte Länge der Erzstraßen beträgt. Diese Länge ist gewöhnlich 5 bis 6 Lachter, so daß alle 10 bis 12 Lachter eine Abbaustrecke ins Hangende, und eine ins Liegende getrieben werden müßte, wenn die vielen tauben und unbauwürdigen Mittel von dieser Regelmäßigkeit nicht häufig eine große Ausnahme veranlaßten.

Die Erzstraßen sind 1 bis 1½ Lachter breit und hoch, je nachdem das Gebirge mehr oder weniger druckhaft ist. Sie werden auf beiden Seiten der Abbaustrecke, und zwar vom äußersten Liegenden und vom äußersten Hangenden an, dergestalt aufgehauen, daß zwischen zwei und zwei Straßen immer eine dritte zur Sicherung, und als Pfeiler stehen bleibt, welche erst nach der erfolgten völligen Versetzung der ausgehauenen beiden Straßen weggenommen wird. Ist auf diese Weise der Abbau bis zur Hauptstrecke, in der Sohle, der mit ihr in gleicher Sohle liegenden Abbaustrecke erfolgt, so wird mit der letzteren firstenweise in die Höhe gegangen und ein neuer Verhau angelegt, wobei die versetzten Berge zur Sohle dienen u. s. f. Daß auf die nöthigen Rollöcher Rücksicht genommen werden muß, um die Erze von den oberen Straßen oder Verhauen auf die Abbaustrecke hinunterstürzen zu können, versieht sich von selbst. Von der in den Auslängen eingebaueten Zimmerung geht doch sehr viel verloren, und kann ohne große Gefahr nicht wieder gewonnen werden.

Einmännische Bohrer werden hier gar nicht angewendet, sondern man bedient sich überall, sowohl beim Streckenbetriebe, als bei der Erzgewinnung, der zweimännischen Meißelbohrer. Mit der Keilhaue wird nur das durch den Schuß flüchtig gemachte Gebirge gewonnen. Die Räumnadeln sind von Kupfer. Zu den Zündröhren wendet man getrocknete und der Länge nach durchschnittene Stengel von tauben Nesseln an. Die Häuer erhalten keine Patronen, sondern machen sich dieselben (wie zu Bleiberg), und auch die Zündröhren, erst in der Grube. Sie haben Pulver und Geleuchte, aber nicht die Schmiedearbeit — welche aus der Kasse besonders bezahlt wird — im Gedinge. Dagegen ist ihnen die Streckenförderung bis zum Füllort, beim Treibschacht mit ins Gedinge gegeben.

Eine Art von wechselseitiger Controlle erhält man für die Zuförderung, und beim Treiben dadurch, daß die Tonnen den doppelten Inhalt eines Förderhundes haben.

Aus den Firsten und Seitenstößen der mehresten, nicht in Maurung stehenden Strecken, wächst eine Menge von Haarsalz in einzelnen und in aneinander gewachsenen Nadeln (Halotrychum von Skopoli), welche häufig eine Länge von 4, auch 6 Zollen erreichen. Dies Salz ist in einer solchen Menge vorhanden, daß es in mehreren Strecken viele Zoll hoch liegt, und eine eben so starke Bekleidung an allen Wänden bildet. Es scheint sich so schnell zu erzeugen, daß es in der That nicht einleuchtet, warum es ganz unbenutzt bleibt. Die Nadeln haben theils eine grünlich-weiße, theils eine ganz weiße Farbe, die mehrentheils mit einem Seidenglanz verbunden ist. *)

*) Dies Salz ist dem faserigen Gips oft so ähnlich, daß es auch zum Theil dafür gehalten worden ist. Ein ausgezeichnet schönes Stück vom Mittelfelde, welches, dem äußeren Ansehen nach, schneeweißer faseriger Gips zu seyn schien, verhielt sich bei der Untersuchung als ganz reines Bittersalz. So rein von vitriolischer Beimischung kommt das Salz zwar nicht überall in der Grube vor, indeß scheint doch bei weitem der größere Theil des efflorescirenden

Die derben Stahl-, Leber- und Ziegelerze, welche gar nicht zur Aufbereitung kommen, sondern unmittelbar zur Hütte abgegeben werden, scheidet man schon in der Grube von den Erzen, welche zu den Wäschen genommen werden. Beide Erzsorten werden auch besonders gefördert, indem die Orte, welche so derbe Erze liefern, nicht so häufig sind, daß eine solche Separation bei der Gewinnung und Förderung nicht stattfinden könnte. Auch das Grubenklein wird von solchen Orten besonders gefördert, und sogleich an die Hütte abgegeben.

Von allen übrigen Erzen erfolgt in der Scheidestube zuerst die Absonderung der großen Stücken, vorzüglich der Korallenerze, welche als Unterlage bei der Destillation der Erze in den Erzbrennöfen dienen. Dazu wendet man, außer den Korallenerzen, besonders die mit Kalkspathschnüren durchzogenen Erze an, welche aus eingesprengtem Zinnober bestehen, weil diese sich gut durchbrennen.

Die Erze, von denen die Steine zu den Unterlagen in den Erzöfen abgesondert sind, kommen sämmtlich aufs Reibegatter. Dieses besteht aus sieben unter einander liegenden Sieben. Die ersten drei Siebe sind nicht von Drath, sondern der größeren Haltbarkeit wegen, aus geschrotenem, wellenförmig gebogenem Eisen angefertigt. Was durch das erste Sieb hindurch geht, kommt aufs zweite; was durch dieses geht, aufs dritte u. s. f. Was aber auf den 7 Sieben liegen bleibt, wird zum Setzen abgegeben, indem sich bei jedem Siebe ein Setzfaß befindet, mit Ausnahme des ersten Siebes,

Salzes aus Bittersalz zu bestehen. Es ist merkwürdig, daß die Talkerde, den Verwandtschaftsgesetzen zum Trotz, sich die, durch die Verwitterung der Kiese entstehende Schwefelsäure aneignet, und daß die Kalkerde bei diesem Proceß ganz unthätig erscheint.

welches kein Setzfaß hat, weil das, was auf diesem Siebe liegen bleibt, zur Klaubebühne abgegeben wird, wo die Berge, oder die ganz tauben Gänge, die Pochgänge und das Kernerz (nämlich das Erz, welches nicht weiter zur Aufbereitung kommt) durch Klauben geschieden werden. Bei jedem Setzfaß entsteht Abhub, der zum Pochen kommt, und Kernerz, welches zur Hütte gegeben, und theils in den Erzöfen, theils in den Schlichöfen (besonders bei den letzteren Setzfässern, die nur sehr kleines Kernerz geben, welches im Erzofen eine Versetzung bewirken, oder durchfallen würde) verhüttet wird. Der Faßvorrath von jedem Siebe kommt auf das nächstfolgende Setzwerk; z. B. der Faßvorrath aus dem Setzfaß, das zum Reibesieb oder Reibegatter Nr. 2 gehört, zum Setzsieb des zum Reibegatter Nr. 3 gehörigen Setzwerks. Nur der Faßvorrath vom Setzwerke zum Reibesiebe Nr. 7 wird auf einen Schlämmgraben gebracht, und der Kopf (das Häuptel) als Schlich zur Hütte gegeben; der übrige Theil aber, und was in dem ersten Sumpfe dieses Schlämmgrabens bleibt, auf Stoßheerden besonders verwaschen, weil man diese Schlämme für röscher hält, als die von den Pochwerken. Auf den Stoßheerden werden sie einmal gestoßen, dann das Häuptel als Schlich zur Hütte gegeben, der Mittelstich noch einmal, und das Schwänzel zweimal gestoßen.

So sind also durch das Klauben vom ersten Reibegatter und durch das Setzen von den folgenden Reibsieben, die Kernerze (und die Stoßheerdschliche vom Faßvorrath des zum 7ten Reibsiebe gehörigen Setzwerks) von den Pochgängen, die den jedesmaligen Abhub bei jedem Setzwerke ausmachen, und welche auf der Klaubebühne beim ersten Reibegatter fallen, geschieden. Man vermengt aber diese Pochgänge mit einander, ohne sie, ungeachtet ihrer verschiedenen Größe, zu separiren. Die Pochwerke sind theils 3-, theils 5hübig. Man pocht über den Spund, aber dergestalt, daß der mittlere Stempel der Unterschurstempel ist, und daß die beiden Endstempel zu beiden Seiten des Pochtroges austragen. Im Ganzen wird ziemlich rösch gepocht, und die Größe des Korns durch die Menge des Aufschlagewassers bestimmt. Man unterscheidet rösches, mittleres und zähes Mehl, verwendet aber auf die Mehlführung keine große Aufmerksamkeit. Statt der Sümpfe sind zwar auch hier Gerinne eingeführt, welche aber, so wie die Austragegerinne von den Pochwerken, ein ziemlich starkes Gefälle haben. Ueberhaupt ist der Pochwerksbetrieb hier, im Vergleich mit dem Bleiberger, nur mittelmäßig zu nennen.

Das Gedlegen-Queckfilber, welches in den Erzen vorkommt, macht den Pochproceß nicht mit, sondern geht durch alle Reibegatter bis zum Sumpfe des Reibsiebes Nr. 7, aus welchem es mit dem übrigen Inhalt dieses Sumpfes ausgeschlagen und auf dem Schlämmgraben gewonnen wird. Jährlich sollen etwa 10 bis 12 Centner Jungfern-Quecksilber erfolgen.

Das rösche und das mittlere Pochmehl, welches aus den Gerinnen ausgeschlagen wird, kommt auf den Schlämmgraben (hier Waschheerd genannt. Diese Graben haben etwa 15 Grad Gefälle, sind 15 Zoll hoch, und vorn mit drei Löchern versehen, die in einer Entfernung von 4 zu 4 Zoll über einander angebracht sind. Diese Heerde werden voll gewaschen, die Häuptel ausgestochen und als Schlich zur Hütte gegeben, die Mittelstiche noch einmal geschlämmt, der Unterstich aber als unhaltig weggestürzt. Das zähe Pochmehl wird auf Heerde ohne Gefälle, mit zwei unter einander liegenden Abtheilungen gebracht. Die obere Abtheilung ist von der unteren durch ein vertikal stehendes Brett geschieden, in welchem sich, wie bei den gewöhnlichen Schlämmgräben, einige Oeffnungen in verschiedenen Höhen unter einander befinden. Diese Heerde werden hier Filzheerde genannt. Was beim Waschen auf der ersten Abtheilung liegen bleibt, ist Häuptel, welches als Schlich abgegeben wird, und Unterstich, der noch einmal zum Verwaschen kommt. Was in die untere Abtheilung niedergeschlämmt wird, geht in die Fluth.

Weil man nur 7- bis 9pfündige Schliche darstellt, so bedarf es keiner größeren Concentrirung des Erzgehaltes durch Stoßheerde. Man würde dadurch einen Erzverlust herbeiführen, welchem man sich nicht aussetzen will, indem man lieber ärmere Schliche, ohne großen Waschverlust, als reichere in den Oefen verarbeitet, indem der Holzverbrauch bei der Zugutemachung ärmerer Schliche, mit dem größeren Verlust und mit den Aufbereitungskosten bei der Darstellung reicherer Schliche, nicht im Verhältniß steht.

Bei der Zugutemachung der aufbereiteten Erze durch den Hüttenbetrieb unterscheidet man also Erze und Schliche, weil dieselben eine verschiedene Behandlung in den Oefen erfordern. Erze, welche die Größe einer Erbse nicht erreichen, werden schon als Schlich betrachtet, weil sie den Ofen verstopfen würden. Die Erze erfolgen theils unmittelbar aus der Grube von solchen Oertern, die derbe Anbrüche haben, theils von der Klaubebühne des ersten Reibegatters, theils von den Setzsieben der ersten Setzfässer, nachdem der Abhub zum Pochen abgenommen worden. Es werden nämlich nicht die Kernerze von allen Setzsieben zu den Erzen genommen, sondern die kleinsten Kernerze, von den Sieben 6 und 7, wegen ihrer geringen Größe, schon als Schliche betrachtet, und zum Schlichofen abgegeben. Außer diesen kleinen Kernerzen, und außer den Schlichen, welche die Stoßheerde, durch die Verarbeitung des Faßvorraths vom Setzfaß zum 7ten Reibsiebe, und durch die Verarbeitung des Schlammsumpfes unter dem 7ten Rei-

Beſtebe liefern, ſo wie außer den wirklichen Schlichen von den Pochgängen, wird auch das Grubenklein von den Oertern, welche derbe Erze liefern, unmittelbar als Schlich zur Hütte abgegeben.

Die Hüttengebäude liegen etwa 1000 Schritte nördlich von Idria, im Thale der Idriza, auf dem linken Ufer des Flusses. Wenn nicht etwa ein ſtarker Betrieb eine Ausnahme macht, ſo fangen die Hüttenarbeiten im November an, und werden bis Ende März fortgeſetzt. Den Betrieb in den Sommermonaten ſucht man zu vermeiden, weil der Hüttenrauch das Gras und die Feldfrüchte verderben, und zu Salivationen Anlaß geben ſoll. Auch iſt die Verdichtung der Queckſilberdämpfe im Winter ſchneller und vollkommener, als im Sommer.

Urſprünglich ſoll die Zugutemachung, wie ſie noch jetzt auf den Pfälziſchen Queckſilberwerken geſchieht, durch Deſtillation aus Retorten bewirkt worden ſeyn. Dieſer Proceß ſoll aber einen großen Metallverluſt herbeigeführt, und große Koſten veranlaßt haben. Demnächſt wurden die Spaniſchen Oefen mit dem Aludel-Plan eingeführt, auch ſpäter, ſtatt der Aludeln, gemauerte Kanäle auf dem Aludel-Plan angewendet; allein auch bei dieſer Methode ſoll der Abgang ſehr bedeutend geweſen ſeyn. Auf Veranlaſſung des Herrn Baron v. Leithner ſind endlich die jetzigen Oefen erbauet worden, wobei von dem Geſichtspunkte ausgegangen ward, daß es zweckmäßiger ſei, die Dämpfe in großen Räumen, als in engen Kanälen, bei denen ſich außerdem ein ſtarker Zug niemals vermeiden ließ, zu verdichten. Mit einem gleich glücklichen Erfolge ſind bekanntlich, auch bei der Arſenikfabrikation, die lang geführten engen Giftfänge abgeworfen, und ſtatt derſelben große Verdichtungskammern eingeführt worden.

Die eigentliche Hüttenanlage iſt ein ganz abgeſchloſſenes

und mit einer Mauer umgebenes Etablissement, in welchem sich, außer einigen Materialienschuppen und einer Töpfereiwerkstätte zur Anfertigung von thönernen Schaalen oder Kapseln, das Magazin und zwei Hüttengebäude befinden, welche mit dem Magazin durch eine steinerne unterirdische Rinnenleitung in Verbindung stehen. In jedem Hüttengebäude befinden sich zwei Oefen mit ihren Verdichtungskammern, welche eine gemeinschaftliche Rückwand haben, so daß in jeder Hütte Ein Doppelofen vorhanden ist, welcher auf beiden Seiten mit Verdichtungskammern, die ebenfalls mit einer gemeinschaftlichen Rückwand an einander stehen, versehen sind.

In dem einen Hüttengebäude steht der Doppelofen für die Erze; in dem zweiten der für die Schliche. Die Verdichtungskammern sind sowohl für beide Doppelöfen, als wie für jeden einzelnen Ofen ganz gleich, indem man durch die gemeinschaftliche Rückwand für zwei und zwei Oefen, und für zwei und zwei Verdichtungskammern, eigentlich nur eine vierte Umfassungsmauer für den Ofen und für die zugehörige Reihe von Kammern hat sparen wollen. Die Verdichtungskammern zu beiden Seiten eines jeden Ofens haben die Höhe desselben, und sind auf jeder Seite in vier Abtheilungen getheilt, so daß jeder Ofen eigentlich 8 Verdichtungskammern hat. In der ersten Kammer tritt der Rauch vom Brennmaterial mit den Quecksilberdämpfen gleichzeitig ein, und hier erfolgt der erste und stärkste Niederschlag. Was sich nicht verdichtet, wird durch die, in der Scheidewand zwischen der ersten und der zweiten Kammer, und zwar ganz unten in der Sohle dieser Wand, angebrachten Oeffnungen, in die zweite Kammer geleitet, muß in derselben in die Höhe steigen, um sich aus den Oeffnungen, welche sich oben in der Scheidewand zwischen der zweiten und dritten Kammer befinden, in die dritte Kammer zu begeben, in dieser sich hinabsenken, und durch die Ab-

zug

zugöffnungen, die sich unten in der Zwischenwand zwischen der dritten und der vierten Kammer befinden, in die vierte Kammer treten, in welcher dann alle Dämpfe, die keiner weiteren Verdichtung fähig sind, in die Höhe steigen, und aus der Esse abgeführt werden.

In der zweiten Kammer ist der Niederschlag noch nicht ganz unbedeutend; in der dritten schlägt sich aber sehr wenig, und in der vierten fast gar nichts nieder. Die Kammern sind, wie bereits erwähnt, auf beiden Seiten des Ofens gleich, indem die aus den Oefen sich entwickelnden Dämpfe auf beiden Seiten durch vier Kammern ab- und aufsteigend geleitet werden. Jede Kammer hat nur unten oder oben die Zuführungsöffnungen, und oben oder unten die Abführungsöffnungen für die Dämpfe, mit Ausnahme der ersten Kammer, welche die Dämpfe aus so vielen, über einander in der Scheidewand, zwischen dem Ofen und der ersten Kammer liegenden Oeffnungen, aus dem Ofen erhält, als dieser verschiedene Etagen hat. Weil nun die Erzöfen aus zwei, und die Schlichöfen aus drei Etagen bestehen, so liegen in der ersten Verdichtungskammer, für die Erzöfen, zwei, und in der, für die Schlichöfen, drei Reihen von Oeffnungen, zum Eintreten der Dämpfe über einander.

Die Kammern sind, wie sich von selbst versteht, massiv, und haben einen Ueberzug von Kalkmörtel, der sich aber sehr bald mit Ruß und Flugasche überzieht, wodurch sich die sogenannte Krätze bildet, welche von Zeit zu Zeit abgekehrt, zusammengebracht, und in ein großes steinernes Behältniß gethan wird, in welchem sie durchgekrückt wird, um die Quecksilberkügelchen zu vereinigen, und in steinernen Rinnen mit dem übrigen gewonnenen Quecksilber ins Magazin laufen zu lassen. Will sich aus dem Gekrätz kein Quecksilber durch das Durchkrücken und Pressen mehr absondern, so wird es zum

Schlichöfen gebracht, und bei dem nächsten Schlichbrande in den Cassetten mit den Schlichen wieder durchgebrannt.

Die Sohle aller Kammern fällt von hinten nach vorn etwas ab, damit sich das verdichtete Quecksilber vorn auf dem Boden ansammeln und in einer steinernen Rinne, welche vor den Verdichtungskammern liegt, und mit jeder Kammer durch eine Oeffnung verbunden ist, nach dem Magazin abfließen kann, woselbst sich alles ausgebrachte Quecksilber in einem großen steinernen Behälter sammelt. Während des Brandes sind die Oeffnungen, welche die Rinne mit den Kammern in Verbindung setzen, sorgfältig verschlossen, und werden erst nach dem Brande und nach dem erfolgten Abkühlen des Ofens geöffnet, um das Quecksilber ablaufen zu lassen, oder zu heben.

Die beiden Oefen, ein jeder mit seinen acht Verdichtungskammern, von denen vier und vier auf einer Seite liegen, bilden also in jedem Hüttengebäude ein einziges großes Gebäude, weil sie eine gemeinschaftliche Rückwand haben. In jeder Hütte sind folglich auch zwei steinerne Rinnenleitungen, die längs den Verdichtungskammern, an der Vorwand derselben fortlaufen. Die beiden Erzöfen in der einen, und die beiden Schlichöfen in der anderen Hütte, haben in der Hauptsache eine ganz gleiche Einrichtung. Die Abweichungen in der Construction sind nur dadurch veranlaßt, daß die Erze ohne Gefäße, die Schliche aber in Cassetten oder Schaalen, in den Ofen gebracht werden.

Die Oefen sind ganz wie die Töpferöfen, oder vielmehr wie die Porzellanöfen eingerichtet. Weil die Feurung mit Holz geschieht, so bedarf man keines Rostes, sondern das Holz brennt auf einem ganz söhligen, gemauerten und überwölbten Heerde, welchem die Luft aus einem, unter dem Brennheerde befindlichen, und zur Regulirung des Zuges, mit einer Thüre versehenen Raume, der gewissermaaßen die Stelle des Aschenfalls vertritt, durch vier, in den Seitenmauern in die Höhe geführten Oeffnungen, zugeleitet wird. Diese Oeffnungen münden sich, in der Höhe der Heerdsohle, auf beiden Seiten in dem ganz geschlossenen Brennraume ein. Ueber diesem Brennraume ist der eigentliche Ofenschacht in die Höhe geführt, und von dem Brennraume blos durch ein, mit Oeffnungen, zum Durchzug der Flamme und des Rauches, versehenes Gewölbe geschieden. Statt den Flammofen, wie gewöhnlich, seitwärts vom Ofenschacht anzubringen, und die Flamme durch Füchse hineinzuleiten, hat man es hier — weil man nur einer schwachen Hitze bedarf — zur Ersparung des Raumes, so wie der größeren Wohlfeilheit wegen, vorgezogen, den Brennheerd unter den Ofenschacht zu legen, und die Flamme unmittelbar aus dem Brennraum, durch die Oeffnungen im Gewölbe, in den Ofenschacht treten zu lassen.

Für die Erze besteht der Ofenschacht aus zwei übereinander befindlichen Abtheilungen oder Etagen, die ebenfalls durch ein Gewölbe mit Oeffnungen, zum Durchzug der Flamme, geschieden sind. Die oberste oder zweite Abtheilung hat oben ein ganz geschlossenes Gewölbe, weil der Rauch und die Dämpfe in die Verdichtungskammern geleitet werden, zu welchem Ende sich in der größten Höhe, also unter dem Gewölbe, in einer jeden Etage Oeffnungen befinden, welche zu der ersten Verdichtungskammer auf beiden Seiten des Ofens führen. Die Flamme erhebt sich daher aus dem Brennraum, durch die Oeffnungen im untersten Gewölbe, in die erste, aus dieser durch die Oeffnungen im zweiten Gewölbe in die zweite Etage, und geht mit den Quecksilberdämpfen in die erste Verdichtungskammer durch die Oeffnungen ab, welche diese Kammer mit beiden Etagen des Ofenschachts verbindet.

Eine ganz ähnliche Einrichtung haben auch die beiden

Schlichöfen, nur daß sie statt zweier, drei Etagen erhalten haben, und daß die Gewölbe etwas weniger stark, auch fast ganz flach geschlagen sind, weil sie keine so große Last, als die Gewölbe in den beiden Erzöfen, zu tragen haben, folglich auch nicht so stark gespannt werden durften. Bei den Schlichöfen ist auch die Höhe des Feuerraums etwas geringer.

Das Einsetzen der Erze und das Herausnehmen der Rückstände geschieht durch Thüröffnungen, die sich in jeder Etage befinden, und welche während des Brandes vermauert sind, so daß auch hierin eine völlige Uebereinstimmung dieser Oefen mit den Porzellanöfen stattfindet.

Die Cassetten oder Schaalen, in welche die zu behandelnden Schliche gethan werden, sind aus feuerfestem Thon (von nicht vorzüglicher Güte) angefertigt. Eiserne Schaalen würden durch den Schwefel sehr schnell zerfressen werden. Eine Schaale hält gewöhnlich drei Brände aus. Die Töpferei, nämlich die Anfertigung und das Brennen der Schaalen, ist verdungen. Jede Schaale hat 10 Zoll im Durchmesser, und ist etwa $2\frac{1}{2}$ Zoll im Lichten tief, so daß sie, weil sie ganz mit Schlichen angefüllt wird, etwa 200 Kubikzoll Inhalt hat.

Beim Besetzen der Erzöfen werden zuerst die Korallenerze und die so genannten Steine, nämlich die mit Kalkspathadern durchdrungenen Schiefer, welche eingesprengten Zinnober enthalten, eingesetzt. Sie müssen die Grundlage für die übrigen Erze bilden, welche nach Maaßgabe ihrer Größe eingetragen werden, so daß die kleinsten Stücken zuletzt und oben auf zu liegen kommen. Nachdem die erste Etage so angefüllt ist, wird mit der zweiten in ähnlicher Art verfahren, und mit dem Anzünden des Holzes im Brennraum vorgeschritten, sobald die zum Eintragen bestimmten Thüren im Ofen vermauert, und die Oeffnungen aus den Kammern zu der steinernen Rinnenleitung geschlossen sind.

Beim Besetzen der Schlichöfen hat man nur zu berücksichtigen, die mit Schlichen angefüllten Schaalen so zu stellen, daß der Durchzug der Flamme nicht gehindert wird. Jede Etage wird übrigens von einem Gewölbe bis zum andern mit Schaalen angefüllt, und weil die Ofenschächte so groß sind, daß eine Etage 600 neben- und übereinander gestellte Schaalen faßt, so wird ein, mit 3 Etagen versehener Ofen mit 1800 Schaalen, oder der Doppelofen für die Schlichbrände, jedesmal mit 3600 Schaalen besetzt.

Das Gewicht der bei jedem Brande einzusetzenden Erze sowohl, als das Ausbringen aus denselben, sind sehr verschieden, weil sich Beides darnach richtet, ob man reichere oder ärmere Stuferze und Kernerze zu verarbeiten hat. Die Schliche sollen dagegen einen immer ziemlich gleichbleibenden Gehalt behalten, worauf aber so genau auch nicht gesehen wird. Jeder Schlichbrand in einem Doppelofen soll 85 bis 90 Centner Quecksilber geben. Eine Cassette enthält etwa 40 Pfund Schlich, der zu 6 bis 7 Procent ausgebracht wird.

Eines Zuschlags bedarf man weder bei den Erzen, noch bei den Schlichen, weil der Kalkgehalt des Schiefers hinreicht, die Zersetzung des Zinnobers und die Abscheidung des Schwefels, in der Brennhitze zu bewirken. Die Hitze darf die Rothglühhitze nie übersteigen. Zu einem Brande sollen nur 1½ Klaftern Holz (zu 144 Kubikfuß) verbraucht werden.

Ein Brand kann in drei Tagen beendigt seyn, wobei einer zum Einsetzen und Feuern, der zweite zum Abkühlen, und der dritte zum Heben und Austragen der Rückstände gerechnet wird. Im Sommer ist es aber schwierig, zwei Brände in einer Woche zu machen, welches im Winter wohl angeht, weil die Abkühlung schneller erfolgt. Je länger die Abkühlungsperiode dauert, desto weniger nachtheilig wirkt die Arbeit auf die Gesundheit der Leute. Die Rückstände vom Brande oder von der Destillation, werden als völlig unhaltig betrachtet, und über die Halde gestürzt.

Die Verpackung des Quecksilbers geschieht in Schaaffellen von 50 Pfund für den deutschen, und zu $41\frac{5}{8}$ Pfund für den spanischen Handel. Man bedient sich abgemessener Gefäße, die gerade 50 und $41\frac{5}{8}$ Pfund fassen, worin man das Quecksilber erst füllt, dann in die Schaaffelle ausgießt, diese gut zusammenfaltet, sie vermittelst eines starken Bindfadens oben fest zusammenschnürt, und sie dann, wenn sie durchaus kein Quecksilber durchlassen, zwei und zwei in eine Kiste legt, und so versendet.

Jetzt soll die jährliche Produktion etwa 1500 Centner seyn. Früher hatte man einen Kontrakt auf mehrere Jahre mit Spanien abgeschlossen, durch welchen man sich verpflichtet hatte, jährlich 10,000 Centner bis Triest abzuliefern. Dieser Kontrakt hat sehr nachtheilige Folgen gehabt, weil man, um ihn zu erfüllen, genöthigt war, die besten Mittel in der Grube anzugreifen, und die ärmeren mitunter zu verhauen, die man jetzt mit großen Kosten wieder aufsuchen muß. Auch sind damals die Ausrichtungs- und Versucharbeiten, wegen Mangel an Zeit und Arbeitern, vernachlässigt worden. Diese jetzt nachzuholen, hält um so schwerer, als es dem Werke sehr an Absatz gebricht, indem das Spanische Amerika kein Quecksilber mehr abnimmt. Man hat daher den Versuch gemacht, sich einen Debit nach China zu verschaffen. Ein dahin bestimmtes, mit 4000 Centnern Quecksilber beladenes Schiff, lag jetzt (30. August) auf der Rhede von Triest vor Anker. Eine andere nachtheilige Folge dieses Kontrakts ist die Menge von Pensionen (jährlich 17,000 Silbergulden), welche man an die zu jener Zeit, und unter der Bedingung der Pensionirung angenommenen Arbeiter, besonders Holzschläger, zahlen muß. Dadurch, und durch die Jahresrente von 20,000 Silbergulden, welche dem Marschall Marmont auf den Ertrag von Idria angewiesen ist, hat das Werk bei dem schwachen Debit ungemein gelitten.

Die Verwaltung von Idria ist einem besonderen, hier befindlichen Oberbergamte untergeordnet. Wahrscheinlich wird dasselbe aber aufgehoben, in ein Bergamt verwandelt, und unter das Oberbergamt zu Klagenfurt gestellt werden. — Die hiesige Knappschaft ist ganz militärisch organisirt, und in Kompagnieen abgetheilt, welche auch die Thorwachen verrichten. Ein Theil des Lohns wird der Knappschaft in sogenannter Fassung, nämlich in Waitzen und Roggen aus dem Magazin zu einem festgesetzten ermäßigten Preise gegeben. Die Fassung muß immer genommen werden, die Marktpreise mögen stehen wie sie wollen.

Die früher zu Idria bestandene Sublimatfabrik ist jetzt ganz eingegangen, um diese Fabrikation der Privat-Industrie nicht zu entziehen. In den chemischen Fabrikengebäuden auf dem rechten Ufer der Idriza, der Hütte gegenüber, wird jetzt nur noch Zinnober bereitet.

Neumärktl.

Ein Stunde oberhalb Krainburg nimmt die Sau ein kleines Gebirgsflüßchen — die Moschennik — auf, welches in gerader Richtung aus Norden nach Süden, von der Kärnthener Alpenkette herabkommt. Verläßt man hier das Sauthal, und folgt dem Nebenthale der Moschennik, so befindet man sich auf einer von den beiden großen Hauptstraßen, welche die südlichen Oesterreichischen Provinzen mit der Hauptstadt des Reihs verbinden. *) Die in diesem Nebenthale

*) Beide Straßen vereinigen sich südlich zu Laybach, und nördlich zu Bruck. Die Reisenden geben der Straße von

fortlaufende Straße führt über den hohen Loibl, welcher in der großen Alpenkette liegt, die Krain von Kärnthen scheidet.

Die ganze Länge des Moschennik-Thales beträgt nicht viel über drei Meilen. Wo es mit dem Sauthal zusammenstößt, ist es noch ziemlich offen; verengt sich aber immer mehr und mehr, je näher man dem Ursprunge des Flüßchens kommt, und unweit Neumärktl ist es schon ganz geschlossen. Dies Städtchen, welches seine Einwohner vorzüglich von der Fabrikation wollener Strümpfe, von Gerbereien und von einer Menge Sensen- und Gezeughämmer nährt, die hart an der Stadt von der Moschennik belebt werden, liegt unmittelbar am Fuße des Loibl, und ist von allen Seiten, die einzige Südseite ausgenommen, von hohen Bergen eingeschlossen.

Außer den vielen Kleinhämmern sind vorzüglich die Hüttenanlagen des Barons v. Dietrichstein für die Gegend wichtig. Diese bestehen aus Walloßhämmern, aus Brescianhämmern, aus einer Feilenfabrik, welche cementirten Stahl verarbeitet, und aus mehreren Zeughämmern, in welchen Sensen, Schaufeln, Zuckermesser, und überhaupt Zeugarbeiten angefertigt werden.

Auf den Brescianhämmern findet genau dieselbe Betriebseinrichtung, wie in allen Krainer Brescianhütten, statt. Die Hämmer verarbeiten Flossen von Sava und Treibach (wovon 1000 Pfund Wiener zu 28 Gulden Conventionsmünze auf der Hütte bezahlt werden). — Neben der Brescianhütte befindet sich die Streckhütte, oder die sogenannte Ziehhütte, in welcher die Kölbchen (Napilli) zu verkäuflichen Stahlstäben ausgezogen werden. Man macht hier ebenfalls zwei Sorten,

Laybach über Cilli, Marburg und Grätz, den Vorzug vor der über Neumärktl, Klagenfurt, Friesach und Judenburg führenden Straße, weil der Weg über den hohen Loibl beschwerlich, und in manchen Zeiten kaum zu passiren ist.

nämlich vierkantigen und flachen Stahl, und sortirt jede Art nach ihrer Qualität, welche sich auf dem Bruche durch die Rosen u. s. f. zu erkennen giebt. Alle Stäbe werden blos gezogen — nämlich nach der Länge der Hammer- und Amboßbahn ausgezogen — und nicht gereckt; weniger um die Zeit des Schlichtens zu ersparen, als um ein dichteres Korn, durch die Ausdehnung nach einer Richtung zu erhalten, indem jedes Theilchen dann mehr Schläge erhält.

Die Walloßfeuer sind hier, wie es bei den sogenannten Weichzerrennheerden in dem größten Theil von Steiermark der Fall ist, nicht aus gegossenen eisernen Zacken, sondern aus Grauwacke, oder auch aus verglaseten Mauerziegeln zusammengesetzt. Neumärktl ist auch der einzige Ort in Krain, wo die Steiersche Einmalfrischerei, unmittelbar aus Flossen vom Blauofen, eingeführt ist, indem man sonst überall, entweder Blattln oder Flossen anwendet, welche vorher im Zerrennheerd eingeschmolzen und zu Blattln gehoben werden. Die hiesigen Walloßfeuer gebrauchen Flossen, in flachen Stücken, und Blattln, unmittelbar vom Blauofen, gemeinschaftlich durch einander. Die Flossen sowohl als die Blattln werden vorher gebraten, aber nicht im Bratofen, sondern auf dem Bratheerd. Das hiesige Werk bezieht seine Flossen und Blattln zu den Walloßhämmern von Treibach in Kärnthen, und zahlt für 1000 Pfund Flossen 28, für 1000 Pfund Blattln 30 Gulden Conventionsmünze in Treibach.

Der Bratheerde bedient man sich, statt der Bratöfen, fast auf den mehresten Eisenhütten in Steiermark, Kärnthen und Krain, wo man das Braten anwendet. Diese Heerde unterscheiden sich von den gewöhnlichen Frischheerden nur dadurch, daß sie kein tiefes Feuer, sondern einen langen, bald gemauerten, bald aus losen Steinen und Schlackenstücken zusammengesetzten Kanal haben, welcher, seiner ganzen Länge nach, von dem Winde aus der Form bestrichen wird. Dieser Kanal wird, zur ersten Anfachung des Feuers, mit einigen Kohlen versehen (er ist etwa 6 Fuß lang und 8 Zoll tief), mit platten Roheisenstücken, welche aber noch Zwischenräume zwischen sich lassen, belegt, und alsdann werden auf diesen Roheisenstücken die zu bratenden Flossen und Blattln, mit der hohen Kante, von der Form bis zur entgegengesetzten Seite derselben, aufgestellt, mit Kohlen bedeckt, und die ganze Masse zuweilen mit Vorhangblechen an den Seiten geschlossen. Sehr oft fehlen aber auch diese Vorhangbleche, und man läßt die Masse entweder ganz frei, oder umstellt sie mit angefeuchteten Brettern, welche mit Kohlenlösche eingeschlichtet, und durch häufiges Anfeuchten derselben vor dem Verbrennen geschützt werden. Zu einer Bratung werden 20, 30 bis 40 Centner gewonnen, je nachdem der Heerd kürzer oder länger ist. Hiernach richtet sich auch der Kohlenverbrauch, der von $2\frac{1}{2}$ bis 4 Kubikfuß auf den Centner steigt. Sobald die zu bratende Masse aufgeschichtet ist, werden die Kohlen im Kanal angezündet, und das Gebläse wird langsam angelassen. Die Hitze darf die Rothglühhitze niemals bedeutend übersteigen. Die Zeit des Bratens dauert 12 bis 15 Stunden. Sollten die Flossen oder Blattln nicht gehörig durchgeglühet seyn, so werden Kohlen nachgeschüttet, welches indeß in der Regel nicht der Fall ist.

Die Verfrischung der gebratenen Flossen und Blattln ist von der Steierschen Frischerei nicht verschieden. Man rechnet hier 15 bis 18 Procent Abgang vom Roheisen bis zu dem Materialeisen, welches die Walloßhämmer abliefern, und einige 30 Kubikfuß Holzkohlen zu 100 Pfund dieses Stabeisens.

Die hiesige Feilenfabrik ist ursprünglich von dem Engländer Dutton angelegt worden. Wahrscheinlich ist Neumärktl der einzige Ort in den südlichen Oesterreichischen Provinzen, wo Cementstahl angefertigt wird. Es ist sehr auffallend, eine Cementstahlfabrikation mitten in einem Lande zu finden, welches fast den größten Theil der Welt mit natürlichem Stahl versorgt, und diesen eben so wohlfeil als das Stabeisen liefert.

Der Cementirofen hat nur einen Kasten aus Sandstein, welcher 4 Fuß hoch oder tief, eben so breit und 12 Fuß lang ist, in welchem die 2 Zoll breiten und ½ Zoll starken Eisenstäbe zum Cementiren eingesetzt werden. Auch der Cementstahl wird nicht gegerbt, sondern in einem besonderen Feuer blos ausgestreckt. Die Abgänge und der Ausschuß beim Strecken und in der Feilenfabrik, heißen Refudi, und werden an die Bresciahämmer abgegeben, in welcher sie zum Theil die Stelle der süßen Böden vertreten.

Die eigentliche Feilenfabrik besteht aus Handschmieden, in welchen die Feilen roh abgeschmiedet werden, aus einer Schleifanstalt zum Abschleifen der abgeschmiedeten Feilen, aus einer großen Werkstätte zum Feilenhauen, aus einer Härteschmiede, und aus den Verpackungsstuben. Die hiesige Fabrik macht drei Sorten (Smooths-, Bastard- und Strohfeilen), und von jeder Sorte viele Unterabtheilungen, die sich durch Façon und Größe unterscheiden. Der Hieb wird bei allen Sorten mit der Hand verrichtet. Die Meißel sind aus englischem Gußstahl; indeß soll auch der vom Herrn Gerlach in Wien angefertigte Gußstahl brauchbar befunden worden seyn. Nur die kleinen Feilen werden mit dem Härtepulver (gebrannten Klauen) eingesetzt, die größeren aber im Kohlenfeuer erhitzt, dann mit dem Härtepulver dick bestreuet, und nachdem dieses abgeflammt ist, wieder ins Kohlenfeuer gebracht, um die eigentliche Hitze zum Härten zu erhalten. Die gehärteten Feilen werden mit einer Bürste und etwas Sand geputzt, und zur Verhinderung des Rostens so lange in Kalkwasser aufbewahrt, bis sie in die Verpackungsstube kommen, wo sie eingeölt, und dann (die feineren) in Papier und (die gröberen) in Stroh verpackt werden.

Treibach.

Der Weg über den Loibl gehört zu den beschwerlicheren; denn obgleich der höchste Punkt des Passes nicht viel über 2600 Fuß höher liegen mag, als Neumärktl, so fällt doch die letzte Kuppe, über welche die Straße weggeführt ist, nach allen Weltgegenden so steil ab, daß es einiger Anstrengungen bedarf, um den Paß, und mit ihm die Gränze zwischen Krain und Kärnthen, zu erreichen. Den höchsten Punkt der Kunststraße bezeichnen zwei Säulen aus schwarzem Marmor, welche eine Art von Thor bilden. Ehe man durch dies Thor kommt, um auf dem nördlichen Abhange des Loibl in Kärnthen einzutreten, muß man bei einer Menge von Viehställen vorüber, welche auf dem höchsten Punkte der Straße erbauet sind. Nach einem bestehenden alten Vertrage zwischen den Kärnthener und Krainer Fuhrleuten, sollen nämlich alle Waaren, besonders Eisen und Stahl, welche aus Kärnthen nach Triest gebracht werden, nur bis zur Gränze durch Kärnthener Fuhrleute abgefahren, und dort von den Krainern übernommen werden. Durch diesen Wechsel wird die Straße auf ihrer größten Höhe oft so belebt, daß die Reisenden in der Fortsetzung ihres Weges aufgehalten werden.

Nach seiner Lage muß der Paß über den Loibl eine sehr weite Aussicht, sowohl südwärts in Krain, als nordwärts in Kärnthen hinein, gewähren. Den Reisenden, welche am 3ten September über den Loibl kamen, ward der Genuß dieser Aussicht nicht zu Theil, weil sich der Nebel schon in der halben Höhe des Passes zu Regen verdichtete. In der oberen Höhe besteht der Loibl durchgängig aus hellgrauem Kalkstein; am südlichen Fuße ist rauchgrauer Kalkstein vorwaltend, und am nördlichen Gehänge tritt bald ein grauwackenartiges Schiefergebirge hervor. Der südliche Abhang nährt die Quellen der Moschennik, welche der Sau zufällt; und auf dem nördlichen Abhange des Loibl befinden sich die Quellen des Loibl-Baches, welcher in das Drauthal hinabgeht, und unterhalb Kirschentheuer von der Drau aufgenommen wird. Der Weg auf der Nordseite des Passes ist ungleich romantischer als der auf der Südseite, weil die Straße mit vieler Kunst in dem engen und schroffen Thale des Loibl-Baches fortgeführt werden mußte, und weil die Massen von Alpenkalkstein mit ihren eigenthümlichen Reitzen hier wieder hervortreten. Erst unfern Kirschentheuer erweitert sich das enge Nebenthal, und nun befindet man sich plötzlich in dem weiten und schönen Thale der Drau, dessen tiefsten Punkt man schon ¼ Stunde nördlich von Kirschentheuer erreicht, indem man hier über den Fluß geht, welcher, durch die in das Drauthal gesendeten Arme der Centralgebirgskette, die Steiermark von Kärnthen scheidet, sehr nahe an die Kärnthener Alpenkette gedrängt worden ist. Die Centralkette fällt sehr langsam von Norden nach Süden ab, wogegen sich die Kärnthener Alpenkette hier sehr jähe von Süden nach Norden hinabstürzt. Deshalb ist das Drauthal auf diesem Punkte gegen Süden sehr schmal, und steigt gegen Norden ganz allmählig an, so daß es eine große Breite gewinnt.

Die Lage von Klagenfurt in dem nördlichen Thale der Drau ist ungemein schön, weil das Thal, gegen Süden durch die Kette der Kärnthener Alpen, und gegen Norden durch die Centralgebirgskette, in nicht zu großer Entfernung begränzt wird. Die Stadt selbst wird an Schönheit sehr gewinnen, wenn die im Jahre 1809 von den Franzosen gesprengten Festungswerke erst ganz abgetragen seyn werden. In Klagenfurt befindet sich das Oberbergamt für die Illyrischen Provinzen, bis jetzt noch mit Ausnahme von Idria.

Der Weg von Klagenfurt nach St. Veit ist in einer großen Ebene, welche das Drauthal noch fortdauernd hier bildet, fortgeführt. In dieser Ebene erheben sich aber einzelne Massen vom älteren Schiefergebirge, welche sich immer mehr und mehr zu zusammenhängenden Höhenzügen an einander reihen. Der Glimmerschiefer ist hier durchaus vorwaltend, und wird, bis tief in Steiermark hinein, nur selten durch Gneus und andere Gebirgslagen unterbrochen.

Auf dem Wege von St. Veit nach Friesach gelangt man zu dem von der Gurk gebildeten Nebenthale der Drau. Etwa auf dem halben Wege zwischen beiden Orten liegt Treibach an der Gurk, wo sich der größte und bedeutendste Blauofen in ganz Kärnthen befindet. Dies, dem Herrn Grafen v. Eggers gehörige wichtige Hüttenwerk, besteht aus einem Blauofen und einem Frischfeuer. Der Ofen gehört zu den sogenannten Haupteisenwurzen in Kärnthen; nämlich zu denjenigen Oefen, welche ihre Erze von der Eisenerzniederlage zu Hüttenberg erhalten. Er zeichnet sich vor allen Oefen in den südlichen Oesterreichischen Staaten — mit Ausnahme der ihm gleichkommenden Oefen der Innernberger Gewerkschaft zu Eisenerz in Steiermark — durch seine Höhe und durch seine sehr starke Produktion aus. Die ganze Erzeugung des Ofens wird mehrentheils verkauft. Das Frischfeuer soll nur die mißrathenen Gußwaaren (denn es werden zu Treibach auch einige, obgleich wenig Gußwaaren, angefertigt) verarbeiten, und das Stabeisen zum eigenen Bedarf für die Grube und für die Hütte liefern. Das Frischhüttengebäude ist ganz in der gewöhnlichen Kärnthener, Krainer und Steierschen Art gebauet, nämlich ein hölzernes Gebäude mit einer Esse und einem Schwanzhammergerüst, welches sich durch nichts auszeichnet. Der Frischproceß ist theils der Steiersche, indem luckige Flossen gebraten und einmal eingerennt werden, theils der Kärnthener, wobei das Roheisen eingerennt und zu Blattln gehoben wird, welche sodann verfrischt werden.

Desto mehr zeichnet sich aber der Blauofen aus, welcher erst im Jahre 1819 neue Umgebungen erhalten hat, die zugleich zu Wohnungen für die Hüttenarbeiter dienen. Je weniger man gewohnt ist, die Hüttenanlagen in den Provinzen Steiermark (mit Ausnahme der großen Oefen zu Eisenerz), Kärnthen und Krain, mit einiger Eleganz ausgeführt zu sehen, desto mehr fällt, schon in der Ferne, der Treibacher Ofen durch sein äußeres Ansehen vortheilhaft in die Augen. Die an sich schon bedeutende Höhe des Ofens wird es dadurch noch mehr, daß die Gichtmauer — wie es überall auf den Süddeutschen Eisenhütten der Fall ist — einige 20 Fuß hoch über der Gicht in die Höhe geführt, und dann durch ein Gewölbe geschlossen ist, in welchem sich blos die Abzugsöffnung für die aus der Gicht sich entbindenden Gasarten befindet. Dadurch, und durch die Nebengebäude des Ofens, in welchen sich die Gebläse, die eigentliche Hütte und die Vorrichtungen zum Aufbringen der Schmelzmaterialien auf die Gicht befinden, welche sämmtlich massiv ausgeführt, und zum Theil mit einem zweiten, zu Wohnungen bestimmten Stockwerk versehen worden sind, hat die ganze Ofenlage ein sehr imponirendes Ansehen erhalten.

Die Eisenerze sind größtentheils schon ganz verwitterte Spatheisensteine von röthlich-brauner und dunkelbrauner Farbe, und eine röthlich-braun und grau-braun gefärbte Eisenerzmasse, welche man für gewöhnlichen Brauneisenstein halten würde, wenn sie sich nicht durch mechanische Beimengungen von Quarz- und Glimmertheilchen, wodurch die Erze ein blätteriges, glimmerartig-glänzendes Gefüge von grauer Farbe erhalten, ganz eigenthümlich auszeichneten. Alles Krystallgefüge des Spatheisensteins ist dabei schon verloren gegangen, und selbst bei den aus wirklicher Brauneisensteinmasse bestehenden Erzen tritt die Glaskopfstruktur nur selten hervor. Nächstdem werden aber auch verwitterte Spatheisensteine, bei denen die Struktur noch deutlich zu erkennen, und nur die Farbe und der Glanz verloren gegangen sind, verarbeitet. Ferner kommen auch Erze zum Verschmelzen, die zwar aus Spatheisenstein entstanden seyn mögen, aber schon ganz dem Brauneisenstein ähnlich geworden sind. Und endlich werden, jedoch nur in sehr geringer Menge, wirkliche, unzersetzte Pflinze, oder Spatheisensteine, verhüttet. Alle diese Erze, auch die im höchsten Grade verwitterten, werden in gemauerten großen Stadeln, mit Kohlen geschichtet, geröstet, und dann durch ein Quetschwerk, welches aus zwei neben einander liegenden, gerippten, gegossenen eisernen Ringwalzen besteht, fast zu sehr zerkleinert, indem sie sehr staubig werden, und daher viel Gichtsand geben. Zuschläge finden gar nicht statt. Im Durchschnitt beträgt das Eisenausbringen aus den Erzen über 50 Procent.

Die Kohlen sind größtentheils aus weichem Holz. Die Schlacke (der Sinter), welche beim Abstechen unmittelbar über dem Eisen steht, und nach dem Begießen mit Wasser abgezogen wird, kommt auf ein besonderes Walzwerk. Dies Sinterwalzwerk besteht ebenfalls aus zwei neben einander liegenden Ringwalzen, zu denen bei der Arbeit ein starker Wasserstrohm geführt wird, um die leichteren Schlackentheile in die Fluth zu jagen, die Eisenkörnchen aber unter den Walzen zurückzulassen. Die Schlacke, welche nicht unmittelbar über

den

dem Eisen gestanden hat, wird weggestürzt. Das Wascheisen wird wieder mit auf die Gicht gegeben.

Das Gebläse bestand bisher aus vier großen hölzernen Kasten, von denen sich zwei auf jeder Seite des Arbeitsgewölbes befanden. Das Gebläse war jetzt (4. Septbr.) abgeworfen, und sollte durch zwei, zu Mariazell gegossene Cylindergebläse ersetzt werden. Jedes dieser Gebläse wird aus drei hängenden einfachen Cylindern bestehen, in welchen hölzerne Kolben aufsteigen sollen. Jeder Cylinder, von denen erst einige von Mariazell angelangt waren, hat 5 Fuß im Durchmesser und 4 Fuß Hub. Man hoffte durch den vielen Wind, welchen man sich von diesen Gebläsen versprach, das bisher schon bedeutende wöchentliche Ausbringen des Ofens ansehnlich zu vergrößern. Die drei und drei Cylinder eines jeden Gebläses sollen durch eine Art von Regulator mit einander vereinigt werden. Man beabsichtigt nämlich, den Wind in einen, über den Cylindern aufgestellten, gegossenen eisernen cylindrischen Sammelkasten zu leiten, welcher vermittelst eines ledernen Schlauches von demselben Durchmesser, mit einem gegossenen eisernen Deckel dergestalt in Verbindung gesetzt ist, daß der, mit einem der Pressung des Windes angemessenen Gewicht, beschwerte Deckel gehoben wird, und wieder niederfällt, je nachdem der Sammelkasten einen größeren oder geringeren Windzufluß aus den Cylindern erhält, welcher nicht unmittelbar aus der Düse abgeführt wird. Eine bemerkbare Wirkung wird man von dieser Vorrichtung nicht zu erwarten haben, weil der die Stelle des Regulators vertretende Sammelkasten einen zu geringen Durchmesser hat.

Schacht und Gestellraum haben einen kreisrunden Durchschnitt. Nicht allein der Bodenstein und der Gestellraum, sondern auch der ganze Ofenschacht sind aus rothem Sandstein zusammengesetzt. Ein eigentliches Gestell ist nicht vorhanden, sondern der Ofen erweitert sich vom Boden bis zum Kohlensack gleichförmig, und zieht sich vom Kohlensack bis zur Gicht gleichmäßig zusammen. Der Ofen ist 35 Fuß (Wiener Maaß) hoch, unten am Boden 40 Zoll, oben auf der Gicht 20 Zoll, und im Kohlensack 6 Fuß 3 Zoll weit. Der Kohlensack ist 10 Fuß vom Boden entfernt. Es wird mit drei Formen, von 2 Zoll Breite und 1½ Zoll Höhe, geblasen. Die Formen liegen 17, 18 und 19 Zoll vom Boden entfernt; die eine auf der einen, die zweite auf der andern Seite des Arbeitsgewölbes, und die dritte demselben gegenüber, auf der Rückseite.

Die Kohlen werden in hölzernen geflochtenen Körben aufgegeben. Eine verdeckte Laufbrücke verbindet den Gichtboden mit dem fast in gleicher Höhe mit ihm liegenden Kohlenschuppen. Die Körbe sind zugleich das Kohlenmaaß für eine Gicht, indem sie 6 Wiener Metzen (zu 1,9471 Wiener Kubikfuß) enthalten.

Die gerösteten Erze werden unter freiem Himmel, in Räumen, die mit einer Mauer umschlossen sind, aufbewahrt. Zum Gichtboden gelangen sie vermittelst eines Paternosterwerks, welches durch den Krummzapfen eines Wasserrades in Bewegung gesetzt wird. Die Paternosterketten bestehen aus zwei neben einander liegenden, und 15 Zoll von einander entfernten eisernen Stäben, zwischen welchen die Kasten von Eisenblech befestigt sind. Die ganze Kette hängt über zwei viereckigen Wellen, von denen die eine sich über dem Gichtboden, und die zweite unten im Füllraum befindet. Die Länge der einzelnen Kettenglieder stimmt mit der Breite oder der Dicke der viereckigen Wellen überein, so daß kein Abgleiten der Kettenglieder auf der Seite, auf welcher die gefüllten Kasten in die Höhe gehen, stattfinden kann, welches auch außerdem durch ein an der oberen Welle angebrachtes Sperrrad, in welches ein Sperrhaken greift, verhindert wird. Die Kasten leeren sich oben auf der Gicht von selbst aus, indem sie um die Welle gehen. Sie werden bei ihrem Hinaufgange unten wieder gefüllt, womit ein Arbeiter beständig beschäftigt ist. Die obere viereckige Welle ist durch ein Zwischengeschirr mit dem Krummzapfen des Wasserrades verbunden. — Von dem auf dem Gichtboden ausgestürzten Erze wird jedesmal so viel, als zu einer Gicht nöthig ist, in einem Kasten abgemessen.

Auf eine Gicht von 6 Metzen werden 180 bis 200 Pfund Erz gesetzt; letzteres Quantum jedoch nur dann, wenn luckige Flossen geblasen werden. Jedesmal, nach 8 Sätzen oder Gichten, wird abgestochen, und in der Zwischenzeit, wegen der Reichhaltigkeit der Erze, keine Schlacke abgelassen. Der Abstich soll 650 bis 700 Pfund Eisen geben. In 12 Stunden erfolgen, beim besten Gange, 18 Abstiche; es gehen dann also 144 Gichten. Im vorigen Jahre hat man einigemal 21 Stiche in 12 Stunden gemacht, und dabei ein wöchentliches Ausbringen von über 1500 Centnern erreicht.

In der Regel wird der Satz so geführt, daß das Eisen zu Scheiben gerissen werden kann, weil der größte Theil der Produktion als Scheibeneisen, oder als Blattln verkauft wird. Es sind aber auch Bestellungen auf Flossen vorhanden, und in diesem Fall wird der Erzsatz verstärkt, um nach Umständen spieglichte oder blumichte Flossen zu erhalten. Bestellungen auf luckige Flossen kommen nicht vor, weil man diese in Kärnthen und Krain nicht zu verarbeiten gewohnt ist. Wäre der Erzsatz aber zufällig so groß, daß die Flossen luckig ausfallen, so werden diese größtentheils auf dem eigenen Frischfeuer verarbeitet, oder mit Spiegelflossen vermengt, versendet. Auch in den Fällen, wenn Scheiben gerissen werden sollen, die Sätze aber zufällig zu schwer herunter kommen, so daß sich das Eisen zum Blattlreißen nicht eignet, werden Flossen, aber immer in breiten Platten, unmittelbar im Arbeitsgewölbe, dicht vor der Stichöffnung, abgelassen.

Im vorigen Jahre hat der Ofen in 40 Wochen 53,000 Centner Roheisen in Blattln und Flossen, also wöchentlich im Durchschnitt 1325 Centner geliefert. In dieser Campagne sollen zu einem Meiler, d. h. zu 10 Centnern, oder zu 1000 Pfund Roheisen, mit Einschluß des Löschabganges, 9 Kärnthener Schaff Kohlen verbraucht worden seyn. Rechnet man dem Ofen den gewöhnlichen Löschabgang von 10 Procent zu gute, so ist der wahre Kohlenverbrauch 8,1 Kärnthener Schaff zu einem Meiler, oder 0,81 Schaff zu 100 Wiener Pfunden. Weil nun 1 Kärnthener Schaff 8 Wiener Metzen, oder 15,5768 Wiener Kubikfuß enthält, so würden zu 100 Berliner Pfund Roheisen 13,4 Rheinländische Kubikfuß Holzkohlen erforderlich gewesen seyn. Weil ferner auf eine Kohlengicht von 6 Metzen, oder 11,6826 Wiener Kullikfuß 180 bis 200 Wiener Pfund Erze gesetzt und durchgeschmolzen werden, so würden bei 100 Rheinländischen Kubikfuß Holzkohlen 1790 bis 1990 Berliner Pfund Erze durchgesetzt werden.

Obgleich die Kohlen, wegen der sehr reichen Schmelzmasse, die zu 50 Procent ausgebracht wird, nur wenig Erz tragen, so scheint doch der Kohlenaufwand sehr mäßig zu seyn. Das Resultat erscheint aber in der That weniger vortheilhaft, wenn man die reichen und leichtflüssigen Erze berücksichtigt. Daß das Gebläse sehr wenig durchgreift, geht daraus hervor, daß der Wind, welcher aus der, der Vorwand gegenüberstehenden Form ströhmt, die Vorwand gar nicht erreicht. In der Formhöhe ist der Durchmesser des Schachtgestelles, oder des Schmelzraums, schon 45 Zoll, also gewiß viel zu weit, um die Kohlen mit aller Wirksamkeit verbrennen zu lassen. Außerdem hat man sich durch den, im Verhältniß zur Höhe des Ofens, außerordentlich engen Kohlensack, aller Vortheile der weiten Ofenschächte bei leichtflüssigen Erzen gänzlich begeben. Eine sehr bedeutende Ersparung würde durch Erweiterung des Kohlensackes und durch Zusammenziehung des Schmelzraums ganz unfehlbar bewerkstelligt werden. Daß ungeachtet des schwachen, sehr wenig durchgreifenden Windes, so viel Sand auf der Gicht ausgeworfen wird, beweiset hinlänglich, daß die Erze zu sehr zerkleinert sind. Sollte dies aber durchaus geschehen müssen, damit die Erze nicht roh und ungeschmolzen vor die Formen kommen, so würde man nichts Eiligeres thun können, als den Schmelzraum zu verengen. Es giebt wohl wenig Oefen, die so ausgezeichnet vortreffliche Erze verarbeiten, als der Treibacher, weil nur die leichtflüssigsten und die reichsten Erze auf der Grube ausgehalten werden. Daher müßte sich dieser Ofen auch durch einen geringen Kohlenverbrauch ganz besonders auszeichnen, welches aber, im Vergleich mit den hohen Blauöfen zu Eisenerz, keinesweges der Fall ist, und wozu der Grund nur in der mangelhaften Construktion des Schachtes gesucht werden kann.

Das Treibacher Eisenhüttenwerk ist unstreitig das wichtigste in ganz Kärnthen und Krain, und verdient vor allen übrigen in diesen Provinzen befindlichen Ofenanlagen den Vorzug, nicht sowohl in der Größe der Produktion, als besonders in dem Materialienverbrauch, durch welchen es sich vor den anderen niedrigeren, wenn gleich ebenfalls zur Hauptleistenwurzel gehörigen Oefen, welche also ebenfalls die vortrefflichen Hüttenberger Erze verschmelzen, sehr vortheilhaft auszeichnet.

Hüttenberg.

Die große Gebirgskette, welche Kärnthen von Steiermark scheidet, sendet mehrere Arme in das Drauthal, wo, durch sich eben so viele Querthäler bilden, durch welche die Gebirgswasser, theils unmittelbar, theils nach vorher erfolgter Vereinigung mit anderen Nebenflüssen, der Drau zugehen. Ein Hauptarm zieht sich von den Judenburger Alpen, in südlicher Richtung, in das Drauthal hinein, und bildet den unter dem Namen der Saualpen bekannten Gebirgszug, welcher die Nebenthäler der Gurk von dem Thale trennt, in welchem die Lavant, in fast gerader Richtung von Norden nach Süden, der Drau zueilt. Gegen Osten wird das Lavantthal durch die Centralgebirgskette selbst begränzt, welche hier ihre Hauptrichtung von Westen nach Osten ändert, und sich in zwei Hauptketten theilt, von denen eine die südöstliche Richtung annimmt, und fortdauernd die Gränze zwischen Kärnthen und Steiermark bildet.

Mehrere, westlich von den Saualpen, in paralleler Richtung mit ihnen, von der Hauptgebirgskette abgehende Höhenzüge, bilden eben so viele von Norden nach Süden sich erstreckende Nebenthäler der Gurk, welche man hier quer zu durchschneiden hat, wenn man Hüttenberg, 4 Stunden östlich von Treibach, erreichen will. Hüttenberg selbst liegt in einem solchen Querthale des Drauthals, dem letzten, welches zum Flußgebiet der Gurk gehört, indem das Hüttenberger Thal östlich schon von den Saualpen begränzt wird, welche die Flußgebiete der Gurk und der Lavant von einander trennen. Bewässert wird dies Thal durch die rauschende Gortschitz, welche am Fuße der Judenburger Alpen entspringt, mehrere Gebirgsbäche östlich und westlich aufnimmt, und sich nach einem 6 Meilen langen Laufe, in der Hauptrichtung von Norden nach Süden, bei St. Johann mit der Gurk vereinigt. In diesem Thale der Gortschitz, so wie in den Nebenthälern derselben, liegen die zur Haupteisenwurzel gehörigen Oefen (mit Ausnahme von Treibach, in der Heft, in der Mossinz, in der Lölling und zu Eberstein, welche sämmtlich ihre Erze von Hüttenberg erhalten) einige Stunden von einander entfernt.

Die Besitzer dieser Oefen sind die einzigen Gewerken, welche auf der Eisenerzniederlage bei Hüttenberg bauen. Außer den oben genannten fünf zur Haupteisenwurzel gehörigen Oefen, war früher noch ein sechster, unmittelbar bei Hüttenberg, vorhanden, welcher allen Gewerken, nach Maaßgabe ihrer Antheile bei der Grube, gemeinschaftlich angehörte. Dieser Hüttenberger Kommunitätsofen ist aber, obgleich er in Rücksicht der Erzanschaffung die vortheilhafteste Lage hat, seit einigen Jahren nicht mehr betrieben, und in diesem Jahre (1820) ganz eingestellt und abgebrochen worden, weil die Uebereinkunft bestand, daß er nur dann in Betrieb gesetzt werden dürfte, wenn alle Theilnehmer sich dazu einverstanden erklärten, welches aber dem Interesse der mehresten derselben wahrscheinlich entgegen war, weil sie den Roheisenabsatz den ihnen eigenthümlich und ausschließlich angehörenden Oefen nicht entziehen wollten.

Ueberall bildet der Glimmerschiefer das Grundgebirge, wird aber auf vielen Punkten von jüngerem Gebirge bedeckt, besonders von jüngerem Kalk und von schieferigem Mergelkalk. Zwischen Althofen und Gotharing befindet sich eine Braunkohlengrube am sogenannten Sauberge. Die Braunkohle ist von ganz neuer Bildung, hat Lehm zum Liegenden, und zum Hangenden eine mergelartige Masse, welche mit Schnecken und Muscheln aus süßem Wasser erfüllt ist. Die Braunkohlen werden verascht, und die Asche wird zu Alaun versotten. Zur Feurung bedient man sich des Torfes.

Weiter östlich von Gotharing tritt der Glimmerschiefer wieder ohne Bedeckung hervor, und nun erreicht man auch bald das Thal der Gortschitz, welches bei Hüttenberg sehr eng geschlossen ist. Früher war zu Hüttenberg nicht allein ein Kaiserliches Berggericht, sondern es befand sich daselbst auch, so lange Hüttenberg und Friesach zu Salzburg gehörten, ein Salzburger Bergrichter. Seit mehreren Jahren ist das Berggericht aber aufgehoben und nach Klagenfurt gezogen worden. Weil der Zehnte nicht von den Erzen, sondern von dem fertigen Produkt entrichtet wird, so bedarf es blos einer Controlle durch die Frohnwäger bei den Hütten. Diesen Frohnwägern sind gewisse Distrikte, oder auch nur einzelne Hüttenwerke zugetheilt, wo sie das Abwägen verrichten, und die zehnte Flosse für die öffentlichen Kassen in Empfang nehmen müssen.

Feldesstreitigkeiten, welche die Anwesenheit des Bergrichters nothwendig machten, sollen jetzt nicht mehr vorkommen, oder wenigstens auf dem Wege des Vergleichs, zwischen den Gewerken selbst, geschlichtet werden.

Unmittelbar bei Hüttenberg, ostsüdöstlich von dem Orte, befindet sich der Berg — Knappenberg — welcher schon seit vielen Jahrhunderten das Material zu dem norischen Eisen hergegeben hat. Bemoosete Schlacken, auf dem Gipfel des Berges, in kunstlos zur Gestalt von kleinen Ofenschächten zusammengefügten Schmelzstätten, ohne alles Gebläse erzeugt, beurkunden das hohe Alter des Bergwerks und die Leichtflüssigkeit der Erze. Wann diese Schmelzvorrichtungen den Stücköfen haben weichen müssen, läßt sich schwerlich mehr ausmitteln; die Wolfsöfen scheinen aber erst zu Anfang des letzten Dritttheils des vorigen Jahrhunderts von den Blauöfen verdrängt worden zu seyn.

Der Knappenberg mag sich etwa 1800 Fuß über das Thal der Gortschütz, am linken, oder östlichen Ufer derselben erheben. In seiner Hauptrichtung erstreckt er sich von Nordwest nach Südost, und bildet einen nach Südwest und Nordost abfallenden Bergrücken. Der Abfall des Rückens nach beiden Weltgegenden ist zwar steil, aber nicht prallig; auch ziehen sich mehrere, mit den Rücken fast parallel laufende Einsenkungen, welche nur wenig geneigte Ebenen bilden, längs dem Gehänge fort, wodurch der Berg, besonders in der oberen Hälfte seiner Höhe, ein fast terrassirtes Ansehen erhält.

Der Berg besteht, etwa bis zu einer Höhe von 700 Fuß über dem Thal, aus Glimmerschiefer, der an manchen Stellen durch die eingesprengten vielen Granaten sehr dickflaserig wird. Dann folgt der Urkalk, von einer ausgezeichnet schönen himmelblauen Farbe und von blätterigem Gefüge; und in diesem Kalklager befindet sich die reiche Eisenerzniederlage, welche fast die ganze Mächtigkeit des Bergrückens, in einer Seigerhöhe von 6- bis 700 Fuß, und in dem größten Theile der streichenden Erstreckung des Berges einnimmt. Oben ist diese Erzniederlage mit einem gelblich-weißen Kalkstein bedeckt, der durch die vielen Glimmertheilchen oft ein schieferiges Gefüge zu erhalten scheint. Auf allen Seiten von Kalkstein eingeschlossen, kann man die Eisenerzniederlage kaum für etwas anderes, als für ein mächtiges Lager im Kalkstein, oder eigentlich für einen Erzstock ansehen, welcher aber keinesweges blos aus Eisenerz besteht, indem die Erze sehr häufig von sogenannten tauben Mitteln, nämlich von großen Keilen aus Urkalk, unterbrochen werden. Diese Kalkmassen haben theils eine schöne himmelblaue, theils eine gelblich-weiße Farbe. Ob sie sämmtlich mit dem Dach und mit der Sohle zusammenhängen, oder ob sie als ganz isolirte Massen in der Erzniederlage vorkommen, folglich überall von Erzen umgeben seyn mögen, läßt sich bei der Unregelmäßigkeit, mit welcher der Bergbau betrieben worden ist, und noch jetzt betrieben wird, schwerlich ausmitteln. Von einigen kleineren Wänden weiß man, daß sie mit dem umgebenden anstehenden Kalk keinen Zusammenhang haben, weil man sie von allen Seiten umfahren hat; die größeren Massen dürften aber vielleicht als Fortsetzung des die ganze Erzlage umschließenden und durch dieselbe hindurchgehenden Kalksteins betrachtet werden müssen.

Das Verhalten der Erzniederlage und die Beschaffenheit der Erze selbst, geben über dies räthselhafte Vorkommen derselben keinen Aufschluß. Nirgends zeigt sich in dem Erzstock ein bestimmtes Streichen und Fallen; und daraus sowohl, als aus der Beschaffenheit der Erze selbst, geht hinlänglich hervor, daß sie keiner ruhigen und ungestörten Bildung ihr Entstehen zu verdanken gehabt haben. Der weiße unveränderte Pflinz kommt sehr selten, und mehrentheils nur in den untersten Gruben vor. Die Hauptmasse besteht aus mehr oder weniger zerstöhrtem Spatheisenstein, welcher theils röthlich-braun, theils schwarz-braun gefärbt, seine späthige Struktur mehr oder weniger beibehalten hat, und aus Brauneisenstein, welcher selten aus einer ganz gleichartigen Masse zusammengesetzt ist, und mehrentheils ein Conglomerat von Quarzkörnchen und Glimmerblättchen, die durch eine Masse von Brauneisenstein zusammengefügt sind, zu seyn scheint. Auch selbst da, wo das Erz noch die Spathstruktur behalten hat, kommen häufig Quarzkörner und Glimmerblättchen in der Masse vor, und diese Glimmerblättchen sind es vorzüglich, welche die Hüttenberger Erze so sehr auszeichnen, daß sie sich von allen ähnlichen Eisenerzgattungen sogleich unterscheiden lassen.

Nicht selten kommen sehr schöne Ueberzüge von Chalcedon auf dem Brauneisenstein vor, und noch häufiger ist das Vorkommen von ausgezeichnet schönem und reinem weißem Schwerspath, welcher oft große Nester bildet, so daß zur Gewinnung desselben besondere Förderungspunkte vorgerichtet sind, indem die Bleiweißfabriken zu Klagenfurt und St. Veit davon Gebrauch machen. Ein so unangenehmer Begleiter der Eisenerze der Schwerspath für den Eisenhüttenmann auch sonst seyn mag, so gern ist er hier in Hüttenberg gesehen, weil man die merkwürdige Erfahrung gemacht hat, daß die Eisenerze in der Nähe des Schwerspaths immer am reichsten und reinsten sind, und ihre Spathstruktur am vollkommensten erhalten haben. Der in der Nähe des Schwerspaths vorkommende Spatheisenstein hat immer ein am mehresten großblätteriges Gefüge, eine ganz dunkelbraune Farbe, einen Eisengehalt von 70 bis 80 Procent, und einen metallischen Glanz auf den Ablösungsflächen, so daß man ihn in einzelnen kleinen Stücken für Eisenglanz ansehen könnte. Der Kohlensäuregehalt ist auch, ungeachtet die Spathstruktur beigeblieben ist, so unbedeutend, daß mit Säuren nur ein höchst schwaches Aufbrausen stattfindet. Eine andere Art des Spatheisensteins hat auch das spathartige Gefüge behalten, allein der Zusammenhang ist minder fest, und das Ansehen matt und fast erdig. Auch dieser Spatheisenstein, welcher gewöhnlich dunkelröthlich-braun gefärbt ist, hält noch zwischen 60 und 70 Procent Eisen, und brauset etwas, obgleich nur wenig, mit Säuren.

Die Spatheisensteinmasse ist bei einer anderen Art des Vorkommens mit Glimmertheilchen so durchzogen, daß es oft schwer ist, zu bestimmen, ob der Glimmer wesentlich zur Spathstruktur des Erzes gehört, oder ob er ein eingemengter, dem Erze fremdartiger Bestandtheil sey. Dies ist auch bei der Brauneisensteinmasse der Fall, welche sich durch unendliche Nüancirungen der lichten und dunkelbraunen Farbe, und durch den kleinen Gehalt an Kohlensäure, auf einzelnen Punkten, dem zerstöhrten Spatheisenstein so sehr nähert, daß es fast unmöglich ist, die Gränze zu bestimmen, wo der Spatheisenstein aufhört, und der Brauneisenstein anfängt. Durch die Glimmerblättchen, welche der Brauneisensteinmasse eine Art von blätterigem Gefüge mittheilen, wird jene Bestimmung noch schwieriger. Wo die Glimmertheilchen in großer

Menge vorhanden sind, verändert sich die braune Farbe des Eisenerzes gewöhnlich in eine graue; und dieses grau-braun-glimmerige Eisenerz ist fast das gewöhnlichste und am häufigsten vorkommende.

In der Grube kommen alle diese Abänderungen der Erzmassen so durch einander vor, daß man nur auf wenigen Punkten Erze von ganz entschiedener Spathstruktur, oder Erze, die als ein ganz reiner und dichter Brauneisenstein angesehen werden könnten, gewinnen kann. Die glimmerigen Erze (welche man in der Grube auch Glimmer und Lieścherze nennt) sieht man sehr gern, weil sie leichtflüssig und reich an Eisen sind; sie machen die zweite Sorte von Erzen aus, indem die derben braunen Erze, mit völlig erhaltener Spathstruktur, als die reichsten und besten, vorzüglich gesucht werden. Die Brauneisensteine setzt man dagegen den glimmerigen Erzen nach, weil sie strengflüssiger sind, vorzüglich aber weil sie selten ganz rein, sondern mehrentheils mit Sandkörnern vorkommen, so daß sie am Stahl Funken geben, und sich schon sehr rauh und sandig anfühlen lassen. Diese rauhen und sandigen Erze werden nicht mit gefördert, sondern bei der Gewinnung ausgehalten und zum Versetzen angewendet. In der Grube führen sie den Trivialnamen Kleesch oder Kläsch. Einzelne Stücken von diesen rauhen Erze haben fast das Ansehen, als wären sie aus zerstöhrtem Glimmerschiefer entstanden, dessen Theilchen durch eine Eisenerzmasse zusammengekittet worden. Dieser Kieselgehalt, nicht als Mischungs-, sondern als Gemengtheil, also als Quarzkörnchen in der Eisenerzmasse, ist so allgemein verbreitet, wie der Glimmer, so daß man selten ein Stück Erz bekommt, welches nicht auf der einen oder der anderen Stelle mit dem Stahl Funken giebt. Von der größeren oder geringeren Beimengung der Erzmasse an Glimmer und Quarzkörnchen, ist die größere oder geringere

Haltigkeit des Erzes, und von der letzteren Beimengung auch zugleich die größere oder geringere Leichtflüssigkeit desselben abhängig. Strengflüssigkeit scheint man mehr als einen etwas geringeren Gehalt der Erze zu scheuen, und giebt daher den glimmerigen Erzen den Vorzug vor denen, die sich wegen des Gehaltes an Quarzkörnern sehr rauh anfühlen lassen, obgleich die letzteren häufig reicher sind, als die ersteren. Der Glimmer befördert das Schmelzen der Eisenerze, so wie der Quarzgehalt sie strengflüssig macht. Deshalb werden auch diejenigen Glimmererze, welche sich zugleich rauh anfühlen lassen, nicht mit gefördert, sondern gleich den übrigen sandigen Erzen ausgehalten und zur Versetzung, statt der Berge, angewendet.

Die ganze Eisenerzniederlage des Knappenberges ist ein solches Gemenge von theils reinen Brauneisensteinmassen, mit und ohne Spathstruktur, und von größerentheils mit Glimmer, oder mit Quarzkörnern, oder mit Glimmer und Quarzkörnern gemengten Brauneisensteinmassen, welche durch den Glimmergehalt häufig eine schieferige Struktur und eine graue Farbe, und durch den Quarzgehalt das Ansehen eines wahren Konglomerats erhalten, sobald man sie aufmerksamer betrachtet. Aus diesem Gemenge, welche ohne Regel und Ordnung durch einander zu liegen scheint, besteht das ganze ungeheure Lager von 6- bis 700 Fuß Höhe, von wenigstens 5000 Fuß Feldeserstreckung, und von fast der Mächtigkeit oder Dicke, welche dem Knappenberge selbst, in dem vertikalen Durchschnitt mit seiner streichenden Erstreckung zukommt. Zwar nimmt diese Mächtigkeit, oder eigentlich diese Breite und Dicke des Lagers, mit der größeren Höhe ab, indeß ist der Bergrücken oben ziemlich breit, so daß man die Entfernung von einem Gehänge zum anderen im mittleren Durchschnitt wohl zu 1500 Fuß annehmen kann. Diese ungeheure Erzmasse von vielen Millionen Kubikfußen, wird nur durch größere oder kleinere keilförmig gestaltete Kalkfelsen zuweilen unterbrochen, und diese tauben Mittel sind es zugleich, welche die Gewinnung oder den Abbau erleichtern. *)

Es ist aber nicht der Knappenberg allein, welcher solche Eisenerzniederlagen enthält. Diese kommen vielmehr sehr häufig, und immer auf dieselbe Weise, in dem Glimmerschiefergebirge vor, welches sich von hier bis über Friesach nach Neumarkt fortzieht, nur daß das Lager des Knappenberges das größte, reichste und ausgedehnteste ist. Auf vielen Punkten sind die Lager oder Nester nicht ausgedehnt genug, um bauwürdig zu seyn; auf anderen sind die Erze zu sandig, und auf anderen endlich hat das Bedürfniß die Benutzung noch nicht herbeigeführt, weil die in Bau genommenen Punkte zur Bestreitung des Bedarfs bei den Hütten hinreichen. Nördlich von Friesach, am sogenannten Burgberge, wird ein ähnliches Lager für die Oefen zu Hürt, zu Friesach und zu St. Salvator wirklich bebauet. Der dort vorkommende Kalkstein, auf welchem die Eisenerze liegen, ist zwar ebenfalls ein blauer und blätteriger Urkalk, allein er besitzt nicht die ausgezeichnet schöne himmelblaue Farbe des Knappenberger Kalksteins, welcher in dieser Schönheit vielleicht an wenigen Orten angetroffen werden mögte.

Nur da, wo Kalkstein auf dem Glimmerschiefer liegt, kann man Eisenerze erwarten. Dies Verhalten stimmt ganz mit dem Vorkommen des Spatheisensteins in dem Schiefergebirge der Uebergangsformation überein. Ganz charakteristisch

*) Bei diesem sonderbaren Vorkommen des Erzstocks, bei dem eben so auffallenden Hervortreten der Kalkkeile in dem Erzlager, und bei der Beschaffenheit der Erzmasse selbst, wird es mehr als wahrscheinlich, daß die ganze Masse aus dem Inneren der Erde emporgehoben worden sei, und daß sie den Glimmerschiefer durchbrochen habe.

für die Eisenerze in den Urkalklagern der Glimmerschieferformation ist aber der Glimmergehalt derselben und die sehr häufig dadurch hervorgebrachte graue Farbe, welche die braune oder die röthlich-braune Farbe des zerstöhrten und in Brauneisenstein umgewandelten Spatheisensteins verdrängt oder eigentlich modificirt. So leicht sich die Eisenerze dieser Formation durch den Glimmerschiefergehalt erkennen lassen, so schwierig mögte es seyn, eine genügende und befriedigende Erklärung dieses räthselhaften Vorkommens zu geben.

Der Grubenbau am Knappenberge ist zwar sehr einfach, aber auch höchst unvollkommen. Ein Grubenfeld ist hier eine Ausdehnung von 20 Lachtern in der Breite (oder, wenn man will, im Streichen, nämlich parallel mit der streichenden Erstreckung des Berges) von 20 Lachtern in der Seigerhöhe und von 200 Lachtern in der Länge, oder in der Tiefe, nämlich in den Berg hinein, von einem Gehänge zum andern gerechnet. Weil sich nun das Hauptstreichen des Berges von Nordwesten nach Südosten erstreckt, so sind die Stollen, welche zu jeder Grube gehören, in der Richtung von Südwest nach Nordost in den Berg hinein getrieben. Hätte man bei den Vermessungen immer genau dieselbe Stunde angenommen, so würden keine Feldesstreitigkeiten haben entstehen können. Weil man dabei aber in der früheren Zeit nicht mit gehöriger Sorgfalt verfahren ist, so ist nicht selten eine Gewerkschaft in das Feld der andern gerathen, welche in derselben Sohle mit ihr markscheidet. Blos um ihr Feld zu sichern, hat sich deshalb eine Gewerkschaft (die Rauschersche) veranlaßt gefunden, ihren Stollen durch den Berg zu treiben. Die sämmtlichen Gewerkschaften haben sich indeß jetzt geeinigt; die mehresten Gruben werden in Communion gebauet, und die gewonnenen Erze, nach dem Verhältniß der Grubenantheile, bei der Förderung besonders gestürzt.

Die Anfahr- und Zechenhäuser liegen an dem südwestlichen Gehänge des Knappenberges, vor den Stollenmundlöchern, in 20 Lachter Seigerhöhe unter einander. Die Stollen stehen in Thürstockzimmerung, ein Thürstock neben dem anderen, weil das Gebirge sehr druckhaft ist, weshalb auch eine sehr große Menge Grubenholz erfordert wird. Bei der hohen Lage der Gruben hat man natürlich mit Grubenwasser nicht zu kämpfen.

Bis dahin, wo sie die Erzlage erreichen, sind die Stollen in Kalkstein aufgefahren, und zum Theil auch später wieder in Kalkstein getrieben, wo die Kalksteinmassen als sogenannte taube Mittel in der Eisenerzniederlage hervortreten.

Von den tiefsten Stollen sollen zwar zwei noch im Glimmerschiefer, unter der Auflagerung des Kalksteins angesetzt, und in einer bedeutenden Länge ins Feld gebracht, aber dann wieder verlassen worden seyn, weil man die Erwartung, daß das Erzlager in die Teufe niedersetzen werde, nicht bestätigt fand.

Aus den Hauptstollen sind rechts und links querschlägige Strecken, oder sogenannte Hoffnungsschläge getrieben, um die Beschaffenheit des Erzlagers zu untersuchen und Baue vorzurichten. Die höchst unregelmäßigen Baue der Alten machen es zwar höchst schwierig, regelmäßige Vorrichtungen zum Abbau zu treffen; allein es ist in den neueren Zeiten sehr wenig geschehen, um die früher begangenen Fehler zu verbessern. Man nennt die Art des Abbaues am Knappenberge einen Querbau, mit welchen derselbe aber nur den Namen gemein hat, indem man mit Strecken nach allen möglichen Richtungen, und ohne jemals eine reine Sohle zu halten, in der Erzmasse umherfährt, um die reichen Erze mit Spathstruktur und die Glimmererze aufzusuchen. Die tauben Kalksteinmittel, welche man nach allen Richtungen umfährt, geben immer eine sehr erwünschte Sohle für den Abbau.

Mag gleich dies tadelnswerthe Verfahren zum Theil durch die Regellosigkeit in der früheren Gewinnung einige Rechtfertigung finden, so liegt es doch klar am Tage, daß der Grund dazu in dem Verlangen der Grubenbesitzer zu suchen ist, nur die reichsten und leichtflüssigsten Erze zur Hütte zu bringen. Wem die Auswahl so, wie den Hüttenberger Grubenbesitzern, zu Gebote steht, der darf freilich für die Zukunft wenig besorgt seyn, und seine Nachkommen eben so wenig berücksichtigen, als seine Vorfahren für ihn gesorgt haben; wie weit aber dies Princip — das verderblichste für den Bergbau — führen kann, davon giebt die Eisenerzgewinnung in den Gruben des Knappenberges einen traurigen Beweis. Fast mögte man glauben, die ganze Geschicklichkeit der Bergarbeiter bestehe nur darin, recht viel Erze zum Versetzen auszuhalten. Man mißtraut seinen Sinnen, wenn man die zum Versetzen in der Grube angewendeten Erze untersucht, oder wenn man vor Abbauorte geführt wird, welche in unbrauchbarem Erz stehen, und nur auf Hoffnung weiter aufgefahren werden. Was man an anderen Orten als einen reichen Bergsegen ansehen würde, das wird hier verstürzt, und auf ewig der Benutzung entzogen. Der Privatmann, welcher seinen augenblicklichen Vortheil berücksichtigt, wird jederzeit die reicheren Anbrüche den ärmeren vorziehen; welches Gesetz sollte ihn verpflichten, seinem Interesse entgegen zu handeln!

Das Erzgedinge steht von 30 Kreutzern bis zu 2 Gulden W. W. (etwa 3 Gr. 6 Pf. bis 14 Gr. Preuß. Cour.) für sechs Centner (so viel faßt ein Erzmaaß, nach welchem über Tage abgenommen wird), je nachdem die Anbrüche reichere oder ärmere Erze gewähren, je nachdem nämlich weniger oder mehr Erze zum Versetzen in der Grube bleiben. Das

Gedinge wird alle Monate abgenommen, und erst nach 10 oder 12 Tagen ein neues gemacht, bei welchem die in dieser Zeit erhaltenen Resultate der Gewinnung das Anhalten geben. Zum Gedinge gehören Pulver und Schmiedekosten, aber nicht das Geleuchte; auch müssen die Häuer die ausgeklaubten Erze nach der Schicht selbst aus dem Stollen fördern. Das Versetzen der sogenannten schlechten und von den Häuern zurückgeworfenen Erze, geschieht in Schichtlohn, durch besondere Arbeiter, die aber nicht etwa noch nachklauben, sondern die Erze zum Versetzen nehmen, so wie sie ihnen von den Häuern überwiesen werden. Alles, was sich hart und rauh anfühlen läßt, ist unbrauchbar, und einer Vernachlässigung können sich die Häuer nur zu Schulden kommen lassen, wenn sie nicht genug zurückwerfen. Diese Einrichtungen bedürfen keiner näheren Beleuchtung.

Die Förderung geschieht durchgängig in Hunden mit dem Spurnagel, weshalb die Gestänge in den Stollen hiernach eingerichtet sind. In den Abbaustrecken sieht man keine Gestänge, weil alle diese Strecken nur auf kurze Zeit bestehen, auch größtentheils mit einem bedeutenden Ansteigen von der Stollensohle geführt werden, so daß die Räder der Hunde durch eine Kette, welche in den Haken der Radscheibe gehängt wird, gehemmt werden müssen. Von einer planmäßigen Förderung in der Grube ist also, wie hieraus hervorgeht, ebenfalls nichts zu finden.

Die Abfuhr der geförderten Erze, von den Stollenmundlöchern zur Thalsohle der Gortschitz, geschieht durch ein eigenthümlich eingerichtetes Fuhrwesen, welches einer Art von Sackzug gleicht. Man bedient sich nämlich eines zweiräderigen Vordergestelles mit einem langen Schleppbaum, worauf die geflochtenen Erzhöhlen liegen. Der steile und durchgängig höchst erbärmliche Weg ist nur gerade, so breit in dem Glimmerschiefer eingeschnitten, als die Entfernung der beiden Räder von einander es nöthig macht. Die leeren Schleifen in die Höhe zu bringen, erfordert fast dieselbe Kraftanstrengung, als die gefüllten hinabzuziehen. Der Transport geschieht durchgängig mit Pferden, und für den Centner wird ein Fuhrlohn von 6 Kr. W. W. (etwa 8 Pf. Pr. Cour.) gezahlt. Wenn sich alle Gewerkschaften vereinigten, so würde es leicht seyn, die Erze durch Rollschächte bis zur untersten Stollensohle zu bringen, und dann von der untersten Grube bis zur Thalsohle einen Hundslauf vorzurichten.

So sehr man daher den ungeheuren Erzreichthum des Knappenberges bewundern muß, so wenig Veranlassung findet man, sich über die bestehenden Einrichtungen der Gewinnung und der Förderung zu freuen.

Friesach.

Oestlich von Althofen gelangt man bald wieder in das schöne und fruchtbare Thal der Gurk, welche hier die von Friesach herabkommende Mettnitz aufnimmt. Zur Bewässerung der herrlichen Wiesen sieht man häufig hohe Strohmräder, welche bei ihrem Umgange Wasser schöpfen, und dieses in einem, mit Fallröhren versehenen Behälter ausgießen, durch welche es den Wiesen zugeführt wird. Das anstehende Gestein ist hier überall Glimmerschiefer.

Der Ofen zu Hürt liegt schon an der Mettnitz. Er verschmelzt Erze vom Burgberge bei Friesach, welche zu derselben Formation, wie die Hüttenberger, gehören, aber weniger reich sind, weil die geringere Mächtigkeit und Ausdehnung des Lagers keine so große Auswahl möglich macht. Diese grauen und glimmerigen Braunerze werden ebenfalls geröstet, und unter einem Quetschwerk, aus zwei neben einander liegenden, gerippten, hohlen, gegossenen eisernen Walzen bestehend, zerkleinert. Der Ofen ist mit einem gewöhnlichen Kastengebläse versehen, und die Erze werden vermittelst eines Paternosterwerks auf den Gichtboden gebracht. Die Vorrichtung ist einfacher wie die zu Treibach, indem die untere viereckige Welle ein Stirnrad erhalten hat, in welches das Stirnrad an der Welle des Wasserrades unmittelbar eingreift. Der Ofen hielt jetzt (5. September) Kaltlager.

Das Thal der Mettnitz ist am westlichen Ufer des Flusses ziemlich breit, indem sich der Fluß ganz an die östliche Seite seines Thales gedrängt hat, und hart an den hohen Glimmerschieferfelsen fortrauscht. Je mehr man sich Friesach nähert, desto mehr verengt sich das Thal auch auf der westlichen Seite, öffnet sich aber wieder bei Friesach, indem sich hier die, nördlich von Neumarkt herabkommende Olsa mit der Mettnitz vereinigt. Die letztere hat hier die Richtung ihres Laufes fast unter einem rechten Winkel geändert, indem sie von ihrem Ursprunge bis Friesach fast in der Richtung von Westen nach Osten fortströhmte, und bei ihrer Vereinigung mit der Olsa die Richtung der letzteren, von Norden nach Süden, bis zu ihrem Einfluß in die Gurk beibehält.

Die Lage des alten verfallenen Schlosses zu **Friesach** ist außerordentlich schön, indem man von den Ruinen dieser alten, auf einem Glimmerschieferfels erbaueten Feste, drei fruchtbare, und zum Theil von hohen Gebirgen begränzte Thäler übersieht, welche hier zusammenstoßen. Gegen Westen das Thal der Mettnitz, gegen Norden das der Olsa, und gegen Süden das Thal der vereinigten Olsa und der Mettnitz. Nördlich begränzt die Hauptgebirgskette gegen Steiermark den Horizont, und östlich zieht sich der Gebirgsarm fort, welcher bis zur Gurk in das Hauptthal der Drau fortläuft, und die östliche Begränzung des Olsa- und Mettnitz-Thales macht.

Nördlich von der Stadt liegt der Friesacher Blauofen an der Olsa. Er sowohl als der eine Stunde westlich von Friesach, im Thale der Mettnitz, liegende Ofen zu St. Salvator, erhalten ihre Erze vom Burgberge.

Bei dem Ofen zu St. Salvator befindet sich zugleich die Verkohlungsstätte für dieses Hüttenwerk. Auf mehreren Punkten in Kärnthen, unter andern zu Gemünd, in Ober-Kärnthen, ist da, wo man das Holz bequem in sogenannte Legen oder Legstätten zusammenflößen kann, und nicht genöthigt ist, es im Walde zu verkohlen, wo also eine bleibende Verkohlungsstätte eingerichtet werden kann, die sogenannte italienische Köhlerei eingeführt. Aus Kärnthen ist diese Köhlereimethode demnächst nach Hiflau bei Eisenerz in Steiermark verpflanzt worden, indeß hat sie, ungeachtet ihrer großen Vorzüge vor der sogenannten liegenden Köhlerei, diese doch bis jetzt noch nicht verdrängen können. Hier ist die Verkohlungsstätte unmittelbar bei dem Kohlenschuppen, und hängt durch diesen mit der Kohlenauflaufbrücke des Gichtbodens zusammen.

Das zu verkohlende Holz besteht aus ⅓ Tannen und Fichten, und aus ⅔ Kiefern und Lerchen. Die Meiler enthalten 80 bis 90 Klaftern, jede Klafter zu 216 Kubikfuß (nämlich 6 Fuß hoch, 6 Fuß breit und 6 Fuß Scheitlänge). Der Grund zu diesen großen Meilern wird jedesmal durch einen Rost, nämlich durch einzelne Scheite gelegt, die, wie die Halbmesser, vom Mittelpunkt auslaufen. Diese Scheite werden sodann mit anderen Scheiten, gleich den Brückenbelägen, belegt, und auf diesen die Meiler aufgerichtet. Auf das möglichst dichte Setzen der Meiler verwendet man die größte Aufmerksamkeit, und besonders werden die äußeren Flächen mit kleingespaltenem Holz sorgfältig ausgeschlichtet, damit der Meiler eine ganz glatte Oberfläche erhält. Zur Bedeckung der Haube wendet man abgefallene Rinde und kleines Holz an. Die zum Ausschlichten angewendeten kleinen Hölzer verkohlen sich vollkommen, ohne zu verbrennen, weil sie durch die kühle Decke vor dem Verbrennen geschützt werden. Zu starkes Holz würde schon aus diesem Grunde zu den äußersten Reihen unanwendbar seyn. Zur Decke nimmt man zwei Fuß starke, mit Wasser angefeuchtete Kohlenlösche, und trägt diese für die erste oder unterste Schicht auf. Für die folgenden Schichten wird der Meiler blos vermittelst einer Schaufel mit dieser angefeuchteten Lösche beworfen, die Decke aber von unten bis oben fest geschlagen. Die Quandelstange in der Mitte führt, wie gewöhnlich, bis zum Boden, woselbst eine Oeffnung von der Größe eines Quadratfußes im Querschnitt geblieben, und mit leicht feuerfangendem Holz ausgefüllt ist.

Das Anstecken des Meilers geschieht von oben nieder. Die Fußräume werden nicht eher gestoßen, als bis die Nothwendigkeit es erfordert, und dann auf der Seite des Meilers, nach welcher sich das Feuer am wenigsten gezogen hat. Die oberen Raumlöcher stößt man zuerst ganz oben an der Haube, und zieht das Feuer nach und nach bis zu den untersten Fußräumen nieder. Ein großer Meiler steht 5, auch 6 Wochen im Feuer.

Das Füllen geschieht theils mit Bränden, theils aber auch mit Lösche, wenn das Feuer stark um sich gegriffen haben sollte. Gewöhnlich werden die Brände an den äußersten Reihen, zwischen der ersten und der zweiten Schicht eingewechselt. Die Beschaffenheit des Dampfes giebt das Kennzeichen, wann die oberen Raumlöcher geschlossen werden müssen. Ein blauer Dampf ist ein Zeichen zum Schließen der Räume und zum Stoßen der nächst tieferen Raumlochreihe. Wenn Kiefern und Lerchen verkohlt werden, läßt man es bis zum Erscheinen des blauen Dampfes nicht kommen, sondern schließt die Raumlöcher noch eher, weil das Holz (so wie auch das sogenannte harte Holz überhaupt) mehr Hitze erzeugt, und daher nachgaart, folglich verbrennen würde, wenn man es wie das weiche behandeln wollte.

Die Meiler werden hier vierschichtig gesetzt. Die Scheite sollen gesägt seyn, und durchaus eine gleiche Länge haben. Aus einer Klafter erfolgen gewöhnlich 10 Kärnthener Schaff, wenn das Holz gehauen, und nicht gesägt, also nicht mit gleichen Endflächen versehen ist, besonders aber wenn die Scheite gespalten sind. Werden diese dagegen rund in den Meiler gesetzt, und sind sie gesägt, folglich mit glatten Endflächen versehen, so erhält man 11 bis 12 Schaff. Nur bei sehr starkem kiefernem und lerchenem Holz hält man das Spalten für nöthig, weil der Meiler sonst zu hitzig gehen würde. Scheite unter 10 Zoll Durchmesser zu spalten, wird aber auch bei hartem Holz für nachtheilig gehalten. Bei weichem tannenem und fichtenem Holze, ist auch bei den stärksten Scheiten, das Spalten nicht nöthig, und bei schwachen Scheiten sehr nachtheilig.

Nimmt man das Kärnthener Schaff zu $15\frac{1}{2}$ Wiener Kubikfuß an, so ergiebt sich, aus 216 Kubikfuß Holz, ein Kohlenausbringen von 155 bis 180 Kubikfuß, oder von 71 bis 88 Procent, welches sehr viel ist, und sich nur durch die dichten, mit wenigen Zwischenräumen versehenen Holzklaftern, und durch die bedeutende Länge *) der Scheite erklärt, obgleich die Köhlereimethode von der gewöhnlichen, ohne Rost und ohne dichte Decke, gewiß große Vorzüge hat. Warum wen-

*) Die größere Länge der Scheite hat in so fern einen Einfluß auf das größere Kohlenausbringen, als ein und dasselbe Kubikmaaß Holz, bei größerer Scheitlänge, mehr Holz und weniger hohle Räume enthält, als bei kürzeren Scheiten und bei einer verhältnißmäßig größeren Höhe und Breite der Klaftern.

det man aber nicht gemauerte Roste an, die den hölzernen gewiß noch vorzuziehen sind?

Der Ofen zu St. Salvator ist 24 Fuß 6 Zoll hoch, unten am Boden 30 Zoll breit und 32 Zoll lang (wenn er viereckig zugestellt ist, welches nicht immer der Fall ist), und erweitert sich so viereckig bis zu einer Höhe von 4 Fuß über dem Boden, in welcher Höhe er dann 48 Zoll weit ist. Der Kohlensack hat $5\frac{1}{2}$ Fuß im Durchmesser, und liegt 10 Fuß vom Boden, oder 6 Fuß von dem gestellartigen Raum, an welchem sich der runde Schacht, anschließt, entfernt. Die Gicht ist 30 Zoll im Durchmesser weit und einige Fuß tief cylindrisch niedergeführt. Der Ofen wird nur mit einer, ziemlich geneigt geführten Form betrieben, und das Gebläse ist ein gewöhnliches Kastengebläse. Die Erze werden sämmtlich geröstet, und nach dem Rösten gewässert oder ausgelaugt. Von den braunen Späthen und von den grauen Glimmererzen setzt man auf dieselbe Kohlengicht 100 bis 120 Pfund, wenn man von den gerösteten Weißerzen nur 90 bis 95 Pfund setzen darf. Die Weißerze, oder die unveränderten Pflinze, enthalten viel Schwefelkies; sie geben zwar hitzigere und flüssigere Schlacke als die grauen und braunen Erze — von welchen die Schlacke oft sehr zähe und trocken fällt, — allein man wendet sie nur in der Gattirung an, weil sie einen zu geringen Satz vertragen. Die Kohlengicht ist hier 5 Wiener Metzen, worauf im Durchschnitt 110 Pfund Erz gesetzt werden. In 24 Stunden gehen etwa 120 Gichten. Immer nach 10 Gichten wird abgestochen; der jedesmalige Abstich beträgt etwa 5 Centner. Nach der sechsten Gicht sticht man aber nach der Schlacke, welche mit der Kratze herausgezogen wird, welches eine eben so unreinliche Arbeit ist, als das Schlackenholen bei den Hohenöfen, oder bei den Oefen mit offener Brust. Diese Schlacke sowohl, als die beim Abstechen des Eisens mit auslaufende, wird gepocht. Die Kohlen giebt man in viereckigen geflochtenen Körben, welche auf zweiräderigen Karren angerückt werden, und die Erze in viereckigen Kasten auf.

Weil 5 Wiener Metzen gleich 10,0173 Rheinländischen Kubikfußen, und 110 Wiener Pfund gleich 131,48 Berliner Pfunden, und weil jede Gicht etwa 50 Wiener, oder 59,76 Berliner Pfund Eisen giebt; so sind zu 100 Berliner Pfund Roheisen 16,7 Rheinl. Kubikfuß Holzkohlen erforderlich, und es werden bei 100 Kubikfuß Kohlen 1304 Berliner Pfund Eisenerze durchgeschmolzen, welche zu $45\frac{1}{2}$ Procent ausgebracht werden.

Gewöhnlich wird die Produktion des Ofens in Blattln gerissen, zu welchem Ende das Eisen in einen großen kesselartigen Sumpf, welcher sich vor dem Arbeitsgewölbe in der Hüttensohle befindet, und zu jedem Abstich in dem Formsande neu gemacht, oder wenigstens ausgebessert werden muß, geleitet wird. Die beim Abstechen mit auslaufende und über dem Eisen stehende Schlacke, trennt sich durch Begießen mit Wasser sehr gut, und zwar um so leichter und vollkommener, je grauer das Eisen erblasen ist. Spiegelichtes Eisen würde sich außerdem nicht in Scheiben reißen lassen. Kommt solches Eisen absichtlich oder zufällig vor, so wird es in Flossen, nämlich zu einer breiten, kuchenartigen Platte abgestochen, und nach dem Erkalten zerschlagen. Je weißer das Eisen ausfällt, desto schwieriger ist es, die Schlacke vollständig von der Oberfläche desselben zu trennen. Je grauer hingegen das Eisen erblasen wird, desto dünner fallen die Blattln oder Scheiben aus, welche die Hitze sehr lange behalten, und sich sehr gut von der Eisenmasse abheben lassen. Zum Blattlreißen bedient man sich einer leichten Brechstange, um die durch das starke Begießen mit Wasser zum Erstarren gebrachte Scheibe von der flüssigen Eisenmasse etwas zu heben, und einer Ofengabel, um die gelüftete Scheibe vollends abzuheben. Die Arbeit geht sehr schnell, indem man kaum 10 Minuten bedarf, um den ganzen Abstich von 5 Centnern in Scheiben zu reißen. Je nachdem die Scheiben stärker oder schwächer ausfallen, wiegen sie 20 bis 30 Pfund; die zuletzt gehobenen natürlich viel weniger, weil der Sumpf kegelförmig zuläuft, und die Scheiben daher von oben nach unten immer einen kleinernen Durchmesser erhalten.

Die Scheiben werden auf dem Bratheerd gebraten, und die gebratenen Scheiben, nach der in dem größten Theil von Steiermark, Kärnthen und Krain, üblichen Weise, im Walloß- oder Hartzerrennfeuer verfrischt. Man rechnet 2 bis 3 Kubikfuß Kohlen zum Braten der Blattln, und 15 Procent Eisenabgang bei der Frischarbeit, bei welcher einige 30 Kubikfuß Holzkohlen zu 100 Pfund Stabeisen verbraucht werden.

Eintritt in Steiermark.

Das Thal der Olsa, in welchem der Weg von Friesach nach Neumarkt fortgeführt ist, wird auf beiden Seiten durch Glimmerschiefer, der auf einigen Punkten mit Chloritschiefer wechselt, begränzt. Hin und wieder treten indeß auch Massen von Urkalk hervor, welche den Schiefer bedecken. Die Steierische Gränze hat man schon eine Stunde oberhalb Friesach erreicht. Neumarkt, die erste Stadt in Steiermark, welche man von dieser Seite betritt, liegt noch am südlichen Fuße der großen Gebirgskette, welche Steiermark von Kärnthen scheidet.

Steiermark ist, ungeachtet seiner bedeutenden Größe von 400 Quadratmeilen, ein so durchaus gebirgiges Land, daß es nur in seinen Hauptthälern einige Ebenen aufzuweisen hat, welche zusammen kaum den sechsten Theil seines Flächeninhalts ausmachen dürften. Die große Centralkette, welche am Glockner die Gränze zwischen Salzburg, Kärnthen und Tyrol macht, und sich in gerader Richtung von Westen nach Osten fortzieht, um Salzburg von Kärnthen, und, weiter gegen Osten, Steiermark von Kärnthen zu scheiden, verzweigt sich, einige Meilen südöstlich von Judenburg, in zwei große Hauptketten, welche fast unter einem rechten Winkel von einander ablaufen. Die eine derselben geht in nordöstlicher Richtung fast bis zur Donau nach Ungarn fort, nachdem sie den großen Hauptarm von sich ausgesendet hat, welcher die Gränze zwischen Steiermark und Oesterreich bildet. Die zweite, weniger bedeutende Kette, geht mit südöstlicher Richtung in das Drauthal, macht fortdauernd die Gränze zwischen Steiermark und Kärnthen, und scheidet die Flußgebiete der Mur und der Drau, welche sich in Ungarn erst da vereinigen, wo sich das Gebirge gänzlich verflächt.

Die große Centralkette hatte schon im Salzburgischen einen Hauptgebirgsarm in nordöstlicher Richtung ausgesendet, welche das Tauerngebirge bildete. Dies Tauerngebirge tritt, südlich von Schladming, aus Salzburg in Steiermark ein, geht in der Hauptrichtung nach Ostnordost fort, und vereinigt sich zuletzt an der Oesterreichischen Gränze mit dem Hauptarm der in nordöstlicher Richtung fortlaufenden Centralkette. Der Hauptzug des Tauerngebirges, von welchem sich mehrere Nebenarme in das Land erstrecken, geht von Schladming nach Rottenmann, von dort nördlich von Vordernberg, und nördlich von Seewiesen bis zur Oesterreichischen Gränze, um in Unterösterreich, gemeinschaftlich mit dem Hauptarm der nordöstlichen Centralkette, den Wienerwald zu bilden.

Nördlich vom Tauerngebirge läuft, in fast paralleler Richtung mit demselben, die große Kette von Alpenkalkstein fort, welche die reichen Salzniederlagen in Tyrol, Berchtesgaden, Salzburg, im Oesterreichischen Salzkammerguth und in Steiermark darbietet. Sie zieht sich mit dem Tauerngebirge bis weit nach Unterösterreich hinein, und bildet so einen lang ausgedehnten und ununterbrochenen Gebirgszug.

Außer der Drau, welche, aus Kärnthen kommend, Unter-Steiermark nur in einer kurzen Erstreckung von Westen nach Osten durchströhmt, und außer der Sau, welche nur als Gränzfluß gegen Süden betrachtet werden kann, werden, durch die eben angedeuteten Gebirgszüge, zwei Hauptflußgebiete für Steiermark gebildet, nämlich das der Mur und der Ens. Das Tauerngebirge ist es, welches beide Flußgebiete von einander scheidet. Durch die in nordöstlicher Richtung fortlaufende Hauptkette des Centralgebirges wird Ober-Steiermark von Unter-Steiermark abgegränzt, und der Mur zugleich die Richtung ihres Laufes angewiesen. Dieser Fluß folgt der Richtung der Centralkette, welche das rechte Thalufer bildet; nördlich begränzt das Tauerngebirge sein Gebiet, um zugleich das linke Ufer des Hauptthales, welches durch die vielen vom Tauerngebirge herabkommenden Querthäler sehr beengt wird. Durch den großen Hauptarm der in nordöstlicher Richtung fortlaufenden Centralkette, welcher in der Richtung von Südost nach Nordwest die Gränze zwischen Steiermark und Oesterreich bildet, und welcher sich an dem Tauerngebirge, bei den Quellen der Mürz anschließt, wird die Mur bei Bruck in ihrem Laufe aufgehalten. Sie mußte daher zwischen Bruck und Frohnleiten die Centralkette durchbrechen, um in Unter-Steiermark einzutreten, welches sie in fast südlicher Richtung durchströhmt. Ihr bedeutendster Nebenfluß ist die Mürz, welche, von dem Steierisch-Oesterreichischen Gränzgebirge aus Norden herabkommend, bei Bruck von ihr aufgenommen wird.

So wie die Mur alle südlich vom Tauerngebirge herabkommenden Wasser aus Ober-Steiermark abgeführt: so ist es die Ens, welche die Wasser vom nördlichen Gehänge des Tauerngebirges der Donau zuführt. Dieser Fluß hat sich zwischen dem nördlichen Abhange des Tauerngebirges und dem südlichen Abhange der hohen, mit dem Tauerngebirge fast parallel fortlaufenden Alpenkette, sein Bette bereitet. Bis Hiflau geht er in fast östlicher Richtung fort. Hier drängen sich aber das Tauerngebirge und die Alpenkette so nahe zusammen, daß der Fluß eine nördliche Richtung annehmen, und die Alpenkette zwischen Hiflau und Altenmarkt durchbrechen mußte. Unterhalb Hiflau, bei Reifling, führt die Salza, in der Richtung von Osten nach Westen, der Ens alle Wasser zu, welche von dem nördlichen Abhange des Tauerngebirges und von dem südlichen der dieses Gebirge begleitenden Alpenkette, bis an die Oesterreichische Gränze, herabkommen.

Nicht allein das Urgebirge ist es, welchem Steiermark die großen unterirdischen Schätze verdankt, und das Alpengebirge, welches noch weit in Steiermark hinein salzführend zu seyn scheint: sondern auch das jüngere Gebirge, welches sich im Murthale gebildet hat. Dies Thal verschließt unerschöpfliche Schätze von Braunkohlen, die nur auf wenigen Punkten erst in mächtigen Flötzen entblößt worden sind. Nur der Ueberfluß an Holz, den die Provinz noch darbietet, hat bis jetzt die ausgedehntere Benutzung der Braunkohlen verhindern können, welche, dem äußeren Ansehen nach, der schönsten Pechkohle ähnlich sind. Für den Hüttenmännischen Gebrauch würde zu Flammenfeuer kein vortrefflicheres und anwendbareres Material gefunden werden können. Die Flötze haben zum Theil eine Mächtigkeit von 3 und mehreren Lachtern, und sind ohne Zweifel in ununterbrochener Folge in dem, von den hohen Gebirgsketten gebildeten, Haupthale gelagert. Der Bergbau auf Braunkohlen muß daher für Steiermark in der Zukunft einmal von der höchsten Wichtigkeit werden.

Die Gewinnung von Silber, Blei, Kupfer und Vitriol, ist unbedeutend gegen die Erzeugung von Eisen und Stahl, welche das Haupterzeugniß von Steiermark, wenigstens von Ober-Steiermark, ausmachen. Die gesammte Roheisenerzeugung von Steiermark läßt sich zu 450,000 Centner jährlich annehmen. Dazu tragen die Oefen zu Vordernberg und Eisenerz, welche ihr Material von dem berühmten Erzberge erhalten, allein 300,000 Centner bei. Der Steierische Stahl hat sich mit Recht den Ruf von vorzüglicher Güte in der ganzen Welt erworben, wenn er gleich denselben mehr der Güte des Materials, aus welchem er bereitet wird, als der Darstellungsmethode zu verdanken haben mögte. Man darf jedoch auch nicht vergessen, der rühmlichen Sorgfalt zu erwähnen, welche man bei der Auswahl der verschiedenen Stahlsorten anwendet, um das Vertrauen der Käufer nicht zu mißbrauchen. So lange man mit den hüttenmännischen Processen noch nicht dahin gekommen ist — und dieser Zeitpunkt dürfte noch sehr fern seyn — aus demselben Material auch jederzeit ein Produkt von gleicher und stets gleichbleibender Güte darzustellen: so lange kann man nur durch sorgsames Sortiren des Besseren von dem Schlechteren, den guten Ruf des Produkts aufrecht erhalten.

In Steiermark befinden sich jetzt 37 Oefen zur Eisenerzeugung, von denen indeß nur 34 regelmäßig im Betriebe sind. Das Hauptgewerbe ist fast ausschließlich in Ober-Steiermark, indem sich in den drei Kreisen von Unter-Steiermark nur 4 Oefen, nämlich 2 im Grätzer Kreise (in der Salla zu Bankowitz, und bei Pirkfeld), einer im Marburger Kreise (zu Saldenhofen), und einer im Cillier Kreise (zu Mißling bei Windischgräz) befinden. Dagegen sind in Ober-Steiermark, im Judenburger Kreise, sechs Oefen (zu Turrech, zu Zeiring am Rothenmanner Tauern, zu Admont, zu Lietzen an der Ens, bei Lobming und im Seethale), und im Brucker Kreise 27 Oefen (14 zu Vordernberg, 5 zu Eisenerz, von denen aber zwei wahrscheinlich nicht mehr werden betrieben werden, 3 zu Mariazell, 2 zu Neuberg, von welchen aber einer fristet, ferner in der Veitsch, zu Niederalpl und im Gereit) vorhanden.

Die drei Oefen zu Mariazell haben eine Hohenofenzustellung, alle übrigen Oefen sind Blauöfen. Unter ihnen zeichnen sich die Oefen zu Eisenerz und der eine Ofen zu Neuberg durch ihre Höhe aus. Das Scheibenreißen beim Ofen findet in Steiermark nur auf einzelnen Werken, und ausnahmsweise in solchen Fällen statt, wenn durch zu leichte Gichten graues Roheisen erzeugt wird. In der Regel wird alles Eisen in Steiermark in Flossen, nämlich in einer einzigen großen kuchenartigen Platte, welche sich unmittelbar vor der Stichöffnung im Arbeitsgewölbe auf einem Sandbette ausbreitet, abgestochen, und diese Platte nach dem Erkalten zerschlagen.

Es sind in Steiermark zwar mehrere Frischmethoden in Anwendung, indeß ist die sogenannte Steierische Einmalschmelzerei die bei weitem am allgemeinsten verbreitete. Man wendet dazu in der Regel die sogenannten weichen oder luckigen Flossen an, welche vorher auf dem Bratheerd gebraten, auch zuweilen wohl, wenn sie recht luckig sind, ungebraten zum Weichzerrennfeuer gegeben werden. Nur im südlichen Ober-Steiermark bedient man sich, statt der Flossen, der unmittelbar beim Ofen gerissenen Scheiben, welche dann ebenfalls vorher gebraten werden. Ueberhaupt müssen die beim Ofen gehobenen Blattln in den mehresten Fällen die Stelle der Flossen alsdann vertreten, wenn die Flossen durch zu leichte Gichten zu spiegelicht, oder gar grau ausfallen würden. Auf einigen Eisenhütten in Steiermark findet auch noch die Hart- und Weichzerrennarbeit statt, sowohl diejenige, welche in Kärnthen unter dem Namen des Blattlhebens am Zerrennheerd bekannt ist, als auch diejenige, welche man dort die Kartitscharbeit nennt. Diese letztere Hart- und Weichzerrennfrischerei ist in Steiermark nur allein noch zu Mariazell und zu Neuberg in Anwendung. Das Blattlheben am Zerrennheerd soll noch auf einigen wenigen Werken im Ensthal ausgeübt werden.

Die Steierische Stahlschmiede wendet blumige Flossen (die grauen sind für die Hartzerrennfeuer gar nicht anwendbar, und selbst der Spiegelflossen bedient man sich nur ungern) zur Rohstahlbereitung an. Diese Flossen werden nur Einmal eingerennt, und dann als fertiger Rohstahl ausgebrochen. Bei dieser eigenthümlichen Stahlarbeit erhält man guten Stahl, Mittelstahl und stahlartiges Stabeisen, weshalb das sorgfältigste Sortiren des erhaltenen Produkts dabei durchaus nothwendig ist. — Die Kärnthener und Krainer Brescianarbeit wird nur noch auf einem einzigen Werk in Steiermark, in der Paal bei Turrach, ausgeübt, und zwar als echte Brescianarbeit.

Die Frischfeuer zur Darstellung des Stabeisens, welche in Kärnthen und Krain fast allgemein Walloßhämmer genannt werden, pflegt man in Steiermark Weichzerrennhämmer zu nennen. Die Rohstahlhämmer, welche in Kärnthen und Krain den Namen Brescianhämmer führen, werden in Steiermark Hartzerrennhämmer genannt. Man muß daher Hartzerrennhämmer und Hartzerrennheerde oder Hartzerrennfeuer unterscheiden, indem man unter den letzteren die Durchlaß- oder Einschmelzfeuer versteht, in welchen das Roheisen von den Oefen eingeschmolzen, und entweder

weder zu Blattln gehoben, oder als Kartitsch (Hase) für die Walloß- oder Weichzerrennhämmer ausgebrochen wird.

In ganz Steiermark findet die, weder in Kärnthen noch in Krain bestehende Einrichtung Statt, daß das Roheisen bei den Oefen mit einem Uebergewicht, oder mit einem Gutgewicht von 5 Pfunden auf den Centner, abgewogen wird. Dies Uebergewicht von 5 Procent nennt man in Steiermark das Rauhgewicht. Außerdem sind bei einer jeden Post Roheisen von 6 Centnern noch $2\frac{1}{2}$ Pfund Uebergewicht, zur Deckung des Abgangs beim Verfahren, bewilligt. Die Frohnwäger müssen daher, beim Abwiegen des Roheisens, sowohl auf jenes Rauhgewicht, als auf dieses Uebergewicht Rücksicht nehmen, indem davon die Frohnabgabe nicht entrichtet wird. Das Rauhgewicht ist also eigentlich eine Begünstigung für die Ofenbesitzer, welche bei 105 Centnern nur von 100 Centnern die Frohn erlegen dürfen, denn beim Verkauf an die Hämmer wird diesen das Rauhgewicht, aber nicht das Uebergewicht von $2\frac{1}{2}$ Pfunden auf 6 Centner in Anrechnung gebracht.

Auf den Kaiserlichen Werken wird den Oefen ein Löschabgang, oder ein sogenannter Einrieb von 10 Procent bei den Holzkohlen zu gute gerechnet.

Für die Provinz Steiermark ist zu Leoben ein Oberbergamt und ein Berggericht eingesetzt, unter welchem in Bergrechtssachen alle Gruben und Hütten, sowohl die Kaiserlichen, als die Gewerkschaftlichen und Privatwerke, stehen. In technischer Hinsicht verwaltet das Oberbergamt nur den Haushalt und Betrieb der Kaiserlichen Gruben in Steiermark, indem die Salz- und Eisenhüttenämter, in Hinsicht des Technischen, unmittelbar unter der Hofkammer stehen. Dahin gehören das Salz-Oberamt zu Außen, das Eisenwerk-Oberverwesamt zu Mariazell, das Eisenwerk-Oberverwesamt zu Neuberg, und die wichtige Innernberger Hauptgewerkschaftliche

Direktion zu Eisenerz. Diese letztere ist, unter der Hofkammer, die Oberbehörde für die sämmtlichen Verwesämter und Oberverwesämter, welche zur Innernberger Hauptgewerkschaft gehören, und sich bis Reichenau in Oesterreich erstrecken, woselbst sich noch ein zu jener Hauptgewerkschaft gehöriges Oberverwesamt befindet.

Man rechnet in Steiermark allgemein nach Wiener Maaß und Gewicht. Für die Kohlenmaaße sind in Ober-Steiermark allgemein das Vordernberger oder das Innernberger Faß eingeführt. Jenes enthält 4, dieses 5 Wiener Metzen, also jenes 7,7884, und dieses 9,7355 Wiener Kubikfuß. Bei der Angabe des Kohlenverbrauchs nach Fässern, ist es daher nöthig, zu untersuchen, ob das Innernberger oder das Vordernberger Faß üblich ist. Die sämmtlichen zur Innernberger Hauptgewerkschaft gehörigen Werke rechnen nach dem Innernberger Faß.

Vordernberg.

Die größte Höhe der Straße, welche über die Centralkette, von Neumarkt in das Murthal führt, ist hier wenig bedeutend. Man hat sie, und mit ihr die Quellen der Olsa, bei dem Dorfe Bergauf erreicht, und senkt sich nun von da wieder in das Thal der Mur hinab. Schon bei Scheifling gelangt man zu dem rechten Ufer der Mur, welche man auch bis Bruck nicht wieder verläßt, indem die Straße stets längs der Mur, und von Bruck an längs der Mürz bis Mürzzuschlag fortgeführt ist. Durch die vielen Quer- und Nebenthäler, welche sich rechts von der Centralkette, und links von dem Tauerngebirge in das Hauptthal hinabziehen, wird dies letztere sehr eingeengt, und erreicht fast nirgends eine bedeutende Breite.

Bis Unzmarkt hält der Glimmerschiefer ohne Unterbrechung aus. Zwischen Unzmarkt und Judenburg sieht man ihn mit Gneus wechseln, auch kommt häufig der Urkalk mit gelblich-grauer und blauer Farbe, obgleich der letztere weit weniger schön als zu Hüttenberg, zum Vorschein. Bei Judenburg gelangt man vom rechten auf das linke Ufer der Mur, deren Thal sich hier rechts etwas erweitert. Ueberall Glimmerschiefer und Gneus mit Urkalk. In Judenburg befindet sich schon eine Holzkohlenniederlage für Vordernberg. Die Holzkohlen werden auf Flossen, die Mur hinunter, bis Leoben gebracht, und von dort zur Achse nach Vordernberg verfahren. Zwischen Judenburg und Knittelfeld breitet sich das Thal so aus, daß kein anstehendes Gestein mehr zum Vorschein kommt. Hier liegt auf dem linken Ufer der Mur, zu Fohnsdorf, ein im Bau genommenes, drei Lachter mächtiges Braunkohlenflötz, welches zum Theil in Brand steht. Die Braunkohle wird nur auf Alaun benutzt. Bei Knittelfeld befindet sich eine große Verkohlungsstätte für Vordernberg, wo das Holz in liegenden Meilern verkohlt wird.

Von Knittelfeld nach Kraubath verengt sich das Thal wieder. Man muß die Mur zweimal übersetzen, kommt zuerst bei St. Margareth wieder auf das rechte, und weiter unten bei St. Lorenzen, wo sich eine Kohlenniederlage bei Vordenberg befindet, auf das linke Ufer. Der Gneus ist vorwaltend, aber eine Stunde vor dem Dorfe Kraubath tritt Gabbro und Serpentin hervor. In diesem Serpentin wird Chromeisen für die Kaiserliche Porzellan-Manufaktur zu Wien gewonnen. Rührt der Chromgehalt des Serpentins von höchst fein eingesprengtem Chromeisen her, oder ist das Chrom mit der Serpentinmasse chemisch verbunden?

Zwischen Kraubath und St. Michael nimmt die Mur die vom Tauerngebirge herabkommende Lissing, und bei Leoben den Vordernberger Bach auf. Im Murthal selbst ist zwischen Kraubath und St. Michael Gneus anstehend, allein im Lissingthal kommt, wenigstens bis Dimmersdorf, durchgängig der Glimmerschiefer mit blauem Kalkstein hervor. Auch der ganze Bergrücken zwischen den beiden Nebenthälern der Lissing und des Vordernberger Baches besteht aus Glimmerschiefer, welcher hin und wieder mit jüngerem Gebirge bedeckt ist. So wie man sich durch diese Nebenthäler der Tauerngebirgskette nähert, wird man auch bald wieder durch den Anblick der Alpen erfreuet, welche sich jedoch auf der Südseite des Tauerngebirges nicht weit von demselben entfernen, und nur einzelne Massen von geringer Erstreckung bilden, indem die eigentliche Alpenkette das Tauerngebirge auf der Nordseite desselben begleitet. Das vom Vordernberger Bach gebildete Nebenthal wird schon bei Trafayach sehr enge, indem es hier auf der rechten Seite von Alpenkalkstein begränzt wird. Das Tauerngebirge fällt ziemlich stark ins Murthal ab; denn obgleich Leoben nur 2 Meilen von Vordernberg entfernt ist, so liegt der Vordernberger Bach am letzten Orte doch wenigstens 1000 Fuß höher als bei seinem Einflusse in die Mur zu Leoben, und dennoch muß man sich eine Meile weiter nordwestlich von Vordernberg, nach und nach noch etwa 1200 Fuß erheben, um den höchsten Punkt der Straße über die Tauernkette auf dem Prehübelberge zu erreichen.

Das vom Vordernberger Bach gebildete Nebenthal der Mur, zieht sich, in der Hauptrichtung von Nordwesten nach Südosten, in das Hauptthal. Bei Vordernberg selbst ist das Thal fast am engsten, indem gegen Südwesten eine hohe Alpe vorliegt. Wahrscheinlich ist man durch den Wasserreichthum und durch das starke Gefälle des Vordernberger Baches veranlaßt worden, dem Orte die rauhe Lage in der engen Gebirgsschlucht anzuweisen. Der Ort Vordernberg zieht sich fast eine halbe Stunde längs der Schlucht fort, und besteht nur aus einer einzigen Straße, in welcher Wohnhäuser, Ofengebäude, Kohlenmagazine und Wirthschaftsgebäude mit einander wechseln. Vierzehn Oefen, die in einer Reihenfolge unter einander liegen, und ihre Aufschlagwasser immer von der nächst oberen Hütte erhalten, bringen eine Thätigkeit und ein Leben hervor, welche mit der Lage des Orts, in einer isolirten, tiefen und rauhen Bergschlucht, sonderbar kontrastiren.

In der Bauart haben die Oefen wenig Abweichendes von einander. Nur äußerlich unterscheiden sie sich dadurch, daß in einigen Hütten die Gichtmauer essenartig über der Gicht zusammengezogen ist, und in Gestalt einer Esse aus dem Hüttendach hervorragt, wogegen sie in anderen Hütten mit Giebelmauern aus dem Hüttendach in die Höhe geführt ist, wodurch diese Hüttengebäude ein etwas großartiges Ansehen erhalten. Durch die hohen Gichtmauern, welche sich 15 bis 20 Fuß über der Gicht erheben, und oben ganz zusammengezogen sind, wird alle Gefahr, welche durch die aus der Gicht sich erhebenden Funken entstehen könnte, gänzlich verhütet.

In jeder Ofenhütte trifft man fast dieselbe Einrichtung an. Die Hüttensohle liegt so tief als möglich, um von dem höher liegenden Terrain mit einer sehr kurzen Gichtbrücke zum Gichtboden, welcher zugleich als Kohlenmagazin benutzt wird, gelangen zu können. In der Hütte sind die Räume für das Gebläse, der eigentliche Arbeitsraum und zwei gemauerte Roststätten, welche von der Hüttensohle bis zum Gichtboden massiv in die Höhe geführt sind, so daß man oft Gefahr für die auf dem Gichtboden umherliegenden Kohlen befürchten muß.

Die Rauchschächte der Oefen sind theils aus Feldsteinen, theils aus Mauerziegeln in die Höhe geführt. Die Kernschächte bestehen bei einigen Oefen noch aus Lehm, bei andern aber aus einem talkigen Glimmerschiefer; jedoch sind sie nich unmittelbar mit der Rauchmauer verbunden, sondern durch einen kleinen, mit Ziegelstücken ausgefüllten Zwischenraum von derselben geschieden. Der Arbeitsraum wird zwar, wie gewöhnlich, durch die Pfeiler gebildet; allein diese stoßen bei der Ofenbrust unter einem Winkel zusammen, so daß die Brust ganz geschlossen, und nicht einmal eine Vorwand vorhanden ist. In dieser, durch das Zusammenstoßen beider Pfeiler gebildeten Kante, welche den Schmelzraum vorn bei der Abstichseite begränzt, liegt, in einer Höhe von 18 Zoll vom Bodenstein, die Leuchtöffnung, etwas tiefer das Schlackenloch, und in der Höhe des Bodensteins die Oeffnung zum Ablassen des Eisens. Die Schächte erweitern sich gleichmäßig vom Bodenstein bis zum Kohlensack, und ziehen sich von dort bis zur Gicht wieder gleichmäßig zusammen, bilden also zwei abgestumpfte Kegel mit einer gemeinschaftlichen Grundfläche.

Von oben nach unten (nach dem Murthale zu) gerechnet, folgen die Oefen in nachstehender Ordnung auf einander:

1) Der Bohrische Ofen, 18 Fuß 2 Zoll hoch, mit zwei Spitzbalgen.

2) Der Hirtzenbergersche Ofen, 19 Fuß 6 Zoll hoch, mit zwei Kasten.

3) Der Seßlersche Ofen, 18 Fuß hoch, mit 4 Kasten, zwei auf jeder Seite, und mit zwei Formen.

4) Der Steyrersche Ofen, 17 Fuß hoch, mit 2 Spitzbalgen.

5) Der den G. Schragglischen Erben gehörige Ofen, 16 Fuß hoch, mit 2 Kasten.

6) Der Kommunitätsofen, 18 Fuß hoch, mit 2 Kasten.

7) Der Friedausche Ofen, 21 Fuß hoch, mit 4 Spitzbalgen.

8) Der der Stadt Leoben zugehörige Ofen, 19 Fuß hoch, mit 2 Kasten und 2 Formen. Der Wind wird durch eine gegossene eiserne, 8 Zoll weite Röhrenleitung, welche

unter dem Fundament des Ofens durchgeführt ist, zur entgegengesetzten Form geleitet.

9) Der den G. Schragglischen Erben zugehörige Ofen, 17 Fuß hoch, mit 2 Kasten.

10) Der der Stadt Leoben zugehörige Ofen, 18 Fuß hoch, mit 2 Kasten.

11) Der Brandstettersche Ofen, 18 Fuß hoch, mit 2 Balgen.

12) Der Fürstlich Schwarzenbergische Ofen, 20 Fuß hoch, mit 2 Balgen.

13) Der Eventhalsche Ofen, 18 Fuß hoch, mit 2 Balgen.

14) Der Eggenwaldische Ofen, 18 Fuß hoch, mit 2 Kasten.

Zum Bodenstein wird überall rother Kalkstein angewendet. Die Oefen mit Lehmschächten haben auch Lehmformen, welche man hier Fähren nennt. Der Bohrische, der Steirersche, die beiden Schragglischen, der Fürstlich Schwarzenbergische und der Eventhalsche Ofen haben Fähren, die übrigen acht Oefen aber kupferne Formen. Diese sind vom Bodenstein 13 bis 17 Zoll entfernt. Die Weite des Schmelzraums, unten am Bodenstein, beträgt 36 Zoll; die Weite des Schachtes im Kohlensack 5 Fuß bis 5 Fuß 6 Zoll, und auf der Gicht 16 bis 18 Zoll. Die Entfernung des Kohlensacks vom Boden ist 5 Fuß bis 5 Fuß 6 Zoll, letztere für die 19 bis 21 Fuß hohen Oefen. Die Schachtdurchschnitte sind durchgängig rund. Einige Schächte haben noch eine Hintersässigkeit, d. h. sie gehen bei der Formseite sehr wenig geneigt herunter, erweitern sich aber um so mehr auf der Windseite.

Die sämmtlichen Vordernberger Oefen stehen in einem Societätsverbande, welcher sich aber nicht auf die Erzanschaffung erstreckt, indem jede Gewerkschaft, oder jeder Ofenbesitzer, die erforderlichen Erze für seinen Ofen von Eisenerz, für eigene Rechnung aus der Grube bezieht, mit welcher er am Erzberge betheiligt ist. Der Verband hat vorzüglich die Holz- und Kohlenanschaffung für gemeinschaftliche Rechnung, bis zu einem gewissen Punkte, so wie die Bestimmung der Größe der jährlichen Produktion und eine Festsetzung der Verkaufspreise zum Zweck. Die Direktion der Societät wird von den Gewerken aus ihrer Mitte gewählt, auch ist der jedesmalige Vorsteher derselben ein Gewerke. Die Direktions- und die allgemeinen Verwaltungskosten werden aus dem Ertrage des Kommunitätsofens bestritten. Diese Kosten sind besonders wegen der Forstaufsicht, wegen der Köhlereiverwaltung, und wegen der Unterhaltung der Rechen und Flössereivorrichtungen, welche sämmtlich aus den gemeinschaftlichen Fonds bestritten werden, sehr bedeutend. Ein zu Vordernberg befindliches Frischfeuer gehört auch der Kommunität an; es erhält das Roheisen vom Kommunitätsofen, und liefert blos das für die Hütten, Gruben und zum Fuhrwesen erforderliche Eisen, welches jeder Gewerke zu einem bestimmten Preise verkauft. — Diejenigen Gewerken, welche nicht selbst in Vordernberg wohnen, haben hier ihre Verweser, die zum Theil auch mit Vollmacht zu den Verhandlungen mit der Direktion versehen sind.

Man unterscheidet Braun- und Blauerze, Ocker-Erze und Pflinze, wobei blos die Struktur, und nicht die Farbe entscheidet. Erze, die ihre späthige Struktur behalten haben, werden Späthe genannt, wenn sie auch fast schwarzbraun gefärbt sind, und ihren Kohlensäuregehalt kaum mehr zu erkennen geben. Erze, bei denen keine Spathstruktur mehr zu bemerken ist, und welche daher für Brauneisenstein angesehen werden könnten, werden nach ihrer Farbe, Braun- und Blauerze genannt. Im verwitterten Zustande, und wenn das feste Gefüge verloren gegangen ist, erhalten die Erze den Namen Ocker. Die Späthe sieht man am wenigsten gern, und die unveränderten weißen Pflinze werden immer nur in sehr geringer Menge zur Beschickung genommen.

Die Erze werden sämmtlich und ohne Unterschied geröstet. Die beiden massiven Roststätten liegen neben einander im Hüttengebäude, und sind durch eine massive Scheidewand von einander getrennt. Vom Hüttenraum sind sie durch einen gemauerten Bogen abgeschieden, welcher zur Zeit des Röstens mit Eisenplatten und Steinen versetzt ist. Jede Röstgrube, deren Höhe 15 Fuß beträgt, faßt 3500 Centner Erz. Während die eine im Brande ist, wird die andere gezogen. Die gemauerte Sohle wird zuerst, 3 Fuß hoch, mit Holzschichten belegt, und in den vier Ecken immer ein mit Holz ausgesetzter Kanal in die Höhe geführt. Auf die Holzschicht kommt eine etwa 4 Fuß hohe Lage von Erz, dann eine Kohlenschicht, alsdann eine Erzschicht u. s. f., bis die Grube voll ist, und nun von unten, und zwar auf der nach dem Hüttenraum zugekehrten Seite angesteckt wird. Das Eintragen der zu röstenden Erze geschieht, in der unteren Höhe, durch die gemauerten Bogen, später von oben auf dem Gichtboden. Die gerösteten Erze werden aus einer in dem Bogen gemachten Oeffnung gezogen, und, nachdem die größten Stücken mit Handhämmern zerklopft sind, durch eine einfache Winde aus dem Hüttenraum auf die Gicht gezogen, wo sie in einem Behälter ausgestürzt werden, und dem Aufgeber, auf eine sehr bequeme Weise, durch ein Rollloch, zunächst bei der Gicht, aus jenem etwas höher liegenden Behälter zukommen.

Die Anfuhr der Erze vom Erzberge bis zur Hütte geschieht mit vierräderigen Wagen. Zu dieser Erzanfuhr hält jeder Ofen 14 bis 16 Pferde, und zu 3 und 3 Pferden immer einen Knecht, indem jeder einzelne Transport aus einem zweispännigen und einem einspännigen Wagen besteht, welche von einem Knecht geleitet werden. Die Pferde- und Wagenhaltung macht daher einen bedeutenden Theil der Verwaltung der Verweser aus. Man ist zu diesem kostbaren Fuhrwesen genöthigt, weil keine gedungene Fuhren in der erforderlichen Menge zu erhalten seyn sollen, und weil man sich von den Umständen nicht abhängig machen will. Die Einrichtung in den Pferdeställen und die Controlle der Pferdeknechte sind zwar sehr musterhaft, besonders zeichnet sich der Stall für die beiden Oefen der Stadt Leoben, in welchem 32 Pferde gehalten werden, durch die reinliche und pünktliche Wartung der Pferde sehr aus; indeß müssen die Kosten der Pferdehaltung und die Unterhaltungskosten der Wagen doch sehr ansehnlich seyn. Die Schmiedearbeiten sind so bedeutend, daß sie eine große Anzahl von Handschmieden, die zu den Ofenetablissements gehören, beschäftigen.

Das Kohlenholz wird für gemeinschaftliche Rechnung angekauft, und verkohlt. Die Societät bezieht ihr Holz und ihre Kohlen schon aus ziemlich entlegenen Forsten in den Nebenthälern der Mur. Die Gewerkschaft hat mehrere Forst- und Kohlenschreiber zu unterhalten, welche sich in den verschiedenen Revieren befinden, und der Direktion über den stattgehabten Einschlag, Verkohlung, Einkauf von Kohlen, über die Versendung zu den Magazinen u. s. f. Bericht erstatten müssen. Die durch Verkohlung des angekauften Holzes, oder durch den Ankauf von fertigen Kohlen erhaltenen Bestände, werden für gemeinschaftliche Rechnung bis zu den Magazinen an der Mur abgesendet. Aus diesen Magazinen erfolgt dann die Vertheilung, und jeder Interessent hat demnächst für den weiteren Transport der auf seinen Antheil fallenden Kohlen, für eigene Rechnung zu sorgen. Der Landtransport, von der Mur bis zur Hütte, wird nicht durch eigene Pferde, sondern durch Miethsfuhren verrichtet. Ein Vordernberger Faß, oder 7,7884 Wiener Kubikfuß Holzkohlen, sollen jetzt im Durchschnitt einen Gulden W. W. (etwa 7 Groschen Pr. Cour.) kosten, welcher Preis, bei den weiten Entfernungen, aus welchen die Kohlen herbeigebracht werden müssen, einen Schluß auf die noch immer sehr mäßigen Holzpreise machen läßt.

Flüsse werden den Erzen nicht zugesetzt. Bei einigen Oefen pflegt man entweder etwas lettenhaltige Erze, oder, in Ermangelung derselben, etwas Letten mit auf die Gicht zu geben, weil man dadurch eine flüssigere Schlacke zu erhalten behauptet.

Die Kohlengicht besteht jetzt fast allgemein aus 1½ Faß, oder aus 11,6826 Wiener Kubikfuß. Das Aufgeben der Kohlen geschieht in runden, geflochtenen hölzernen Körben, welche über der Gicht umgestürzt werden. Die Erze werden bei den mehresten Oefen noch mit Schaufeln aufgegeben; bei andern in ein Erzkästchen gethan, welches durch Aufziehen des Schiebers vor dem Rolloch gefüllt wird.

Bei dem besten Gange der Oefen werden auf eine Kohlengicht von der angegebenen Größe, 140 Pfund Erz gesetzt. Die Erze werden zu 36 Procent ausgebracht. In 24 Stunden gehen 120 Gichten, und es erfolgen 64½ Centner Roheisen. Berechnet man dies auf Rheinländisches Maaß und Berliner Gewicht, so werden zu 100 Pfund Roheisen beinahe 20 Kubikfuß Kohlen verbraucht, und es werden bei 100 Kubikfuß Kohlen 1392 Pfund Beschickung durchgeschmolzen. Die Resultate sind daher keineswegs vortheilhaft zu nennen. Die Form sticht durchgehends etwa 2½ Grad.

Bei einer neuen Zustellung, oder bei der Ausbesserung des Schmelzraums und des Ofenschachtes, werden die Formgewölbe durchbrochen, weil die Arbeitsgewölbe so schmal und enge sind, daß man durch dieselben nicht zum Inneren des Ofens gelangen kann. Wenn ein Ofen durch einen zu starken Erzsatz versetzt ist, so hilft man sich, bei den Oefen mit kupfernen Formen, durch leichte, auch wohl durch leere Gichten, und erzeugt dann auf ein Paar Abstiche spiegelichte Flossen, die man hier sehr ungern sieht, indem man nur luckige, oder höchstens blumichte Flossen darstellt. Bei den Lehmöfen verfährt man aber noch weit kürzer, indem man die angewachsene Eisenmasse aus dem aufgerissenen Formgewölbe herausbricht, dieses wieder verschließt, und das Gebläse sogleich wieder anläßt. Ueberhaupt hat es keinen besonders nachtheiligen Einfluß auf den Betrieb, wenn die Oefen 4 bis 5 Wochen lang gedämmt stehen blieben. Nicht allein zur Zeit der Ernte, sondern auch bei eintretenden Festtagen, pflegt man die Oefen stehen zu lassen, und in dieser Zeit seinen übrigen Geschäften nachzugehen. Der Betrieb ist daher eben so einfach als unvollkommen, weil man Versetzungen, wegen der Gutartigkeit der Erze und der geringeren Höhe der Oefen, nicht fürchtet. Man kann deshalb auch immer einen sehr reichlichen Erzsatz führen, um stets luckige und blumichte Flossen zu erzeugen. Die Spiegelflossen kommen aus diesem Grunde auch nur nach einer Versetzung vor, um den Ofen dadurch wieder in Ordnung zu bringen.

Jedesmal nach Verlauf von 3 Stunden wird abgestochen. Der Abstich versammelt sich in dem dreieckigen Raume, den das Arbeitsgewölbe in der Hüttensohle bildet. Die erhaltene Platte wird nach dem Erkalten zerschlagen. Die Schlacke (der Sinter) wird durch häufiges Begießen des Flossenstücks von dem Eisen getrennt. Die Schlacke ist ziemlich zähe, und mehrentheils dunkel gefärbt. Alle Schlacken werden unter Schwanzhämmern zerpocht; nur bei dem, der Stadt Leoben gehörigen Ofen ist ein wohl eingerichtetes Schlackenpochwerk vorhanden. Das Wascheisen wird, wenn es rein ist, an die Hämmer verkauft, sonst aber wieder mit auf die Gicht gebracht.

Die Flossen fallen größtentheils so weich und luckig aus, daß sie in den Weichzerrenuhämmern ungebraten verarbeitet werden können, weshalb sie von diesen auch sehr gesucht sind. Wenn blumichte Flossen erzeugt werden sollen, so wird der Erzsatz etwas weniger hoch geführt; indeß sucht man diese selten absichtlich darzustellen, um nicht durch einen zu geringen Erzsatz Spiegelflossen zu erhalten. Der Verkaufspreis der Flossen war jetzt von der Direktion zu 8 Gulden W. W. für den Centner, mit Einschluß des Rauhgewichts, festgesetzt.

Weil sich nach der Größe der jährlichen Erzeugung auch die jedesmalige Kohlenanschaffung richtet, so wird das Produktionsquantum eines jeden Ofens für jedes Jahr festgesetzt. Für das Jahr 1820 war bestimmt, daß jeder von den 14 Oefen 13,000 Centner erblasen dürfte. Dies giebt also eine jährliche Produktion zu Vordernberg von 182,000 Centnern. Für das überhüttete Quantum muß die festgesetzte Strafe erlegt werden; indeß sind 200 Centner über jenes Quantum, zum Ausblasen des Ofens, erlaubt.

Höchst wünschenswerth wäre es, wenn auch die Erzanschaffung gemeinschaftlich geschehen könnte, weil dadurch für den regelmäßigeren und besseren Betrieb des Erzberges ungemein viel gewonnen werden würde. Diese Gemeinschaft ist aber schwerlich zu erwarten, weil die Gewerken nicht sämmtlich gleiche Grubenantheile besitzen, und weil einige Gruben weit stärker als andere abgebauet worden sind.

Eine Bruderkasse, oder eine allgemeine Knappschaftsverbindung findet nicht Statt, sondern jede Gewerkschaft sorgt für ihre Leute, ohne daß sie von ihrem — darnach zugeschnittenen — Lohn einen Abzug verlangt. Lobenswerth ist es, daß die Löhnung zum größten Theil in Naturalien, und zwar in Getreide zu einem feststehenden ermäßigten Preise, gegeben wird. Die Kranken erhalten freie Kur, und die Ausgedienten eine kleine Pension von ihren Gewerken.

Nach einer alten Festsetzung entrichtet die Vordernberger Gewerkschaft keinen Naturalzehnten, sondern, von jedem Centner Flossen, eine Frohnabgabe von 24 Kreutzern 3 Pfennigen W. W. Der Frohnwäger wiegt täglich das Quantum der erzeugten Flossen, welche dann, so wie er sie aufgewogen, in einzelne Haufen aufgesetzt, und den Käufern, ohne sie diesen wieder zuzuwiegen, übergeben werden.

Man schmeichelt sich in Vordernberg, daß die hiesigen Flossen besser wären, und mehr gesucht würden, als die, welche die Innernberger Hauptgewerkschaft zu Eisenerz in ihren hohen Blauöfen erzeugen. Wegen des starken Erzsatzes, den man in Eisenerz nicht führen dürfe, um nicht zu einer Versetzung Anlaß zu geben, welche man bei höheren Oefen weit mehr als bei niedrigen zu fürchten habe, glaubt man, die Flossen hier immer auf der Gränze des Kohlengehalts erblasen zu können, daß sie sich zu Stabeisen und zu Stahl gleich gut eigneten. Wahr ist es, daß die Flossen hier zum Theil so außerordentlich weich und luckig ausfallen, als man sie in den hohen Blauöfen nicht anhaltend darzustellen wagen darf, und daß diese Flossen daher auch für die Weichzerrennfeuer allerdings vorzüglicher seyn mögen; allein für die Stahlerzeugung dürften die Innernberger Flossen wohl geeigneter seyn; auch muß die Innernberger Gewerkschaft, welche ihr Roheisen auf eigenen Hämmern größtentheils verarbeiten läßt, von einem ganz anderen und sehr richtigen Gesichtspunkt ausgehen, nämlich von dem, daß der etwas größere Kohlenverbrauch und Eisenverlust in den Weichzerrennfeuern, bei der Verarbeitung von etwas weniger luckigen und weniger weichen Flossen, gar nicht im Verhältniß steht, mit der Kohlenersparung und mit reicherem Eisenausbringen, aus den Erzen, bei dem Betriebe der höheren Oefen.

Eisenerz.

Die Kette des Tauerngebirges trennt Eisenerz von Vordernberg. Der südliche Abfall des Gebirges ist hier weit sanfter als der nördliche. Der höchste Punkt der Straße, welche über den Prehübel- (Pretbüchl-) Berg führt, liegt Eisenerz wenigstens um den dritten Theil in söhliger Entfernung näher als Vordernberg, und dennoch fällt er nach Eisenerz fast um 450 Fuß tiefer ab, als nach Vordernberg. Dies sanftere Abfallen gegen Südost kommt der Vordernberger Gewerkschaft für ihren Erztransport sehr zu statten. Auf dem höchsten Punkte der Straße über dem Prehübel, ist gegen Nordwest der Erzweg für Vordernberg zum Erzberge abgeleitet.

Der Prehübelberg liegt in der Kette des Tauerngebirges, welches die Flußgebiete der Mur und der Ens von einander scheidet. Er besteht aus Glimmerschiefer, welcher überall, wo das Urgebirge zum Vorschein kommt, auch hier vorwaltend ist, und auf einzelnen Punkten bald von Chloritschiefer, bald von Thonschiefer, welcher zuweilen eine rothe Farbe annimmt, bald von Urkalk bedeckt wird. Die Alpenkalksteinkette drängt sich hier mit solcher Macht heran, daß sie schon am Fuße des Prehübels gegen Norden und Westen zu hohen, fast senkrechten Felsenmauern aufsteigt. Mehrere von den Gebirgsgehängen herabkommende Bäche, welche sich bei Eisenerz vereinigen, bewässern das Nebenthal der Ens, welches sich von Südost nach Nordwest fortzieht. Eisenerz liegt in diesem Thale, von allen Seiten entweder vom Urgebirge, oder von Alpenkalkstein eng eingeschlossen. Der letztere übt seine Herrschaft so sehr aus, daß er sich selbst in die Kette des Urgebirges in einzelnen Massen hineingedrängt, und dieselbe sogar überschritten hat, wie die Alpenmassen auf der Südseite der Tauernkette zeigen. Deshalb darf es auch nicht auffallen, das Urgebirge, auf mehreren Punkten, scheinbar durch den Alpenkalk unterbrochen zu sehen.

Fast der ganze zur Tauernkette gehörige Gebirgszug in der Gegend von Eisenerz, ist erzführend, indem sich in dem auf dem Schiefergebirge liegenden Kalk, größere oder kleinere Massen von Spatheisenstein gelagert haben. Daß blos der nördliche Abhang der Tauernkette diesen außerordentlichen Reichthum an Eisenerzen zeigt, ist zwar sehr merkwürdig, indeß scheint der südliche Abhang doch auch nicht ganz erzleer zu seyn. Die mächtigste Niederlage, welche durch ihren unerhörten Reichthum alle übrigen schon bekannten Erzniederlagen, die ohne jene die größte Aufmerksamkeit auf sich ziehen würden, verdunkelt, bietet der Erzberg dar, welcher nordwestlich vom Prehübel sich unmittelbar an ihm anlehnt.

Aber auch der Polster und der Hirscheck nordöstlich vom Prehübel, der Reichenstein, der Gressenberg, der Tullberg, westlich vom Erzberge, sind erzführend, und selbst das hohe Reitniggebirge, welches, südwestlich vom Prehübel, die Fortsetzung der Tauernkette bildet, ist mit Erzniederlagen reichlich ausgestattet. Böte nicht der Erzberg eine ungeheure, fast ganz reine und kaum unterbrochene Erzmasse, beinahe von seinem Fuße im Thale, bis oben zum Gipfel dar; so würde man auch schon die übrigen Erzniederlagen zu benutzen gesucht haben, welches jetzt der fernsten Zukunft überlassen bleiben wird, indem der Erzberg noch eine Reihe von Jahrhunderten hindurch von seinen Schätzen zu spenden vermag.

So viel Uebereinstimmendes diese ungeheure Erzniederlage mit der zu Hüttenberg haben mag, — welche bei allem

lem ihrem Reichthum hier nur arm erscheint, — so bietet sich doch zugleich eine auffallende Verschiedenheit in der Beschaffenheit der Erze selbst dar. Jene Erzformation zeichnete sich durch den Glimmergehalt und durch die graue Farbe ganz eigenthümlich aus; hier ist von beiden nicht eine Spur zu finden. Dort schien der größte Theil der Erze ein Conglomerat zu seyn, in welchem die Erzmasse den Hauptbestandtheil ausmachte; und das Verhältniß der reinen Eisenerzmasse mit Spathstruktur war sehr gering, zu jener Erzmasse, welche nicht das Resultat einer ruhigen und ungestörten Bildung seyn konnte. Hier ist das sogenannte Braunerz offenbar aus dem Spatheisenstein, durch eine chemische Mischungsveränderung, zu welcher der Grund freilich sobald nicht aufgefunden werden mag, erzeugt worden. Alles deutet hier auf eine ruhigere und ungestörtere Bildung und auf eine Veränderung im Mischungsverhältniß, nachdem sich die Erzmasse schon ruhig gelagert hatte.

Es sind vorzüglich die drei Bäche Trafeng, Erzbach und Lasinz, welche sich am Fuße des Erzberges mit einander vereinigen und unter dem Namen des Lasinz-Baches bei Hiflau der Ens zugehen, nachdem sie vorher die Hüttenwerke der Innernberger Hauptgewerkschaft in Umtrieb gesetzt haben. Die Alpenkalksteinkette, welche Eisenerz gegen Norden und Westen umschließt, und dort den Namen Seemauer, hier den Namen Fölzmauer führt, ist von der rauschenden Lasinz mit großer Gewalt durchbrochen worden. Weil sich der Erzberg vom Thale der Lasinz aus erhebt, so liegt die Stadt Eisenerz eigentlich am Fuße des Erzbergs, und erstreckt sich nordwestlich vom Erzberge im Thale der Lasinz, größtentheils auf dem rechten Ufer des Baches, längs demselben fort.

Gegen Norden, zum Theil auch gegen Westen und Osten von Eisenerz, hat der Alpenkalkstein das Urgebirge gänzlich bedeckt. Gegen Süden erheben sich aber die erzführenden

Vorgebirge der Tauernkette, auf denen sich nur einzelne, unzusammenhängende Alpenmassen gelagert haben. Der Erzberg verflächt sich ziemlich sanft in das Thal, und soll sich, nach den angestellten Messungen, 2684 Fuß über das Thal erheben. Der Fuß des Berges besteht aus Gloritschiefer, welcher etwa St. 2. streicht und St. 7. unter einem Winkel von 15 Graden fällt. Der Spatheisenstein scheint ein überaus mächtiges Lager in dem weißen und röthlichen Urkalk zu bilden, welcher in dem Schiefergebirge gelagert ist. Ein rother Thonschiefer füllt oft die Schluchten des Berges, kommt aber auch zuweilen, mit Massen von Urkalk, in dem Erzlager selbst vor.

Schon in geringer Höhe über der Thalsohle hat das Erzlager sich aufgelegt, und erstreckt sich ununterbrochen — die tauben Kalksteinmittel abgerechnet — bis zum Gipfel des Berges, den das Auge, vom Thal aus gesehen, nicht erreichen kann. Am westlichen Abhange des Erzberges, wo die stärkste Erzgewinnung für Eisenerz, oder für die Innernberger Gewerkschaft stattfindet, ist dies ungeheure Lager größtentheils entblößt, und bietet dem erstaunten Beobachter unverhüllt seinen unerschöpflichen Reichthum dar.

Das ganze Erzlager besteht aus Spatheisenstein, welcher aber mehr oder weniger eine Veränderung erlitten und seine Spathstruktur zum Theil gänzlich verloren hat. Der unveränderte Spatheisenstein oder der Pflinz, ist größtentheils kleinspeisig, und so hart und fest, daß er, ohne einen erkennbaren Quarzgehalt, mit dem Stahl Funken giebt. Spiegelpflinz nennt man den kleinspeisigen Spatheisenstein, welcher seine Struktur unverändert beibehalten, sich aber tombackbraun und gelblichgrau gefärbt hat. Auch dieser ist noch so hart, daß er mit dem Stahl Funken giebt, und sich, so wie der unveränderte Pflinz, nur schwer in Säuren auflöset. Der dunkelbraun und schwarzbraun gefärbte Pflinz, welcher, zwar noch ein spathartiges Ansehen, aber einen fast erdigen Bruch angenommen hat, sich leicht und mit Aufbrausen in Säuren auflöset, und viel zu weich ist, um mit dem Stahl Funken zu geben, wird Lebererz genannt. Braunerz heißt alles röthlichbraun gefärbte Erz, welches keine Spathstruktur mehr zeigt und sich übrigens ganz so wie das Lebererz verhält, auch bei der Behandlung mit Säuren stark aufbrauset. Man würde es für Brauneisenstein halten können, wenn es durch den Kohlensäuregehalt nicht seine Abstammung verriethe. Sehr häufig kommen in dem Braunerz scharf abgegränzte Kerne von Pflinz vor, welche sich noch unverändert erhalten haben. Wenn die braune Farbe etwas ins Bläuliche fällt, so nennt man die Braunerze auch Blauerze und mit dieser Farbenveränderung ist gewöhnlich ein Uebergang aus dem festen in den erdigen Bruch verbunden. Nimmt dieser noch mehr zu, so erhält man die ockerigen Erze, welche ihren Kohlensäuregehalt ebenfalls noch durch das Aufbrausen mit Säuren zu erkennen geben.

Man kann nicht sagen, daß die Pflinze und die Spiegelpflinze, oder umgekehrt die Lebererze, die Braun- und Blauerze und die Ocker, in der größten Höhe, oder auf den tiefsten Punkten des Lagers vorwaltend wären, auch nicht, daß die Pflinze und Spiegelpflinze zunächst an der Oberfläche des Berges häufiger, als im Innern des Lagers angetroffen würden. Welches Mittel die Natur angewendet haben mag, um die Entmischung des Spatheisensteins zu bewirken, dürfte so bald nicht zu entscheiden seyn, obgleich freilich noch alle Tage, vor unseren Augen, die Umwandlung des Pflinzes in Lebererz und Braunerz, durch die Einwirkung der Atmosphäre (das Reifwerden, oder Reifen des Erzes) erfolgt. Diese Einwirkung konnte im Innern des Erzlagers nicht stattfinden, und muß daher durch andere Kräfte bewirkt worden seyn.

Wegen ihrer viel größeren Strengflüssigkeit macht man von den Pflinzen und Spiegelpflinzen nur einen sehr geringen Gebrauch bei den Oefen, welche größtentheils mit Braun- und Blauerzen, mit Lebererzen und mit Ockererzen versorgt werden. In Vordernberg, wo die Erze ohne Unterschied geröstet werden, sollte der Unterschied der Schmelzarbeit nicht so sehr gefühlt werden; in Eisenerz hingegen, wo man die Erze zeither nicht geröstet hat, merkt man die größere Strengflüssigkeit der Pflinze durch die nothwendige Verminderung des Erzsatzes auf der Gicht, obgleich die bedeutend größere Höhe der Oefen zur leichteren Verschmelzung gewiß viel beiträgt. Es ist außerdem nicht zu läugnen, daß die von der Natur, und durch die Einwirkung der Atmosphärilien entmischten Spatheisensteine, sich ganz anders, als die durch die Röstarbeit zersetzten, verhalten werden. Jene sind wahrscheinlich in ein basisches kohlensaures Eisenerz übergegangen, während man durch das Rösten nur die Kohlensäure verjagt, aber dennoch den Zusammenhang des Eisenoxiduls mit den übrigen Bestandtheilen des Spatheisensteins schwerlich auf die Weise aufgehoben hat, als es durch die freiwillige und langsam erfolgende Entmischung des Erzes geschieht. Deshalb wird das Rösten das sogenannte natürliche Reifen des Erzes auch niemals ganz ersetzen können, obgleich die Röstarbeit ganz wesentlich zum bessern Schmelzgange im Ofen beiträgt.

Den Kalkstein, welcher in der Eisenerzlage selbst vorkommt, zuweilen mit dem Spatheisenstein zu verwechseln, zuweilen aber nur große keilförmige und unförmliche Massen zu machen scheint, welche oft 5 bis 50 Lachter lang aushalten, und sich mehr oder weniger hoch mitten in dem Erz erheben, nennt man hier Rohwand. Der Chloritschiefer, welcher zuweilen in Thonschiefer übergeht, hat sich weniger oft in die

Erzlage hineingedrängt. Obgleich die Erzlage auf solchen Punkten, wo die Zersetzung, oder die Mischungsveränderung des Erzes noch nicht zu stark vorgeschritten ist, ein deutliches Streichen und Fallen zeigt, so verändert sich das erstere doch oft von St. 3. bis St. 9.; auch ist eben so häufig gar kein bestimmtes Streichen und Fallen zu bemerken; so daß vielleicht wohl ein Hauptstreichen stattfinden mag, dessen Bestimmung aber sehr schwierig ist. Sehr merkwürdig ist die Ausscheidung des schönsten schneeweißen Kalksinters in den Klüften, welche hin und wieder in der Erzlage vorkommen. Die beiden größten Klüfte führen den Namen der oberen und der unteren Schatzkammer; sie fallen 70 bis 80 Grad gegen Südwest, haben eine bedeutende Erstreckung in die Höhe und in die Länge, und auf mehreren Stellen eine Mächtigkeit von einem Lachter. Hangendes und Liegendes bestehen aus zersetztem Spatheisenstein, an dessen Oberfläche sich der schönste, theils dichte, theils schaalige, theils dendritische Kalksinter ausscheidet. Die Verästungen steigen eben so wohl in die Höhe, als sie sich nach allen Seiten verbreiten, ohne dem Gesetze der Schwere zu folgen. Dieser Kalksinter führt den Namen Eisenblüthe. Hat er blos dem vom kohlegesäuerten Wasser aufgelöseten und an der Luft wieder abgesetzten Kalk seine Entstehung zu verdanken, oder muß er als eine wirkliche Ausscheidung aus dem Spatheisenstein, welche mit der Zersetzung desselben verbunden ist, angesehen werden? Ersteres ist wohl wahrscheinlicher, obgleich die Kohlensäure, welche dem Wasser die auflösende Kraft ertheilte, unbezweifelt durch die Entmischung des Spatheisensteins frei geworden ist. Am Gehänge und am Fuße des Erzberges trifft man sehr häufig größere und kleinere Massen von verwittertem Pflinz an, welche durch den neu gebildeten Kalksinter zusammengebacken sind und eine regenerirte Erzmasse darstellen.

Wirklicher Brauneisenstein und Glaskopf sind höchst seltene Erscheinungen am Erzberge. Unzersetzter, und alle Grade der Entmischung durchgehender Spatheisenstein, von einzelnen Kalksteinmassen, und hin und wieder von Schiefergebirgslagen unterbrochen, — welche jedoch gegen die überwiegenden Massen, welche das Erz bildet, kaum in Betrachtung kommen können, — ist es, welcher die drittehalbtausend Fuß hohe Masse des Erzberges bildet, dessen Umfang man da, wo das Erz sich auf dem Grundgebirge gelagert hat, zu 4000 Lachtern angiebt. Weil er indeß gegen Südosten bis zu einer ansehnlichen Höhe mit dem Prehübel zusammenhängt, und nur in der oberen Höhe, nach der angegebenen Weltgegend, eine isolirte Bergmasse mit einer abgerundeten Kuppe bildet; so läßt sich sein Umfang am Fuße und in der unteren Höhe nicht angeben. Auf der nördlichen und auf der westlichen Seite steht er frei und isolirt, indem er sich erst in der Thalsohle mit seinen Nachbarn, dem Polster und Seberhacken, nordöstlich und nördlich, und dem Rössel westlich vereinigt.

Obgleich der Polster, der Hirscheck und der Seberhacken östlich und nordöstlich, der Reichenstein und der Reitnig südwestlich, der Gressenberg westlich, und der Tullberg (Thalack) nordwestlich vom Erzberge, ebenfalls erzführend sind; so findet doch auf diesen Punkten noch gar keine, oder eine sehr geringe Erzgewinnung statt. Auf die Erzniederlagen des Hirscheck, des Reichensteins, des Reiting und des Gressenbergs, sind noch gar keine Belehnungen nachgesucht; der Seberhacken und der Tullberg (die Grube auf dem letztern führt den Namen Tulleck) sind zwar von der Innernberger Gewerkschaft in Bau genommen, indeß findet nur eine geringe Erzgewinnung statt, weil die Erze für weniger reich und für strengflüssiger gehalten werden; und auf dem Polster hat die Vorsicht einiger Vordernberger Gewerken Belehnungen nachgesucht und erhalten;

allein auch in dem Tagebruchbau auf dem Polster wird jetzt nur noch sehr wenig Erz gewonnen. Der ungeheure und unerschöpfliche Reichthum des Erzberges, so wie die Reinheit der Erze, welche er liefert, sind Ursache, warum man bis jetzt auf die übrigen Punkte, welche in einer andern Gegend als unermeßliche Schätze betrachtet werden würden, seine Aufmerksamkeit noch wenig gerichtet hat. Vielleicht giebt außerdem auch die Meinung dazu Veranlassung, daß nur die Erze vom Erzberge das Material zu liefern vermögen, dessen Erzeugung Steiermarks Stolz ist, und durch welches es sich in der ganzen Welt einen wohlverdienten Ruf erworben hat.

Wie alt der Bau auf dem Erzberge seyn mag, läßt sich mit Bestimmtheit nicht ausmitteln. Nach Einigen soll hier schon vor Christi Geburt eine Erzgewinnung stattgefunden haben. Allgemeiner ist aber die Annahme, daß er im Jahr 712. nach Chr. G. zuerst entdeckt, und zuerst benutzt worden sei. Diese Jahrzahl ist nicht allein in der St. Oswaldi-Kirche zu Eisenerz, sondern auch auf der Denksäule, welche auf der Markscheide zwischen den Gruben der Vordernberger und der Innernberger Gewerkschaft errichtet ist, als die wahrscheinlichere und mit den ältesten Urkunden übereinstimmende angenommen worden. Die letztere enthält die Inschrift: „als man zählte nach Christi Geburt 712, hat man diesen edlen Arzberg zu bauen angefangen.“

Eine Grube besteht, am Erzberge, aus einem Felde von 40 Lachtern in der Breite, 20 Lachtern in der Seigerhöhe, und von ewiger Tiefe, oder vielmehr Länge in den Berg hinein, von einem Gehänge zum anderen gerechnet. Feldesstreitigkeiten können daher in den verschiedenen Seigerhöhen von 20 zu 20 Lachtern nicht vorkommen, vorausgesetzt, daß reine Sohle gehalten wird, indem jede Gewerkschaft ihre Stollen in dem tiefsten Punkte des ihr zugetheilten Grubenfeldes ansetzt, weshalb auch eben so viel Stollen als Gruben vorhanden sind. Wohl aber sind diese Streitigkeiten in einer und derselben Sohle für die benachbarten Gruben dann möglich, wenn die Stollen nicht sämmtlich in einer Stunde aufgefahren und die Vermessungen nicht genau nach einer Stunde gestreckt werden. Letzteres ist in früheren Zeiten, aus Unkunde der älteren Bergrichter, nicht immer geschehen, so daß die Grubenfelder in einer und derselben Seigerhöhe nicht parallel neben einander fortlaufend, sondern sich einander durchschneidend vermessen worden sind. Dies hat zu vielen Feldesstreitigkeiten Anlaß gegeben; auch sind einzelne Gewerken, aus Gewinnsucht oder aus Unkunde, bei richtiger Vermessung, von der Stunde abgewichen, und haben ihren Nachbarn, welche mit dem Bau noch nicht so weit vorgerückt waren, das Feld ausgeraubt. Jetzt sollen die Gränzen der Grubenfelder aber genau regulirt seyn; auch haben mehrere Gewerken es zur Sicherung ihres Feldes für nöthig erachtet, ihre Stollen so weit als möglich ins Feld zu treiben.

Weil sowohl die Hauptgewerkschaft zu Vordernberg, als die Innernberger Hauptgewerkschaft zu Eisenerz, auf dem Erzberge bauen, und weil jede von diesen Gewerkschaften, durch alte Verträge, zwei Haupt-Corporationen bilden, welche zwar aus einzelnen Interessenten bestehen, aber in gewissen Punkten doch durch ein gemeinschaftliches Interesse verbunden sind; so ist zur Vermeidung der vielen Streitigkeiten, welche unter beiden Hauptgewerkschaften wegen des Feldes vorfielen, im Jahr 1667 eine Hauptmarkscheide gezogen worden. Nach der eingeführten Vermessungsart mußte diese Hauptmarkscheidelinie söhlig oder horizontal gezogen werden, so daß das ganze Feld des Erzberges über dieser Linie der einen, und das Feld unter der Markscheide der anderen Hauptgewerkschaft zufiel. Die Vordernberger Hauptgewerkschaft hat die oberste Abtheilung, welche von der Kuppe des Berges bis zur Markscheidelinie 200 Lachter Seigerhöhe mißt, zugetheilt erhalten. Der Innernberger Hauptgewerkschaft ist die untere Abtheilung, von der Markscheide bis dahin, wo das Erzlager am Fuße des Berges aufgelagert ist (etwa 210 Lachter Seigerhöhe im Durchschnitt), zugefallen. Weil der Erzberg nicht cylindrisch, oder prismatisch, sondern pyramidal in die Höhe steigt, so ist der Vordernberger Gewerkschaft zwar ein kleinerer Antheil zuerkannt, indeß liegen die Gruben auf der oberen Höhe des Erzberges doch bequem für die Abfuhr der Erze nach Vordernberg.

Hätten sich die Mitglieder der Vordernberger Hauptgewerkschaft über den gemeinschaftlichen Abbau ihrer Gruben einigen wollen, so würde dadurch für den Grubenbetrieb außerordentlich viel gewonnen worden seyn. Das Interesse der einzelnen, mit mehreren, oder mit weniger abgebauten Gruben Betheilten, hat aber diese Vereinigung unmöglich gemacht. Ganz anders verhält es sich mit der Innernberger oder mit der Eisenerzer Hauptgewerkschaft. Bei dieser ist der Staat mit $\frac{19}{20}$ Antheilen interessirt, und nur $\frac{1}{20}$ des Ganzen gehört Privatpersonen. Dennoch findet aber keine getheilte Verwaltung statt, sondern die Grube, die Schmelz- und Hammerhütten, die reichen Forsten und die Ländereien, welche dieser großen Gewerkschaft gehören, werden als ein Ganzes betrachtet, und nur das endliche Resultat der Verwaltung, der wirkliche Erwerb, kommt zur Theilung nach Verhältniß der Antheile. Durch diese Verfassung sind auch nur die Verbesserung des Grubenbetriebes, die Abschaffung der niedrigen und die Einführung der hohen Blauöfen, die Vervollkommnung der Forst- und Kohlen-Wirthschaft und mehrere zweckmäßige Einrichtungen möglich und ausführbar geworden. Allerdings ist dazu ein erstes, vielleicht sehr bedeutendes Anlagekapital nothwendig gewesen, welches aber gewiß sehr reiche Früchte tragen wird, besonders wenn die Verwaltung lange in den Händen des jetzigen, eben so unterrichteten, als thätigen Direktors bleibt. Auch können die Besoldungen des Verwaltungs-Personals nicht als ein Grund gegen diese Verfassung angeführt werden, weil die Vordernberger Gewerken nicht minder ihre Verwaltungskosten zu bestreiten haben.

In dem Angeführten ist auch der Grund zu suchen, warum sich der Grubenbetrieb auf dem oberen Erzberge so wesentlich von dem auf dem unteren unterscheidet. Etwa 300 Stollen, die zu eben so vielen einzelnen Gruben gehören, liegen neben und unter einander, und statt einen hier so äußerst vortheilhaften steinbruchartigen Tagebau zu führen, sind die Gewerken zu einem unterirdischen Bau genöthigt, weil sie Bergfesten zur Verhütung der Tagebrüche stehen lassen müssen, um den benachbarten Gruben die Abfuhr der Erze nicht zu erschweren, und die Grubenwege nicht zu zerstöhren. Schon dieser Umstand würde, bei der großen Menge der Gruben und bei der verhältnißmäßigen Anzahl der Grubenwege, einen sehr nachtheiligen Einfluß auf das Verfahren beim Abbau haben müssen, wenn man nicht genöthigt wäre, außer den Bergfesten zur Erhaltung der Wege, noch andere feste Bergmittel stehen zu lassen, durch welche der unterirdische Abbau überhaupt nur möglich gemacht werden kann. Die tauben Kalkmittel kommen nicht in allen Grubenfeldern und überhaupt nicht so regelmäßig vor, daß sie die Pfeiler und Bergfesten abgeben könnten. Es würden daher Berge in die Gruben gefördert werden müssen, um Material zum Versetzen der ausgehauenen Weitungen zu erhalten. Dies geschieht aber nicht, sondern man bedient sich des Pflinzes und des Spiegelflinzes selbst als Bergfesten, indem man die aus diesen Erzarten bestehenden Mittel umgeht, auch den bei der Gewinnung der Braunerze zufällig mit gewonnenen Pflinz, nach dem jedesmaligen Bedarf aushält, um ihn, statt der Berge, zum Versetzen anzuwenden. Bei dem Abbau sehr mächtiger Gänge, durch den sogenannten Etagenbau, ist es ein unvermeidliches Uebel, starke Pfeiler als Bergfesten stehen zu lassen; auf dem Erzberge würde man aber diese nachtheilige Aushülfe nicht ergreifen dürfen, wenn man sich zu einem Steinbruchbau über Tage entschließen wollte. Die spätesten Nachkommen werden diese Einigung unter sich treffen müssen, um einen lohnenden Bergbau im alten Mann zu führen, obgleich derselbe durch die jetzige unregelmäßige Art des Abbaues sehr erschwert werden wird.

Der Abbau ist eine Art von Querbau, bei welchem aber durchaus keine Regelmäßigkeit stattfindet, indem man mit den Strecken nur dem Braunerz nachgeht, und die Pflinze stehen läßt. Die Strecken sind daher weder in bestimmten söhligen, noch in bestimmten seigeren Entfernungen angesetzt, sondern nach allen möglichen Stunden und Richtungen getrieben. Zur Förderung auf den Stollen bedient man sich der Ungerschen Hunde. Die Eisenerzgewinnung geschieht mit Schlägel und Eisen, und mit der Keilhaue, indeß wird auch ziemlich viel geschossen. Letzteres würde noch häufiger der Fall seyn müssen, wenn man die festen Mittel aus Spatheisenstein nicht stehen ließe. Die Stollen stehen in Thürstockzimmerung; bei den Strecken sowohl, als bei dem Abbau, wendet man wenig Zimmerung an.

Wie die Erze von den Gruben oder Stollenmundlöchern nach Vordernberg gebracht werden, ist bereits erwähnt. Das jährlich nach Vordernberg zu liefernde Erzquantum läßt sich im Durchschnitt zu 500,000 Centnern annehmen. Bei dieser außerordentlich bedeutenden Erzmenge würde eine Schienenwegvorrichtung, wenn sich alle Gewerken dazu vereinigt hätten, gewiß äußerst lohnend gewesen seyn.

Die Stollen sind in der Regel St. 9. getrieben, indeß ist diese Richiung nicht bei allen, besonders nicht bei den am nordöstlichen und nordwestlichen Gehänge des Erzberges angesetzten Stollen beibehalten und dadurch der erste Grund zu den Feldesstreitigkeiten gelegt worden. Uebrigens sind die Stollen, wie gewöhnlich, am tiefsten Punkte eines jeden Grubenfeldes, und in der Regel in der Mitte seiner söhligen Breitenerstreckung angesetzt, so daß man auf jedem Stoß sowohl, als über der Stollenfirste, ein Feld von 20 Lachtern in der söhligen und in der seigeren Ausdehnung abgetheilt hat. Die Abbaustrecken sind nach beiden Weltgegenden im Stollen aufgehauen.

Eine weit zweckmäßigere Art des Abbaues findet auf dem unteren Erzberge statt, welche nur durch die Consolidation der Gruben möglich geworden ist. Obgleich auch früher hier Tagebaue vorgerichtet waren, so fand doch größtentheils noch ein unterirdischer Abbau statt, den man jetzt fast nur noch in der oberen Höhe, nämlich zunächst unter der Hauptmarkscheide mit den Vordernberger Gruben antrifft, um die Lochsteine zu erhalten und die nöthigen Bergfesten stehen zu lassen. Auch im Winter wird noch unterirdisch gebauet; indeß ist man jetzt damit beschäftigt, diesen unhaushälterischen Bau gänzlich abzuschaffen, und die Arbeiter auf andere Weise durch das Auskutten (Kobern) der in den Sommermonaten in den Tagebauen gewonnenen Erze zu beschäftigen, zu welchem Ende die Zahl der schon vorhandenen Koberstuben (Scheidehäuser) noch vermehrt werden wird.

Erst seit wenigen Jahren ist der unermüdeten Thätigkeit des jetzigen Direktors der Innernberger Hauptgewerkschaft gelungen, eine zweckmäßigere und regelmäßigere Art der Förderung der Erze, vom Berge bis zur Thalsohle einzuführen, und mit dieser zugleich die Tagebaue mehr zu koncentriren und systematischer vorzurichten. Es sind kaum fünf Jahre verflossen, seitdem die alte, sackzugartige Förderungsmethode abgeschafft worden ist, deren Nachtheil weniger in den größeren Kosten, welche sie veranlaßte, als darin bestand, daß, so lange als sie ausgeübt ward, kein regelmäßiger Betrieb der überirdischen Baue möglich war. Dieser Sackzug, von welchem man jetzt noch, als Reliquie, ein Exemplar auf der Grube vorzeigt, bestand aus einem zweiräderigen Vordergestell mit einem Langbaum, durch dessen hinteres Ende die Verbindungsstange einer Gabel gesteckt war, deren beide mit einem Loch versehenen Schenkel oder Schleifbäume, in die Stifte gelegt wurden, welche sich auf der Axe des Vordergestelles zur Aufnahme und Befestigung der Gabel befanden. Auf die so vorgerichtete zweiräderige Schleife ward ein doppelter leinener Sack gelegt, welcher mit 2½ Centner Erz angefüllt und den Berg hinunter geschleift ward. Die beiden Schleifbäume der Gabel waren hinten mit Eisen beschlagen, und furchten sich mit ihren eisernen Spitzen fest in die Erde ein. Theils um durch die entstehenden Furchen eine Art von Leitung für den ganzen Schleifwagen zu erhalten, theils um das zu tiefe und zu ungleichartige Eindrücken in den Felsen oder in die Erde zu verhüten, hatte man auf dem ganzen Wege, den die Fahrt nahm, Marmorstücken gelegt, und so eine Art von Förderstraße gebildet, welche mit den tief eingeschnittenen Geleisen noch jetzt zu sehen ist. Jeder Bergmann mußte die gewonnenen und gekoberten Erze nach der Schicht hinunterbringen und das Sackzuggestelle mühsam wieder hinauftragen.

Diese unvollkommene Förderungseinrichtung hatte die Folge, daß auch in den Tagebauen nicht die geringste Regelmäßigkeit und Ordnung stattfand, indem jeder Grubenarbeiter den Punkten nachging, wo die mehrsten Braunerze zu erhalten waren, ohne daß einmal eine, wenn auch nur ganz ohngefähre Eintheilung der Sohlen stattgefunden hätte.

Wo der unterirdische Grubenbau auf dem unteren Erzberge stattfindet, da weicht er von den Einrichtungen auf dem oberen Erzberge nicht ab. Die festeren Erze werden hier wie dort umfahren, und bleiben als Bergfesten stehen; wo sie aber gleichzeitig mit den Braunerzen gewonnen werden müssen, werden sie größtentheils ausgehalten und zum Versetzen angewendet. Bei den Tagebauen kommt man daher nicht allein häufig auf alte Stollen und Strecken, sondern auch auf Versetzungen, und zuweilen sogar auf Vorräthe von gekoberten Erzen, welche in der Grube zurückgeblieben waren.

Auch bei den Tagebauen läßt man die festen Pflinze, als einzelne Felsenmassen stehen, und wo man sie wegen des gleichzeitigen Vorkommens der Braunerze nicht gut umgehen kann, werden sie zwar mitgewonnen, bleiben aber, wenn man große und feste Blöcke absprengt, liegen. Die minder großen Stücken werden mit den Braunerzen zerschlagen, und kommen zur Hütte.

Sobald die hinlängliche Anzahl von Koberstuben eingerichtet seyn wird, soll der unterirdische Bau ganz eingestellt werden, indem man die Arbeiter alsdann auch im Winter beschäftigen kann. Diese Koberstuben sind eigentlich mehr Zerkleinerungs- als Scheidestätten, weil die großen und festen Blöcke gleich liegen bleiben und gar nicht in die Löcher gebracht werden, welche man in den Sommermonaten mit Erz anfüllt, um sie im Winter zu leeren und die hineingestürzten Erze in den Koberstuben zu zerschlagen. Nur die zu großen und zu festen Stücken Pflinz, welche zufällig mit in die großen Weitungen gestürzt worden wären, werden in den Koberstuben ausgehalten und weggestürzt. Der ganze Abhang des Erzberges ist daher mit unzählbaren Haufen und mit einzelnen Pflinzmassen bedeckt, welche theils noch auf der Lagerstätte anstehen und bei der Gewinnung der Braunerze umgangen, theils zwar abgelöset sind, aber noch auf ihrer alten Lagerstätte liegen, oder tiefer hinabgestürzt wurden, wenn sie bei der Arbeit zufällig im Wege waren.

Man wird dies Verfahren allerdings tadelnswerth finden, weil es jeden vollkommenen und regelmäßigen Abbau unmöglich macht; wenn man aber erwägt, daß diese Art der Gewinnung sonst, ohne alle Sohleneintheilung, auf dem ganzen Abhange des unteren Erzberges, auf hundert verschiedenen Punkten ausgeübt ward; so wird man den Bemühungen des Herrn Gubernialraths v. Sybold die größte Gerechtigkeit widerfahren lassen müssen, welcher es, trotz allen Hindernissen und Widersprüchen, in wenigen Jahren dahin brachte, daß wenigstens eine geregelte Sohlenabtheilung und eine damit im Zusammenhange stehende regelmäßige Förderung eingeführt worden ist. Fortwährend ist das Bestreben dieses Mannes dahin gerichtet, den unterirdischen Bau gänzlich einzustellen, den Tagebau zu koncentriren, und den Abbau, so wie die Förderung, einfach und planmäßig vorzurichten. Man darf nicht vergessen, daß hier tausendjährige Vorurtheile zu bekämpfen waren, und daß selbst jetzt noch die Koncentrirung der Baue Widersacher findet, weil man den Angriff des Erzlagers auf den unendlich vielen Punkten dadurch entschuldigt, daß die Hütten nur vortheilhaft arbeiten könnten, wenn sie Erze von recht vielen Punkten des Berges zur Gattirung erhielten.

Wer aber kunstgerecht darauf dringt, daß ein regelmäßiger Strossenbau über Tage vorgerichtet werde, und daß weder die Pflinzmassen umgangen werden, noch die losgesprengten Pflinze unbenutzt bleiben müßten, indem mit der Hauptsohleneintheilung und mit der Koncentrirung der Tagebaue noch nicht Alles gethan sei; der möge eine billige Berücksichtigung auf die Beschäftigung der Arbeiter im Winter nehmen, welche sie, bei der Einstellung des nachtheiligen unterirdischen Baues, nur durch das Kobern erhalten können; besonders aber wolle er bedenken, daß der umgangene, so wie der gewonnene und zurückgeworfene Pflinz, nicht allein nicht verloren geht, sondern durch das Liegen jährlich zum Verarbeiten in der Hütte brauchbarer gemacht wird. Dadurch unterscheidet sich der unterirdische Abbau eben so wesentlich von den Tagebauen, daß das, was bei jenem durch Umgehen und Versetzen in der Regel auf ewig verloren geht, hier im Laufe der Jahre wieder benutzt werden kann. Wirkt nun gar, wie es auf dem Erzberge der Fall ist, die Zeit verbessernd ein, so gewährt der Tagebau doppelte Vortheile, und die kunstgerechte Gewinnung würde die entgegengesetzte Wirkung wie beim unterirdischen Abbau, bei welchem sie nicht genug empfohlen werden kann, hervorbringen. Bei dieser Beurtheilung muß man also die lokalen Verhältnisse, welche der Tagebau auf dem Erzberge mit sich bringt, nicht vergessen, und sich erinnern, daß es bei den hiesigen ungeheuren Erzschätzen sehr unrecht seyn würde, von der sich darbietenden Auswahl keinen Gebrauch zu machen, weil das für den Augenblick unbenutzt bleibende Erz nicht verloren geht, sondern für den künftigen Gebrauch vielmehr geschickter gemacht wird.

Eine regelmäßige Eintheilung der Sohlen, eine Koncentrirung der Baue, und die stete Berücksichtigung: dem Berge, auf den Punkten, wo der Abbau stattfindet, eine möglichst gleiche Oberfläche zu geben, ist daher Alles, was der strengste Tadler hier verlangen kann, und was er, einige Jahre später, gewiß noch vollständiger erreicht finden wird, als es in dem kurzen Zeitraume der Verwaltung durch den Herrn v. Sybold bis jetzt hat ausgeführt werden können. Mit dieser

Soh-

ser Sohleneintheilung hängt die regelmäßige Förderungsvorrichtung unmittelbar zusammen.

Der ganze untere Erzberg ist jetzt in sechs Haupsohlen eingetheilt, indem sechs unter einander liegende Hauptförderstrecken rund um den Umfang des Berges von Nordost nach Südwest geführt worden sind. Diese Hauptförderstrecken liegen nicht in gleicher Seigerteufe unter einander, weil man die schon vorhandenen Einrichtungen möglichst benutzen mußte, und weil überhaupt, bei einem schon tausendjährigen Bau, unmöglich die größte Regelmäßigkeit erzwungen werden konnte. Man hat es vorgezogen, die sechs Sohlen oder Etagen des Berges, nicht durch donnlägige, nach dem Abfallen des Erzberges geneigte Tagerollen, sondern durch seigere Schächte und Stollenstrecken mit einander in Verbindung zu setzen. Zu dem Ende hat man die, unter einer Vertikale, am westlichen Abfall des Erzberges, in St. 9. getriebenen Stollen dazu benutzt, zwei zunächst unter einander liegende Hauptstrecken zu verbinden, indem von dem Stollenmundloch des nächst oberen Stollens eine Schachtrolle auf den nächst unter liegenden Stollen abgeteuft worden ist. Weil diese Schachtrollen aber den Zweck haben, die auf der oberen Etage gewonnenen Erze auf den zur nächst unteren Etage gehörigen Stollen hinabzustürzen, so hat man die Vorsicht angewendet, die Schächte nicht unmittelbar auf den Stollen niederkommen zu lassen, sondern sie etwas seitwärts zu stellen, und Schacht und Stollen vermittelst eines kurzen queerschlägigen Rollochs zu verbinden.

Die auf der Oberfläche des Erzberges angelegten äußeren Hauptförderstrecken führen daher von beiden Weltgegenden zu der Schachtrolle, welche mit dem Stollen der nächst unteren Etage oder Hauptförderstrecke in Verbindung gesetzt ist. Zu dieser Schachtrolle gelangen auch die Erze von der nächst oberen Etage, durch den Stollen, welcher vermittelst der vor dem Ort desselben niederkommenden Schachtrolle, mit der nächst oberen Etage in Verbindung steht. Alle Erze, sowohl von der zu der Hauptförderstrecke selbst gehörigen, als auch von der nächst oberen Etage, kommen folglich auf der Schachtrolle zusammen, werden durch diese auf den Stollen der nächst unteren Hauptförderstrecke gestürzt, wo sie bis zum Mund och vorgefördert, und hier wieder mit den Erzen von der äußeren Hauptförderstrecke dieser Etage zusammenkommen, alsdann wieder gemeinschaftlich auf die nächstfolgende untere Etage durch den Rollschacht gebracht werden, bis sie endlich die sechste oder die unterste Etage erreichen. Die Erze kommen also, von allen Bauen, zuletzt auf einem einzigen Punkte zusammen.

Den außerhalb, um den Umfang des Berges geführten Hauptförderstrecken, hat man ein Abfallen zu der ihnen zugehörigen Schachtrolle von $1\frac{1}{2}$ Zoll auf 1 Lachter gegeben. Die Förderung bis zur Schachtrolle geschieht, sowohl auf den äußeren Hauptsohlenstrecken, als auch auf den Stollen, durch welche zwei und zwei Schachtrollen mit einander verbunden sind, in ungerschen Hunden.

Die Schachtrollen stehen bis jetzt noch in Zimmerung, und nur die untersten sechs Lachter sind in Maurung gesetzt. Sie haben zwei Abtheilungen: die eine zur Fahrung, die andere zum Hinunterstürzen der Erze. Dies geschieht durch hölzerne Lutten, welche aber in gewissen Entfernungen unterbrochen sind, indem man sich durch mehrere Beobachtungen in Kenntniß gesetzt hat, wie tief die Erze frei herabfallen können, ohne sich zu sehr zu zerstreuen. Wo dieser Punkt eintritt, da fangen die Lutten wieder mit einer kegelförmigen Erweiterung an, um die zerstreuten Erze aufzufangen. Nur unten, wo die Schachtrollen in Maurung stehen, ist die eine Abtheilung des Rollschachts ganz mit Erzen angefüllt und durch ein Rolloch mit den Stollen verbunden. Sobald der Schieber, welcher das Rollloch verschließt, geöffnet wird, füllt sich der untergeschobene Hund von selbst mit den herabrollenden Erzen an, und wird dann bis zum Stollenmundloch, nämlich bis zu der Schachtrolle, welche mit dem Stollen der nächst unteren Etage in Verbindung steht, vorgestoßen. Auch die Stollen haben daher ein Abfallen oder ein Ansteigen vom Stollenmundloch, von $1\frac{1}{2}$ Zoll auf das Lachter, erhalten.

Die gefüllte Hunde, sowohl aus dem Stollen von der nächst oberen Etage, als auch von den zum Rollschacht gehörigen äußeren Hauptförderstrecken, werden in den Kauen über den Rollschächten ausgestürzt, und die Erze mit Schaufeln in die Lutte des Schachtes geworfen, um bis zur nächsten Hauptsohle hinabzufallen. Vielleicht hätte man eben so einfach die Vorrichtung treffen können, die Hunde von selbst über den Rollschächten ausstürzen zu lassen, um das Ausstürzen und Einfüllen zu ersparen. Auch die Unterhaltung der Lutten und der Zimmerung in den Schächten würde man nicht nöthig haben, wenn man den ganzen Schacht in Maurung setzte, und, mit Erzen angefüllt, als Rollschacht dienen ließe. Auf diesen Vortheil leistet man aber deshalb Verzicht, weil man die eine Schachtabtheilung zur Fahrung behalten will, um die Arbeiter im Winter nicht der Einwirkung der Witterung auszusetzen, indem der tiefe Schnee die Grubenwege ganz unbenutzbar macht. Die stärkste Mauer würde dann freilich nicht im Stande seyn, dem Drucke der ganz mit Erzen angefüllten Schachtabtheilung zu widerstehen. So wie die Einrichtung jetzt getroffen ist, dienen die unterbrochenen, und bei ihrem Anfange sich kegelförmig erweiternden Lutten allerdings dazu, das Hängenbleiben der Erze in den 12 Zoll im Quadrate weiten Lutten zu verhindern, und dem Uebel, wenn es sich ereignen sollte, leicht abzuhelfen, indem man den Punkt, wo die Stockung eingetreten ist, sehr leicht, vom Fahrschachte aus, findet.

24 *

Bei der bedeutenden seigeren Entfernung, welche zwischen zwei und zwei Hauptförderstrecken, oder Hauptsohlen, stattfindet, hat man sich, besonders auf den Etagen, wo in verschiedenen Sohlen ein starker Tagebau stattfindet, genöthigt gesehen, noch Zwischenstrecken (Mittelstrecken) am Gehänge des Berges anzulegen. Weil diese aber nicht in die Sohle des zu dieser Etage gehörigen Stollschachtes fallen, so hat man jene Zwischenstrecke durch donnlägige hölzerne Tagerollen mit der Hauptsohle in Verbindung setzen müssen. Durch diese Tagerollen gelangen die gewonnenen Erze auf die Hauptstollensohle, werden hier in den Hund gefüllt, und dann zum Rollschacht gebracht. Zuweilen müssen die Erze auch von einer Zwischenstrecke auf die zweite, dritte u. s. w., und zuletzt erst auf die Hauptstrecke, vermittelst der Tagerollen, gebracht werden.

Der tiefste Stollen liegt 68 Lachter seiger unter der ersten Haupt-Etage, mit welcher er durch den Scharfenberg-Rollschacht verbunden ist. Dieser Schacht, auf welchem alle Erze vom ganzen unteren Erzberge zusammen kommen, und welcher sie dem untersten Stollen zuführt, wird wahrscheinlich ganz in Maurung gesetzt werden, obgleich die Erze noch ferner in Lutten hinabgestürzt werden sollen, um den Schacht auch als Fahrschacht benutzen zu können. Der unterste Stollen — der Sybold-Stollen — ist ebenfalls St. 9, 120 Lachter lang, bis vor Ort durchaus in Chloritschiefer getrieben. Er ist also unter dem Erzlager, aber doch noch in einer ansehnlichen Höhe über der Lasinzer Thalsohle, angesetzt. Man hat ihm das sehr starke Ansteigen von fast 2 Zoll auf 1 Lachter gegeben, so daß der vierräderige Wagen vom Füllort (unter dem mit dem Scharfenberg-Schacht verbundenen Rollloch) mit einer ganz ungemeinen Geschwindigkeit nicht allein von selbst aus dem Mundloch herauskommt, sondern auch noch stark gebremset werden muß, um nicht mit zu großer Schnelligkeit zu dem, etwa 60 Lachter vom Stollenmundloch entfernten Erzhause zu gelangen, welches, durch die Verlängerung der Schienenstraße im Stollen, mit demselben unmittelbar in Verbindung steht. In diesem Erzhause kommt also die ganze Förderung vom unteren Erzberge zusammen, und wird von hier den Hütten zugeführt.

Es ist jetzt im Werke, über dem Mundloch des Sybold-Stollens ein Zechenhaus aufzuführen, welches nicht allein zur Versammlung und Verlesung der anfahrenden Mannschaft dienen, sondern auch Räume zu Riß- und Zeichensammlungen, und zu Sammlungen von den Gebirgs- und Erzarten des Erzberges enthalten soll.

Jenes große und geräumige Erzhaus, welches durch den Schienenweg mit dem Stollen verbunden ist, steht im Thale der Lasinz um so viel tiefer als das Niveau des Stollenmundlochs, daß der gefüllte Erzwagen das Haus, unter dem Dache desselben, erreicht. Auf dem Dachgebälke ist der Schienenweg dergestalt fortgeführt, daß die Erze beim Ausladen des Wagens — dessen Boden mit einer Klappe versehen ist, so daß es keines Ausstürzens bedarf — von selbst in den inneren Raum des Erzschuppens hinabfallen, und von dort zu den Hütten gefahren werden können. In einer Abtheilung dieses Hauses befinden sich auch ein Paar gemauerte Röststätten, von denen eine jede aber nur 1500 Centner Erz faßt, in welche die Erze aus dem Wagen gestürzt werden, nachdem sie vorher auf ein hölzernes, schief liegendes Rätter gefallen sind, um die lettigen Theilchen abzusondern, deren man sich bei der Hütte zum Zuschlag oder zum Fluß bedient.

Die Menge Erz, welche die Gruben des Erzberges jährlich zu den Hütten abgeben, läßt sich im Durchschnitt wohl zu

300,000 Centner annehmen. Im verflossenen Jahrhundert hat der Erzberg 65,757,630 Centner Erz nach Vordernberg und Eisenerz geliefert. Nach einigen Jahrhunderten dürfte daher die Abnahme des Umfanges des Erzberges doch sehr merklich seyn.

Die Direction der Innernberger Hauptgewerkschaft steht unmittelbar unter der Hofkammer. Zur Hauptgewerkschaft gehören nicht allein die Blauöfen in und bei Eisenerz, welche der Erzberg mit Eisenerzen versorgt, sondern auch gegen 80 Hammerwerke, auf welchen der größte Theil der Produktion der Oefen wieder verarbeitet wird. Diese Hammerwerke liegen größtentheils im Ensthal, zum Theil im Thal der Salza, und erstrecken sich bis Reichenau in Oesterreich ob der Ens. Der Direktion der Hauptgewerkschaft sind daher mehrere Ober-Verwesämter und Verwesämter untergeordnet; indeß machen diese Geschäfte fast den geringsten Theil der Arbeiten bei der Direktion aus. Die Gewerkschaft ist nämlich im Besitz der Herrschaften Hiflau, Donnersbach und Reichenau, von denen nur die ausgedehnten Ländereien verpachtet sind, die Forsten aber zur Beschaffung des Kohlenholzes selbst verwaltet werden. Außer diesen eigenthümlich der Hauptgewerkschaft zugehörigen Forsten ist dieselbe noch im Besitze von Forstrevieren, welche zwar nicht auf ihren Gründen liegen, aber durch ewige Verträge mit ihr verbunden sind. Es gehören auf diese Weise über 200,000 Joch Waldungen zu den Hüttenwerken der Hauptgewerkschaft, so daß es derselben an Kohlenholz nicht fehlen kann. Zu diesen ausgedehnten Geschäften kommt noch die Verwaltung der Flößereigeschäfte auf der Ens und auf der Salza, so wie die Administration der Verschleißgeschäfte, welche sehr bedeutend sind und sich sehr weit erstrecken, indem die Hauptgewerkschaft ihre Faktoreien bis Frankfurt a. M. ausgedehnt hat. Die Innernberger Hauptgewerkschaft bildet daher eine große, geschlossene, und in gewisser Rücksicht unabhängige Verbindung.

Nur den früheren unvollkommenen Einrichtungen bei der Direktion ist es zuzuschreiben, daß sich die Hauptgewerkschaft nicht in dem blühenden Zustande befindet, den man bei den reichen Besitzthümern erwarten sollte. Denn obgleich nicht allein die gewöhnlichen Verwaltungskosten, sondern auch die kostbare Unterhaltung der Rechen, Wehre, Wassergebäude und Flößereivorrichtungen, so wie die Unterhaltung der vielen Hütten- und Wirthschaftsgebäude, den Ertrag nothwendig schmälern müssen, und obgleich der Hauptgewerkschaft die Verbindlichkeit obliegt, für die Unterhaltung der Kunststraßen bis Steier an der Ens und im ganzen Salzathal, ohne irgend eine Entschädigung, zu sorgen; so würden, bei einer gehörig geleiteten Direktion, die Ueberschüsse doch immer noch sehr ansehnlich ausfallen müssen. Dies ist auch seit einigen Jahren durch die höchst zweckmäßige Einrichtung, welche der jetzige Direktor, sowohl bei der Grube, als bei den Hütten und in der Forstverwaltung getroffen hat, wirklich der Fall, und die Hauptgewerkschaft kann jetzt einer sehr blühenden Periode entgegensehen. An Frohn werden für den Centner Flossen 31 Kreuzer entrichtet.

Nicht allein die Beamten erhalten zu ihrer Besoldung in baarem Gelde ein gewisses jährliches Naturaldeputat, die sogenannte Fassung, in Weitzen, Roggen und Schmalz (Butter) bestehend; sondern auch jeder Arbeiter ist auf die Fassung angewiesen. Es befinden sich daher zu Eisenerz und auf mehreren Verwaltungspunkten auf den zur Hauptgewerkschaft gehörigen Etablissements, Magazine zur Aufbewahrung der Naturalien, welche die Domainenpächter zum Theil statt des Pachtgeldes abliefern müssen. Dies erstreckt sich auch auf die Lieferungen von Hafer, Heu und Stroh zur

Unterhaltung der vielen Gespanne, mit welchen nicht allein die Kohlen-, Erz- und Eisentransporte verrichtet, sondern auch die Posten versehen werden, indem mehrere Posten auf der Straße, deren Unterhaltung der Hauptgewerkschaft obliegt, auch von derselben verwaltet werden.

Für jeden Arbeiter, er mag auf der Grube, in den Hütten, in den Forsten, oder beim Fuhrwesen beschäftigt seyn, ist eine bestimmte monatliche Fassung vorgeschrieben. Bei den Wochen- und Schichtlöhnern findet eine Bestimmung statt, wie viel das baare Geld (Freigeld) gegen die Fassung betragen darf. Bei den Grubenarbeitern und bei allen Gedingarbeitern ist nachgelassen, daß sie ein Drittel mehr als das Freigeld beträgt, verdienen dürfen. Ein Arbeiter, der krank wird, behält ein Vierteljahr lang die ganze Fassung; dasselbe ist der Fall, wenn er jubilirt wird, d. h. wenn er 40 Jahre gearbeitet hat. Ein unter dieser Zeit invalide werdender Arbeiter, wird nach billigen Sätzen behandelt, und behält, so wie ein über ein Vierteljahr lang kranker Arbeiter, einen Theil der Fassung. Außerdem haben die Arbeiter sich einer freien Kur zu erfreuen.

Wie lange die vortrefflichen Erze, welche der Erzberg liefert, in kleinen Ofenschächten, ohne Gebläse, durch den natürlichen Luftzug, zu kleinen Luppen niedergeschmolzen worden seyn mögen, und zu welcher Zeit diese ersten rohen und unvollkommenen Schmelzvorrichtungen durch die nicht viel vollkommneren Stücköfen verdrängt worden sind, ist aus den alten archivarischen Nachrichten nicht mehr zu ersehen. Die Stücköfen sind aber bis zum Jahre 1760 noch allgemein in Anwendung gewesen. Der Stückofenschlacke bedient man sich jetzt theils wegen ihres bedeutenden Eisengehalts, theils um mehr flüssige Schlacken zu erhalten, als Zuschlag beim Betriebe der Blauöfen. Auf Veranlassung der Kaiserin

Maria Theresia sollte der Stückofenbetrieb zu Eisenerz und Vordernberg im Jahre 1756 abgeschafft, und der Blauofenbetrieb durch den damaligen Direktor zu Eisenerz, Ober-Kammergrafen und Ober-Kammerrath v. Koffler, eingeführt werden. Die Versuche wurden zu Eisenerz und Vordernberg gleichzeitig angestellt, fielen aber zuerst ungünstig aus, welches den Haß der Gewerken sowohl, als der Hammermeister, die sich dem Bauofenbetriebe aufs Aeußerste widersetzten, auch nachdem die Versuche in Vordernburg zuerst gelungen waren, noch vermehrte. Erst nach seinem Tode erkannte man Koffler's Verdienste um die Holzersparung durch die Einführung des Blauofenbetriebes, und hat ihm, in der St. Oswald-Kirche zu Eisenerz, ein einfaches Denkmal gesetzt. Bei seinem Leben gelang es ihm nicht, das Vorurtheil der Hütten- und Hammergewerken zu besiegen; er ward gehaßt, und seine Beamten waren sogar persönlichen Beleidigungen ausgesetzt.

Zu Vordernberg ist der Blauofenbetrieb bis jetzt fast in dem Zustande geblieben, in welchem er sich schon nach Koffler's Tode befand. Zu Eisenerz faßte man hingegen den Entschluß, statt der vielen kleinen Blauöfen, wenige, aber höhere, einzuführen, und dadurch die Kohlenverwendung noch mehr zu vermindern. Neue Vorurtheile mußten hier besiegt, ja sogar ein schon erbauter höherer Blauofen mußte wieder abgetragen und erniedrigt werden. Es ist wohl möglich, daß das zuerst in den hohen Blauöfen erzeugte Roheisen zu grau ausfiel, und daß die Hammerarbeiter, welche nur sehr entkohlte Flossen aus den niedrigen Blauöfen zu verarbeiten gewohnt waren, mit jenen Flossen nicht fertig werden konnten. Die Versuche in den höheren Blauöfen wurden indeß beharrlich fortgesetzt, und man überzeugte sich endlich, daß man auch in den hohen Blauöfen, bei richtiger Satzführung und bei unausgesetzter Aufmerksamkeit auf den Schmelzgang, wenig gekohlte Flossen darzustellen vermöge. Die Hammerarbeiter legten ihre Vorurtheile ab, und so ist jetzt, außer einem einzigen Ofen (dem Alt-Weißenberger), welcher aber nur noch für den Nothfall zur Reserve dient, und nicht mehr betrieben wird, auf allen zur Innernberger Hauptgewerkschaft gehörigen Etablissements kein einziger niedriger Blauofen mehr anzutreffen, obgleich in früherer Zeit in Eisenerz 19 niedrige Blauöfen gewesen seyn sollen. Dieser Fortschritt ist für Steiermark und Kärnthen schon sehr wichtig geworden, und verspricht es für die Folge noch mehr zu seyn.

Nach einem 25jährigen Durchschnitt sind in den niedrigen (18 bis 20 Fuß hohen) Blauöfen zu 105,000 Centner Flossen 257,000 Faß, also zu 100 Centner beinahe 245 Faß Kohlen verbraucht worden. Dagegen werden jetzt bei den hohen (29 bis 36 Fuß hohen) Blauöfen, nach einem Durchschnitt zu 128,000 Centner Flossen 200,000 Faß, oder zu 100 Centner 156$\frac{1}{3}$ Faß Kohlen verwendet. Der Kohlenverbrauch bei den hohen Blauöfen verhält sich also zu den beiden niedrigen, wie 100 zu 157: ein Resultat, welches die Vorzüge der höheren Oefen auffallend darthut.

Etatsmäßig sollen auf den zur Innernberger Hauptgewerkschaft gehörigen Oefen jährlich 110,000 Centner Flossen erzeugt werden. Dies Quantum wird aber fast alle Jahre überschritten, und erreicht zuweilen auch wohl die Höhe von 140,000 Centnern. Weil das Erzeugungsquantum nicht, wie bei der Vordernberger Gewerkschaft, jährlich fest bestimmt ist, so richtet man sich besonders nach dem Absatz und nach der Größe der Produktion auf den eigenen Hamwerken, welche jährlich etwa 90,000 Centner Flossen verbrauchen. Jener ganze Bedarf an Flossen wird eigentlich nur in drei Oefen erzeugt; denn obgleich noch 5 Oefen vorhanden sind, so werden doch nur 3 in Betrieb erhalten.

Kaum 500 Schritt unter dem Erzhause bei der Grube, befindet sich auf dem rechten Ufer der Lasinz, da, wo dieselbe den Erzbach eben aufgenommen hat, das Gefälle für den Alt-Weißenberger Ofen. Dieser ist 21 Fuß hoch, in derselben Art, wie die Vordernberger Oefen, gebaut, und seit langer Zeit nicht mehr im Betriebe. Einige 100 Schritte unter diesem Ofen, steht der 29 Wiener Fuß hohe Ruprecht-Ofen, der erste hohe Blauofen, welcher in Steiermark ausgeführt worden ist. Er liegt ebenfalls auf dem rechten Ufer der Lasinz, und schon in einem Theile der Stadt Eisenerz, in welcher sich früher mehrere Blauöfen längs der Lasinz befanden, die jetzt abgebrochen sind. Noch in der Stadt vereinigt sich der von Osten kommende Trafeng-Bach mit der Lasinz, und vermehrt den Wasserreichthum des Baches. Fast am westlichen Ende der Stadt ist, ebenfalls auf dem rechten Ufer der Lasinz, der 36 Fuß hohe Wrbna-Ofen erbauet, so daß sich in der Stadt Eisenerz eigentlich nur 2 Oefen im Betriebe befinden.

Etwa 4 Stunden westlich von Eisenerz, in einem Nebenthale der Lasinz, die Radmär genannt, ward, schon im Jahre 1805, statt des früher betriebenen niedrigen Blauofens, ein 30 Fuß hoher Ofen (der Kaiser Franz-Ofen) erbauet, welcher aber jetzt schon seit mehreren Jahren außer Betriebe ist, auch wahrscheinlich niemals wieder benutzt werden wird. Dieser Ofen bezog sein Erz nicht vom Erzberge, sondern aus der Radmär selbst, wo sich ähnliche Erzniederlagen, obgleich weniger reich und rein, wie bei Eisenerz, befinden. Theils wegen der geringeren Güte der Eisenerze, theils wegen mehrerer Schwierigkeiten beim Kohlen- und Eisentransport, besonders aber, weil man die ganze erforderliche Produktion auf vortheilhafter gelegenen Oefen darzustellen im Stande war, ist dieser Ofen jetzt in Stillstand gesetzt.

Dagegen ist der dritte, ebenfalls 36 Fuß hohe Ofen (der

Ludowika-Ofen), vier Stunden westlich von Eisenerz, zu Hiflau an der Lasinz, nicht weit von ihrem Einflusse in die Ens, erbaut worden. Dieser Ofen erhält seine Erze zwar vom Erzberge, allein der bedeutenden Entfernung ungeachtet, ist die Anlage doch deshalb sehr vortheilhaft, weil die Hauptniederlage aller Kohlen für die Eisenerzer Oefen sich an der Ens zu Hiflau befindet. Die Kohlenwagen, welche von Hiflau nach Eisenerz gehen, bringen für den Hiflauer Ofen die Erze zurück, weshalb man den Wagen eine besondere Einrichtung gegeben hat, wonach sie als Erz- und als Kohlenwagen gleich zweckmäßig gebraucht werden können. Die Lage des Hiflauer Ofens ist daher weit günstiger und vortheilhafter, als die der Oefen zu Eisenerz, weil er sich ganz unmittelbar in der Nähe der Hauptköhlerei befindet, wodurch ihm auch zugleich bessere und weniger zerkleinerte Kohlen zukommen. Bei gleichen Entfernungen von den Erz- und Kohlenniederlagen ist immer der Ofen günstiger gelegen, welcher des Kohlentransports nicht bedarf: und dies ist das Verhältniß des Hiflauer zu den Eisenerzer Oefen. Die Anlage zu Hiflau ist daher eine wesentliche Betriebsverbesserung, welche man zwar schon lange gefühlt hat, die aber erst durch die Thätigkeit des jetzigen Direktors zur Ausführung gekommen ist, welcher sich auch mit dem Plan beschäftigt, dem Hiflauer Ofen den Erzbedarf durch einen Schienenweg zukommen zu lassen, der im Lasinzthale vortheilhaft fortgeführt werden kann.

Das Kohlenholz für die Hütten liefern die der Hauptgewerkschaft zugehörigen Forsten in den Thälern und Nebenthälern der Ens und der Salza. Weil die Vordernberger Hauptgewerkschaft ihren Kohlenbedarf sämmtlich vom Flußgebiet der Mur bezieht, so können keine Collisionen zwischen beiden Gewerkschaften entstehen, wenn die Innernberger Hauptgewerkschaft auch nicht eigenthümliche Waldungen in hinreichender Menge besäße. Das Tauerngebirge, welches die Flußgebiete der Mur und der Ens scheidet, hat auch eine genaue Gränzlinie zwischen beiden Hauptgewerkschaften, sowohl in Rücksicht der Anschaffung des Materialbedarfs, als auch größtentheils des Absatzes der Ofenerzeugnisse gezogen, so daß beide Gewerkschaften eigentlich nur die Benutzung des Erzberges mit einander gemein haben.

Zwei große Hauptverkohlungsstätten für die Hüttenwerke der Innernberger Hauptgewerkschaft befinden sich an der Ens. Die eine zu Hiflau, wo die Lasinz in die Ens fällt, und die zweite zu Reifling, wo die Ens die Salza aufnimmt. Auf beiden Punkten wird das in den Waldungen zu 7 Fuß langen Kloben eingeschlagene und nicht gespaltene Holz, durch kostbare und große Flößereivorrichtungen zusammengeschwemmt. Hiflau versorgt die Blauöfen zu Eisenerz und zu Hiflau, welche von den sogenannten Waldköhlereien in der Gegend von Eisenerz einen nicht sehr bedeutenden Zuschuß erhalten. Nur das Holz wird im Walde verkohlt, welches vermöge der Lage des Waldes zu den Verkohlungsstätten nicht geflößt werden kann. Reifling bezieht alles Holz aus dem Salzathal bis zu einer Entfernung von 12 Stunden oberhalb Reifling, nämlich bis zum Orte Reut. Mit den Kohlen von der Köhlerei zu Reifling wird der größte Theil der Hammerwerke im Ensthal versorgt. Zu Hiflau sowohl als zu Reifling findet die italienische Köhlerei statt; im Walde ist aber, wie fast durchgängig in Krain, Kärnthen und Steiermark, die Köhlerei in liegenden Meilern eingeführt. Dieser hat man auch auf den Hauptverkohlungsstätten, welche zu den Hüttenwerken Mariazell und Neuburg gehören, den Vorzug vor der italienischen Köhlerei geben zu müssen geglaubt.

Der Holzeinschlag geschieht größtentheils durch verpflichtete Holzschläger, von denen jeder, nach dem mit ihnen getrofsenen Abkommen, jährlich 40 bis 110 Klaftern zu einem bestimmten Lohn, welches zu einem festgesetzten Theil in Fassung bezahlt wird, einschlagen muß. Früher fand Schichtenarbeit statt, welche aber, so wie überhaupt alle Arbeiten, bei denen es nur irgend möglich war, durch den jetzigen Director, in Gedingearbeiten umgeändert worden sind. Die Abfuhr der Kohlen von den Köhlereistätten und aus dem Walde, wird größtentheils durch eigene Gespanne, zum Theil aber auch, wo sie zu erhalten waren, durch Miethsfuhren verrichtet.

Die Erze werden ebenfalls durch eigene Fuhren vom Erzhause beim Erzberge zu den Hütten herangebracht. Auf den Eisenerzer Oefen sind die Erze immer ungeröstet verschmolzen worden. Erst seit wenigen Jahren hat man angefangen, einen Theil derselben in den Röststätten im Erzhause zu rösten und geröstet zu den Hütten zu bringen. Dies ist indeß der kleinste Theil des Bedarfs. So wahr es ist, daß man bei gut gerösteten Erzen eine Versetzung des Ofens durch zu vieles Erz weit weniger zu befürchten hat, als bei der Anwendung von rohen und ungerösteten Erzen: eben so wahr ist es auch, daß der Brennmaterialienaufwand beim Rösten, durch die Ersparung an Kohlen beim Betriebe des Ofens, wieder gedeckt wird. Durch die Verflüchtigung der Kohlensäure und der Wasserdämpfe, wird den Ofenschächten unaufhörlich Wärme entzogen, weshalb eine zu starke Erzgicht nothwendig einen nachtheiligeren Einfluß auf den Schmelzgang äußern muß, als wenn die Uebersetzung durch geröstetes Erz veranlaßt ist. Die Erze, welche der Erzberg liefert, enthalten sämmtlich Kohlensäure, welche, wenn sie durch das Rösten nicht entfernt ist, erst im Ofenschacht als elastische Flüssigkeit entweicht und eine große Menge von Wärme bindet, die beim Schmelzproceß nicht thätig seyn kann. Je mehr die Entwickelung gasartiger Flüssigkeiten und wäßriger Dämpfe verhindert werden kann, desto weniger Wärme wird dem Ofen entzogen. Das Verfahren, welches man in Vordernberg anwendet, die Erze sämmtlich und ohne Unterschied zu rösten, verdient daher unstreitig den Vorzug. Man hat indeß die Vortheile des Röstens in Eisenerz ebenfalls anerkannt, und ist damit beschäftigt, die Zahl der Röststätten zu vermehren.

Die hohen Blauöfen stehen in sehr geräumigen Hüttengebäuden, welche zugleich eine Abtheilung zu Magazinräumen enthalten, um die vom Frohnwäger abgewogenen Flossen aufzubewahren. Diese Magazinräume stehen durch eine Schienenstraße mit dem Raume vor dem Arbeitsgewölbe des Ofens in Verbindung, so daß die erkalteten und abgewogenen Flossen sogleich auf einen vierräderigen Karren geladen und ins Magazin gebracht werden können.

Die Gebläseräume sind ungemein groß, und befinden sich auf beiden Seiten des Arbeitsgewölbes, indem jeder von den drei Oefen mit einem doppelten Gebläse versehen ist und mit zwei Formen betrieben wird. Die Hüttengebäude sind massiv, und die oberschlächtigen Wasserräder liegen in besonderen Radestuben. Zum Gichtboden gelangt man auf großen und breiten, mit eisernen Geländern versehenen Gichtbrücken, welche auf starken massiven Gewölbbogen ruhen, wodurch die Ofenanlage ein sehr imponirendes Ansehen erhält. Vermittelst dieser Brücken werden die Kohlen aus dem Aufbewahrungsschuppen, und die Erze, so wie sie aus dem Erzhause von der Grube kommen, auf den Gichtboden gebracht. Man wendet die Erze daher so an, wie sie von den sehr vielen Punkten auf der Grube im Erzhause zufällig zusammenkommen, muß es sich also auch gefallen lassen, wenn eine Gicht eben so zufällig einmal mehr oder weniger Pflinz enthält.

Die an sich schon beträchtliche Höhe der Oefen, wird durch die 24 Fuß hohe und gewölbeartig zusammengezogene Gichtmauer noch ansehnlicher. Wo sich dies Gewölbe oben in einer essenartigen Oeffnung endigt, hat man zur Vorsicht noch ein eisernes Drathgitter eingelegt. In den Fundamenten der Oefen befinden sich Kreuzabzüchte; auch sind in der Rauhmauer Abzüchte für die Dämpfe in die Höhe geführt. Zur äußeren Verankerung dienen geschmiedete starke eiserne Schienen. Zu den Rauhmauern (hier Ofenstock genannt) hat man Feldsteine angewendet. Zwischen der Rauhmauer und dem Schachtfutter befindet sich eine Füllung, aus kleinen Steinen bestehend, welche eine Weite von 6 Zoll haben soll. Das Schachtfutter selbst, oder der Kernschacht, besteht aus einem feinkörnigen Grauwackensandstein, welcher zwar oben gut aushält, aber unten, vom Boden bis zu einer Höhe von 8 bis 10 Fuß über dem Bodenstein, bei jeder Campagne neu eingesetzt werden muß.

Zu den Bodensteinen wendet man große Marmorblöcke an, welche über 3 Fuß stark sind, weil sie leicht wegschmelzen, weshalb man auch, in demselben Verhältniß, wie sich der Boden senkt, mit den Formen mehr hinunter zu gehen genöthigt ist.

Die Form- und Arbeitsgewölbe sind, wie sich bei so hohen Oefen erwarten läßt, sehr geräumig, aber blos von Ziegeln, gewölbt, und nicht auf Trageeisen ruhend. In dem Arbeitsgewölbe ist eine Oeffnung, zum Abzug des Wassers und Kohlendampfes, durch die Rauhmauer des Ofens in die Höhe geführt. Die Vorwand, welche das Arbeitsgewölbe schließt, besteht ebenfalls aus einem feinkörnigen Grauwackensandstein, welcher zugleich den Schmelzraum begränzt. Die Ofenhütten sind einige 20 Fuß hoch, und das Gebälk ist durchgehends mit Brettern bedeckt, um den Gichtboden zu bilden, zu welchem man auch noch durch eine hölzerne Treppe gelangt, die sich in der Hütte befindet.

Der

Der Ruprecht-Ofen ist (alles nach Wiener Maaß) 29 Fuß hoch, und hat, so wie die anderen Oefen, einen runden Schacht, welcher sich von der Gicht bis zum Kohlensack regelmäßig erweitert, und sich von dort bis zum Boden wieder zusammenzieht. Ein Gestell ist also nicht vorhanden. Die Weite des Schachtes beträgt oben auf der Gicht 24 Zoll, unten am Boden 50 Zoll, und im Kohlensack 7 Fuß 6 Zoll. Vom Boden ist der Kohlensack 12 Fuß entfernt. Die Formen liegen, bei der neuen Zustellung, 18 und 19 Zoll über dem Bodenstein, entfernen sich aber von demselben in dem Verhältniß, wie er wegschmelzt, und müssen, wenn die Entfernung zu groß wird, (wenn sie über 30 Zoll wird) gesenkt werden. Man bedient sich überall der kupfernen Formen, welche 3½ Zoll im Durchmesser weit sind. Das Gebläse besteht aus vier Kasten; zwei auf jeder Seite, und jedes Paar Kasten mit einem besondern Wasserrade. Die Kasten sind 6 Fuß im Quadrat, haben 3 Fuß Hub, und wechseln fünf- bis sechsmal in der Minute. Die Pressung des Windes kommt einer 15- bis 16zölligen Wassersäule gleich.

Der Wrbna-Ofen ist 35 Fuß hoch und 8 Fuß im Kohlensack weit. Die übrigen Dimensionen kommen mit denen des Ruprecht-Ofens überein. Dieser Ofen hat ein aus 8 Kasten bestehendes Gebläse, von denen sich 4 und 4 auf jeder Seite des Ofens befinden. Die Windpressung ist indeß unbedeutend größer, als beim Ruprecht-Ofen, und die Düsen haben auch fast dieselbe Abmessung.

Der Ludowica-Ofen hat ganz die Dimensionen des Wrbna-Ofens. Das Gebläse besteht aus 6 Kasten; 3 auf jeder Seite, zu 5 Fuß im Quadrat und 3½ Fuß Hub, bei 5½maliger Wechselung in der Minute. Beide Gebläse sind mit einander durch eine Röhrenleitung in Verbindung gesetzt, im Fall bei dem einen oder dem andern ein Hinderniß vorkommen sollte.

Die Windpressung steigt bis auf 20 Zoll Wassersäulenhöhe; mehrentheils bläset der Wind aber aus dem Sammelkasten aus. Der eigentliche Gichtboden des Ofens erreicht hier nicht die Höhe der Gicht, weshalb vom Gichtboden noch ein Gichtaufzug zur Ofengicht führt. Der Aufzug besteht aus senkrecht auf- und niedergehenden Gichtschaalen, auf welchen die mit Kohlen und Erz gefüllten eisernen Gichtfässer stehen. Die Gichten werden auf dem Gichtboden gemacht, welcher nur 12 Fuß niedriger liegt, als die Ofengicht.

Beim Ruprecht-Ofen hatte man den Versuch gemacht, den untersten Theil des Ofenschachtes, oder den eigentlichen Schmelzraum, aus einer künstlichen Gestellmasse aus feuerfestem Thon zu bilden. Der Ofen befand sich schon einige 40 Wochen lang im Betriebe, und die Gestellmasse hatte sich, wie zu erwarten war, sehr gut gehalten.

Ohne Zweifel wird man bald dazu schreiten, die kolossalen Bodensteine von Marmor, welche aus ungeheuren, 6 Fuß langen und breiten, und oft $3\frac{1}{2}$ Fuß starken Blöcken bestehen, also Massen von mehr als 100 Kubikfuß körperlichen Inhalts bilden, abzuschaffen, und dafür künstliche Bodensteine aus einer feuerfesten Gestellmasse einzuführen. Die Vortheile würden sehr bedeutend seyn, nicht blos weil dadurch die Anschaffungskosten für jene großen Marmormassen wegfallen würden, sondern auch weil man alsdann dem Wegschmelzen der Bodensteine nicht ausgesetzt seyn wird, und auf mehr Regelmäßigkeit beim Ofenbetriebe rechnen kann. Auch wird man hoffentlich eine feuerfeste Gestellmasse für den eigentlichen Schmelzraum, wenigstens bis zu einer Höhe von 8 Fuß über dem Boden, anwenden; indem die Erfahrung an anderen Orten gelehrt hat, *) daß diese Art der Zustellung mit großen Vortheilen verbunden

*) Archiv für Bergbau und Hüttenwesen. B. II. Hft. 1. S. 116 u. f.

ist, welche man hier um so mehr zu erlangen bemüht seyn wird, als die Sandsteine nicht gut aushalten wollen.

Eine Kohlengicht besteht, bei allen zu Eisenerz gehörigen Oefen, aus einem Innernberger Faß, oder aus 5 Wiener Metzen (aus 9,7355 Wiener, oder aus 10,0173 Rheinl. Kubikfußen). Die Gichten sind also im Verhältniß zu der Höhe und Weite der Oefen außerordentlich klein. Nimmt man ein regelmäßiges Niedergehen der Gichten an, so werden die Kohlen, in dem 8 Fuß weiten Kohlensack, nur etwa 2 Zoll hoch liegen, folglich sehr leicht ein Durchdrücken der Erze zulassen, welches durch zufällige Umstände mehr oder weniger befördert, und dadurch zu Versetzungen Anlaß gegeben werden kann.

Durch größere Kohlengichten wird sich zwar keine Kohlenersparung bewirken lassen; allein sie tragen, nach den an andern Orten gemachten Erfahrungen, doch sehr wesentlich zu einem regelmäßigen Gange des Ofens bei, indem sie das Durchdrücken des Erzes mehr verhindern, und die Gichten gleichmäßiger niedergehen lassen. Größere Kohlengichten erfordern zwar einen verhältnißmäßig stärkeren Erzsatz, z. B. eine doppelte Kohlengicht, einen doppelten Erzsatz; allein weil die doppelte Kohlengicht auch eine zweimal so hohe Schicht im Ofenschacht bildet, so verhindert sie doch das Vorrücken der schwereren Erzgichten in einem höheren Grade. Bei einer sehr leichtflüssigen Schmelzmasse kann das durch zu kleine Gichten veranlaßte Uebel nicht so auffallend werden, als bei strengflüssigen Erzen: und dennoch würde man auch in Eisenerz die Unregelmäßigkeiten beim Ofengange weniger empfinden, wenn man größere Kohlengichten einführen wollte.

Das Aufgeben der Kohlen geschieht in geflochtenen Körben, die auf einer Karre befestigt sind, welche über der Gicht umgestürzt wird. Nur beim Ludowica-Ofen zu Hiflau werden die Kohlen auf dem Gichtboden in ein eisernes, mit einem kleinen vierräderigen eisernen Wagenstelle verbundenes Füllfaß gethan, durch den Gichtaufzug bis zu der 12 Fuß höher liegenden Gicht hinaufgezogen, der gefüllte Kohlenwagen auf der über die Gichtöffnung fortlaufenden Schienenstraße vorgeschoben, und durch Hülfe der am Boden des Fasses befindlichen Klappe ausgeleert. Die Körbe und das Füllfaß enthalten, wie sich von selbst versteht, genau 5 Wiener Metzen.

Die Erze werden schon in den Koberstuben auf der Grube zu der Größe von 1 bis 4 Kubikzoll zerschlagen, weshalb sie bei den Oefen keiner weiteren Vorbereitung bedürfen. In der Regel nimmt man zwar an, daß die Gattirung aus $\frac{3}{4}$ Braun- und Blauerzen mit Ockererzen, und aus $\frac{1}{4}$ Pflinzen bestehe; allein dies Verhältniß muß sehr unbestimmt seyn, weil es ganz unmöglich ist, die Erze genau in diesem Verhältniß von den vielen Gewinnungspunkten auf der Grube zusammenzubringen. Geschähe dies auch wirklich, so würden die Erze doch bei der Förderung in ganz unbestimmten Verhältnissen wieder mit einander vermengt werden, indem man sie zu den Hütten so abfährt, wie sie im Erzhause ausgestürzt werden. Es läßt sich daher nicht annehmen, daß eine Erzgicht der anderen, in Rücksicht der Schmelzbarkeit der Masse, ganz gleich sei.

Jede Erzgicht wird abgewogen. Man fährt die, in einen tarirten Kasten, auf einer tarirten gewöhnlichen Karre geschaufelten Erze, auf den Hebelsarm einer doppelarmigen Waage, deren zweiter Hebelsarm mit dem Gewicht, welches man für jede Gicht bestimmt hat, belastet ist, und bringt beide Hebelsarme dadurch ins Gleichgewicht, daß man aus dem Kasten entweder Erz herausnimmt, oder noch einige Stücken hinzuthut. Auf dem Ludowica-Ofen werden die Erzgichten zwar auf dem Gichtboden in den tarirten eisernen Erzfäßchen abgewogen, und durch den Gichtaufzug vollends bis zur Gicht gebracht; indeß ist es die Pflicht des Aufgebers, nach Beschaffenheit der Umstände, von der abgewogenen Erzgicht entweder einige Pfunde abzunehmen, oder hinzuzuthun, weshalb er für den letzten Fall auch mit einem kleinen Erzvorrath oben auf der Gicht versehen ist. Bei den anderen Oefen nimmt man die, den Aufgebern obliegende, Bestimmung der schwereren oder der leichteren Erzsätze, sogleich bei der Ausgleichung des Gewichts auf der Waage vor. Nachdem die Gicht abgewogen worden, fährt man mit der Karre bis auf die Gicht, und stürzt den Erzkasten über der Gichtöffnung aus. Beim Ludowica-Ofen wird der kleine Wagen, welcher eben so wie der Kohlenwagen unten mit einer beweglichen Klappe versehen ist, auf der Schienenstraße bis über die Gichtöffnung vorgestoßen, ausgeleert, und dann auf der Gichtschaale wieder bis zum Gichtboden hinabgelassen.

Die Größe der Kohlengichten ist zwar gleichbleibend, allein mit dem Gewicht des Erzsatzes ändert man fast unaufhörlich ab, um niemals einen zu gaaren Gang, oder eine Versetzung (Verstauchung) durch zu schwere Erzgichten eintreten zu lassen. Die Beurtheilung des für jede Kohlengicht erforderlichen Erzgewichts ist den Aufgebern überlassen, weshalb von diesen auch der regelmäßige und weder zu gaare noch übersetzte Gang des Ofens abhängt. Wo man genöthigt ist, mit dem Erzsatz so oft zu wechseln, da kann allerdings nur die Hauptbestimmung des Gewichts der Erzgichten von dem Beamten erfolgen, und dieser muß sich bei den Abweichungen für die einzelnen Gichten auf den Aufgeber verlassen. Besser ist es aber, wenn dergleichen Abänderungen, wenigstens im Laufe einzelner Schichten, nicht eintreten dürfen, sondern jede Erzgicht genau dasselbe Gewicht wie die andere erhalten kann. Bei reichen Erzen und bei der, oft sehr abweichenden, Güte und Größe der Holzkohlen, wird dies zwar nicht immer möglich seyn, sondern es wird dem verständigen Aufgeber immer ein gewisser Spielraum gelassen werden müssen; allein ein so häufiger Wechsel, welcher in einer Schicht oft 3-, 4- bis 5mal eintritt, sollte nicht vorkommen dürfen, weil er eine Unvollkommenheit in den Betriebseinrichtungen voraussetzen läßt.

Mit großer Genauigkeit und mit ängstlicher Sorgfalt hat man die Holzkohlen in sieben verschiedene Sorten getheilt, wozu theils der Zustand der Trockenheit und Feuchtigkeit derselben, theils ihre verschiedene Größe, theils ihre Beschaffenheit, ob sie nämlich aus hartem oder weichem Holz bereitet, oder ob sie beim Verkohlungsproceß mehr oder weniger angegriffen sind, das Anhalten geben. Der Aufgeber muß nun beurtheilen, zu welcher von diesen sieben Klassen eine jede einzelne Kohlengicht zu rechnen sei, und hiernach, so wie nach der Beschaffenheit der Erze, welche zu jeder Erzgicht kommen, ob nämlich zufällig mehr oder weniger Pflinze, auch wohl ob sie eben so zufällig in größeren oder kleineren Stücken eingefüllt sind, richtet er sich bei der Bestimmung, wie viel Pfunde Erz gegen das feststehende Normalgewicht, mehr oder weniger für jede einzelne Erzgicht zu setzen sind. Außerdem soll der Aufgeber auch den Ofengang selbst berücksichtigen, so daß es in der That sehr unterrichteter und aufmerksamer Aufgeber bedarf, um einen stets gleichartigen Ofenbetrieb zu bewirken.

Graues Roheisen kommt hier nur zu Anfang einer Campagne vor, wenn das Verhältniß der Kohlen zum Erz noch zu groß ist. Späterhin läßt sich der Erzsatz schon so einrichten, daß die Sätze schwer genug sind, um kein graues Roheisen entstehen zu lassen. Weil aber auch die Spiegelflossen sehr ungern gesehen werden, so muß der Aufgeber immer dahin trachten, die Sätze so zu geben, daß die Flossen auf der Gränze der blumichten und der luckigen stehen; denn sobald sie ganz luckig ausfallen, ist eine Versetzung sehr leicht zu befürchten, weil es alsdann dazu nur des Eintretens einer einzigen scharfen

Gicht bedarf. Bei den niedrigen Oefen zu Vordernberg, wo die Sätze sehr bald niedergehen, ist der Ofen leicht wieder in Ordnung gebracht; allein bei den hohen Oefen würden die leichteren Gichten erst sehr spät niederkommen, und die Verstauchung würde dem Ofen größere Gefahr bringen, weshalb man hier mit der Satzführung viel genauer verfahren, und aus den angegebenen Gründen auch die ununterbrochene Erzeugung ganz luckiger Flossen vermeiden muß.

Ungeachtet aller dieser Sorgfalt treten Verstauchungen aber nicht selten ein. Hätte man mehr Ursache, sich vor ihnen zu fürchten, als es wirklich der Fall ist, so würde man auch gewiß schon ernstlicher auf Mittel, ihnen zuvorzukommen, bedacht gewesen seyn. Die Ursachen sind wohl vorzüglich darin zu suchen, daß man die Erze nicht röstet, sondern sie unvorbereitet dem Ofen übergiebt, und darin, daß man zu kleine Kohlengichten anwendet. Hat man durch den Satz die Gränze erreicht, wo der Uebergang aus den blumichten in die luckigen Flossen eintritt, so bedarf es nur eines geringen Vorrückens der Erzgichten vor den Kohlengichten, oder einer zufälligen Ueberladung einzelner Erzgichten mit den strengflüssigern Pflinzen, um keine luckigen Flossen mehr zu erhalten, sondern den Schmelzraum schon mit halbgefrischten Eisenmassen anzufüllen, welche immer die Ursache der Verstauchungen sind. Würde man daher geröstete Erze und größere Kohlengichten anwenden, so ließe sich mit Zuversicht erwarten, daß man in den hohen Blauöfen, eben sowohl als in den niedrigen, ununterbrochen, wenn nicht durchaus luckige, doch wenigstens solche Flossen erzeugen könnte, welche den Uebergang von der blumichten zu den luckigen Flossen machen, ohne sich so leicht der Gefahr einer eintretenden Verstauchung auszusetzen. Nächstdem würde es dann auch nicht nöthig seyn, die ängstliche Sorgfalt beim Aufgeben der Erzgichten anzuwenden.

Durch die Formen muß sich immer ein röthliches, niemals ein weißes Licht im Schmelzraume zeigen, weil letzteres ein Beweis von einem zu gaaren Gange seyn würde. Wie gutartig sich übrigens die Erze verhalten, geht schon daraus hervor, daß man die hohen Oefen ohne Bedenken mehrere Wochen lang gedämmt stehen lassen, und, nach dem Oeffnen der Formen, wieder mit den alten Sätzen fortfahren kann.

Die Gichtenflamme darf nur sehr schwach seyn, und hat bei einem guten Gange ein röthliches Licht. Ein übersetzter Gang kündigt sich hier auf der Gicht durch eine starke, lodernde, weißgefärbte, oft von grauem Dampf begleitete Gichtenflamme, und dadurch an, daß die Gichten schneller als gewöhnlich und unregelmäßig niedergehen. Diese Erscheinungen deuten offenbar auf ein Vorrücken der Erzgichten, welchem man durch größere Kohlengichten vorbeugen würde. Eine andere Erscheinung, welche hier vorkommt, besteht darin, daß das Eisen zwar die verlangte Beschaffenheit hat, aber die Schlacke entweder dick und zähe wird, oder sich blau färbt. Gewöhnlich ist sie ein Vorbote von eintretenden Verstauchungen, denen man bei Zeiten durch leichtere Sätze abhelfen muß. Sie wird unstreitig durch schlecht vorbereitete Erze veranlaßt. Die blaue Schlacke scheint indeß, hier sowohl als an anderen Orten, bei einem sonst guten und richtigen Gange des Ofens, dann zu entstehen, wenn es dem Ofen an Hitze fehlt, wozu entweder die Beschaffenheit des Brennmaterials, oder eine hohe Lufttemperatur im Sommer, oder der Umstand Veranlassung geben kann, daß dem Ofenschachte durch nasse, strengflüssige, und durch Rösten nicht vorbereitete Erze zu viel Hitze entzogen wird.

Eine Versetzung muß hier schon zu einem sehr hohen Grade gediehen seyn, wenn sie dem Ofen nachtheilig werden soll. Sobald sie eintritt, schwächt man das Gebläse, um die

Gichten langsamer einrücken zu lassen (eigentlich um das Vorrücken der Erzgichten zu verhindern), und bringt auch wohl einige Schaufeln Quarzstücken durch die Form ins Gestelle, um eine flüssige Schlacke zu erhalten. Um die Masse, welche die Versetzung bewirkt, aus dem Gestelle zu bringen, läßt man die Schlacke ab (um Raum im Schmelzraume zu erhalten), und schlägt mit Brechstangen durch die Formöffnungen, um das angesetzte Frischeisen los zu machen. Sollten aber die Formen selbst schon versetzt seyn, so daß man durch die Formöffnungen nicht mehr zum Schmelzraum gelangen kann, so leitet man den Wind nach der Arbeitsseite herum, und bläset von vorn in den Schmelzraum hinein. Nur wenig Erze lassen sich eine solche Behandlung gefallen.

Gewöhnlich liegen die einander entgegenstehenden Formen in gleicher Höhe, oder die eine doch nur etwa einen Zoll tiefer als die andere. Man hat in Eisenerz indeß versucht, die eine Form bedeutend tiefer als die andere zu legen, und glaubt durch diese Lage der Formen leichter luckige Flossen zu erhalten. Dies würde jedoch nur geschehen können, wenn durch die eine Form der Schmelzproceß vollständig bewirkt würde, welches bei so weiten Schmelzräumen und bei dem schwachen Winde schwerlich zu erwarten ist. Läßt aber auch die Leichtflüssigkeit der Erze und die Gutartigkeit der Schlacke eine solche, den Verfrischungsproceß vorbereitende Behandlung zu, so entsteht doch mit Recht die Frage, ob der Betrieb des Ofens nicht unnöthig dadurch gestört wird, und ob es nicht besser sei, sich anderer Mittel zur Darstellung der luckigen Flossen zu bedienen. Nur in solchen Fällen, wo die Beschickung wegen der fehlerhaften Beschaffenheit der Erze, oder wegen der Strengflüssigkeit derselben, welche bei einem verstärkten Erzsatz sogleich Versetzungen zur Folge haben würde, durchaus auf Erzeugung von grauem Roheisen gerichtet seyn muß, würde man sich dieses vorbereitenden Mittels mit Vortheil bedienen können, wenn es alsdann nur überhaupt anwendbar wäre, und wenn man nicht durch das Kaltblasen der strengflüssigen Schlacke Versetzungen befürchten müßte, zu welchen die Ursache ununterbrochen fortwirkte.

Beim Wrbna- und beim Ludowica-Ofen wird jedesmal nach 18, beim Ruprecht-Ofen aber, wegen des etwas schwächeren Erzsatzes, nach 20 Gichten abgestochen. Das sogenannte Flossenbette wird aus Kohlengestübbe im Arbeitsgewölbe selbst gemacht. Beim Abstich fließt die Schlacke — welche nur selten, und wenn zufällig ärmere Erze zur Verarbeitung gekommen wären, für sich allein zwischen zwei Eisenabstichen abgelassen wird — mit dem Eisen zugleich ab. Je luckiger dieses ist, desto schwerere Funken sprüht es, desto musiger ist es im Fluß, und desto weißer ist die Farbe unmittelbar beim Abstich, welche sich aber auch um so schneller verdunkelt. Je mehr das Eisen spiegelicht wird, desto flüssiger und röthlich gefärbter kommt es aus dem Ofen, und desto ruhiger verhält es sich beim Fließen, behält auch desto länger seine Flüssigkeit und Hitze.

So leicht sich die Schlacke von den grauen, und auch noch von den spiegelichten Flossen trennen läßt, so schwer ist es, sie von den blumichten, und besonders von den luckigen Flossen zu entfernen. Die obersten Schlackenlagen trennen sich durch Begießen mit Wasser und Abkrücken; allein die zunächst auf der Oberfläche des Eisens befindliche Schlacke wird nur sehr schwer mit der Kratze fortgeschafft. Weil indeß alle Schlacke wieder durchgepocht wird, so macht man sich nicht viel daraus, auch etwas Eisen mit abzukrücken, weshalb sich die Arbeit ziemlich unreinlich ansehen läßt. Das abgestochene Flossenstück wird mit einer Scheere gepackt, und vermittelst eines Krahns nahe zum Hüttenthor gedreht, wo es bis zum Erkalten hängen bleibt, dann durch eine Fallkugel zerschlagen, und nach dem Abwiegen durch den Frohnwäger ins Magazin gebracht wird. Je greller die Flossen sind, desto mehr pflegen sie zu klingen und desto leichter von selbst zu zerspringen. Nur die sehr luckigen Flossen sind zähe und schwer zersprengbar, weil sie sich dem Zustande des gefrischten Eisens sehr nähern.

Alles Wascheisen wird auf die Gicht gebracht und wieder mit durchgeschmolzen.

Im Durchschnitt läßt sich der Erzsatz beim Ruprecht-Ofen zu 140 Pfund Erz und 20 Pfund Schlacken (alte Schlacken vom vormaligen Stückofenbetriebe, welche die Erze an Eisengehalt noch übertreffen), beim Wrbna-Ofen zu 150 Pfund Erz und 30 Pfund Schlacken, beim Ludowica-Ofen aber zu 185 Pfund Erz, annehmen. Setzt man im Durchschnitt für die sämmtlichen Oefen ein Gewicht von 170 Pfund für die Erzgicht, welche bei einem Innernberger Faß Kohlen durchgeschmolzen werden, und reducirt die Gewichte und Maaßen; so ergiebt sich, daß (bei einem etwa 32 Fuß hohen Ofen) hier 2028 Berliner Pfund Beschickung bei 100 Rheinländischen Kubikfußen Kohlen durchgeschmolzen werden. In Vordernberg, wo man dieselben Erze verarbeitet, tragen 100 Kubikfuß Kohlen nur 1392 Pfund. Berücksichtigt man auch, daß dort die Erze geröstet, und hier zum größten Theil ungeröstet zur Verarbeitung kommen, und daß die gerösteten Erze keinen so schweren Satz vertragen können, weil sie reicher sind; so ist der, aus der verschiedenen Höhe der Oefen entspringende, Unterschied in der Wirkung der Kohlen, doch immer noch sehr auffallend.

Noch mehr leuchtet der Vorzug der höheren Oefen aber durch die Kohlenverwendung zu einer gewissen Menge des erzeugten Produkts ein. Aus mehrjährigen Erfahrungen ergiebt sich, daß beim Ruprecht-Ofen zu einem Centner Eisen 1,64 Faß, beim Wrbna-Ofen 1,54 Faß, und beim Ludowica-Ofen 1,4 Faß Kohlen verbraucht werden. Der geringere Verbrauch beim Ludowica-Ofen erklärt sich durch die Benutzung besserer Kohlen, welche durch den Transport nicht zerkleinert, und überhaupt den Wirkungen der Witterung weniger ausgesetzt werden. Nach jenen Resultaten würden zu 100 Berliner Pfunden Roheisen, beim Ruprecht-Ofen 13,7, beim Wrbna-Ofen 12,9, und beim Ludowica-Ofen 11,75 Rheinländische Kubikfuß Kohlen erforderlich seyn. Vordernberg, welches dieselben Erze verarbeitet, und zu 36 Procent ausbringt, welche hier zu 39 bis 40 Procent ausgebracht werden, muß zu 100 Berliner Pfunden Roheisen fast 20 Rheinländische Kubikfuß Kohlen verwenden. Es ist zwar nicht zu läugnen, daß die Vordernberger Flossen im Allgemeinen weit luckiger ausfallen; allein dies würde bei zweckmäßigen Vorkehrungen auch bei den hohen Blauöfen geschehen können; und außerdem steht diese mehr luckige Beschaffenheit der Flossen, mit der großen Kohlenverwendung doch in einem sehr ungünstigen Verhältniß.

In 24 Stunden gehen beim Ruprecht-Ofen etwa 135, beim Wrbna-Ofen 150, und beim Ludowica-Ofen 160 Gichten. Die Aufgeber sind also unaufhörlich beschäftigt, und können bei den vielen kleinen Gichten unmöglich die erforderliche Aufmerksamkeit auf die richtige Bestimmung des Satzes verwenden. Im Durchschnitt liefert der Ruprecht-Ofen wöchentlich 600, der Wrbna-Ofen 750, und der Ludowica-Ofen 800 Centner; indeß können die letzteren beiden Oefen, bei einem verstärkten Gebläse, ihre Production sehr leicht bis zu 1000 Centner erhöhen.

Salzathal.

Zwischen Schiefergebirge und Alpenkalk eingeengt, windet sich die Lasinz mühsam in dem herrlichen Mönchthal von Eisenerz bis zu ihrem Einfluß in die Ens bei Hiflau fort. Sie muß große Schwierigkeiten gefunden haben, die Alpenmassen, welche die Fölz- und Seemauer bilden, zu durchbrechen. Die letzte bildet, nördlich von Eisenerz, eine glatte, gegen 2000 Fuß hohe Kalksteinwand, an deren südlichem Fuße der tiefe Leopoldsteiner See, überall von hohen und steilen Alpen umgeben, freundlich an den Königssee erinnert.

Je mehr man sich in dem romantischen Thale der Lasinz der Ens nähert, desto mehr wird der Glimmerschiefer vom Kalk bedeckt; und bei Hiflau scheinen sich die Hauptketten des Tauern- und des Alpengebirges am mehrsten einander genähert zu haben. Wahrscheinlich ward auch dadurch die Ens in ihrem weiteren Laufe gegen Osten aufgehalten, und die Alpenkette zu durchbrechen genöthigt. Die großen Gebirgsmassen von Kalksteinconglomerat im Ensthal, scheinen auf einen nach und nach, und nicht plötzlich erfolgten Durchbruch der Hauptkette bei Altenmarkt hinzudeuten.

Bei Hiflau hat das Ensthal gerade nur so viel Breite gewonnen, um hier eine Hauptköhlereistätte für das Holz anzulegen, welches vom Flußgebiet der Ens, oberhalb Hiflau, durch Flößen zusammengebracht und in kostbaren Rechen gefangen wird. Der Ludowica-Ofen liegt noch im Thale der Lasinz, nicht weit von ihrem Einfluß in die Ens.

Die Holzscheite werden aus dem, durch die Rechenanlagen gebildeten Hafen, vermittelst eines Wasserrades, um dessen Welle sich ein Seil wickelt, aus dem Wasser gehoben, und dann auf einem mit Pferden bespannten Wagengestelle zum Köhlereiplatz geschleift. Das andere Ende jenes Seils ist nämlich über eine, über dem Hafenufer hängende Scheibe gelegt und mit zwei eisernen Ketten verbunden, welche um die, mit Haken zusammengebrachten Scheite geschlungen werden, so daß jedesmal so viel Scheite, als man in der Schlinge fassen kann, aus dem Wasser gehoben und unmittelbar auf den am Ufer stehenden Wagengestellen abgeladen werden.

Noch vor 10 Jahren fand hier sowohl als zu Reifling, die Verkohlung in liegenden Meilern statt. Erst seit dem Jahre 1811 ist die sogenannte italienische Verkohlungsmethode in stehenden Meilern eingeführt worden. Die Vortheile derselben schienen so überwiegend, daß die Regierung sich veranlaßt fand, die Verkohlung in liegenden Meilern zu untersagen. Der Befehl ist indeß nicht in Ausübung gekommen, theils weil in den Gebirgswäldern nicht immer eine günstige Gelegenheit zur Errichtung stehender Meiler vorhanden ist, theils weil man auch da, wo das Holz auf Verkohlungsstätten zusammengebracht wird, den liegenden Meilern zum Theil noch den Vorzug vor den stehenden geben zu müssen glaubt. Nur auf den, zur Innernberger Hauptgewerkschaft gehörigen Köhlereistätten, wird überall die italienische Methode, wie in Kärnthen, angewendet; auf den übrigen Hauptverkohlungsplätzen in Steiermark findet noch die Verkohlung in liegenden Meilern statt.

Die Köhlereistätte zu Hiflau zeichnet sich durch Reinlichkeit und Ordnung sehr vortheilhaft aus. Man setzt hier dreischichtige Meiler, und zwar die ersten beiden Schichten in Kloben von 7 Fuß Länge. Die dritte Schicht, welche die Haube bildet, wird aus Scheiten von 2 bis 4 Fuß Länge zusammengesetzt. Die Oberfläche der Meiler wird auch hier ausgeschlichtet, und die Kappe mit Rinde belegt. Man wendet durchaus kein gespaltenes, sondern bloß rundes Holz an. Die Kloben haben zuweilen 20 und mehrere Zolle im Durchmesser. Diese starken Kloben werden in der zweiten Schicht, und zwar in der Mitte derselben, aufgestellt. Die Brände bringt man hier um den Quandel. Das Füllen geschieht mit Holz und Bränden, und nur, wenn das Feuer zu sehr um sich gegriffen hätte, mit Lösche. Weil die Stämme nicht gespalten sind, und weil die Klobenlänge 7 Fuß beträgt, so enthält eine Klafter von 216 Wiener Kubikfuß sehr wenig leere Räume. Daraus erklärt sich auch das sehr bedeutende Kohlenausbringen von $19\frac{3}{4}$ Innernberger Faß aus der Klafter, oder von $192\frac{3}{4}$ Kubikfuß, nämlich ein Ausbringen von 89 Procent, welches bei kurzen Scheiten und bei gespaltenem Holze unmöglich erreicht werden kann. Auch die stärksten Kloben kann man hier vollkommen verkohlt finden.

Die Alpenkette zieht sich, vom rechten Ufer der Ens, in zwei, fast parallelen, Zügen neben dem Tauerngebirge von Westen nach Osten fort. Der nördliche Zug, oder die Hauptkette, bildet die Zeller- und die Gams-Alpen, der südliche Zug die Eisenerzer Höhe. Beide Züge stoßen an der Oesterreichischen Gränze mit der Centralkette und mit dem Tauerngebirge zusammen, und bilden ein langgestrecktes, von Westen nach Osten fortlaufendes Alpenthal, in dessen tiefstem Punkte die Salza alle Wasser von dem südlichen Gehänge des Hauptzuges und von dem nördlichen Gehänge der Eisenerzer Höhe aufnimmt und der Ens bei Reifling zuführt. Durch die Salza können daher die Waldungen, mit denen die Gebirgsgehänge in jenem, 15 Stunden langen, Thale bedeckt sind, recht eigentlich erst zur Benutzung kommen, indem das Holz auf der Salza, bis zur Hauptverkohlungsstätte nach Reifling, zusammengeflößt wird.

Der größte Theil der zur Innernberger Hauptgewerkschaft gehörigen Hammerwerke liegt unterhalb Reifling, in der Gegend von St. Gallen, zwischen Reifling und Altenmarkt, an der Ens, oder an kleinen Gebirgswässern, welche der Ens auf beiden Ufern zuströhmen. Die Betriebseinrichtungen auf diesen Hammerwerken im Ensthal, weichen von denen nicht ab, welche auf den übrigen zur Innernberger Gewerkschaft gehörigen Hammerhütten zu Reichenau im Oesterreichischen und im Salzathal eingeführt sind. Hier sowohl als auf allen anderen Hammerhütten in Steiermark, wird die Steirische Einmalschmelzerei, so wie die Steirische Rohstahlarbeit, durchaus auf gleiche Weise, wenn auch nicht durchgängig mit gleicher Sorgfalt und Aufmerksamkeit und mit gleichen haushälterischen Vortheilen, ausgeübt.

Zwischen Hiflau und Reifling, ehe man noch das Salzathal erreicht, liegt, in einem kleinen Nebenthale der Ens, der Ort Laimbach, wo sich zwei Frischhütten, eine jede mit zwei Feuern und einem Hammer, befinden. Außerdem ist hier noch eine Streckhütte vorhanden. Bei jeder Hammerhütte befindet sich der Bratheerd, indem man überall nur gebratene Flossen verarbeitet. Auf den, nicht zur Innernberger Hauptgewerkschaft gehörigen Hammerwerken, welche sehr luckige Vordernberger Flossen verfrischen, sollen dieselben wohl zuweilen ungebraten zur Verarbeitung kommen. Die Bratheerde sind sämmtlich 7 Fuß lang, 4 Fuß breit, mit einem 3 Zoll breiten und eben so tiefen Kanal (Schlauch) versehen, durch welchen das Gebläse wirkt. Der Schlauch ist aus Platten oder aus Schienen zusammengesetzt, welche mit Thon ausgeschlagen sind. Man bedeckt den Schlauch mit Flossenstücken, überschüttet diese mit einer Schicht Kohlen, und stellt nun die Flossen auf der hohen Kante, von einer Brandmauer des Bratheerdes bis zur anderen, jedoch so, daß die Zwischenräume überall mit Kohlen ausgefüllt werden, welche auch die ganze Eisenmasse bedecken müssen. Die Heerdsohle des Bratheerdes, in welcher der Luftkanal der Länge nach fortgeführt ist, besteht nicht

nicht aus eisernen Platten, sondern ist gemauert. Auf den beiden kurzen Seiten wird die Eisen- und Kohlenmasse durch die Brandmauern zusammengehalten; auf den beiden langen Seiten wendet man dazu gewöhnlich nur angefeuchtete und in Lösche gelegte Bretter, oder auch Geflechte von Eisenstäben, von Eisenblechen u. s. f. an. Auf solchem Heerde werden gewöhnlich 40 Centner Flossen mit Einem Mal gebraten, wozu 12 bis 16 Stunden Zeit und 9 bis 12 Faß Kohlen erforderlich sind. Principienmäßig wird zu 5 Centner Flossen nur 1 Faß Kohlen — jedoch ohne die Lösche — gerechnet, womit man aber selten ausreicht. Man nimmt an, daß über 1 Procent Zuwachs beim Braten der Flossen, durch die Oxydation derselben, erfolgen soll.

Die Weichzerrennfeuer sind auch auf der Gichtseite durch eine Mauer geschlossen, und haben daher das Ansehen einer Kleinschmidtesse, weil man eben so wenig einen Raum zum Nachfahren des Roheisens von der Gicht zur Form gebraucht, als eines Raumes zum Arbeiten mit der Brechstange bedarf, welches hier nicht vorkommt. Es wäre gut, wenn die Feuer auch hinten, bei der Aschenseite, eine gerade aufsteigende Mauer hätten, weil dann die Unmöglichkeit eintreten würde, einen Berg von Kohlen über dem Aschenzacken aufzuthürmen und zum Theil in der Esse unnöthig verbrennen zu lassen. Für die Verminderung des Kohlenverbrauchs würde diese Einrichtung gewiß sehr zweckmäßig seyn.

Die Feuer selbst sind nur ausnahmweise hier und dort aus eisernen Platten zusammengesetzt; in der Regel sind es ausgemauerte und mit Kohlenlösche ausgefütterte, in der Formhöhe 30 bis 32 Zoll lange und breite Gruben, deren Boden aus 8 bis 10 Zoll hoch liegenden Stücken von zerstoßenem Schwahl besteht. Von der Oberfläche dieses Schwahlbodens bis zur Form sind gewöhnlich 10 Zoll. Die Form hat ein starkes

Stechen von $3\frac{1}{2}$ bis 4 Grad, und man wendet auch ziemlich schnellen und scharfen Wind an. *)

Zu jeder Einrenne werden 160 bis 200 Pfund gebratene Flossen genommen, welche man in drei Zangen packt, die nach und nach abschmelzen und von der Gicht zur Formseite vorgerückt werden. Die Arbeit fängt mit dem Ausheitzen der Masselstücken an, und wenn man bis über die Hälfte des Ausschmiedens gekommen ist, so wird bei der Gichtseite die erste Zange mit gebratenen Flossen eingehalten. Je nachdem der Raum im Feuer größer wird, setzt man die zweite Zange bei der Gicht an, und rückt die erste bis in die Mitte des Feuers vor. Endlich wird die erste ganz vor den Wind gebracht, die zweite in die Mitte, und die dritte bei der Gicht angesetzt. Ist die erste ab- und niedergeschmolzen, so rückt die zweite an die Stelle der ersten, die dritte an die Stelle der zweiten u. s. f., bis auch die dritte Zange vor dem Winde ganz abgeschmolzen ist. So wie das Einschmelzen beendigt ist, wird das Feuer abgeräumt, die Luppe (das Daichel) sogleich ausgebrochen, zerschroten, und die Masselstücken werden sodann zum Abheitzen eingehalten, womit die Arbeit für die zweite Luppe wieder anfängt.

Zu jeder Einrenne werden, mit Einschluß des Schmiedens, 4 Stunden gerechnet, und es müssen täglich in einer Schicht vier Einrennen gemacht werden. Beiden Feuern steht ein Meister mit drei Gehülfen vor, die sich in die Arbeit theilen. Man richtet sich immer so ein, daß beide Feuer gleichzeitig einrennen und schmieden, um zu gleicher Zeit Schicht zu

*) Wo die Feuergrube aus eisernen Platten zusammengesetzt ist, nennt man die vordere Platte das Sinterblech, die ihr gegenüberstehende, oder den Aschenzacken, den Wolf, den Gichtzacken, oder den der Form gegenüberstehenden Zacken, den Abbrand, und den Formzacken das Voreisen.

machen. Weil man nur starke Zainprügel, oder auch starkes Quadrateisen, oder allenfalls starke flache Eisenstäbe auszieht, indem die feineren Eisensorten in der Streckhütte geschmiedet werden; so kann ein Hammer beiden Feuern sehr gut vorstehen, ohne daß die Feuer zu lange auf einander warten dürfen.

Eine Arbeitsschicht hat 16 Stunden, und wöchentlich werden 6 Schichten verfahren. Ein Feuer liefert in dieser Zeit etwa 35 Centner, oder ein Hammer wöchentlich 70 Centner. Aus 100 Centner rohen Flossen müssen 90 Centner gefrischtes Eisen erfolgen, und zu 100 Pfund Stabeisen werden $3\frac{1}{2}$ Faß Kohlen gut gethan. Weil nun zum Braten von 5 Centner Flossen, welche bei der Verfrischung 450 Pfund Stabeisen liefern, 1 Faß Kohlen, also zu 100 Pfund Stabeisen $\frac{10}{45}$ Faß Kohlen gerechnet werden müssen; so gebraucht die Steiersche Einmalschmelzerei auf 100 Pfund Stabeisen $3\frac{55}{90}$ Faß Kohlen, oder zu 100 Berliner Pfund Stabeisen $30\frac{1}{3}$ Rheinländische Kubikfuß. Der Löschabgang kommt den Hämmern aber eben so wohl, als den Oefen, mit 10 Procent zu Gute. — Beim Streckhammer sind, nach Beschaffenheit der Sorten, $2\frac{1}{2}$ bis 5 Procent Eisenabgang und $\frac{1}{2}$ Faß Kohlen auf den Centner gestattet. *)

Die Steiersche Einmalschmelzerei erscheint hiernach, was den Eisenabgang betrifft, außerordentlich vortheilhaft. Wenn auch der Abgang von 10 Procent, welcher principienmäßig angenommen ist, zuweilen überschritten wird, so steigt diese Ueberschreitung doch nicht über 12 Procent. Dagegen muß der außerordentlich große Kohlenverbrauch sehr auffallen. In

*) Auf verschiedenen Werken wendet man in den Streckfeuern auch rohen Torf zum Ausheitzen der Zainprügel an. Immer pflegt man sich aber auch gleichzeitig noch der Holzkohlen zu bedienen, welches nicht nöthig seyn würde, wenn man den Torf nicht roh, sondern verkohlt anwenden wollte.

26 *

der Methode kann er seinen Grund nicht haben, denn der Schmelz- und Schmiede-Proceß sind, so viel als möglich, nicht von einander getrennt, und es findet nur eine einzige Einrennung statt, also kaum die Hälfte von der Arbeit, welche die deutsche Frischmethode, die das Eisen zwei- bis dreimal wieder heben und niedergehen lassen muß, anzuwenden hat. Dennoch verbraucht die deutsche Frischschmiede bei einer, wenigstens zweimal so viel Zeit erfordernden Methode, nur etwa 18 Rheinländische Kubikfuß zu 100 Berliner Pfunden, und schmiedet dabei noch sehr lange und ziemlich dünne Stäbe. Die Ursache liegt zum Theil freilich darin, daß die Steiersche Einmalschmelzerei nicht Tag und Nacht fortgesetzt, sondern nur schichtenweise betrieben wird; größtentheils mag sie aber darin zu suchen seyn, daß die Wohlfeilheit der Kohlen noch nicht zu ernstlichen haushälterischen Maaßregeln Veranlassung gegeben, vorzüglich daß man mit den Arbeitern keine Gedinge abgeschlossen hat, welche sie zur Bezahlung des Mehrverbrauchs verpflichten. Sobald die Steiersche Einmalschmelzerei einmal mit derjenigen Vollkommenheit im Betriebe und im Haushalt, deren sie gewiß fähig ist, ausgeübt werden wird, wird sie, bei einem Eisenabgange von 10 Procent, gewiß keinen größeren Kohlenaufwand, als 10 bis 12 Rheinländische Kubikfuß für 100 Berliner Pfund Stabeisen erfordern. Die Preise der Kohlen sind indeß noch viel zu gering, und das Holz ist in Steiermark noch in viel zu großer Menge vorhanden, als daß die Nothwendigkeit, einen besseren Haushalt einzuführen, so bald fühlbar werden sollte.

Für die Weichzerrennfeuer zieht man die luckigen Flossen den blumichten weit vor, weshalb die letzteren auch für die Hartzerrennheerde, oder für die Rohstahlfeuer ausgesucht werden. Je weniger luckig die Flossen sind, desto langsamer schmelzt man ein, desto größer sind aber auch der Eisenabgang und der

Kohlenverbrauch. Spiegelflossen können nur durch Vermengen mit recht luckigen Flossen verarbeitet werden. Alsdann erhält man aber gewöhnlich sehr stahlartiges Eisen, häufig auch wohl Stahl und Stabeisen, und überläßt es dem Zufall, welches und wie viel von beiden Produkten man bei jeder Einrenne erhält. Je schneller man einrennt, desto stahlartiger wird das Stabeisen, weshalb die erste Einrenne in jeder Schicht immer am wenigsten stahlartig ausfällt. Bei Hammerwerken, denen eine große Auswahl von Flossen zu Gebote steht, kann man durch Anwendung von mehr luckigen als blumichten Flossen, so wie durch gehöriges Braten und langsames Einrennen, zwar jederzeit weiches Stabeisen erhalten; allein auf vielen Hüttenwerken in Steiermark bleibt es in der That dem Zufalle überlassen, ob und wie viel Eisen und Stahl man von jeder Luppe erhält. Merkt der Arbeiter, daß das Eisen sehr geneigt ist, sich zu einem Klumpen zu setzen, so beschleunigt er die Arbeit durch stärkeren Wind, um ein schnelleres Einschmelzen zu einer Stahlluppe zu bewirken. *)

Nicht weit nördlich von Laimbach gelangt man in das Thal der Salza, in welchem die Straße längs dem Flusse, bald auf dem rechten, bald auf dem linken Ufer desselben fortgeführt ist. Hier befindet man sich überall von den schönen Alpenmassen umgeben, welche dem Thale einen eigenen Reitz verleihen, ihm aber auch ein wildes Ansehen geben. Die schöne meergrüne Farbe der nicht zu schnell fortrauschenden

*) Auf einigen Tyroler Hammerwerken ist es eine wirkliche Betriebseinrichtung, daß beim Weichzerrennen das zweite Daichel in jeder Schicht immer zu Stahl werden muß. Man sucht hierzu die dünnsten (also am mehrsten kohlehaltigen) Blattln aus, welche man auch schneller einrennt und mit weniger gaaren Zuschlägen versetzt, als die Blattln zum ersten und dritten Einrennen, welche auf Stabeisen verarbeitet werden.

Salza; die weißgrauen zackigen Felsenmassen, mit welchen die Alpen himmelan streben; die häufigen Windungen des scheinbar auf allen Seiten geschlossenen Thales; die Stille und die Ruhe in dem Thale, welche mit den herabgestürzten Kalksteinmassen und mit den durcheinander liegenden Baumstämmen, die das Bild der wildesten Zerstöhrung vor Augen führen, so seltsam kontrastiren: dies alles und die bedeutende Höhe der einzelnen Bergkuppen, geben dem Thale ein ganz eigenes Gemisch von Größe, Wildheit und Schönheit.

Nur an wenigen Stellen wird das Thal so breit, daß es für mehrere Häuser Raum gewährt. Schon die einzelnen, von Holzschlägern bewohnten hölzernen Gebäude unterbrechen nur selten die Einsamkeit in diesem Thale, welches allein durch das Rauschen der Salza und durch die von beiden Gebirgsgehängen hier und dort herabkommenden Gebirgsbäche belebt wird. Die Orte Palfau, Wildalpen und Weichselboden liegen mehrere Stunden von einander entfernt, und werden größtentheils von Holzschlägern bewohnt.

An einem kleinen Bache, dem Seisenbach, welcher sich von dem nördlichen Gehänge der Eisenerzer Höhe ziemlich steil in die Salza hinabstürzt, liegen die Hammerhütten von Wildalpen; die Weichzerrennhammerhütte mit ihrem Bratheerde unter der Hartzerrennhammerhütte, welche mit einem Raffinir- oder Gerbhammer versehen sind.

Die Flossen kommen unseparirt von den Oefen. Erst hier werden die luckig-blumichten von den blumichten und blumicht-spiegelichten gesondert, und die ersteren zum Weich-, die letzteren zum Hartzerrennhammer bestimmt. Im Weichzerrennhammer, welcher stark gebratene Flossen zur Verarbeitung erhält, ist die Arbeit ganz wie zu Laimbach, jedoch mit der Ausnahme, daß hier in einer Schicht nur drei Einrennen gemacht werden, zu denen aber jedesmal wenigstens 180 Pfund (also die Zangen etwas größer) genommen werden. Die Erzeugung eines Feuers ist hier aber doch nur zu 30 bis 32, oder die des Hammers zu 60 bis 64 Centner wöchentlich anzunehmen.

Die Flossen zum Hartzerrennhammer werden zwar etwas, jedoch nur höchst wenig, nämlich nur so viel gebraten, daß sie beim Einhalten der Zange im Feuer nicht abspringen. Die Feuer sind im Allgemeinen so wie die Weichzerrennfeuer eingerichtet, aber auf der Gichtseite offen, indem die Esse entweder auf einem Gewölbe, oder auf einer Tragsäule, und nicht auf einer geschlossenen Mauer ruht. Die Feuergrube ist ebenfalls mit Lösche ausgestampft, aber statt des Bodens von Schwahl, haben die Rohstahlfeuer bloß einen Löschboden, der auf einem steinernen oder eisernen Boden gestampft ist. Bis zur Form ist die Feuergrube 8 Zoll tief, und statt eines stechenden, wird hier ein g a n z f l a c h e r Wind geführt.*) Dadurch, durch das etwas engere (nur 24 Zoll weite) Feuer, und durch das schnellere Einrennen der stärker gekohlten und nicht gebratenen Flossen, unterscheidet sich der Betrieb in den Hartzerrennhämmern von dem in den Weichzerrennfeuern.

Die Flossen werden auf dieselbe Weise, wie in den Weichzerrennfeuern, in Zangen gepackt, und in dem Verhältniß, wie das Ausschmieden vorschreitet, eingehalten. Wenn die letzte, oder die dritte Zange abgeschmolzen ist, bleibt die Luppe noch eine halbe Stunde im Feuer, weil sie sonst unter dem Hammer zerfahren würde. Alsdann wird das Feuer abgeräumt, die Luppe ausgebrochen und unter dem Hammer zerschroten. Die Masselstücken werden nun abgeheitzt und zu

*) Je mehr die Flossen aus dem Blumichten ins Spiegelichte übergehen, desto mehr geneigt pflegt man die Form zu legen, und einen ganz flachen Wind nur bei guten blumichten Flossen anzuwenden.

vierkantigen Stäben von 1½ Zoll im Quadrat ausgeschmiedet, welche man sogleich in fließendes kaltes Wasser wirft, um sie nach dem Ablöschen zu zerschlagen und zu sortiren. Im Hartzerrennfeuer werden in der Schicht ebenfalls drei Einrennen gemacht, eine jede aber nur zu 160 Pfund, so daß ein Feuer wöchentlich etwa 24 Centner Rohstahlstäbe liefert.

Bei dieser einfachen Steierschen Rohstahlarbeit hat man denselben Eisenabgang, wie in den Weichzerrennfeuern, nämlich 10 Procent von den rohen Flossen. Der Kohlenverbrauch ist aber principienmäßig noch geringer, nämlich $3\frac{1}{8}$ Faß auf einen Centner Rohstahl. Hiernach würden also zu 100 Berliner Pfund Rohstahl $28\frac{1}{5}$ Rheinländische Kubikfuß Holzkohlen verbraucht: ein Verbrauch, welcher sich bei einer größeren Wirthschaftlichkeit gewiß bedeutend vermindern lassen würde.

Auf das Sortiren der Rohstahlstäbe wird die größte Aufmerksamkeit verwendet, um den Kredit des Steierschen Stahls zu erhalten. Das erste Sortiren geschieht im Hartzerrennhammer. Man unterscheidet drei Sorten, nämlich:

1. Zwittereisen. Dies ist wahres stahlartiges Stabeisen, welches besonders zu Radreifen verwendet und in den Streckfeuern zu Stäben ausgezogen wird.
2. Mock. Ein mehr stahlartiges Eisen wie 1, welches zu rohen Schneidewaaren, zu Sensen, Sicheln, Beilen, Aexten u. s. f. angewender wird, und als roher, ungegerbter Stahl in den Handel kommt.
3. Rauhstahl, welcher zur weiteren Verarbeitung an die Gerbfeuer abgegeben wird.

Die Stahlstäbe, welche nach dem Schmieden und Ablöschen nicht brechen, geben die erste und zweite Sorte; was aber durch leichte Schläge bricht, wird als Rauhstahl angesehen. Mock und Zwittereisen werden demnächst bloß nach dem mehr oder weniger stahlartigen Ansehen auf dem Bruche sortirt.

Der Rauhstahl wird in den Gerbefeuern von Neuem sortirt, wobei natürlich bloß das Bruchansehen das Anhalten geben kann. Man macht folgende Sorten:

1. Zwickschmidtstahl, giebt nach dem Raffiniren den weichsten Stahl, welcher indeß den Mock an Güte übertrifft.
2. Mittelzeug, ein gewöhnlicher guter Stahl.
3. Scharsachstahl, der beste, härteste und festeste Stahl.
4. Meißelstahl, welcher nur sehr selten und bei einzelnen Bestellungen, z. B. für die Münze, ausgehalten und ungegerbt verkauft, aber eben so theuer als der gegerbte Scharsach verkauft wird.

In den Gerbfeuern wird der Rauhstahl zuerst geplettet, oder geschient, nämlich zu flachen und dünnen Stäben (Pletten, oder Schienen) ausgezogen, welche noch glühend in kaltes Wasser geworfen werden. Die geschienten Stäbe bringt man abermals zum Sortiren auf die Schienbank, besonders um die zum Scharsachstahl genommenen Schienen, welche nicht durchaus einen Stahlbruch haben, auszuwerfen und zum Mittelzeug, oder zum Zwickschmidtstahl anzuwenden. Diese sorgfältige und gewissenhafte Auswahl des besseren Stahls ist es, wodurch sich der gute Ruf des Steierschen Stahls beständig erhalten wird.

Beim Schienen bedient man sich einer gewöhnlichen, aber ganz flachen und nur 3 Zoll tiefen Feuergrube, in welcher man die Rauhstahlstücken in einzelnen Haufen kreutzweise über einander legt. Gewöhnlich schichtet man 9 solche Haufen, in 3 und 3 Reihen neben einander, auf, und nimmt zu jedem Haufen $\frac{2}{3}$ Centner, also zusammen 6 Centner. Diese Haufen werden von allen Seiten, die Formseite ausgenommen, mit einem Löschkranz umgeben, dann mit Kohlen überstürzt und bei sehr langsamem Gange des Gebläses zum Glühen gebracht. Jedes Stück wird dann einzeln aus der Esse genommen und unter dem Hammer zu Schienen ausgestreckt.

Die gehörig sortirten Schienen kommen alsdann zum Gerben, oder Raffiniren. Die besten Pietten werden stets in die Mitte der Zange gelegt, und die etwas weicheren zu den äußeren Schienen genommen. Die zur Gerbe gesetzte Zange wird erst an einem Ende zusammengeschweißt — geheftet; — dann umgekehrt und auch das andere Ende geheftet, worauf sie erst das volle Schweißfeuer erhält. Das Gerben geschieht in einer gewöhnlichen Feuergrube vor einem schwachen Gebläse bei Holzkohlen. Man pflegt jede Zange nach dem Zusammenschweißen und vorläufigen Ausrecken in zwei Kolben (Ausschrote) zu theilen, und jeden Ausschrot wieder ins Feuer zu bringen, um ihn zu fertigen verkaufbaren Stäben auszuziehen. Für jede Stahlsorte hat man eine eigenthümliche Form der Stäbe, um sie äußerlich schon daran zu unterscheiden. Der Zwickschmidtstahl wird in $\frac{3}{4}$zölligen, $4\frac{1}{2}$ bis 5 Fuß langen Stäben, das Mittelzeug aber in Stäben von 1 Zoll Breite und $\frac{1}{8}$ Zoll Stärke, welche zaineisenartige Hammereindrücke erhalten, ausgezogen. Beide Stahlsorten werden immer nur Einmal raffinirt. Der für den deutschen Handel bestimmte Scharsachstahl erhält auch gewöhnlich nur Eine Gerbe; selten wird er zum zweiten Mal raffinirt. Der für den Handel nach Frankreich angefertigte Scharsachstahl muß aber 3, auch wohl 4 Mal raffinirt werden.

Soll der Scharsachstahl zum zweiten, dritten u. s. f. Mal raffinirt werden, so wird die Zange in mehrere Theile zerschroten, welche sodann wieder geschient, abermals sortirt, und dann erst wieder zusammengeschweißt werden. Das Sortiren geschieht so oft, als die Zahl der Gerben beträgt, die der Stahl erhalten soll. Der Scharsachstahl, welcher die gehörige Anzahl Gerben erhalten hat, wird in halbzölligen Quadratstäben von ganz unbestimmter Länge sorgfältig ausgeschmiedet und mit dem Zeichen eines Tannenbaumes versehen, indem er im Handel den Namen Tannenbaumstahl führt. Derjenige, den die Innernberger Hauptgewerkschaft auf ihren Werken anfertigen läßt, wird an dem anderen Ende der Stäbe noch mit dem Namen: Innernberg, versehen.

Je mehr Gerben der Stahl aushalten kann, ohne an seiner Härte merklich zu verlieren, wohl aber an Festigkeit und Gleichförmigkeit zu gewinnen, für desto vollkommener muß er gehalten werden. Dies ist bei dem guten Tannenbaumstahl der Fall, welcher 12 bis 14 Mal gegerbt werden kann, ohne beträchtlich von seiner Härte einzubüßen. Mehr als viermal wird aber auch der für Frankreich bestimmte Scharsachstahl niemals raffinirt.

Der Materialienverbrauch beim Raffiniren richtet sich natürlich nach der Anzahl der Gerbungen. Bei dem einmal gegerbten Stahl rechnet man 7 bis 8 Procent Abgang und $1\frac{1}{2}$ Eisenerzer Faß Holzkohlen auf den Centner. Beim zweiten und folgenden Raffiniren ist der Materialverbrauch, von der ersten zur zweiten, von der zweiten zur dritten u. s. f. Gerbe gerechnet, eben so groß.

Mariazell.

Bei Weichselboden verläßt die Straße das Salzathal auf einige Zeit, und wendet sich nördlich zum Reutbach. Sie ist hier über einer Bergkuppe fortgeführt, weil sich die Salza, welche hier ebenfalls ihre alte Richtung gegen Westen verläßt und von Norden herabkommt, so eng zwischen den Felsen durchdrängt, und man mit der Straße dem Flußbette nicht folgen konnte. Man muß sich zu einer bedeutenden Höhe auf dieser schmalen Gebirgsstraße erheben und sich dann wieder senken, um das Thal des Flusses zu erreichen, welches man alsdann bis Mariazell nicht wieder verläßt. Kurz vor Weichselboden kommt Grauwackengestein, auf welchem der Alpenkalk gelagert ist, zum Vorschein.

Hier, wo die Salza die Hauptwendung in ihrem Laufe von Süden nach Westen macht, ist auch die Gränze der Kohlenversorgung für die Innernberger Hauptgewerkschaftlichen Hüttenwerke und für das Gußwerk Mariazell. Der Reutbach versorgt noch die ersteren; die Waldungen, welche oberhalb Reut am Flußgebiet der Salza liegen, sind dem Zeller Hüttenwerk zugetheilt, welche seine eigene Forst- und Köhlereiverwaltung hat, und daher ein selbstständiges und unabhängiges Etablissement bildet.

Die Zeller Eisenhüttenanlage ist ein rein Kaiserliches Werk an der Salza, unweit Mariazell, in einem ziemlich breiten Thale, indem sich das Salzathal durch das Zusammentreffen mehrerer Querthäler hier ansehnlich erweitert hat. Das Werk ist vorzüglich zur Gießerei bestimmt, und hat erst in der neuesten Zeit eine bedeutend größere Ausdehnung durch die neu hinzugekommenen Räume zur Anfertigung und Bearbeitung der Gußwaaren erhalten. Außer den Räumen und Gebäuden, welche ausschließlich der Gießerei wegen angelegt worden sind, und außer der Hohenofenhütte, in welcher sich drei Hoheöfen befinden, gehören zu dem Werke noch einige Frischhüttengebäude, welche von dem Hauptgießerei-Etablissement getrennt liegen. Dies letztere zieht schon in der Ferne, sowohl wegen seines Umfangs, als wegen der Neuheit der vielen massiven Gebäude, die Aufmerksamkeit des Reisenden auf sich. Die Zahl der Werkstätten und Arbeitsgebäude wird durch die Wohnungen der Beamten und der Arbeiter, durch die Magazinräume zur Unterbringung der Gußwaaren und zur Aufbewahrung der Fassung, durch ein sehr großes Kaiserliches Gasthaus und durch das Schulgebäude sehr vermehrt, so daß schon der erste flüchtige Anblick des Etablissements auf die Wichtigkeit desselben schließen läßt. Die mehrsten Gebäude sowohl, als die einzelnen Werkstätten, sind mit Inschriften versehen, welche ihre Bestimmung bezeichnen.

Die Betriebsbedürfnisse an Kohlen und Erzen bezieht das Werk aus eigenen Forsten und von eigenen Gruben. Die Verkohlung des Holzes geschieht in liegenden Meilern. Das Faß Kohlen (das Vordernberger, von 7,7884 Wiener Kubikfuß Inhalt) soll im Durchschnitt etwa 30 Kreutzer W. W. (3 Gr. 6 Pf. Preuß. Cour.) kosten: ein Preis, zu welchem wohl wenige Hütten in Deutschland ihre Kohlen mehr erhalten werden.

Die Erze sind theils unveränderte, theils in Braunerz übergegangene Pflinze, von der Gollrath, ein Paar Stunden von der Hütte entfernt. Das Vorkommen dieser Erze muß mit demjenigen der Eisenerzer Erzniederlagen, im Wesentlichen wohl übereinstimmen. Die Erze werden schon auf der Grube geröstet, und kommen geröstet zur Hütte. Der Centner soll, mit Einschluß des Fuhrlohns, auf 20 Kr. W. W. (2 Sgr. 4 Pf. Preuß. Cour.) zu stehen kommen. Man giebt das Ausbringen zu 28 Procent an, setzt aber etwas Schiefer zu, um eine bessere Schlackendecke zu erhalten.

Aus den niedrigen Preisen der Hauptmaterialien, der Erze und der Kohlen, geht das sehr günstige finanzielle Verhältniß des Zeller Gußwerks hervor, welches dadurch noch vortheilhafter wird, daß die Fabrikate, welche allenfalls nur mit den Böhmischen Gießereien eine Concurrenz auszuhalten haben, einen guten Absatz finden.

Die drei Hohenöfen in der geräumigen Hütte sind so gestellt, daß sich zwei an der Wasserwandseite befinden, und der dritte den beiden ersteren im Dreieck gegenüber liegt. Sollten also einmal sehr große und schwere Gußwaaren angefertigt werden, so hat man den Vortheil, den Raum zwischen den drei Oefen zum Eindämmen der Formen benutzen, und alle drei Oefen gleichzeitig abstechen zu können. Die Hohenofenhütte ist, weil sie zugleich als Form- und Gießraum benutzt wird, auf den beiden langen, nämlich auf der Wasserwand- und auf der ihr entgegenstehenden Seite geschlossen und auf den beiden Giebelseiten mit den Haupteingängen versehen. Für die Kastenförmerei in Sand sind mehrere Formbänke in der Hütte angebracht. Die Hüttensohle dient, wie gewöhnlich, als Heerd für die Heerdförmerei.

Massenförmerei scheint bis jetzt noch nicht in Anwendung zu seyn. Für die Lehmförmerei ist aber, nicht weit vom Hohenofengebäude, ein sehr großes und geräumiges Formhaus erbaut, welches mit mehreren gewölbten Trockenkammern, in denen Holzkohlen zum Trocknen der größeren Formen angewendet werden, versehen ist. Außerdem befindet sich in der Mitte dieses geräumigen Hauses eine fortlaufende Reihe von gemauerten Stadeln, mit überliegenden Eisenstäben, um das Kohlenfeuer zum Trocknen der auf den Stäben liegenden Lehmkerne und Formen, unter den Stäben zusammenzuhalten. In einer abgesonderten Abtheilung des Lehmformhauses ist die kleine Gießerei eingerichtet. Der Formsand ist äußerst fein und gut zubereitet; er soll aus der Gegend von Wien bezogen werden.

Die Gießereieinrichtungen sind einfach. Weil die Oefen mit offener Brust zugestellt sind, so schöpft man in der Regel mit Kellen aus dem Vorheerd. Nur bei größeren Sachen wird abgestochen, und das Eisen in die vor den Oefen eingedämmten Formen geleitet.

Ein ganz neues, sehr langes Gebäude, welches durchaus gegossene Fensterrähme und Thürfutter erhalten hat, enthält das Magazin, dessen Decke durch fünf gegossene eiserne Säulen unterstützt wird — eine Musterstube für alle Gußwaaren, die hier angefertigt werden, und in welcher sich ebenfalls gegossene Repositorien befinden, — ferner das Bohr- und Drehwerk, — einen Raum für Handdrehbänke, in welchem auch ein Schraubenschneidewerk vorhanden ist, — eine Putzschmiede, worin zugleich eine Anstalt zum Lackiren und Schwärzen der kleinen Gußwaaren, — einen Raum zum Schriftsetzen für Denkmäler u. s. f., und endlich eine Modellirwerkstätte. Das Schleifwerk befindet sich in einem abgesonderten kleinen Gebäude. Der Dachraum über jenem großen Gebäude dient theils als Magazin, theils enthält er abgesonderte Abtheilungen für jeden einzelnen Förmer, zur Aufbewahrung seiner Geräthe und Formkasten, für welche er verantwortlich ist: eine lobenswerthe Einrichtung, welche man auf wenigen Gießereien findet.

Etwas entfernt vom Hüttenplatz steht das Gebäude, in welchem sich die Modelltischlerei und die Werkmeisterwerkstätte befinden. In der Nähe dieses Gebäudes ist ein Schirrschuppen vorhanden, der sowohl unten, als besonders auf seinem großen Bodenraum zur Aufbewahrung der hölzernen Modelle bestimmt ist, welche hier in einer höchst lobenswerthen Ordnung, nach einem fortgeführten Register, aufgestellt sind. Jeder Förmer ist zur Ablieferung des gebrauchten Modells verpflichtet, und in dieser Rücksicht herrscht hier mehr Ordnung, als man auf den mehrsten Gießereien anzutreffen gewohnt ist.

Die Bohrwerke sind hier sämmtlich so eingerichtet, daß die Schlitten, auf welchen die auszubohrenden Gußstücke liegen, die Längenbewegung, und die Bohrer die rotative Bewegung machen. Dies ist auch selbst bei großen Cylindern der Fall, von denen jetzt 6 Stück nach Treibach geliefert worden sind. Warum man sich der gegossenen Schneiden bedient, da man den vortrefflichsten Stahl leicht erhalten kann, ist nicht einzusehen.

Die Gießerei fertigt schon recht große und sehr verschiedenartige Artikel an; auch die kleinen Gußwaaren werden mehr und mehr an Schönheit zunehmen, obgleich nicht geläugnet werden kann, daß das unmittelbar aus dem Hohenofen geschöpfte graue Roheisen, immer ein Hinderniß bleiben wird, die feinsten Eindrücke in den Formen recht scharf auszufüllen.

Den ganzen Bodenraum über der großen Hohenofenhütte nimmt der Gichtboden ein, zu welchem eine Gichtbrücke führt, die durch einen Kohlenschuppen gelegt worden ist. Bei stattfindender frischer Kohlenanfuhr werden die beladenen Kohlenwagen mit Pferden unmittelbar auf den Gichtboden gefahren, und dort vor den Ofengichten umgestürzt. So lange die Köhlerei im Betriebe ist, erhalten die Oefen ihren Kohlenbedarf unmittelbar aus dem Walde.

Jeder Ofen hat ein aus zwei liegenden Kasten bestehendes Gebläse. Die drei Gebläse liegen in der Hohenofenhütte, an der Wasserwandseite, auf beiden Seiten der Oefen, und sind von dem eigentlichen Hüttenraume durch einen Bretterverschlag geschieden. Auf der einen Seite liegen aber zwei Gebläse hinter einander, indem das eine zum dritten Ofen gehört, welchem der Wind durch eine, unter der Hüttensohle fortgeführte Röhrenleitung zugetheilt wird. Keins von diesen drei Gebläsen ist mit dem einen oder dem anderen gekuppelt.

Weil die Roheisenerzeugung größtentheils zur Gußwaarenfabrikation bestimmt ist, und weil die Frischfeuer in der Regel nur die Eingüsse, die mißrathenen Gußwaaren und das Roheisen, was die Gießerei nicht verbraucht, zur Verarbeitung enhalten; so hat man den Oefen ein Gestell mit einem Vordergestell zum Ausschöpfen des Eisens gegeben. Diese Oefen sind die einzigen Hohenöfen, oder Oefen mit offener Brust, welche in den südlichen Oesterreichischen Provinzen angetroffen werden. Der Erzsatz wird immer so geführt, daß das Eisen mehr oder weniger grau ausfällt, weil das spiegelichte Eisen theils nicht gehörig haltbare Waaren liefern, theils die Formen nicht vollkommen ausfüllen würde. Ein Erzsatz, bei welchem blumichte und luckige Flossen entstehen würden, kann natürlich kein für die Gießerei brauchbares Material liefern.

Die drei Oefen haben durchaus ganz gleiche Dimensionen. Jeder ist 28 Fuß hoch, mit einer hohen Gichtmauer versehen, welche oben gewölbt ist und sich in einem Schornstein endigt. Es wird nur mit Einer Form geblasen. Der Kohlensack ist nur 5 Fuß weit, und liegt 9 Fuß vom Boden, oder 19 Fuß von der 30 Zoll weiten Gicht. Die Schächte sind rund. Die Form liegt 17 Zoll über dem Boden. Das Gestell ist unten 18, oben 26 Zoll breit, und fast eben so lang. Die Höhe beträgt 5 Fuß. Die runde Rast schließt so ungeschickt an dem viereckigen Gestellraume, daß sie über dem Viereck desselben überhängt. Die Kohlengicht besteht hier aus einem Vordernberger Faß. Die Kohlen werden in e i n e r hölzernen Schwinge, und die Erze in hölzernen Kästchen aufgegeben. In 12 Stunden gehen 55 Gichten mit 90 Pfund Erz. Man verbraucht hier zu 100 Pfund Eisen über 26 Kubikfuß Kohlen. Zum Theil erklärt sich dieser große Kohlenverbrauch wohl durch die öfteren Stöhrungen des Ofenbetriebes, beim Schöpfen des Eisens aus dem Vorheerd; zum Theil mag er seinen Grund in den ungemein engen Schächten haben. Daß der Erzsatz nicht so reichlich als bei Erzeugung von blumichten oder wohl gar von luckigen Flossen gegeben werden kann, würde zu einem größeren Kohlenverbrauch, in so fern dieser auf das ausgebrachte Produkt berechnet wird, wohl nicht bedeutend Veranlassung geben, weil das Erz bei einem geringeren Satz höher ausgebracht und das Gewicht des Eisens durch die Aufnahme von mehr Kohle nicht unbeträchtlich vermehrt wird.

Die Schlacken, welche gewöhnlich eine hell gelblichgrüne Farbe haben und beim Begießen mit Wasser stark aufschäumen, werden sämmtlich verpocht, und das Wascheisen wird wieder auf die Gicht gegeben.

Das hellgraue Roheisen aus den Braunerzen und aus den gerösteten Pflinzen eignet sich sehr gut zu Gußwaaren, und giebt sehr feste und haltbare Gußstücken. Das dunkelgraue Roheisen ist dabei sehr weich, und zu solchen Maschinentheilen, bei denen die Festigkeit die Härte überwiegen muß, und welche nach dem Guß einer weiteren Bearbeitung durch Bohren, Drehen, Feilen u. s. f. ausgesetzt werden, ganz vorzüglich anwendbar. Bei Gußwaaren, welche etwas mehr Härte erhalten müssen, wird die Satzführung zu etwas weniger grauem Roheisen eingerichtet; und auch dies Roheisen, welches den Uebergang aus dem grauen in das spiegelichte Eisen macht, eignet sich recht gut zur Gießerei, weil es noch hinlängliche Festigkeit besitzt, obgleich die weitere Bearbeitung der Gußstücken, wegen der sehr zunehmenden Härte, schon schwierig ist. Fällt das Roheisen mehr spiegelicht als grau aus, so ist die Härte auf Unkosten der Festigkeit zu sehr überwiegend geworden, und dies Roheisen wird daher auch hier nur zu einzelnen Sachen, zu Ambößen, Walzen u. d. gl. angewendet.

Zu den kleinen Gußwaaren läßt sich nur das sogenannte halbirte Eisen anwenden, weil das ganz graue Roheisen, wenn es unmittelbar aus dem Hohenofen genommen werden muß, die Formen nicht ganz scharf ausfüllt. Von einer solchen kleinen Kunstgießerei können vollendete Produkte schwerlich erwartet und gefordert werden, wenn sie nicht durch Einrichtungen zum Umschmelzen des Roheisens unterstützt wird.

Die glücklichen finanziellen und unabhängigen Verhältnisse des Hüttenwerkes, und die große Aufmerksamkeit, welche demselben von den obersten Behörden gewidmet wird, lassen eine immer größere Ausdehnung und eine zunehmende Vervollkommnung des hiesigen wichtigen Gießereibetriebes erwarten.

Die Frischmethode, welche auf den zur Mariazeller Hüttenverwaltung gehörigen Frischhütten ausgeübt wird, ist die in Kärnthen sogenannte Kartitscharbeit, welche man in Steiermark die Hart- und Weich-Zerrennfeuerarbeit nennt.*) Die Roheisenflossen werden in einem besonderen Heerde, dem Hartzerrennheerde, langsam und mit Zusatz von gaaren Frischschlacken eingeschmolzen, das niedergeschmolzene Roheisen — der Hase (oder der Kartitsch in Kärnthen) — ausgebrochen, nach dem Erkalten zerschlagen, und die Hartzerrennflossenstücken werden dann, eben so wie bei der Steierschen Einmalschmelzerei (oder bei der Verfrischung der am Zerrennheerde gehobenen Blattln, in Krain, Kärnthen und auf mehreren Werken in Steiermark) in dem eigentlichen Frischheerde, dem Weichzerrennheerde, in Zangen gepackt, langsam eingeschmolzen, und zum Deul oder zur Frischluppe gebracht, welche sodann ausgebrochen und unter dem Hammer zerschroten wird.

Ein Hartzerrennfeuer kann für mehrere Weichzerrennheerde die Hartflossen oder Hasen liefern. Gewöhnlich ist aber zwei Weichzerrennfeuern ein Hartzerrennheerd zugetheilt. Zu zwei Weichzerrennfeuern gehört immer, wie durchgängig auf den süddeutschen Eisenhütten, ein Hammer, welcher nur grobe Stabeisensorten schmiedet, oder Zainprügel abliefert, die in besonderen Streckhämmern zu feineren Stabeisensorten ausgezogen werden.

*) Zu Pillersee in Tyrol ist diese Frischmethode ebenfalls in Anwendung, und wird dort die Schwäbische genannt.

Das Hartzerrennfeuer ist ein gewöhnliches Frischfeuer ohne Hammer, weil es blos zum Umschmelzen des Roheisens bestimmt ist, und dem Weichzerrennfeuer vorarbeitet. Die Feuergrube ist ausgemauert und mit Kohlenlösche ausgestampft. Die Form ist nur sehr wenig geneigt. Die Arbeit selbst ist höchst einfach, indem das Roheisen in großen Zangen gepackt und bei einem ziemlich schnellen Wechsel der Balgen eingeschmolzen wird. Zu Mariazell kommt das Roheisen, welches zum großen Theil aus Eingüssen und aus mißrathenen Gußwaaren besteht, unvorbereitet, nämlich ungebraten, zum Hartzerrennheerd. In diesem ist der Kohlenhaufen hoch genug aufgethürmt, auch ist das Feuer wenig geschlossen, und eines Löschkranzes zur Begränzung des Kohlenhaufens bedient man sich fast gar nicht. Es werden jedesmal 3 bis 4 Centner Roheisen eingeschmolzen; der Zusatz von Gaarschlacke ist unbestimmt, und richtet sich nach den Umständen. Der Hase wiegt in der Regel nicht viel weniger als das dazu angewendete Roheisen, weil der Gehalt der Gaarschlacken einen Theil des Schmelzabganges deckt. Wenn alles Roheisen eingeschmolzen ist, läßt man den Hasen etwa eine halbe Stunde im Feuer stehen, ehe er ausgebrochen wird. Hier haben die Hasen die Gestalt eines Kuchens, von etwa 2 Fuß im Durchmesser und 2 bis 2½ Zoll Dicke. Das graue Roheisen erhält durch dies Umschmelzen das Ansehen von Spiegelflossen, die zuweilen auch wohl in blumichte, höchst selten aber in luckige Flossen übergehen.

Die Hasen werden mit großen Schlägeln in den Weichzerrennfeuern zerschlagen. Diese sind auf der Gicht- und Aschenseite zwar mit hohen eisernen Platten eingefaßt, um die Kohlen zusammenzuhalten, allein der aufgeschüttete Kohlenberg übertrifft sie fast noch an Höhe. Das Ausschmieden der Masselstücken von der vorigen Luppe und das Einschmelzen des

Hasen sind hier ganz abgesonderte Operationen. Die Luppe wird unter dem Schwanzhammer nur sehr wenig beklopft, mit einem langen Setzeisen in zwei Theile zerschroten, und jede Hälfte wieder in zwei Theile zertheilt. Während dieser Zeit wird das Feuer etwas gereinigt, der Platz vor der Form ganz rein gemacht, und nun das ganze Feuer mit einem hohen Kohlenberge beschüttet, welcher erst durchbrennen muß, ehe man die vier Masselstücken, in Zangen gepackt, ins Feuer bringt. Statt die Kolben in Saft zu bringen, müssen sie durch das Ausheitzen erst die Schlacke zur folgenden Luppe hergeben.

Sobald das Ausschmieden beendigt ist, werden 160 bis 200 Pfund Hasen, in einer großen Zange gepackt, bei der Gicht angesetzt, und mit schwachem und langsamem Winde eingeschmolzen. Zuweilen setzt man gleichzeitig noch eine zweite Zange mit an, auch werden etwas Hammerbrocken und Hammerschlag mit aufgegeben. Sobald der Hartfloß niedergeschmolzen ist, wird die Luppe, oder das Daichel, ausgebrochen, nachdem man vorher die Schlacke abgelassen hat.

Beim Ausheitzen und Schmieden stehen die vier Zangen neben einander im Feuer, und rücken nach und nach von der Gicht zur Formseite vor, so wie die erste, zweite u. s. f. Zange aus dem Feuer genommen und ausgestreckt ist. Beim Ausheitzen und Schmieden wird ein starker Wind gegeben, so daß die Kolben sehr verbrennen, und viel Sinter im Feuer zurücklassen, der dem nächsten Deul zu Gute kommt. Das Ausheitzen der Kolben, welche immer starke Eisenfunken werfen, geschieht daher mit wenig Aufmerksamkeit.

Die Hämmer sind hier geschmiedet und haben eine sehr lange Bahn. Man richtet sich auch hier so ein, daß beide Feuer gleichzeitig den Hartfloß, oder den Hasen, einrennen und gleichzeitig schmieden. Es werden nur große Zainprügel von 4 Fuß Länge und 2 Zoll Quadrat Stärke, oder Büchsenflammen, nämlich 3 Zoll breite, 1 Zoll starke und etwa 10 Zoll lange Stücken ausgezogen. Ein Masselstück giebt 3 solcher Büchsenflammen.

In einer Schicht von etwa 16 Stunden werden vier Luppen gemacht, und ein Feuer kann täglich 7 Centner, oder wöchentlich 40 Centner liefern. Die Produktion eines Hammers wird jedoch wöchentlich nur zu 70 Centnern im Durchschnitt angenommen.

Principienmäßig werden bei der Hart- und Weichzerrennarbeit 16 Procent Abgang vom Roheisen zu Stabeisen, und auf 100 Wiener Pfund Stabeisen 45 W. Kubikfuß Holzkohlen, also auf 100 Berl. Pf. Stabeisen 38¼ Rheinl. Kubikfuß Holzkohlen gerechnet. Es scheint indeß nicht, daß man mit diesem Kohlenverbrauch, so bedeutend er auch ist, ausreicht.

Neuberg.

Kaum eine Stunde südlich vom Zeller Gußwerk muß man, um nach Neuberg zu gelangen, die Kette des Tauerngebirges wieder überschreiten. Die Straße ist über dem Nieder-Alplberge geführt, welcher also die Flußgebiete der Salza (der Ens) und der Mürz (der Mur) von einander scheidet. Der Nieder-Alpl besteht aus Glimmerschiefer und Thonschiefer; von dem höchsten Punkte der Straße übersieht man gegen Nordwest die schöne steile und hohe Zeller Alpenkette, und senkt sich dann, weniger steil als man sich auf der westlichen Seite gehoben hat, gegen Osten in das Flußgebiet der Mürz, die theils vom südlichen und östlichen Abhange der Tauernkette, theils vom südwestlichen Abhange der Centralkette, von welcher ein Arm mit dem Tauerngebirge an der Oesterreichischen Gränze zusammenstößt, ihre Zuflüsse erhält, und sich erst bei Bruck mit der Mur vereinigt.

Die Alpen haben überall die Tauernkette gegen Osten überschritten, und drängen sich hier als isolirte Massen in das Urgebirge ein. Dadurch erhält die ganze Gegend mehr Mannigfaltigkeit als das Salzathal, ohne diesem an Größe zu weichen.

Die Kuppe des Nieder-Alpls liegt noch weit höher als der höchste Punkt der Straße. Auf dieser Höhe, jedoch noch am westlichen Abhange, wird ein Lager von Spatheisenstein für den Blauofen zu Nieder-Alpl bebaut, welcher am östlichen Abhange des Berges, an einem Gebirgsbach liegt, der sein Wasser der Mürz zuführt. Das Tauerngebirge ist hier sehr reich an Eisenerzniederlagen, welche die Oefen zu Nieder-Alpl, in der Veitsch und zu Neuberg, von verschiedenen Punkten mit Erzen versorgen. Dieser Zug läßt sich von der Oesterreichischen Gränze bis nach Salzburg unausgesetzt verfolgen, obgleich er nirgends so überaus reich, als zu Eisenerz, wieder zum Vorschein kommt.

Bis Mürzsteeg folgt man dem Thale des Gebirgsbaches, an welchem der Ofen zu Nieder-Alpl liegt. Bei Mürzsteeg vereinigt sich der Bach mit der von Nordost herkommenden Mürz. Das Mürzthal ist hier unvergleichbar schön. Ueberall von schroffen Alpen eingeengt, haben die klaren grünlichblauen Fluthen der Mürz oft nicht Platz für die Straße übrig gelassen, so daß diese hin und wieder auf hölzernen Brücken längs dem einen Ufer des Flusses fortgeführt werden mußte.

In Mürzsteeg war vormals eine Armaturfabrik, wo die rohen Gewehrtheile, Läufe, Bajonnette und Ladestöcke, die ersteren unter Rohrhämmern angefertigt, und von hier nach Wien zum Equipiren gesendet wurden. Jetzt (14ten September) erwartete man nach langer Zeit wieder eine Bestellung. Die Fabrikengebäude stehen leer, und nur in einigen Laufhammerhütten sind Streckhämmer angelegt. Der Grobhammer, welcher die Büchsenflammen anfertigte, ist im Betrieb geblieben, und erhält seine Flossen von Neuberg. Mürzsteeg stand vormals, wie jetzt noch, unter der Verwaltung des Oberverwesamts zu Neuberg.

Nachdem man von Mürzsteeg der Mürz etwa 3 Stunden in ihrem schönen Thale gefolgt ist, gelangt man nach Neuberg, welches sich im Thale sehr lang fortzieht, und theils von Schiefergebirgen, theils von einzelnen Alpenmassen umgeben ist. Das linke Ufer der Mürz nimmt bei Neuberg zwei kleine, aber anhaltende Gebirgsbäche auf, von denen der obere der äußere, und der weiter unten nach dem ehemaligen Kloster zu befindliche, der innere Krappenbach genannt wird. An dem ersteren, mit welchem das Neuberger Hüttenwerk anfängt, liegt der neuere und größere; an dem inneren Krappenbach aber der ältere und niedrigere Blauofen. Der letztere scheint nicht mehr in Betrieb gesetzt zu werden. Die Grob- und Streckhämmer liegen sämmtlich an der Mürz selbst.

Von Mariazell bis über Neuberg hinaus sieht man überall Abholzungen und Köhlereistätten für liegende Kohlenmeiler. Für Neuberg befindet sich die Hauptköhlerei auf dem Werke selbst. Der Holzrechen und der Köhlereiplatz liegen auf dem linken Mürzufer, wo das Thal eine Erweiterung macht, fast dem hohen Blauofen gegenüber. Die Einrichtung ist sehr gut, indem das oberhalb des Werkes auf der Mürz zusammengeflößte Holz gleich auf dem Rechen gefangen, auf den Holzplatz gebracht, und hier auf besonderen Köhlerstätten, deren einige 20 vorhanden sind, verkohlt wird. Die Meilerstätten sind, wie es beim Verkohlen in liegenden Meilern erforderlich ist, durch Pfähle abgetheilt; ihnen gegenüber stehen am Ufer der wilden Mürz die hölzernen Hütten, in welchen die Köhlerfamilien wohnen. Es hat sich dadurch eine Köhlerkolonie gebildet, deren eigenthümliches Ansehen durch die großen Holzvorräthe, durch die einzelnen pallisadenartigen Begränzungen der Meilerstätten, und durch die regelmäßigen Holzschichtungen der noch nicht fertigen, so wie durch den Dampf der schon im Betrieb befindlichen Meiler, noch fremdartiger und überraschender wird.

Auch die Köhlerei in liegenden Meilern wendet nur runde Stämme oder Kloben, und nicht gespaltene Scheite zur Verkohlung an. Man sieht hier jedoch nirgends das Holz in regelmäßigen Klaftern aufgestellt, sondern es wird unmittelbar vom Holzplatz, so wie es von dem Rechen zusammengebracht ist, zu den Meilern genommen. Dadurch, und weil man den Flößereiabgang nicht richtig in Rechnung bringen kann, werden die Resultate dieser Verkohlungsmethode um so mehr verdächtig, als man die Köhler nicht selbst für den Erfolg der Köhlerei verantwortlich machen will, wie dies zu Hiflau der Fall ist.

Außer den Kohlen, welche das Holz aus den eigenen Forsten liefert, kauft das Werk auch noch Kohlen von den Bauern an, welche eigene Waldungen besitzen und das Holz in ihren Wäldern, ebenfalls in liegenden Meilern — welche bei der Waldköhlerei in ganz Steiermark, Kärnthen und Krain eingeführt sind — verkohlen. Der Ankaufspreis für 1 Innernberger Faß beträgt 30 bis 45 Kreutzer W. W. (3 Ggr. 6 Pf. bis 5 Ggr. 3 Pf. Preuß. Cour.), also der Kubikfuß höchstens 6 Pf., woraus der große Holzreichthum der Gegend hervorgeht, aber auch zugleich der Grund einleuchtet, warum man mit dem Holze und mit den Kohlen noch weniger haushälterisch umgeht.

Die Meilerstätte für einen liegenden Kohlermeiler bildet ein rechtwinklichtes länglichtes Viereck, welches von der vorderen nach der hinteren kurzen Seite etwas ansteigend in die Höhe geht, und dessen beiden langen Seiten durch eine Reihe von senkrecht aufgerichteten starken hölzernen Stäben dergestalt begränzt wird, daß beide Reihen parallel neben einander fortlaufen. Die Stäbe in einer jeden Reihe stehen $2\frac{1}{2}$ bis 3 Fuß von einander entfernt, und sind nach hinten, wo die Fläche der Meilerstätte ansteigt, höher als vorn, wodurch jede Reihe von Pfählen oder Stäben ein orgelartiges Ansehen erhält.

Die Entfernung der beiden, zu einer Meilerstätte gehörigen Pfahlreihen von einander, richtet sich nach der Länge der zu verkohlenden Holzstämme. Auf besonders vorgerichteten Köhlereiplätzen, wo sich, wie hier, mehrere Meiler neben einander befinden, muß zwischen der einen Pfahlreihe des einen, und der angränzenden Pfahlreihe des zweiten Meilers, ein Zwischenraum, oder ein Gang von wenigstens 4 Fuß Breite bleiben, welcher zur Aufschüttung und Aufbewahrung der Kohlenlösche dient, mit welcher die Meiler gedeckt werden.

Das Ansteigen der Meilerstätten ist sehr verschieden, und von 5 bis zu 15 Graden, auch darüber, abweichend. In Gebirgsgegenden, die stark abfallen, ist man oft genöthigt, den Gebirgsabfall selbst zum Anhalten zu nehmen. Die Länge der Meilerstätten ist ebenfalls unbestimmt, und richtet sich nach der Menge des Holzes, die in einem Meiler verkohlt werden soll. Die hiesigen sind 30, 35 und 40 Fuß lang.

Die beiden Pfahlreihen, welche die langen Seiten einer Meilerstätte begränzen, stehen 3 Fuß weiter auseinander, als die Scheitlänge des Kohlenholzes beträgt, so daß zwischen den Stammenden des zu verkohlenden Holzes und zwischen der Pfahlreihe auf jeder Seite ein Zwischenraum von 18 Zoll bleibt, welcher demnächst mit Lösche ausgefüllt wird. Hier beträgt die Scheitlänge 8 Fuß, so daß die beiden Pfahlreihen 11 Fuß von einander entfernt sind.

Beim Richten oder Setzen des Meilers werden auf der abschüssigen und mit Kohlenlösche ausgestampften Sohle der Meilerstätte einige dünne Hölzer, der Länge des Meilers nach, gelegt, und auf diese, nach der Breite der Meilerstätte, die zu verkohlenden runden Holzscheite. Diese werden vorn durch zwei schlittenkufenartig gebogene Hölzer zusammengehalten, und liegen hier nicht viel über einen Fuß hoch. Nach hinten werden die Kohlenholzlagen aber immer höher über einander geschichtet, so daß sie zuletzt die Höhe von 10 bis 15 Fuß erreichen, je nachdem die Meilerstätte kürzer oder länger ist. Die horizontal über einander liegenden Holzstämme, welche die hintere, fast senkrechte Fläche des Meilers bilden, müssen durch ein Paar aufgestellte Pfähle und gegen dieselben gespreitzten Streben, eine Haltung bekommen. Das möglichst dichte Legen der Holzstämme neben und über einander, um die Zwischenräume zu vermeiden, ist eine wesentliche Bedingung des guten Erfolges der Arbeit; auch müssen die Stammenden auf beiden Seiten genau in einer senkrechten Ebene liegen, und es dürfen nirgends Stammenden hervorstehen. Scheite, die nicht die Länge haben, daß sie die ganze Breite des Meilers ausfüllen, müssen mit anderen kürzeren Holzstücken genau und sorgfältig ausgeglichen werden, damit nicht Höhlungen entstehen, in welchen das Feuer zu stark wirken würde.

Ist der Meiler auf diese Weise gesetzt, so wird er von allen Seiten und oben mit angefeuchteter Kohlenlösche bedeckt. Um diese auf den Seiten festzuhalten, dazu dienen eben die Pfähle auf beiden Seiten des Meilers, deren Zwischenräume mit flachem, schindelartigem Holz inwendig, d. h. nach der Seite des zu verkohlenden Holzes zu, verzogen werden, so daß die Pfähle äußerlich ganz frei bleiben. Der Zwischenraum zwischen den Stammenden des Holzes und den mit Schindeln verzogenen Pfahlreihen, wird auf solche Art ganz mit Lösche ausgefüllt. Die Schindeln und die Pfähle schützt man durch öfteres Befeuchten vor dem Verbrennen. *)

*) Es ist nicht einzusehen, warum man auf Köhlereistätten, wo eine und dieselbe Meilerstätte immer wieder benutzt

Wenn der Meiler ganz mit Lösche bedeckt ist, so wird er vorn angezündet, und das Feuer muß sich nun von selbst weiter nach hinten ziehen. So wie das Feuer vorrückt, werden die vorn erzeugten Kohlen schon gezogen, und es ist besonders nur darauf zu sehen, daß sich das Feuer nicht stärker auf der einen, als auf der anderen Seite fortzieht, und daß das sogenannte Segel, nämlich der Rücken, den die vordere Fläche des in der Verkohlung begriffenen Meilers, nach dem Arbeiter oder nach der vorderen Seite zu, mit der Meilerdecke bildet, wenn die Kohlen gezogen werden, immer gerade, oder auf die beiden Pfahlreihen senkrecht, bleibt. Auch muß die Löschdecke häufig nachgesehen und angeschlagen werden, damit sich beim Schwinden des Holzes nicht Höhlungen bilden, welche ein Durchbrennen der Decke und ein Veraschen des Holzes auf diesen Punkten zur Folge haben würden.

Ein Meiler, der 60 bis 80 Klafter faßt, ist etwa 5 Wochen im Brande. Man rühmt von dieser Verkohlungsmethode, daß sie vorzüglich gute Kohlen liefere, weil diese fast in demselben Augenblicke, wo sie entstanden sind, auch gezogen, also der Wirkung der Hitze und der Feuersgluth nicht weiter ausgesetzt würden. Auch will man dabei ein eben so großes Kohlenausbringen aus dem Holze, als bei der italienischen Köhlerei erhalten. Dazu mögen die 8 Fuß langen Scheite und die runden Kloben allerdings viel beitragen. Nach den Erfahrungen, welche Herr Herburger zu Hiflau gemacht haben will, soll, bei einer gleich aufmerksamen Behandlung der Meiler, durch die Verkohlung des Holzes in stehenden Meilern,

wird, die Meiler nicht mit gemauerten Umfassungswänden versieht. Vielleicht würde das Wegbringen der Lösche mehr Mühe machen, auch würde das Nachfüllen der Lösche, beim Schwinden des Holzes während der Verkohlung, wohl nicht so genau geschehen können.

bei Anwendung der sogenannten italienischen Verkohlungsmethode, jederzeit ein größeres Kohlenausbringen, als in den liegenden Meilern, erlangt werden. Hier ist man vom Gegentheil überzeugt, und es möchte die Entscheidung wohl nicht so leicht seyn, weil die Versuche ohne Vorurtheil, mit ganz gleichen und genau abgemessenen Quantitäten Holz, und durch Köhler, welche mit beiden Methoden am genauesten bekannt sind, angestellt werden müssen. Eine gute Decke von Kohlenlösche und eine sorgfältige Aufsicht des Köhlers, sind bei gut und fest gesetzten Meilern immer die Haupterfordernisse; ein nachlässiger Arbeiter kann bei stehenden und liegenden Meilern gleiche Nachtheile herbeiführen.

Die Erze bezieht das Werk von mehreren, näheren und ferneren, Punkten. Der nächste ist in Neuberg selbst, auf dem linken Ufer der Mürz, zwischen dem äußeren und dem inneren Krappenbach. Wer den Erzberg vorher nicht sah, würde schon den Reichthum des Steinbauer bewundern. Dieser besteht aus einem Schiefer, der mehr Chloritschiefer als Glimmerschiefer zu seyn scheint, und gegen Nordwest ziemlich stark einfällt. Nach dem entblößten Durchschnitte scheint es zwar, als wenn der Spatheisenstein unmittelbar auf dem Schiefer gelagert sei; indeß ist derselbe doch für ein Lager in bläulichweißem, zum Theil glimmerigem Urkalk anzusehen, welcher das Spatheisensteinlager in großen keilförmigen Massen unterbricht, und aus welchem auch die Kuppe des Steinbauers besteht. Der frische und unveränderte Pflinz hat hier eine ganz eigenthümliche bläulichweiße Farbe, und ist dabei so kleinspeisig, daß man ihn beim ersten flüchtigen Anblick für Kalkspath halten könnte. Ein sehr unwillkommener Begleiter dieses reichen Eisenerzes ist der häufig eingesprengte Schwefelkies, welcher ein Auslaugen der Erze nach dem Rösten nothwendig macht. Das Rösten geschieht in großen gemauerten Stadeln, unmittelbar bei der Grube, mit einem großen Holzaufwand. Die geröſteten Erze werden ausgebreitet, und durch einen ſteten Waſſerzufluß feucht erhalten. Dieſes Röſten und Wäſſern der Erze findet bei allen Pflinzen ſtatt, welche zu Zell, Nieder-Alpl, Neuberg und in der Veitſch verſchmolzen werden.

Die hieſigen Erze bedürfen keiner Zuſchläge; indeß ſucht man die Beſchickung, oder vielmehr die Gattirung, immer ſo einzurichten, daß von Natur veränderte und unveränderte Pflinze gleichzeitig zur Verſchmelzung kommen. Die letzteren erhalten ein ſtärkeres Röſtfeuer, als die erſteren. Die gattirten Erze ſollen im Durchſchnitt zu 38 Procent ausgebracht werden.

Die Schächte beider Oefen ſind zwei abgeſtumpfte vierſeitige Pyramiden, welche den Kohlenſack zu ihrer gemeinſchaftlichen Grundfläche haben. Der ganze Schacht, mit Einſchluß des Geſtellraums, beſteht aus Grauwacke. Der größere, 36 Fuß hohe Ofen, hat einen nur 5 Fuß im Quadrat weiten Kohlenſack, welcher 12 Fuß vom Boden, oder 24 Fuß von der 30 Zoll im Quadrat weiten Gicht entfernt iſt. Der Schmelzraum hat am Boden ebenfalls eine Weite von 30 Zoll. Der Ofen wird mit zwei Formen betrieben. Das Gebläſe beſteht aus vier Kaſten, von denen zwei auf jeder Seite des Arbeitsgewölbes ihr eigenes Waſſerrad haben. Mit Ausnahme des viereckigen und unnöthig ſehr engen Schachtes, iſt die Bauart des Ofens mit der, der Eiſenerzer Oefen übereinſtimmend.

Der Gichtboden über der Hütte iſt ebenfalls ſo geräumig, daß die mit Pferden beſpannten Kohlenwagen unmittelbar auf den Gichtboden gebracht werden, ſo daß er zugleich als Kohenſchuppen dient. Der Gichtboden iſt zu dem Ende mit zwei großen Thoren verſehen, welche durch fahrbare Gichtbrücken mit dem ganz nahe liegenden Köhlereiplatz in Verbindung ſtehen.

Die Kohlengicht besteht aus einem Innernberger Faß. Zum Aufgeben bedient man sich hier runder geflochtener Körbe von 9¾ Wiener Kubikfuß Inhalt, welche am Boden mit zwei kleinen Laufrollen versehen sind, so daß sich die gefüllten Körbe bequem bis zur Gicht vorschieben lassen, und dann über derselben ausgestürzt werden. Die Erzgicht ladet man in gewöhnliche Handschubkarren, und stürzt diese über der Gicht um. In 12 Stunden gehen 60 bis 65 Gichten, mit 170 bis 180 Pfund Erz. Bei dem sehr engen Schacht liegen die Kohlenschichten weniger ausgebreitet im Kohlensack; es scheint daher eine Versetzung durch Vorrücken der Erzgichten nicht so häufig vorzukommen. Im Durchschnitt rechnet man auf ein Ausbringen von 600 Centner in der Woche.

Die Behandlung des Ofens und das Verfahren beim Abstechen der Flossen, sind ganz so wie bei den Oefen zu Eisenerz. Man wendet indeß hier nicht die große Aufmerksamkeit bei der Satzführung, wie dort, an, um immer blumichte Flossen, die sich den luckigen nähern, zu erzeugen. Schon aus dem Anblicke des Schlackenhaufens, auf welchem schwarze, braune, gelblichgrüne, bläulichgrüne und grüne Schlacken mit weißem Schaume bunt durch einander liegen, läßt sich der Schluß ziehen, daß man hier Flossen von der grauesten bis zur luckigsten Beschaffenheit erzeugt, wie sich dies auch bei der näheren Untersuchung der Flossen bestätigt. Bei der Leichtflüssigkeit der Erze hat man daher auch hier von Versetzungen weniger zu befürchten, weil die leichteren Gichten die durch die schwereren Gichten hervorgebrachte Unregelmäßigkeit im Gange wieder herstellen. Zu Eisenerz darf man dies Mittel nicht anwenden, weil die Flossen immer so viel als möglich eine gleiche Beschaffenheit erhalten sollen, und man daher schon bei der Satzführung vorsichtiger verfahren muß, um dem zu gaaren und zu strengen Gange vorzubeugen.

Die Ursache, warum man hier auf den Ofenbetrieb so wenig Sorgfalt verwendet, und warum man daher oft bei einem und demselben Abstich Flossen von sehr verschiedener Beschaffenheit erhält, liegt darin, daß man die grauen Flossen eben sowohl als die luckigen zum Verfrischen anwendet, wozu die Hart- und Weichzerrennarbeit Veranlassung giebt. Für diese werden die grauen und die spiegelichten Flossen ausgesucht, und sie erhält nur die weniger gekohlten Flossen, welche die Weichzerrennfeuer, die auf gewöhnliche Art arbeiten, nicht verwenden.

Die Ofenschlacken werden gepocht, und das Wascheisen wird wieder mit durchgeschmolzen.

Der kleine Ofen hat ebenfalls einen viereckigen Schacht; er ist 24 Fuß hoch, unten und oben 24 Zoll weit, und nur mit einem aus zwei Kasten bestehenden Gebläse versehen.

Alle Flossen, auch die, welche zur Hart- und Weichzerrennarbeit kommen, werden vorher gebraten. Zum Braten bedient man sich hier zwar auch der gewöhnlichen Bratheerde, indeß wendet man zum Luftzuge kein Gebläse an, sondern führt den Luftstrohm von außen in den unter dem Bratheerde befindlichen Schlauch oder Kanal.

Die Verarbeitung der gebratenen luckigen und blumichten Flossen in den Weichzerrennfeuern, welche die Steiersche Einmalschmelzerei anwenden, weicht von dem gewöhnlichen Verfahren nicht ab. Man hält sich auch hier beim Abdrehen der Luppe, und noch weniger beim Zurichten der vier Kolben auf, sondern überläßt es der Schweißhitze, die hervorstehenden Eisenkanten wegzuschmelzen.

Bei der Hart- und Weichzerrennarbeit fallen die Hasen in den Hartzerrennheerden hier mehr klump- als kuchenartig aus,

aus, weil der Hartfloß bei der Anwendung der gebratenen und weniger grauen Flossen, weit luckiger wird, als zu Mariazell. Dennoch läßt man aber den Hasen über eine Viertelstunde im Feuer stehen, ehe er ausgebrochen wird. Der Hase muß noch vor dem Erkalten und im rothglühenden Zustande zerschlagen werden, weil das Zerschlagen nach dem Erkalten, bei dem halb gefrischten Eisen, hier sehr schwierig werden würde.

Ob die beim Braten der Flossen verwendeten Kohlen, bei der Hart- und Weichzerrennarbeit wieder erspart werden, so daß man hier mit keinem größeren Kohlenaufwand arbeitet, als zu Mariazell, wo das Roheisen vor dem Hartzerrennen nicht gebraten wird, und wo man, wegen der Gießerei, mehrentheils ganz graues Roheisen zu verarbeiten gezwungen ist, sich also den Vortheil der Anwendung weniger gekohlter Flossen, wie hier, nicht verschaffen kann: ist vielleicht schwieriger auszumitteln, als es scheint. Die Wohlfeilheit der Kohlen ist ein glückliches Hinderniß, sich hierüber zuverlässige Aufschlüsse zu verschaffen und gründliche Controllen anzuordnen; sie steht aber auch der größeren haushälterischen Vervollkommnung des Eisenhüttengewerbes, besonders des Hammerhüttenbetriebes, überall entgegen.

Allgemeine Bemerkungen über den Eisenhüttenbetrieb im südlichen Deutschland.

Mit Ausnahme von Mariazell, findet also in allen südlichen deutschen Oesterreichischen Provinzen die Roheisenerzeugung in Oefen mit geschlossener Brust statt. Im Gegensatz von den Stücköfen nannte man diese Oefen Blauöfen (d. h. Blaseöfen, weil sie ununterbrochen betrieben wurden), oder Floßöfen (weil das Eisen im flüssigen Zustande, als Roheisen, abgestochen, und nicht in erstarrten, halbgaaren Stücken ausgebrochen ward).

Die später erfolgte Erhöhung der Schächte gab Veranlassung, den höheren Blauöfen den Namen der Hohenöfen beizulegen, wobei indeß mit Recht die Frage entsteht, von welcher Schachthöhe an, dem Ofen die Bezeichnung als Hoherofen zu Theil werden soll. Die größere oder geringere Höhe des Schachtes ist an sich etwas so Willkührliches, daß dadurch zwar die Art, aber nicht die Gattung des Ofens bestimmt, folglich auch davon nicht der Name entlehnt werden kann. Um daher mit dem Namen auch zugleich einen bestimmten Begriff zu verbinden, ist eine allgemeine Vereinigung sehr zu wünschen. Schon an einem anderen Orte*) ist bemerklich gemacht, daß der Charakter der Hohenöfen darin bestehe, daß sie mit offener Brust arbeiten. Blau- oder Floßöfen würden also diejenigen Eisenschmelzöfen seyn, welche eine geschlossene Brust haben, gleichviel ob sie mit einem Gestell versehen seyn mögen, oder nicht. Es wird daher hohe und niedrige Hoheöfen geben, so gut wie hohe oder niedrige Blauöfen vorhanden sind.

Als ich vor einigen Jahren auf die Vortheile der Gestelle für die Blauöfen aufmerksam machte,**) konnte ich noch nicht hoffen, mich davon so bald in der Wirklichkeit zu überzeugen. Der mit einem Gestell versehene Blauofen zu Bergen wird aber allen denjenigen Blauöfen, welche graue oder halbirte Flossen erzeugen, — wie dies größtentheils in Salzburg, Kärnthen, Krain und in Nieder-Steiermark der Fall ist, — als ein nachahmungswerthes Muster erscheinen.

*) Handbuch der Eisenhüttenkunde, Bd. II. §. 562.

**) A. a. O. §. 617.

Für die Blauöfen, welche zur Darstellung von blumichten, oder wohl gar von luckigen Flossen bestimmt sind, dürfte ein minder hohes Gestell anwendbarer seyn.

Das Gestell ist nur ein zusammengezogener Schmelzraum, in welchem die Kohlen mit dem größten Effekt, den sie zu leisten vermögen, verbrennen sollen. Dieser Effekt steht im Verhältniß mit der Dichtigkeit des Windes, und mit der Verbrennlichkeit der Kohlen. Ist bei einer gegebenen und bekannten Verbrennlichkeit der Kohlen, die Geschwindigkeit des Windstrohms, welche den größten Effekt beim Verbrennen hervorbringt, ausgemittelt; so folgt daraus von selbst, daß dieser Effekt in zu weiten Schmelzräumen nicht mehr stattfinden kann, oder daß ein Theil des Brennmaterials mit einem geringeren Effekt, als es zu leisten fähig ist, verbrennen muß. Eine angemessene Verengung oder Zusammenziehung des Schmelzraumes, kann daher auf die Kohlenverwendung nur vortheilhaft einwirken.

Den unteren Theil des Ofenschachtes, welcher den Bauch oder den Kohlensack desselben mit dem Schmelzraume verbindet, hat man bei den Hohenöfen, also auch bei den mit einem Gestell versehenen Blauöfen, die Rast genannt, auch wohl sogar — weil die Blauöfen in der Regel keinen zusammengezogenen Schmelzraum, oder kein Gestell zu haben pflegen — den Vorschlag gemacht, die Oefen zum Eisenschmelzen in Oefen mit und ohne Rast einzutheilen. Abgesehen, daß die Rast eigentlich nichts weiter ist, als der untere Theil des Ofenschachtes, — er mag nun unmittelbar bis zum Boden fortgeführt, oder mit dem zusammengezogenen Schmelzraum in Verbindung gesetzt seyn, — giebt es sehr viele mit einer Rast versehene Oefen, bei denen dieser untere Theil des Schachtes steiler ist, als bei den Oefen ohne zusammengezogenen Schmelzraum, bei welchen folglich der ganze untere Theil des Schachtes, vom Kohlensack bis zum Boden, als Rast betrachtet werden müßte. Die flachen Rasten sind nur in wenigen Gegenden noch in Anwendung; sie wirken der Weite des Ofens entgegen, und haben, was man auch dafür anführen mag, keinen Nutzen. Alle Vortheile, welche man von den flacheren Rasten erhalten zu haben glaubt, beschränken sich bloß auf die durch das Flacherlegen der Rast gleichzeitig herbeigeführte größere Weite des Schachtes, so daß nicht der flacheren Rast, sondern der größeren Weite des Schachtes, der bessere Erfolg des Betriebes zugeschrieben werden muß.

Man hat wohl die Frage aufgeworfen, ob die Blauöfen den Hohenöfen vorzuziehen wären, oder umgekehrt? Ohne zugleich Rücksicht auf die Beschaffenheit der Erze, und auch in einzelnen Fällen (beim Betriebe mit Coaks) auf die Verbrennlichkeit der Kohlen zu nehmen, läßt sich diese Frage nicht beantworten. Nur leichtflüssige Erze, und die Anwendung von Holzkohlen, lassen den Betrieb in Blauöfen ohne Gestell zu. Erze, die wegen ihrer Strengflüssigkeit keine schweren Sätze vertragen, so wie die schwer zerstöhrbaren Coaks, erfordern durchaus einen zusammengezogenen Schmelzraum, wenn der Betrieb vortheilhafte Resultate gewähren soll. Ein Blauofen mit einem zusammengezogenen Schmelzraume wird daher vor dem Hohenofen noch den Vortheil voraus haben, daß durch die geschlossene Vorwand die Hitze mehr zusammengehalten wird, als bei den Oefen mit offener Brust. Die letzteren können dagegen in dem, durch das Vordergestell sehr verlängerten und vergrößerten Raume unter der Form, viel mehr Eisen fassen, als die Blauöfen, und können daher längere Zeit ununterbrochen im Betrieb erhalten werden, als diese, bei denen ein häufigeres Abstechen des Eisens und Ablassen der Schlacke, folglich eine häufigere Stöhrung des Betriebes, nothwendig ist. Außerdem läßt sich durch das offene Vordergestell leichter eine Reinigung des Schmelzraums, oder des Gestelles, vornehmen, welches bei strengflüssigen Beschickungen wohl zu berücksichtigen ist.

Die Blauöfen mit zusammengezogenem Schmelzraum dürften daher beim Holzkohlenbetriebe und bei nicht strengflüssigen Erzen den Vorzug vor den Hohenöfen verdienen; Blauöfen ohne zusammengezogenen Schmelzraum aber nur bei sehr leichtflüssigen Erzen, jedoch immer mit einem größeren Aufwand von Brennmaterial, als bei der Anwendung eines niedrigen Gestelles, beizubehalten seyn. Ein Blauofen ohne zusammengezogenen Schmelzraum läßt sich so leicht in einen Blauofen mit einem Gestell, und diese Zustellung so leicht in eine Hohenofenzustellung, so wie umgekehrt die letztere in eine Blauofenzustellung, umändern, daß es nicht schwierig seyn kann, sich bei einem und demselben Ofen, und unter übrigens ganz gleichbleibenden Verhältnissen, eine vollständige Auskunft über die Vortheile der zusammengezogenen Schmelzräume, so wie über die Vorzüge der offenen oder der geschlossenen Brust, zu verschaffen.

Strengflüssige Erze, wenn sie auch sonst ein ganz untadelhaftes Roheisen geben würden, gestatten so schwere Sätze, bei denen ununterbrochen weißes Roheisen erfolgen würde, deshalb nicht, weil die Schlacke dann schon zu strengflüssig wird, sich kalt bläset, und zu unaufhörlichen Versetzungen im Schmelzraume Anlaß geben würde. Bei diesen Erzen muß der Satz daher immer so niedrig geführt werden daß höchstens nur halbirtes Roheisen entsteht. Bei anderen Erzen vermeidet man das weiße Roheisen, weil es sich zu sehr mit fremden Bestandtheilen überladen, und beim Verfrischen schlechtes Stabeisen geben würde. In diesem Falle werden die Sätze in der Regel nicht stärker geführt, als die Entstehung eines möglichst grauen Roheisens es erfordert. In beiden Fällen pflegt der Uebergang aus dem grauen in das weiße Roheisen auch sehr schnell zu erfolgen, und sich für den Gang des Ofens, durch die eintretenden Versetzungen, höchst nachtheilig zu äußern.

Ganz anders verhalten sich die leichtflüssigen Erze. (Die Braunerze, die verwitterten und gerösteten Spatheisensteine, und einige Brauneisensteine.) Die Sätze können schon so stark gegeben werden, daß das weiße Roheisen in den gaaren Zustand übergeht; alle Vorsicht beschränkt sich nur darauf, den Satz nicht so stark zu führen, daß das Eisen schon seine Flüssigkeit verliert. Die Erzeugung des grauen und des halbirten Roheisens nicht allein, sondern auch derjenigen Art des weißen Roheisens, welche unmittelbar auf das halbirte Roheisen folgt, sucht man mit Recht zu vermeiden, theils um mehr Erz bei gleichen Quantitäten Kohle im Ofen zu verschmelzen, theils und vorzüglich, um das Roheisen so wenig als möglich gekohlt zu erhalten, also um dem Frischproceß vorzuarbeiten.

Bei den nicht leichtflüssigen Erzen fallen die verschiedenen Arten des weißen Roheisens so sehr zusammen, daß man sie nicht genau unterscheiden kann Die leichtflüssigen Erze geben aber, nach deutlichen Abstufungen, die Spiegelflossen, die blumichten Flossen und die luckigen Flossen. Die beiden letzteren Abarten pflegt man unter dem Namen der weichen

Flossen zusammenzufassen, weil das Roheisen sich schon dem Zustande des weichen Eisens nähert. Die Spiegelflossen und die Flossen, welche aus dem spiegelichten Zustande, auf der einen Seite in das halbirte Roheisen, und auf der anderen in die blumichten Flossen übergehen, nennt man harte Flossen, weil sie die Härte und Sprödigkeit des weißen Roheisens besitzen, welche den weichen Flossen abgehen. Die grauen Flossen würden in dieser Beziehung zwar auch weiche Flossen genannt werden können; allein die Benennungen Hartfloß und Weichfloß beschränken sich bloß auf den mehr oder weniger gekohlten Zustand des weißen Roheisens.

Die Namen: Spiegelflossen, blumichte Flossen und luckige Flossen sind von dem Bruchansehen entlehnt, und bedürfen keiner näheren Auseinandersetzung. Die blumichten Flossen enthalten schon einzelne kleinere und größere Oeffnungen, die um so größer und häufiger werden, je mehr sie sich dem Zustande der luckigen Flossen nähern. Diese nehmen an Flüssigkeit immer mehr und mehr ab, und verlieren sie, bei zu starken Sätzen, so sehr, daß das Abstechen zuletzt unmöglich gemacht wird. Alsdann treten Versetzungen ein, denen nur durch Ausbrechen der gefrischten Eisenmasse, so wie man sie früher aus den Stücköfen erhielt, und durch leichtere Sätze abzuhelfen ist.

Man würde daher wohl graues (oder auch sonst wohl sogenanntes gaares) Roheisen, halbirtes Roheisen, Hartfloß (dünngrelles) und Weichfloß (dickgrelles Roheisen) unterscheiden können, um die verschiedenen Zustände der Erzeugnisse aus den Eisenschmelzöfen zu unterscheiden, indem die Eintheilung in graues, halbirtes und weißes Roheisen offenbar nicht zureicht. Hartfloß wäre das weiße Roheisen, welches so viel Kohle enthält, daß es noch hart und spröde ist. Weichfloß würde dasjenige weiße Roheisen seyn, welches die Härte und Sprödigkeit schon verloren hat. Genauer lassen sich die verschiedenen Abstufungen zwischen Hart- und Weichfloß, allerdings durch Spiegelfloß, blumichte und luckige Flossen bezeichnen.

Nur in Ober-Steiermark, und auf denjenigen Werken in Krain und Kärnthen, welche Flossen zu Brescianstahl erzeugen, ist der Betrieb der Oefen auf die Erzeugung von Weichfloß — welches sich zum Theil freilich dem Hartfloß nähert — gerichtet. Daraus erklärt sich auch der geringe Eisenverlust bei der Steierschen Stabeisen- und Rohstahl-Frischmethode. Die Blauöfen in Kärnthen und in Unter-Steiermark geben graues, zum Theil schon dem halbirten sich näherndes Roheisen, welches entweder unmittelbar beim Ofen durch das Blattlheben weiß gemacht, oder in besonderen Feuern umgeschmolzen, und dann erst den Frischfeuern übergeben wird. Obgleich also die Erzeugung bei den Blauöfen auf graues Roheisen gerichtet ist; so wird doch dieses niemals im grauen Zustande zur Verfrischung gegeben, sondern es muß immer erst eine Vorbereitung erleiden. Spiegelflossen werden nirgends absichtlich erzeugt, indem sie zum Scheibenreißen zu wenig, für die Steiersche Eisen- und Stahl-Manipulation, so wie für die Brescianarbeit, aber schon zu viel Kohle enthalten.

Der verstorbene v. Manher hat sich in seinen bekannten Schriften sehr viel Mühe gegeben, die Dimensionen und die Betriebs-Resultate vieler Oefen zusammenzustellen, und aus der Vergleichung des Kohlenverbrauchs die zweckmäßigste Gestalt der Oefen abzuleiten. Aus diesen Schriften hat Herr Hassenfratz geschöpft, und in seiner

Siderotechnie Schlüsse aufgestellt, die oft eben so unrichtig sind, als die Angaben, von denen er ausgegangen ist. Solche Vergleichungen können nur dann zu überzeugenden Resultaten führen, wenn sie unter abgeänderten Verhältnissen in den Dimensionen des Ofens, aber unter sonst völlig gleichbleibenden Umständen auf einem und demselben Werke angestellt werden, oder wenn das Verhalten der Erze, des Brennmaterials, des Gebläses u. s. f. ganz genau bestimmt ist, welches bei allen bisher angestellten Vergleichungen nicht der Fall war. Alle diese Vergleichungen haben daher nur einen geringen und sehr beschränkten Werth, und können sehr häufig zu ganz falschen und irrigen Folgerungen Veranlassung geben, wenn sie auf unzuverlässigen Angaben begründet sind; am wenigsten sind sie aber dazu geeignet, allgemein gültige Regeln für die zweckmäßigsten Dimensionen der Schächte an die Hand zu geben.

Vergleicht man die Schachtkonstruktion und die Betriebs-Resultate der folgenden Oefen, so läßt sich, wegen der Verschiedenheit der Erze und des Brennmaterials,*) aus den Zahlen an sich, nämlich aus dem Kohlenaufwande bei dem bekannten Ausbringen aus den Erzen, kein Schluß auf die mehr oder weniger zweckmäßige Konstruktion der Schächte machen. Dies würde nur geschehen können, wenn alle Oefen einerlei Erze, bei ganz gleichen Kohlen, verarbeiteten.

*) Selbst die Kohlen aus einer und derselben Holzart werden sich verschieden verhalten, je nachdem das Holz jünger oder älter, auf trocknerem oder feuchterem Boden gewachsen, früher oder später nach dem Einschlagen zur Verkohlung gekommen ist, u. s. f.

	Höhe		Weite			Roheisenausbringen aus 100 Pfd. Erz.	Zu 100 Berl. Pfund Roheisen sind Kohlen nöthig	Bei 100 rhnl. Kubikfuß Holzkohlen werden durchgeschmelzen	Größe der Kohlengicht.
	vom Boden bis zur Gicht.	vom Boden bis zum Kohlensack.	unten am Boden.	im Kohlensack.	auf der Gicht.				
	Wiener Fuß.	Wiener Fuß.	Wiener Zoll.	Wiener Fuß.	Wiener Zoll.		Rheinl. Kub. Fuß	Berl. Pf.	Wiener Kub. Fuß
Baiern									
Bergen . . .	28	10	22	8¼	45	21	19,25	2450	17
Salzburg									
Flachau . . .	27	8	36	6	36	21	23,7	2112	11
Krain									
Jauerburg . .	22	11	22	5½	18	41	18	1595	8¾
Kärnthen									
Treibach . . .	35	10	40	6¼	20	50	13,4	1800	11⅔
Sct. Salvator .	24½	10	30	5½	30	45⅓	16,7	1304	10¾
Steiermark									
Vordernberg .	18	5½	36	5¼	16	36	20	1392	11⅔
Eisenerz. { Ruprecht	29	12	50	7½	24	39	13,7	1400	9¾
Eisenerz. { Wrbna	36	12	50	8	24	40	12,9	2100	9¾
Mariazell .	28	9	18	5	30	28	26	—	7⅓
Neuberg . .	36	12	30	5	30	38	14	2000	9¾

Nur die Oefen zu Vordernberg und zu Eisenerz, welche ganz gleiche Erze verschmelzen und fast einerlei Brennmaterial benutzen, können mit einander verglichen werden; und bei dieser Vergleichung ergiebt sich sehr bald der überwiegende Vortheil der größeren Höhe des Schachtes.

Die Weite der Oefen im Kohlensack ist auffallend gering, und man darf ganz sicher annehmen, daß dadurch ein Theil des Vortheils der größeren Höhe der Schächte wieder verloren geht. Am wenigsten ist die Schachtkonstruktion des Neuberger Ofens zu loben. Die Erze werden, bei dem engen Schacht, sehr schnell in die koncentrirte Hitze des Schmelzraums gebracht, wodurch die Wirkung des Brennmaterials zum Theil unbenutzt bleibt.

Sehr vortheilhaft zeichnet sich der Ofen zu Bergen nicht allein wegen seines zusammengezogenen Schmelzraums, sondern auch wegen seiner, im Verhältniß zur Schachthöhe, bedeutenden Weite des Kohlensacks aus.

Auch bei dem Ofen zu Flachau verdient der zusammengezogene Schmelzraum gelobt zu werden. Bei einer größeren Weite des Kohlensacks und bei einer größeren Entfernung desselben vom Boden, würde der Kohlenaufwand unbezweifelt geringer seyn.

Bei dem Ofen zu Jauerburg hat man, durch die hohe Lage des Kohlensacks, die aus der geringen Weite und Höhe des Schachtes entspringenden Nachtheile möglichst vermindert.

Der Ofen zu Treibach würde, bei einiger Zusammenziehung des Schmelzraums, und bei einer um die Hälfte größeren Weite des Kohlensacks, ganz gewiß noch weit bessere Betriebsresultate gewähren.

Zu dem äußerst bedeutenden Kohlenverbrauch bei den Mariazeller Hohenöfen ist der Grund in der Schachtkonstruktion nicht zu finden. Die geringe Weite des Kohlensacks und die nicht sehr bedeutende Höhe der Oefen, können für sich allein dazu nicht Veranlassung geben. Der Hohenofenzustellung kann noch weniger die Schuld beigemessen werden, indem sie im Gegentheil vortheilhaft einwirken müßte. In der Benutzung des Eisens zur Gießerei, in der Verzettelung und in dem wirklichen Eisenverlust, so wie in dem Zurückgeben der Kellensätze u. s. f. kann nur der Grund aufgesucht werden. Die Mariazeller Oefen eignen sich daher am wenigsten zu einer Vergleichung.

Die geringe Weite der Gichten ist überall dort sehr zu empfehlen, wo man durch lettige oder sehr mulmige, sandige, staubige u. s. f. Erze, kein zu starkes Sticken der Gichtenflammen und ein Zurückhalten des Windes befürchten darf.

Dagegen wird durch die zu geringe Größe der Kohlengichten stets ein unregelmäßiger Gichtengang im Ofen veranlaßt. Der Ofen zu Bergen zeichnet sich hier abermals vortheilhaft aus. Die Nachtheile der zu kleinen Gichten sind schon bei der näheren Betrachtung des Ofenbetriebes zu Eisenerz auseinander gesetzt worden.

35 bis 40 Fuß hohe Blauöfen, mit einem 10 bis 12 Fuß weiten Kohlensack, in einer Entfernung von wenigstens 14 Fuß vom Boden, und mit einem zusammengezogenen Schmelzraum versehen (welcher für die Oefen, die auf Weichfloß arbeiten, niedriger und weiter; für die Oefen, welche graues Roheisen zum Blattreißen oder zur Hart- und Weichzerrennarbeit erzeugen, höher seyn müßte), dürften zur Verschmelzung leichtflüssiger Erze, bei Holzkohlen, am zweckmäßigsten konstruirt seyn, vorausgesetzt, daß das Gebläse wenigstens 1200 bis 1500 Kubikfuß Wind, mit der angemessenen Geschwindigkeit zu liefern im Stande ist, und daß nicht zu kleine Kohlengichten — Gichten von wenigstens 25 Kubikfuß Inhalt — angewendet werden.

Das Roheisen, dessen sich die Frischhütten in den südlichen Oesterreichischen Provinzen bedienen, mag im grauen oder im weißen Zustande von den Oefen kommen, so wird es doch niemals als graues Roheisen verarbeitet, sondern erst einer Vorbereitung unterworfen. Das Wesentliche des Frischprocesses besteht also darin, der Frischhütte das Roheisen in einem solchen Zustande zu übergeben, daß es durch das bloße einmalige Niederschmelzen vor dem Winde, ohne weiteres Arbeiten im Heerde, besonders aber ohne ein nochmaliges Heben (Aufbrechen), also ohne ein wiederholtes Niederschmelzen, den gehörigen Grad der Gaare erlangt.

Der Frischproceß ist folglich durchaus nur Einmalschmelzerei, zu welcher das Roheisen, angemessen dem Zustande, in welchem es von den Oefen kommt, vorbereitet wird. Nur auf sehr wenigen Frischhütten in Ober-Steiermark, nämlich auf denjenigen, welche sehr luckige Vordernberger Flossen verarbeiten, die sich dem gefrischten Zustande schon sehr nähern und eigentlich mit den Erzeugnissen, welche sonst die Stucköfen lieferten, verglichen werden müssen, — nur auf diesen Hütten, welche jedoch eine sehr geringe Ausnahme machen, werden die Flossen ohne alle Vorbereitung verfrischt. Ließen sich so luckige Flossen, ohne überwiegende Nachtheile für den Betrieb der Oefen, jederzeit darstellen; so würde die Verarbeitung derselben im Frischfeuer die vollkommenste und die vortheilhafteste Frischmethode seyn. Bei strengflüssigen Erzen ist aber die Erzeugung so weicher Flossen, an sich unmöglich, und bei leichtflüssigen Erzen werden die Vortheile in der Frischhütte, durch die Nachtheile beim Ofenbetriebe, reichlich wieder aufgewogen.

Bei dem weißen Roheisen bestehen die Vorbereitungen bloß in dem Braten der Flossen auf einem besonderen Bratheerde. Nur zu Neuberg in Steiermark machte man hiervon eine Ausnahme, indem man hier auch die weißen Flossen zum Theil*) eben so wie die grauen und halbirten behandelt, und sie der Hart- und Weichzerrennarbeit übergiebt. Man sucht bei den Oefen, so viel als möglich, nur Weichfloß zu erzeugen; die Spiegelflossen (Hartfloß) werden, entweder mit sehr luckigen Flossen gattirt anwendet, oder zur Stahlarbeit genommen. – Dies Verfahren ist bis jetzt der Provinz Ober-Steiermark eigenthümlich; indeß hat man auch in Krain (zu Neumärktl) und in Kärnthen (zu St. Veit, und ausnahmsweise zu Treibach) bereits angefangen, diese vortheilhafte Frischmethode anzuwenden.

Wo graues Roheisen erzeugt wird, welches, mit wenigen Ausnahmen, in Salzburg, in Krain, in ganz Kärnthen, in Nieder-Steiermark, so wie in Mariazell, und theilweise zu Neuberg in Ober-Steiermark, der Fall ist, da läßt sich ein dreifaches Verfahren bei der Vorbereitung des Roheisens nachweisen.

Das eine Verfahren besteht darin, das Roheisen unmittelbar beim Ofen in Scheiben oder Blattln zu reißen, diese in einem Bratofen, oder auf einem Bratheerd zu braten, und die gebratenen Scheiben den Frischfeuern zu übergeben.

Bei einem zweiten Verfahren werden die grauen Flossen in einem besonderen Feuer (Zerrennheerde) eingeschmolzen, in diesem Feuer in Scheiben gerissen, welche sodann gebraten und den Frischfeuern übergeben werden. (Blattlheben am Zerrennheerd in Kärnthen; Hart- und Weichzerrennarbeit in Salzburg.)

Bei der dritten Verfahrungsart werden die Flossen vom

*) Nämlich die Spiegelflossen, bei denen man die Vorbereitung durch bloßes Braten nicht für zureichend hält.

Ofen in einem besonderen Feuer (Hartzerrennheerd) eingeschmolzen, und die ungeschmolzene Roheisenmasse (Kartitsch, Hase, Hartstück) nach dem Ausbrechen und Zerschlagen, dem Frischheerd (Weichzerrennheerd) übergeben (Kartitscharbeit in Kärnthen; Hart- und Weichzerrennarbeit in Steiermark).

Es bedarf keiner Auseinandersetzung, daß der Frischproceß um so schneller, vollkommener und vortheilhafter ausgeübt werden muß, je weniger Kohle das zu verfrischende Roheisen enthält. Die Steiersche Frischmethode verdient deshalb auch den Vorzug, und würde allgemein einzuführen seyn, wenn nicht Umstände einträten, welche die Erzeugung von weißem Roheisen, besonders von Weichfloß, in vielen Fällen unmöglich, in anderen Fällen unvortheilhaft machten. Unmöglich ist sie, bei der Verarbeitung strengflüssiger Erze, welche keine schweren Sätze vertragen, so wie bei der Anwendung von Coaks. Unvortheilhaft würde sie seyn, bei der Verarbeitung solcher Eisenerze, welche Bestandtheile enthalten, die einen nachtheiligen Einfluß auf die Beschaffenheit des Eisens haben. Unter beiden Umständen muß man graues Roheisen erzeugen: im ersten Fall, um den Betrieb des Ofens nicht zu unterbrechen, im letzten Fall, um die fremdartigen Bestandtheile möglichst abzuscheiden, welches nur bei einem sehr hitzigen und gaaren Gange des Ofens geschehen kann.

Ohne untersuchen zu wollen, ob bei allen Oefen, welche graues Roheisen erzeugen, einer von diesen beiden Fällen wirklich vorhanden ist, und ob nicht vielleicht nur hergebrachte Gewohnheit von der Darstellung des weißen Roheisens abhalten mag; läßt sich doch mit völliger Gewißheit behaupten, daß die Frischhütten, welche Weichfloß oder auch nur Hartfloß verarbeiten können, einen entschiedenen Vorzug vor denen haben, die sich des grauen Roheisens zum Verfrischen bedienen müssen.

Gestattet es also die Beschaffenheit der Erze, die Sätze im Ofen auf die Erzeugung von weißem Roheisen, wo möglich von Weichfloß einzurichten; so kann nichts vortheilhafter seyn, als die Einführung der Steierschen Frischmethode, welche durch einen strengeren Haushalt beim Kohlenverbrauch, besonders durch die ununterbrochene Fortsetzung der Arbeit und die Aufhebung der bloßen Tagesschichten, noch einer so wesentlichen Vervollkommnung fähig ist, daß sie alsdann als die vollkommenste Frischmethode erscheinen wird. Das Braten der Flossen vor dem Verfrischen, trägt wesentlich dazu bei, den Frischproceß zu beschleunigen.

Wo aber hergebrachte Gewohnheit, oder Nothwendigkeit, die Verarbeitung des grauen Roheisens in den Frischfeuern herbeiführen, da wird eine zweckmäßige Vorbereitung des Roheisens, die Vervollkommnung und Verbesserung des Frischprocesses zur Folge haben. Diese Vorbereitung besteht in der Abscheidung eines Theils des Kohlengehalts des Eisens vor der Verfrischung. Eine solche Abscheidung kann aber nur alsdann stattfinden, wenn der Graphit vorher zerstört, oder wenn das Eisen weiß gemacht worden ist. *)

Das Blattheben am Zerrennheerd, und die Kartitscharbeit, oder die beiden, unter dem gemeinschaftlichen Namen der Hart- und Weichzerrennarbeit bekannten Frischmethoden, erfüllen den Zweck des Weißmachens des Roheisens, auf eine zu kostbare und mit einem zu starken Kohlenverbrauch verbundene Weise. Das Weißmachen, durch Umschmelzen des Roheisens auf dem Heerde des Flammofens, kann mit Vortheil nur in solchen Gegenden geschehen, in welchen Stein- oder Braun-

*) Ich muß hier, um nicht unnöthig weitläufig zu werden, verweisen auf: §§. 112—122. 140 — 146. 248. 249. 988. in meinem Handbuch d. Eisenhüttenkunde. Halle 1816.

kohlen wohlfeil zu erhalten sind. Das sogenannte Reinigen, oder Läutern des grauen Roheisens, in dem Untergestell des Ofens selbst, vor dem Abstechen, ist ein noch zu wenig genau geprüftes, bis jetzt bloß in der Eiffel angewendetes Verfahren, welches wenigstens auf den Betrieb des Ofens nicht vortheilhaft wirken kann.

Desto einfacher und vortheilhafter erscheint aber das Verfahren, das graue Roheisen unmittelbar nach dem Abstich beim Ofen selbst, also ohne alle Umschmelzung, in Scheiben zu reißen, den gebildeten Graphit auf solche Art zu zerstöhren, und dann die Verminderung des Kohlegehalts durch das Braten der Blattln oder Scheiben zu bewirken.

Diese Verfahrungsweise verdient gewiß eine ganz allgemeine Anwendung, in allen Gegenden, wo graues Roheisen zum Verfrischen erblasen wird. Daß das Braten des grauen Roheisens ohne Erfolg seyn würde, bedarf eben so wenig einer näheren Auseinandersetzung, als daß die Anwendung der ungebratenen Blattln oder Scheiben, dem Zwecke nicht entsprechen kann. Die Umänderung des grauen Roheisens in weißes, und das Braten des letzteren, sind wesentlich mit einander zusammenhängende und gleich nothwendige Bedingungen zu diesem, den eigentlichen Frischproceß vorbereitenden Verfahren.

Soll durch das Braten der Kohlegehalt möglichst vollständig abgeschieden werden, so muß der Luft der Zutritt zu den glühenden Scheiben gestattet seyn. Vielleicht würden sich daher der Proceß des Bratens durch Flammenfeuer vollständiger, als zwischen der Kohlenhülle in den Bratöfen und Bratheerden, erreichen lassen. Nur würden ein zu starkes Feuer und ein starker Luftzug vermieden werden müssen, um das Zusammensintern und Verschlacken der Scheiben zu verhindern. Eine wesentliche Verbesserung würde dem Bratproceß, so wie er jetzt in den Oefen oder auf den Heerden ausgeübt wird, schon dadurch zu Theil werden, daß man die zu bratenden Scheiben mit roth gebranntem Erz (Eisenoxyd) überzieht, indem dieses in der Glühhitze theilweise den Sauerstoff entläßt, welcher unmittelbar auf die Kohle im Eisen einwirken würde. Ein solcher Ueberzug wird aber den Scheiben leicht und ohne besondere Kosten ertheilt werden können, wenn das rothgebrannte Eisenerz, in einem großen Gefäß, mit Wasser breiartig angerührt, jede Scheibe einzeln durchgeführt, und einige Augenblicke zum Abtrocknen hingestellt wird. Hüttenwerke, denen nur unreine und sandige Erze zu Gebot stehen, würden von einem solchen Verfahren freilich nicht Gebrauch machen können, weil der Erzüberzug zur Entstehung von zu vieler Rohschlacke im Frischheerde, Veranlassung geben würde.

Die mehr oder weniger gelungenen Versuche, das Roheisen, oder die gegossenen eisernen Waaren, durch Cementiren mit solchen Substanzen, die beim Glühen Sauerstoff entwickeln, vollkommen geschmeidig zu machen, berechtigen zu der Hoffnung, daß es auch gelingen werde, den Bratproceß — welcher in seinem jetzigen Zustande nur ein Cementiren des Roheisens mit atmosphärischer Luft genannt werden kann — durch die Anwendung von Sauerstoff entwickelnden Substanzen, in zweckmäßig eingerichteten Glühöfen, so zu vervollkommnen, daß der eigentliche Frischproceß demnächst nur ein schnelles und mit geringem Eisenverlust verknüpftes Umschmelzen des, durch die Cementation fast zur Gaare gebrachten, Roheisens seyn wird.

Druckfehler.

S. 40 Z. 6 v. o. Sinkwerke st. Siedewerke
— „ — „ v. u. welches st. welche
— 59 — 2 v. o. Hydrometrograph st. Hydrometeograph
— 98 — 12 v. u. Luttenröhren st. Lutterröhren.
— 106 — 6 v. u. $\frac{v^2 (0{,}02 \frac{\lambda}{d} + 1)}{41{,}22}$ st. $\frac{v^2 (002 \frac{\lambda}{d} + 1.)}{41{,}22.}$
— 111 — 13 v. u. Reifenstuhlsche st. Reichenstuhlsche
— 125 — 9 v. u. gern st. gegen
— 156 — 10 v. o. fast st. fest
— 160 — 3 v. o. Schienenweges st. Schienenwagens
— 190 — 5 v. u. Hürt st. Härt
— 195 — 8 v. o. Zackel st. Jackel
— 215 — 7 v. u. Nötsch st. Nösch
— 217 — 3 v. o. Halde st. Helde
— 227 — 5 v. u. Decke st. Dicke
— 236 — 15 v. u. 9700 st. 97,000
— 240 — 5 v. o. Sava st. Sara
— 242 — 15 v. u. Feistritz im Woheiner st. Fristritz im Woheimer
— 243 — 12 v. o. Wasserschütze st. Wasserschutze
— 244 — 15 v. o. höchstens st. höchsten
— 252 — 3 v. o. verpackt st. verzackt
— 298 — 15 v. o. genommen st. gewonnen
— 309 — 6 v. u. Haupteisen„ st. Hauptleisten„
— 332 — 14 v. u. und st. um
— 335 — 2 v. o. Turrach st. Turrech
— 337 — 3 v. u. Außee st. Außen
— 341 — 4 v. u. Rauhschächte st. Rauchschächte
— 342 — 1 v. o. Rauhmauer st. Rauchmauer
— 352 — 12 v. u. Reitinggebirge st. Reitniggebirge
— 358 — 13 v. u. Reiting st. Reitnig
— 440 — 6 v. u. v. Marcher st. v. Manher.

Gedruckt bei F. A. Grunert d. ält. u. Sohn in Halle.

MIX
Papier | Fördert gute Waldnutzung
FSC® C083411

Zeitfracht Medien GmbH
Ferdinand-Jühlke-Straße 7
99095 Erfurt, Deutschland
produktsicherheit@kolibri360.de